**国家出版基金资助项目**

现代数学中的著名定理纵横谈丛书

丛书主编　王梓坤

NEWTON FORMULA

# Newton公式

刘培杰数学工作室 编

## 内 容 简 介

如果使用题中所给的对称条件，许多初等数学问题解起来都很简单. 本书应用牛顿公式，介绍了怎样利用对称条件解方程组及不等式.

本书适合于准备参加竞赛的学生、数学教师及数学爱好者参考阅读与收藏.

**图书在版编目(CIP)数据**

Newton 公式/刘培杰数学工作室编. —哈尔滨：哈尔滨工业大学出版社，2017.8
(现代数学中的著名定理纵横谈丛书)
ISBN 978-7-5603-6543-5

Ⅰ.①N… Ⅱ.①刘… Ⅲ.①牛顿定律
Ⅳ.①O301

中国版本图书馆 CIP 数据核字(2017)第 073144 号

策划编辑 刘培杰 张永芹
责任编辑 张永芹 刘立娟
封面设计 孙茵艾
出版发行 哈尔滨工业大学出版社
社　　址 哈尔滨市南岗区复华四道街 10 号 邮编 150006
传　　真 0451-86414749
网　　址 http://hitpress.hit.edu.cn
印　　刷 牡丹江邮电印务有限公司
开　　本 787mm×960mm 1/16 印张 29 字数 318 千字
版　　次 2017 年 8 月第 1 版 2017 年 8 月第 1 次印刷
书　　号 ISBN 978-7-5603-6543-5
定　　价 128.00 元

## 代序

### 读书的乐趣

你最喜爱什么——书籍.

你经常去哪里——书店.

你最大的乐趣是什么——读书.

这是友人提出的问题和我的回答.真的,我这一辈子算是和书籍,特别是好书结下了不解之缘.有人说,读书要费那么大的劲,又发不了财,读它做什么?我却至今不悔,不仅不悔,反而情趣越来越浓.想当年,我也曾爱打球,也曾爱下棋,对操琴也有兴趣,还登台伴奏过.但后来却都一一断交,"终身不复鼓琴".那原因便是怕花费时间,玩物丧志,误了我的大事——求学.这当然过激了一些.剩下来唯有读书一事,自幼至今,无日少废,谓之书痴也可,谓之书橱也可,管它呢,人各有志,不可相强.我的一生大志,便是教书,而当教师,不多读书是不行的.

读好书是一种乐趣,一种情操;一种向全世界古往今来的伟人和名人求教的方法,一种和他们展开讨论的方式;一封出席各种活动、体验各种生活、结识各种人物的邀请信;一张迈进科学宫殿和未知世界的入场券;一股改造自己、丰富自己的强大力量.书籍是全人类有史以来共同创造的财富,是永不枯竭的智慧的源泉.失意时读书,可以使人重整旗鼓;得意时读书,可以使人头脑清醒;疑难时读书,可以得到解答或启示;年轻人读书,可明奋进之道;年老人读书,能知健神之理.浩浩乎!洋洋乎!如临大海,或波涛汹涌,或清风微拂,取之不尽,用之不竭.吾于读书,无疑义矣,三日不读,则头脑麻木,心摇摇无主.

## 潜能需要激发

我和书籍结缘,开始于一次非常偶然的机会.大概是八九岁吧,家里穷得揭不开锅,我每天从早到晚都要去田园里帮工.一天,偶然从旧木柜阴湿的角落里,找到一本蜡光纸的小书,自然很破了.屋内光线暗淡,又是黄昏时分,只好拿到大门外去看.封面已经脱落,扉页上写的是《薛仁贵征东》.管它呢,且往下看.第一回的标题已忘记,只是那首开卷诗不知为什么至今仍记忆犹新:

日出遥遥一点红,飘飘四海影无踪.

三岁孩童千两价,保主跨海去征东.

第一句指山东,二、三两句分别点出薛仁贵(雪、人贵).那时识字很少,半看半猜,居然引起了我极大的兴趣,同时也教我认识了许多生字.这是我有生以来独立看的第一本书.尝到甜头以后,我便千方百计去找书,向小朋友借,到亲友家找,居然断断续续看了《薛丁山征西》《彭公案》《二度梅》等,樊梨花便成了我心中的女英雄.我真入迷了.从此,放牛也罢,车水也罢,我总要带一本书,还练出了边走田间小路边读书的本领,读得津津有味,不知人间别有他事.

当我们安静下来回想往事时,往往会发现一些偶然的小事却影响了自己的一生.如果不是找到那本《薛仁贵征东》,我的好学心也许激发不起来.我这一生,也许会走另一条路.人的潜能,好比一座汽油库,星星之火,可以使它雷声隆隆、光照天地;但若少了这粒火星,它便会成为一潭死水,永归沉寂.

### 抄,总抄得起

好不容易上了中学,做完功课还有点时间,便常光顾图书馆.好书借了实在舍不得还,但买不到也买不起,便下决心动手抄书.抄,总抄得起.我抄过林语堂写的《高级英文法》,抄过英文的《英文典大全》,还抄过《孙子兵法》,这本书实在爱得狠了,竟一口气抄了两份.人们虽知抄书之苦,未知抄书之益,抄完毫末俱见,一览无余,胜读十遍.

### 始于精于一,返于精于博

关于康有为的教学法,他的弟子梁启超说:"康先生之教,专标专精、涉猎二条,无专精则不能成,无涉猎则不能通也."可见康有为强烈要求学生把专精和广博(即"涉猎")相结合.

在先后次序上,我认为要从精于一开始.首先应集中精力学好专业,并在专业的科研中做出成绩,然后逐步扩大领域,力求多方面的精.年轻时,我曾精读杜布(J. L. Doob)的《随机过程论》,哈尔莫斯(P. R. Halmos)的《测度论》等世界数学名著,使我终身受益.简言之,即"始于精于一,返于精于博".正如中国革命一样,必须先有一块根据地,站稳后再开创几块,最后连成一片.

## 丰富我文采,澡雪我精神

辛苦了一周,人相当疲劳了,每到星期六,我便到旧书店走走,这已成为生活中的一部分,多年如此.一次,偶然看到一套《纲鉴易知录》,编者之一便是选编《古文观止》的吴楚材.这部书提纲挈领地讲中国历史,上自盘古氏,直到明末,记事简明,文字古雅,又富于故事性,便把这部书从头到尾读了一遍.从此启发了我读史书的兴趣.

我爱读中国的古典小说,例如《三国演义》和《东周列国志》.我常对人说,这两部书简直是世界上政治阴谋诡计大全.即以近年来极时髦的人质问题(伊朗人质、劫机人质等),这些书中早就有了,秦始皇的父亲便是受害者,堪称"人质之父".

《庄子》超尘绝俗,不屑于名利.其中"秋水""解牛"诸篇,诚绝唱也.《论语》束身严谨,勇于面世,"己所不欲,勿施于人",有长者之风.司马迁的《报任少卿书》,读之我心两伤,既伤少卿,又伤司马;我不知道少卿是否收到这封信,希望有人做点研究.我也爱读鲁迅的杂文,果戈理、梅里美的小说.我非常敬重文天祥、秋瑾的人品,常记他们的诗句:"人生自古谁无死,留取丹心照汗青""休言女子非英物,夜夜龙泉壁上鸣".唐诗、宋词、《西厢记》《牡丹亭》,丰富我文采,澡雪我精神,其中精粹,实是人间神品.

读了邓拓的《燕山夜话》,既叹服其广博,也使我动了写《科学发现纵横谈》的心.不料这本小册子竟给我招来了上千封鼓励信.以后人们便写出了许许多多的“纵横谈”.

从学生时代起,我就喜读方法论方面的论著.我想,做什么事情都要讲究方法,追求效率、效果和效益,方法好能事半而功倍.我很留心一些著名科学家、文学家写的心得体会和经验.我曾惊讶为什么巴尔扎克在51年短短的一生中能写出上百本书,并从他的传记中去寻找答案.文史哲和科学的海洋无边无际,先哲们的明智之光沐浴着人们的心灵,我衷心感谢他们的恩惠.

## 读书的另一面

以上我谈了读书的好处,现在要回过头来说说事情的另一面.

读书要选择.世上有各种各样的书:有的不值一看,有的只值看20分钟,有的可看5年,有的可保存一辈子,有的将永远不朽.即使是不朽的超级名著,由于我们的精力与时间有限,也必须加以选择.决不要看坏书,对一般书,要学会速读.

读书要多思考.应该想想,作者说得对吗?完全吗?适合今天的情况吗?从书本中迅速获得效果的好办法是有的放矢地读书,带着问题去读,或偏重某一方面去读.这时我们的思维处于主动寻找的地位,就像猎人追找猎物一样主动,很快就能找到答案,或者发现书中的问题.

有的书浏览即止,有的要读出声来,有的要心头记住,有的要笔头记录.对重要的专业书或名著,要勤做笔记,“不动笔墨不读书”.动脑加动手,手脑并用,既可加深理解,又可避忘备查,特别是自己的灵感,更要及时抓住.清代章学诚在《文史通义》中说:“札记之功必不可少,如不札记,则无穷妙绪如雨珠落大海矣.”

许多大事业、大作品,都是长期积累和短期突击相结合的产物.涓涓不息,将成江河;无此涓涓,何来江河?

爱好读书是许多伟人的共同特性,不仅学者专家如此,一些大政治家、大军事家也如此.曹操、康熙、拿破仑、毛泽东都是手不释卷,嗜书如命的人.他们的巨大成就与毕生刻苦自学密切相关.

王梓坤

◎ 目录

## 第 1 编

## 第 2 编

# 第　1　编

# 第0章 引言

初等数学和高等数学历来泾渭分明，各自在不同的圈子里展开研究．但对于数学爱好者来说非常喜欢见到能够“顶天”的初等数学公式，因为这样才有进一步学习的动力，而对于研究者来讲也希望能将高等领域的东西让它“立地”，这样便于普及．

先让我们从一个基本公式谈起．

我们先来看一道2008年复旦大学的自主招生试题．

**试题** 设 $x_1,x_2,x_3$ 是方程 $x^3+x+2=0$ 的三个根，则行列式 $\begin{vmatrix} x_1 & x_2 & x_3 \\ x_2 & x_3 & x_1 \\ x_3 & x_1 & x_2 \end{vmatrix}=(\quad)$．

A. $-4$　　B. $-1$

C. 0　　D. 2

**解** 由三次方程的韦达定理有

$$x_1+x_2+x_3=0$$

$$x_1x_2+x_2x_3+x_3x_1=1$$

$$x_1x_2x_3=-2$$

由行列式的定义

$$D=3x_1x_2x_3-(x_1^3+x_2^3+x_3^3)$$

为了计算这个值,我们来回忆一下初中因式分解中的一个公式:

**公式**

$$x^3+y^3+z^3-3xyz=$$
$$(x+y+z)(x^2+y^2+z^2-xy-yz-zx)=$$
$$\frac{1}{2}(x+y+z)[(x-y)^2+(y-z)^2+(z-x)^2]$$

由此我们可得出以下三个推论:

**推论 1** 若 $x+y+z=0$,则

$$x^3+y^3+z^3=3xyz$$

**推论 2** 若 $x,y,z\in\mathbf{R}_+$,则

$$x^3+y^3+z^3\geqslant 3xyz$$

**推论 3** 设 $\omega$ 是 $x^2+x+1=0$ 的根,则

$$a^3+b^3+c^3-3abc=$$
$$(a+b+c)(a+\omega b+\omega^2c)(a+\omega^2b+\omega c)$$

**证法 1**

$$a^3+b^3+c^3-3abc=$$
$$(a+b)^3+c^3-3ab(a+b)-3abc=$$
$$(a+b+c)[(a+b)^2-(a+b)c+c^2]-3ab(a+b+c)=$$
$$(a+b+c)(a^2+b^2+c^2-ab-bc-ca)=$$
$$(a+b+c)[(a-b)^2+(a-b)(b-c)+(b-c)^2]=$$
$$(a+b+c)[(a-b)-\omega(b-c)]\cdot$$

$[(a-b)-\omega^2(b-c)]=$

$(a+b+c)(a+\omega b+\omega^2 c)(a+\omega^2 b+\omega c)$

**证法 2**　利用行列式的性质我们还可以给出如下的证法：

用两种方法计算 $\begin{vmatrix} x & y & z \\ z & x & y \\ y & z & x \end{vmatrix}$. 先将后两列加到第一列上，得

$$\begin{vmatrix} x+y+z & y & z \\ x+y+z & x & y \\ x+y+z & z & x \end{vmatrix}=(x+y+z)\begin{vmatrix} 1 & y & z \\ 1 & x & y \\ 1 & z & x \end{vmatrix}$$

将右端行列式的第二行加上第一行的 $\omega$ 倍和第三行的 $\omega^2$ 倍，由于 $1+\omega+\omega^2=0$，故得

$$\begin{vmatrix} x & y & z \\ z & x & y \\ y & z & x \end{vmatrix}=$$

$$(x+y+z)\begin{vmatrix} 1 & y & z \\ 1 & x & y \\ 1 & z & x \end{vmatrix}=$$

$$(x+y+z)\begin{vmatrix} 1 & y & z \\ 0 & x+\omega y+\omega^2 z & y+\omega z+\omega^2 x \\ 1 & z & x \end{vmatrix}$$

最后将所得行列式中的第一行的 $\omega$ 倍和同一行的 $\omega^2$ 倍加到最后一行上去，然后将第二列的 $-\omega^2$ 倍加到最后一列上，并注意到 $\omega^3=1,\omega^4=\omega$，得

$$\begin{vmatrix} x & y & z \\ z & x & y \\ y & z & x \end{vmatrix}=$$

$$(x+y+z)\begin{vmatrix}1 & y & z\\0 & x+\omega y+\omega^2 z & y+\omega z+\omega^2 x\\0 & z+\omega y+\omega^2 y & x+\omega z+\omega^2 z\end{vmatrix}=$$

$$(x+y+z)\begin{vmatrix}1 & y & z\\0 & x+\omega y+\omega^2 z & 0\\0 & z+\omega y+\omega^2 y & x+\omega^2 y+\omega z\end{vmatrix}=$$

$$(x+y+z)(x+\omega y+\omega^2 z)(x+\omega^2 y+\omega z)$$

所以

$$\begin{vmatrix}x & y & z\\z & x & y\\y & z & x\end{vmatrix}=(x+y+z)(x+\omega y+\omega^2 z)(x+\omega^2 y+\omega z)$$

其中 $\omega$ 是 1 的立方根中的$\dfrac{-1+\sqrt{3}\,\mathrm{i}}{2}$.

**注** 可推广为

$$\begin{vmatrix}x_0 & x_1 & x_2 & \cdots & x_{n-1}\\x_{n-1} & x_0 & x_1 & \cdots & x_{n-2}\\\vdots & \vdots & \vdots & & \vdots\\x_1 & x_2 & x_3 & \cdots & x_0\end{vmatrix}=$$

$$\prod_{k=0}^{n-1}(x_0+x_1\zeta^k+x_2\zeta^{2k}+\cdots+x_{n-1}\zeta^{(n-1)k})$$

这里 $\zeta$ 是 1 的 $n$ 次原根 $\mathrm{e}^{\frac{2\pi}{n}\mathrm{i}}=\cos\dfrac{2\pi}{n}+\mathrm{i}\sin\dfrac{2\pi}{n}$($\mathrm{e}^{\frac{2\pi}{n}\mathrm{i}}$ 又可记为 $\exp\left\{\dfrac{2\pi}{n}\mathrm{i}\right\}$).

# 应用举例

# 第1章

在日本数学奥林匹克财团编著的《日本初中数学奥林匹克(2010—2014)》一书的第22页有一题如下：

**例1** 求所有满足$a^3+b^3+c^3-1\leqslant 3abc$且不小于0的整数组$(a,b,c)$.

**解** 利用公式有一个简捷的解法，即

$$a^3+b^3+c^3-3abc\leqslant 1$$

故

$$a^3+b^3+c^3-3abc=0\text{ 或 }1$$

而

$$a^3+b^3+c^3-3abc=\frac{1}{2}(a+b+c)[(a-b)^2+(b-c)^2+(c-a)^2]$$

所以：

当 $a^3+b^3+c^3-3abc=0$ 时

$$a=b=c$$

当 $a^3+b^3+c^3-3abc=1$ 时

$$a+b+c=1$$

故 $(a,b,c)=(1,0,0),(0,1,0),(0,0,1)$ 或 $(k,k,k)$($k$ 为非负整数).

**例 2** (美国数学邀请赛试题)已知 $r,s,t$ 为方程 $8x^3+1\ 001x+2\ 008=0$ 的三个根,求 $(r+s)^3+(s+t)^3+(t+r)^3$.

**解** 利用公式

$$x^3+y^3+z^3-3xyz=$$
$$(x+y+z)(x^2+y^2+z^2-xy-yz-zx)$$

令

$$x=r+s,y=s+t,z=t+r$$

由韦达定理

$$r+s+t=0$$

故

$$x+y+z=0$$

所以

$$x^3+y^3+z^3=3xyz=3(-t)(-r)(-s)=$$
$$-3rst=3\times\frac{2\ 008}{8}=753$$

**例 3** (2013 年清华大学保送生试题)已知 $abc=-1,\frac{a^2}{c}+\frac{b}{c^2}=1,a^2b+b^2c+c^2a=t$,求 $ab^5+bc^5+ca^5$ 的值.

**解法 1** 由 $abc=-1$,得

$$b=-\frac{1}{ac}$$

再由

$$\frac{a^2}{c}+\frac{b}{c^2}=1$$

得

$$a^2c+b=c^2$$

结合$abc=-1$,我们可以对称地得到轮换式

$$b^2a+c=a^2,c^2b+a=b^2$$

即

$$\frac{b^2}{a}+\frac{c}{a^2}=1,\frac{c^2}{b}+\frac{a}{b^2}=1$$

于是

$$a^5c=a^3(a^2c)=a^3c^2-a^3b$$

同理可得

$$b^5a=b^3a^2-b^3c,c^5b=c^3b^2-c^3a$$

因此

$$\begin{aligned}
&ab^5+bc^5+ca^5=\\
&b^3a^2-b^3c+c^3b^2-c^3a+a^3c^2-a^3b=\\
&(b^3a^2-ac^3)+(a^3c^2-cb^3)+(c^3b^2-ba^3)=\\
&(abc)^2\left(\frac{b}{c^2}-\frac{c}{ab^2}+\frac{a}{b^2}-\frac{b}{ca^2}+\frac{c}{a^2}-\frac{a}{bc^2}\right)=\\
&\frac{b}{c^2}+\frac{c^2}{b}+\frac{a}{b^2}+\frac{b^2}{a}+\frac{c}{a^2}+\frac{a^2}{c}=3
\end{aligned}$$

**解法2**　由$abc=-1$得

$$b=-\frac{1}{ac}$$

代入

$$\frac{a^2}{c}+\frac{b}{c^2}=1$$

整理得

$$a^3c^2=ac^3+1$$

从而

$$ab^5+bc^5+ca^5=-\frac{1}{a^4c^5}-\frac{c^4}{a}+ca^5=$$
$$\frac{a^9c^6-1-a^3c^9}{a^4c^5}=$$
$$\frac{(ac^3+1)^3-1-a^3c^9}{a^4c^5}=$$
$$\frac{3(a^2c^6+ac^3)}{a^4c^5}=$$
$$\frac{3(ac^3+1)}{a^3c^2}=3$$

**解法 3** 由 $abc=-1$,可设

$$a=-\frac{y}{x},b=-\frac{z}{y},c=-\frac{x}{z}$$

代入 $\frac{a^2}{c}+\frac{b}{c^2}=1$,得

$$x^3y+y^3z+z^3x=0$$

从而

$$ab^5+bc^5+ca^5=\frac{z^5}{xy^4}+\frac{x^5}{yz^4}+\frac{y^5}{zx^4}=$$
$$\frac{z^9x^3+x^9y^3+y^9z^3}{x^4y^4z^4}=$$
$$\frac{3(x^3y)(y^3z)(z^3x)}{x^4y^4z^4}=$$
$$\frac{3x^4y^4z^4}{x^4y^4z^4}=3$$

(利用若 $a+b+c=0$,则 $a^3+b^3+c^3=3abc$).

**例 4** 求出方程组

$$\begin{cases}a^3-b^3-c^3=3abc\\a^2=2(b+c)\end{cases} \tag{①}$$

的所有正整数解.

**解**　由方程 ① 得

$$(a-b-c)[a^2+(b-c)^2+ab+bc+ca]=0$$

由于上式左边第二个因子不可能为零，因此我们有

$$a=b+c=\frac{1}{2}a^2$$

于是得到方程组唯一的正整数解是

$$a=2,b=c=1$$

**注**　将 $a^3-b^3-c^3$ 写成 $a^3+(-b)^3+(-c)^3$ 是关键.

**例 5**　(莫斯科数学竞赛试题）若 $m,n,p\in\mathbf{Z}$，且 $m+n+p$ 为 6 的倍数，则 $m^3+n^3+p^3$ 也为 6 的倍数.

**证明**

$$m^3+n^3+p^3-3mnp=$$
$$(m+n+p)(m^2+n^2+p^2-mn-np-pm)$$

因为 $m+n+p$ 是 6 的倍数，所以 $m,n,p$ 中必有一个偶数. 故 $3mnp$ 为 6 的倍数，所以 $m^3+n^3+p^3$ 为 6 的倍数.

**注**　本题可推广到 $n$ 个变元.

**例 6**　(第 2 届美国数学奥林匹克试题）求证：三个不同素数的立方根不能是一个等差数列的三项（不一定是连续的).

**证明**　用反证法. 假设 $p,q,r$ 是不同素数，$\sqrt[3]{p}$，$\sqrt[3]{q}$，$\sqrt[3]{r}$ 是以 $a$ 为首项，$d$ 为公差的等差数列中的三项，即存在 $l,m,n\in\mathbf{N}$，使得

$$\sqrt[3]{p}=a+ld,\sqrt[3]{q}=a+md,\sqrt[3]{r}=a+nd$$

消去 $a,d$ 得

$$\frac{\sqrt[3]{p}-\sqrt[3]{q}}{\sqrt[3]{q}-\sqrt[3]{r}}=\frac{l-m}{m-n}$$

整理得

$$(m-n)\sqrt[3]{p}+(n-l)\sqrt[3]{q}+(l-m)\sqrt[3]{r}=0$$

设

$$A=(m-n)\sqrt[3]{p}, B=(n-l)\sqrt[3]{q}, C=(l-m)\sqrt[3]{r}$$

则

$$A+B+C=0 \Rightarrow A^3+B^3+C^3=3ABC$$
$$A^3=(m-n)^3p, B^3=(n-l)^3q, C^3=(l-m)^3r$$
$$A^3+B^3+C^3\in \mathbf{Q}$$

但

$$3ABC=(m-n)(n-l)(l-m)\sqrt[3]{pqr}\notin \mathbf{Q}$$

故产生矛盾,假设不成立,原结论成立.

**注** 设 $A,B,C$ 使关系更明显.

**例 7** (1983 年澳大利亚竞赛试题)设 $x_1,x_2,x_3$ 是方程

$$x^3-6x^2+ax+a=0$$

的三个根,求出使得

$$(x_1-1)^3+(x_2-2)^3+(x_3-3)^3=0$$

成立的所有实数 $a$,并对每一个这样的 $a$,求出相应的 $x_1,x_2,x_3$.

**分析** 由韦达定理 $x_1+x_2+x_3=6$,故由公式

$$(x_1-1)+(x_2-2)+(x_3-3)=0$$
$$\Rightarrow 3(x_1-1)(x_2-2)(x_3-3)=0$$
$$\Rightarrow \begin{cases} 当 x_1=1 时, a=\dfrac{5}{2} \\ 当 x_2=2 时, a=\dfrac{16}{3} \\ 当 x_3=3 时, a=\dfrac{27}{4} \end{cases}$$

**解** (1)当 $a=\dfrac{5}{2}$ 时,这时原方程化为

$$x^3-6x^2+\frac{5}{2}x+\frac{5}{2}=0$$

$$\Rightarrow x_1=1,x_2=\frac{5+\sqrt{35}}{2},x_3=\frac{5-\sqrt{35}}{2}$$

(2) 当 $a=\frac{16}{3}$ 时,这时原方程化为

$$x^3-6x^2+\frac{16}{3}x+\frac{16}{3}=0$$

$$\Rightarrow x_1=\frac{6+2\sqrt{5}}{3},x_2=2,x_3=\frac{6-2\sqrt{5}}{3}$$

(3) 当 $a=\frac{27}{4}$ 时,这时原方程化为

$$x^3-6x^2+\frac{27}{4}x+\frac{27}{4}=0$$

$$\Rightarrow x_1=\frac{3+3\sqrt{2}}{2},x_2=\frac{3-3\sqrt{2}}{2},x_3=3$$

因此满足条件的实数 $a$ 有三个

$$a=\frac{5}{2},a=\frac{16}{3},a=\frac{27}{4}$$

**例 8**　(2008 年上海交通大学保送生试题)若函数 $f(x)$ 满足

$$f(x+y)=f(x)+f(y)+xy(x+y) \qquad ②$$

$$f'(0)=1$$

求函数 $f(x)$ 的解析式.

**解**　因为

$$xy(x+y)=(-x)(-y)(x+y)$$

注意到

$$-x-y+(x+y)=0$$

故

$$(-x)^3+(-y)^3+(x+y)^3=3xy(x+y)$$

由

$$f(x+y)=f(x)+f(y)+xy(x+y)$$

$$\Rightarrow f(x+y)=f(x)+f(y)+\frac{1}{3}[(x+y)^3-x^3-y^3]$$

$$\Rightarrow f(x+y)-\frac{1}{3}(x+y)^3=f(x)-\frac{1}{3}x^3+f(y)-\frac{1}{3}y^3$$

令 $g(x)=f(x)-\frac{1}{3}x^3$，则式 ② 化为

$$g(x+y)=g(x)+g(y) \qquad ③$$

由于$f'(0)=1$，则 $f(x)$ 在 $x=0$ 处连续. 由此可知式 ③ 是一个柯西(Cauchy) 方程，其解为 $g(x)=ax$（其中 $a=g(1)$）. 所以

$$f(x)=\frac{1}{3}x^3+ax$$

所以

$$f'(x)=x^2+a$$

再由$f'(0)=1$，知 $a=1$. 所以

$$f(x)=\frac{1}{3}x^3+x$$

**注**　柯西方程 $g(x+y)=g(x)+g(y)$ 中，不一定非要求 $g(x)$ 连续，其实 $g(x)$ 只要单调或在某一点处连续均可以得到柯西方程的解为 $g(x)=ax$，其中 $a=g(1)$.

**例 9**　定义数列$\{a_n\}$，$a_1$，$a_2$ 是方程 $z^2+\mathrm{i}z-1=0$ 的两根，且当 $n\geqslant 2$ 时，有

$$(a_{n+1}a_{n-1}-a_n^2)+\mathrm{i}(a_{n+1}+a_{n-1}-2a_n)=0$$

求证：对一切 $n\in\mathbf{N}_+$，有

$$a_n^2+a_{n+1}^2+a_{n+2}^2=a_na_{n+1}+a_{n+1}a_{n+2}+a_{n+2}a_n$$

**证明**　从 $z^2+\mathrm{i}z-1=0$ 解得

$$z=\frac{-\mathrm{i}\pm\sqrt{3}}{2}=\mathrm{i}\,\frac{-1\pm\sqrt{3}\,\mathrm{i}}{2}=\mathrm{i}\omega \text{ 或 } \mathrm{i}\omega^2$$

不妨设 $a_1=\mathrm{i}\omega^2$，$a_2=\mathrm{i}\omega$，由所给递归关系，得

$$a_n^2+2\mathrm{i}a_n+\mathrm{i}^2=a_{n+1}a_{n-1}+\mathrm{i}a_{n+1}+\mathrm{i}a_{n-1}+\mathrm{i}^2$$

即

$$(a_n+\mathrm{i})^2=(a_{n+1}+\mathrm{i})(a_{n-1}+\mathrm{i}) \qquad ④$$

若存在某个 $n\in\mathbf{N}$，使 $a_n+\mathrm{i}=0$，则可由式④经有限次递推，得 $a_2+\mathrm{i}=0$，这与 $a_2=\mathrm{i}\omega$ 矛盾，所以对一切 $n\in\mathbf{N}$，$a_n+\mathrm{i}\neq 0$. 于是由式④并经递推，得

$$\frac{a_{n+1}+\mathrm{i}}{a_n+\mathrm{i}}=\frac{a_n+\mathrm{i}}{a_{n-1}+\mathrm{i}}=\frac{a_{n-1}+\mathrm{i}}{a_{n-2}+\mathrm{i}}=\cdots=$$
$$\frac{a_2+\mathrm{i}}{a_1+\mathrm{i}}=\frac{\mathrm{i}(\omega+1)}{\mathrm{i}(\omega^2+1)}=\frac{-\omega^2}{-\omega}=\omega$$

所以

$$a_{n+1}+\mathrm{i}=\omega(a_n+\mathrm{i})$$

于是

$$a_n=-\mathrm{i}+(a_1+\mathrm{i})\omega^{n-1}=$$
$$-\mathrm{i}+\mathrm{i}(\omega^2+1)\omega^{n-1}=-\mathrm{i}-\mathrm{i}\omega^n$$

因 $\omega^3=1$，故 $a_{n+3}=a_n(n\geqslant 1)$.

因此 $\{a_n\}$ 是以 3 为周期的纯周期数列，注意到 $n$，$n+1$，$n+2$ 恰好是一个周期长，故对一切 $n\in\mathbf{N}_+$，有

$$a_n^2+a_{n+1}^2+a_{n+2}^2=a_1^2+a_2^2+a_3^2=-\omega^4-\omega^2-4=$$
$$-(\omega+\omega^2)-4=-3 \quad (a_3=-2\mathrm{i})$$

$$a_na_{n+1}+a_{n+1}a_{n+2}+a_{n+2}a_n=$$
$$a_1a_2+a_2a_3+a_3a_1=$$
$$\mathrm{i}\omega^2\cdot\mathrm{i}\omega+\mathrm{i}\omega(-2\mathrm{i})+(-2\mathrm{i})\mathrm{i}\omega^2=$$
$$-1+2\omega+2\omega^2=-3$$

所以对一切 $n\in\mathbf{N}$，有

$$a_n^2+a_{n+1}^2+a_{n+2}^2=a_na_{n+1}+a_{n+1}a_{n+2}+a_{n+2}a_n$$

**例 10** 设 $a,b,c \geqslant 1$，证明

$$a^3b^3+b^3c^3+c^3a^3+3abc \geqslant a^3+b^3+c^3+3a^2b^2c^2$$

**证明**

$$a^3b^3+b^3c^3+c^3a^3-3a^2b^2c^2=$$
$$(ab+bc+ca)[(a-c)^2b^2+(b-a)^2c^2+(c-b)^2a^2] \geqslant$$
$$(a+b+c)[(a-c)^2+(b-a)^2+(c-b)^2]=$$
$$a^3+b^3+c^3-3abc$$

**例 11** （2011 年克罗地亚国家数学竞赛试题）设 $a,b,c$ 是三个不同的正整数，正整数 $k$ 满足

$$ab+bc+ca \geqslant 3k^2-1$$

证明

$$\frac{1}{3}(a^3+b^3+c^3) \geqslant abc+3k$$

**证明** 所求不等式等价于

$$a^3+b^3+c^3-3abc \geqslant 9k$$

由整数 $|a-b|,|b-c|,|c-a|$ 不全为 1，故

$$a^2+b^2+c^2-ab-bc-ca=$$
$$\frac{1}{2}[(a-b)^2+(b-c)^2+(c-a)^2] \geqslant$$
$$\frac{1}{2}(1^2+1^2+2^2)=3$$

则

$$a^3+b^3+c^3-3abc=$$
$$(a+b+c)(a^2+b^2+c^2-ab-bc-ca) \geqslant$$
$$3(a+b+c)$$

又

$$(a+b+c)^2=$$
$$a^2+b^2+c^2+2ab+2bc+2ca=$$
$$(a^2+b^2+c^2-ab-bc-ca)+3(ab+bc+ca) \geqslant$$

$3+3(3k^2-1)=9k^2$

因此

$$a+b+c\geqslant 3k$$

所以

$$a^3+b^3+c^3-3abc\geqslant 9k$$

**例 12**　(东三省数学邀请赛试题)设 $x_1, x_2, x_3\in \mathbf{R}_+$,试证

$$\frac{x_2}{x_1}+\frac{x_3}{x_2}+\frac{x_1}{x_3}\leqslant\left(\frac{x_1}{x_2}\right)^3+\left(\frac{x_2}{x_3}\right)^3+\left(\frac{x_3}{x_1}\right)^3$$

**证明**

$$\frac{x_2}{x_1}=\frac{x_2}{x_3}\cdot\frac{x_3}{x_1}\cdot 1\leqslant\frac{1}{3}\left(\frac{x_2}{x_3}\right)^3+\frac{1}{3}\left(\frac{x_3}{x_1}\right)^3+\frac{1}{3}$$

$$\frac{x_3}{x_2}=\frac{x_1}{x_2}\cdot\frac{x_3}{x_1}\cdot 1\leqslant\frac{1}{3}\left(\frac{x_1}{x_2}\right)^3+\frac{1}{3}\left(\frac{x_3}{x_1}\right)^3+\frac{1}{3}$$

$$\frac{x_1}{x_3}=\frac{x_1}{x_2}\cdot\frac{x_2}{x_3}\cdot 1\leqslant\frac{1}{3}\left(\frac{x_1}{x_2}\right)^3+\frac{1}{3}\left(\frac{x_2}{x_3}\right)^3+\frac{1}{3}$$

$$1=\frac{x_1}{x_2}\cdot\frac{x_2}{x_3}\cdot\frac{x_3}{x_1}\leqslant\frac{1}{3}\left(\frac{x_1}{x_2}\right)^3+\frac{1}{3}\left(\frac{x_2}{x_3}\right)^3+\frac{1}{3}\left(\frac{x_3}{x_1}\right)^3$$

相加即可.

**例 13**　(1995 年全国联赛试题)一个球的内接圆锥的最大体积与这个球的体积之比为(　　).

**解**　拆积凑和.作圆锥的轴截面得图 1,由相交弦定理可知

$$r^2=h(2R-h)$$

所以

$$V_{圆锥}=\frac{1}{3}\pi r^2h=\frac{1}{3}\pi h^2(2R-h)=$$

$$\frac{1}{3}\pi\cdot\frac{1}{2}[h\cdot h\cdot(4R-2h)]\leqslant$$

$$\frac{1}{3}\pi\cdot\frac{1}{2}\left[\frac{h+h+(4R-2h)}{3}\right]^3=$$

$$\frac{32}{81}\pi R^3$$

等号成立于 $h=\frac{4}{3}R$ 时. 又 $V_{球}=\frac{4\pi}{3}R^3$,所以

$$(V_{圆锥})_{\max}:V_{球}=\frac{32}{81}:\frac{4}{3}=8:27$$

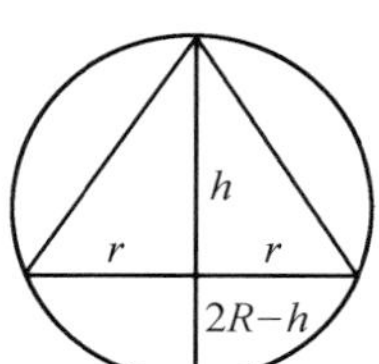


图 1

**例 14** (2010 年全国高中数学联赛福建省预赛试题)若正整数 $m$ 使得对任意一组满足 $a_1a_2a_3a_4=1$ 的正数 $a_1,a_2,a_3,a_4$ 都有

$$a_1^m+a_2^m+a_3^m+a_4^m\geqslant\frac{1}{a_1}+\frac{1}{a_2}+\frac{1}{a_3}+\frac{1}{a_4}$$

成立,则正整数 $m$ 的最小值为(　　).

**解**　$\min m=3$.

取 $a_1=\frac{1}{27},a_2=a_3=a_4=3$,则

$$a_1^m+a_2^m+a_3^m+a_4^m=\left(\frac{1}{27}\right)^m+3\times 3^m$$

$$\frac{1}{a_1}+\frac{1}{a_2}+\frac{1}{a_3}+\frac{1}{a_4}=27+3\times\frac{1}{3}=28$$

经验证 $m=1,m=2$ 不符合要求.

故 $m\geqslant 3$. 由

$$\frac{a_1^3+a_2^3+a_3^3}{3}\geqslant a_1a_2a_3$$

$$\frac{a_1^3+a_2^3+a_4^3}{3}\geqslant a_1a_2a_4$$

$$\frac{a_1^3+a_3^3+a_4^3}{3}\geqslant a_1a_3a_4$$

$$\frac{a_2^3+a_3^3+a_4^3}{3}\geqslant a_2a_3a_4$$

$$a_1a_2a_3a_4=1$$

则

$$a_1^3+a_2^3+a_3^3+a_4^3\geqslant a_1a_2a_3+a_1a_2a_4+a_1a_3a_4+a_2a_3a_4=\frac{1}{a_1}+\frac{1}{a_2}+\frac{1}{a_3}+\frac{1}{a_4}$$

所以，$m=3$ 符合要求.因此，正整数 $m$ 的最小值为 3.

**例 15**　求所有的三元正整数组$(x,y,z)$，使其满足 $x^3+y^3+z^3-3xyz=2\ 012$.

**解**　由上式得

$$(x+y+z)[(x-y)^2+(y-z)^2+(z-x)^2]=4\ 024$$

又

$$4\ 024=2^3\times 503$$

且

$$(x-y)^2+(y-z)^2+(z-x)^2\equiv 0(\mathrm{mod}\ 2)$$

则

$$\begin{cases}x+y+z=k\\(x-y)^2+(y-z)^2+(z-x)^2=\dfrac{4\ 024}{k}\end{cases}$$

其中

$$k\in\{1,2,4,503,1\ 006,2\ 012\}$$

不妨设

$$x\geqslant y\geqslant z\quad(x,y,z\in\mathbf{Z}_+)$$

记 $x-y=m,y-z=n$，则

$$m \geqslant 0, n \geqslant 0, x - z = m + n$$

从而

$$\begin{cases} m + 2n + 3z = M \\ m^2 + n^2 + mn = \dfrac{2\ 012}{M} \end{cases}$$

其中 $M \in \{1,2,4,503,1\ 006,2\ 012\}$. 首先

$$m^2 + n^2 + mn \equiv 2 \pmod 4$$

故 $M \neq 2, 1\ 006$. 其次,由

$$(m + 2n)^2 = m^2 + 4mn + 4n^2 \geqslant m^2 + n^2 + mn$$

及 $z \in \mathbf{Z}_+$,知 $M \neq 1, 4$.

若 $\begin{cases} m + 2n + 3z = 503 \\ m^2 + n^2 + mn = 4 \end{cases}$, 则 $\begin{cases} m = 2 \\ n = 0 \end{cases}$ 或 $\begin{cases} m = 0 \\ n = 2 \end{cases}$(舍去).

此时,$(x, y, z) = (169, 167, 167)$ 及其置换共 3 组解.

若 $\begin{cases} m + 2n + 3z = 2\ 012 \\ m^2 + n^2 + mn = 1 \end{cases}$, 则 $\begin{cases} m = 0 \\ n = 1 \end{cases}$ 或 $\begin{cases} m = 1 \\ n = 0 \end{cases}$(舍去).

此时,$(x, y, z) = (671, 671, 670)$ 及其置换共 3 组.

综上,满足方程的解共有 6 组.

**例 16** (第 2 届美国大学生数学竞赛试题)设

$$u = 1 + \frac{x^3}{3!} + \frac{x^6}{6!} + \cdots$$

$$v = \frac{x}{1!} + \frac{x^4}{4!} + \frac{x^7}{7!} + \cdots$$

$$w = \frac{x^2}{2!} + \frac{x^5}{5!} + \frac{x^8}{8!} + \cdots$$

证明

$$u^3+v^3+w^3-3uvw=1$$

**证明**　令 $\lambda=\exp\left\{\frac{2\pi i}{3}\right\}$ 是单位立方根，则

$$1+\lambda+\lambda^2=0$$

故由推论 3 可知

$$\begin{aligned}&u^3+v^3+w^3-3uvw=\\&(u+v+w)(u+\lambda v+\lambda^2 w)(u+\lambda^2 v+\lambda w)=\\&(\exp x)(\exp \lambda x)(\exp \lambda^2 x)=\exp 0=1\end{aligned}$$

**例 17**　（第 67 届美国大学生数学竞赛试题）说明曲线 $x^3+3xy+y^3=1$ 上只有三个不同的可构成一个等边三角形的点 $A,B,C$，并且求出这个等边三角形的面积.

**解**　由公式可知曲线 $x^3+3xy+y^3-1=0$ 实际上是可约的. 因为左边的式子可因式分解如下

$$(x+y-1)(x^2-xy+y^2+x+y+1)$$

由公式知，第二个因式可写为

$$\frac{1}{2}[(x+1)^2+(y+1)^2+(x-y)^2]$$

因此它只在 $(-1,-1)$ 处为零. 这样问题中的曲线仅由一个单独的点 $(-1,-1)$ 和直线 $x+y=1$ 所组成. 为了用这条曲线上的三个点构成一个三角形，其中一个顶点必须是 $(-1,-1)$，其余两个顶点位于直线 $x+y=1$ 上，因此从 $(-1,-1)$ 所引的高是从 $(-1,-1)$ 到 $\left(\frac{1}{2},\frac{1}{2}\right)$ 之间的距离，它等于

$$\sqrt{\left(-1-\frac{1}{2}\right)^2+\left(-1-\frac{1}{2}\right)^2}=\frac{3\sqrt{2}}{2}$$

我们知道，高为 $h$ 的等边三角形的面积为 $\frac{\sqrt{3}}{3}h^2$，故所求

面积为$\frac{3\sqrt{3}}{2}$.

模仿此题给出一个类似的试题.

**例 18** (2017 年全国初中数学联赛试题)若实数 $x,y$ 满足 $x^3+y^3+3xy=1$,则 $x^2+y^2$ 的最小值为________.

**解** 将 $x^3+y^3+3xy-1$ 改写为

$$x^3+y^3+(-1)^3-3xy(-1)=$$
$$(x+y-1)(x^2+y^2+1-xy+x+y)=$$
$$\frac{1}{2}(x+y-1)[(x-y)^2+(x+1)^2+(y+1)^2]$$

所以 $x=y=-1$ 或 $x+y=1$.

若 $x=y=-1$,则 $x^2+y^2=2$.

若 $x+y=1$,则

$$x^2+y^2=\frac{1}{2}[(x+y)^2+(x-y)^2]=$$
$$\frac{1}{2}[1+(x-y)^2]\geqslant\frac{1}{2}$$

当且仅当 $x=y=\frac{1}{2}$ 时等号成立.

所以,$x^2+y^2$ 的最小值为$\frac{1}{2}$.

恒等式

$$a^3+b^3+c^3-3abc=$$
$$(a+b+c)(a^2+b^2+c^2-ab-bc-ca)$$

是一个十分有用的恒等式.

证明非常简单,只要将上式右边展开,然后化简即可.如果写成以下形式

$$a^2+b^2+c^2-ab-bc-ca=$$

$$\frac{(a-b)^2+(b-c)^2+(c-a)^2}{2}$$

那么可见它对一切实数 $a,b,c$ 都是非负的，当且仅当 $a=b=c=0$ 时，它等于 0，于是当且仅当 $a=b=c=0$ 或 $a+b+c=0$ 时，有

$$a^3+b^3+c^3=3abc$$

下面我们来看这一代数恒等式的应用的一些例子.

**例 19**　证明：对于所有实数 $a,b,c$ 都有

$$(a-b)^3+(b-c)^3+(c-a)^3=3(a-b)(b-c)(c-a)$$

**证明**　显然这里真正起作用的不是 $a,b,c$，而是 $a-b,b-c,c-a$ 这三个数，于是设 $x=a-b,y=b-c,z=c-a$，只要证明

$$x^3+y^3+z^3=3xyz$$

利用恒等式

$$x^3+y^3+z^3-3xyz=$$
$$(x+y+z)(x^2+y^2+z^2-xy-yz-zx)$$

因为 $x+y+z=a-b+b-c+c-a=0$，所以问题解决了.

**例 20**　设 $a,b,c$ 是实数，且 $(a-b)^2+(b-c)^2+(c-a)^2=6$，证明

$$a^3+b^3+c^3=3(a+b+c+abc)$$

**解**　将需要证明的等式改写为

$$a^3+b^3+c^3-3abc=3(a+b+c)$$

上式左边分解因式为

$$(a+b+c)(a^2+b^2+c^2-ab-bc-ca)=$$
$$(a+b+c)\frac{(a-b)^2+(b-c)^2+(c-a)^2}{2}=$$
$$3(a+b+c)$$

最后一步是由已知条件得到的.

**例 21** 设 $a,b,c$ 是实数,且 $a+b+c=1$,证明

$$a^3+b^3+c^3-1=3(abc-ab-bc-ca)$$

**证明** 将原式改写为

$$a^3+b^3+c^3-3abc=1-3(ab+bc+ca)$$

上式左边分解因式为

$$(a+b+c)(a^2+b^2+c^2-ab-bc-ca)=$$
$$a^2+b^2+c^2-ab-bc-ca$$

这是因为 $a+b+c=1$,于是只要证明

$$a^2+b^2+c^2-ab-bc-ca=1-3(ab+bc+ca)$$

即

$$a^2+b^2+c^2+2ab+2bc+2ca=1$$

容易看出,这就是$(a+b+c)^2=1$.

**例 22** 设 $a,b,c$ 是实数,且

$$\left(-\frac{a}{2}+\frac{b}{3}+\frac{c}{6}\right)^3+\left(\frac{a}{3}+\frac{b}{6}-\frac{c}{2}\right)^3+$$
$$\left(\frac{a}{6}-\frac{b}{2}+\frac{c}{3}\right)^3=\frac{1}{8}$$

证明

$$(a-3b+2c)(2a+b-3c)(-3a+2b+c)=9$$

**证明** 已知条件和结论都很复杂,所以先将已知条件改写得简单些.原式通分后得到

$$\left(\frac{-3a+2b+c}{6}\right)^3+\left(\frac{2a+b-3c}{6}\right)^3+$$
$$\left(\frac{a-3b+2c}{6}\right)^3=\frac{1}{8}$$

或去分母后得到

$$(-3a+2b+c)^3+(2a+b-3c)^3+$$
$$(a-3b+2c)^3=27$$

好在上式中各项都只与变量

$$x=-3a+2b+c, y=2a+b-3c, z=a-3b+2c$$

有关,所以已知条件可改写为

$$x^3+y^3+z^3=27$$

于是所求的结论就是 $xyz=9$. 如果 $x,y,z$ 取任意实数,使 $x^3+y^3+z^3=27$,那么当然 $xyz=9$ 未必成立,所以 $x,y,z$ 还可能要满足进一步的关系式. 这个关系式是相当显然的:将前面的关系式相加,得到

$$x+y+z=$$
$$-3a+2b+c+2a+b-3c+a-3b+2c=0$$

现在好了,将已知条件和已证明的结论与恒等式

$$x^3+y^3+z^3-3xyz=$$
$$(x+y+z)(x^2+y^2+z^2-xy-yz-zx)=0$$

相结合,就得到 $3xyz=27$,于是 $xyz=9$.

**例 23**　求使 $\sqrt[3]{a-b}+\sqrt[3]{b-c}+\sqrt[3]{c-a}=0$ 成立的一切实数 $a,b,c$.

**解**　设

$$x=\sqrt[3]{a-b}, y=\sqrt[3]{b-c}, z=\sqrt[3]{c-a}$$

则由已知条件,得 $x+y+z=0$. 显然有

$$x^3+y^3+z^3-3xyz=a-b+b-c+c-a=0$$

于是由恒等式

$$x^3+y^3+z^3-3xyz=$$
$$(x+y+z)(x^2+y^2+z^2-xy-yz-zx)$$

得到 $3xyz=0$. 不失一般性,设 $x=0$,则 $a=b$,所要求的关系显然都满足. 答案是使 $a=b$,或 $b=c$,或 $c=a$ 成立的所有三元数组 $(a,b,c)$.

**例 24**　证明:如果 $a+b+c+d=0$,那么

$$a^3+b^3+c^3+d^3=3(abc+bcd+cda+dab)$$

**证明**　由已知条件,可得

$$a^3+b^3+c^3-3abc=$$
$$(a+b+c)(a^2+b^2+c^2-ab-bc-ca)=$$
$$-d(a^2+b^2+c^2)+dab+dbc+dca$$

将 $a,b,c,d$ 轮换后,再写三个类似的等式,相加后得到

$$3(a^3+b^3+c^3+d^3)-3(abc+bcd+cda+dab)=$$
$$3(abc+bcd+cda+dab)-a(b^2+c^2+d^2)-$$
$$b(a^2+c^2+d^2)-c(a^2+b^2+d^2)-d(a^2+b^2+c^2)$$

另一方面,有

$$a(b^2+c^2+d^2)+b(a^2+c^2+d^2)+$$
$$c(a^2+b^2+d^2)+d(a^2+b^2+c^2)=$$
$$a^2(b+c+d)+b^2(c+d+a)+$$
$$c^2(a+b+d)+d^2(a+b+c)=$$
$$-a^3-b^3-c^3-d^3$$

这里第一个等式由重排各项得到,第二个等式由已知 $a+b+c+d=0$ 得到,于是

$$3(a^3+b^3+c^3+d^3)-3(abc+bcd+cda+dab)=$$
$$3(abc+bcd+cda+dab)+(a^3+b^3+c^3+d^3)$$

化简后就得到所求的结果.

**例 25**　设 $a,b,c$ 是不全相等的非零实数,且

$$\frac{1}{a}+\frac{1}{b}+\frac{1}{c}=1, a^3+b^3+c^3=3(a^2+b^2+c^2)$$

证明:$a+b+c=3$.

**证明**　第一个关系式可写成

$$3abc=3(ab+bc+ca)$$

所以

$$a^3+b^3+c^3-3abc=3(a^2+b^2+c^2-ab-bc-ca)$$

注意到

$$a^2+b^2+c^2-ab-bc-ca=$$
$$\frac{(a-b)^2+(b-c)^2+(c-a)^2}{2}\neq 0$$

就得到结果了.

## 练　习　题

1.分解因式

$$(b-c)^3+(c-a)^3+(a-b)^3$$

**解**　令

$$x=b-c, y=c-a, z=a-b$$

由

$$x^3+y^3+z^3-3xyz=$$
$$(x+y+z)(x^2+y^2+z^2-xy-yz-zx)$$

当 $x+y+z=0$ 时

$$x^3+y^3+z^3=3xyz$$

所以

$$原式=3(a-b)(b-c)(c-a)$$

2.(2002年上海交通大学保送生试题)$x,y,z\in \mathbf{R}_+$,满足 $x^2+y^2+z^2=1$,则 $\min\left(\frac{1}{x^2}+\frac{1}{y^2}+\frac{1}{z^2}\right)=$ (　　).

**解**

$$\frac{1}{x^2}+\frac{1}{y^2}+\frac{1}{z^2}=\left(\frac{1}{x^2}+\frac{1}{y^2}+\frac{1}{z^2}\right)(x^2+y^2+z^2)\geqslant$$
$$3\sqrt[3]{\frac{1}{x^2}\cdot\frac{1}{y^2}\cdot\frac{1}{z^2}}\cdot 3\sqrt[3]{x^2y^2z^2}=9$$

当且仅当 $x=y=z=\frac{\sqrt{3}}{3}$ 时

$$\min\left(\frac{1}{x^2}+\frac{1}{y^2}+\frac{1}{z^2}\right)=9$$

3. 设 $a,b,c\in\mathbf{R}_+$，证明：不等式

$$2\left(\frac{a+b}{2}-\sqrt{ab}\right)\leqslant 3\left(\frac{a+b+c}{3}-\sqrt[3]{abc}\right)$$

并说明在什么情况下取等号.

**证明**

$$3\left(\frac{a+b+c}{3}-\sqrt[3]{abc}\right)-2\left(\frac{a+b}{2}-\sqrt{ab}\right)=$$

$$c+2\sqrt{ab}-3\sqrt[3]{abc}$$

$$c+2\sqrt{ab}=$$

$$c+\sqrt{ab}+\sqrt{ab}\geqslant$$

$$3\sqrt[3]{\sqrt{ab}\cdot\sqrt{ab}\cdot c}=$$

$$3\sqrt[3]{abc}$$

所以

$$c+2\sqrt{ab}-3\sqrt[3]{abc}\geqslant 0$$

即得证，当且仅当 $c^2=ab$ 时取等号.

4.（第 2 届希望杯竞赛题）求方程 $x^3-\frac{3}{2}\sqrt[3]{6}x^2+3=0$ 的全部负根之和.

**解**　显然方程无零根，则方程化为

$$x+\frac{3}{x^2}=\frac{3}{2}\sqrt[3]{6} \qquad ⑤$$

$$x+\frac{3}{x^2}=\frac{x}{2}+\frac{x}{2}+\frac{3}{x^2}\geqslant 3\sqrt[3]{\frac{3}{4}}=\frac{3}{2}\sqrt[3]{6} \qquad ⑥$$

由式 ⑤ 可知仅当等号成立，即 $\frac{x}{2}=\frac{3}{x^2}$，亦即 $x=\sqrt[3]{6}$ 是原方程的一个正根. 于是，可将原方程化为

$$(x-\sqrt[3]{6})(x-\sqrt[3]{6})\left(x+\frac{\sqrt[3]{6}}{2}\right)=0$$

所以，方程仅有一个负根 $x=-\frac{\sqrt[3]{6}}{2}$.

5.（1976 年第 5 届美国数学奥林匹克竞赛题）如图 2，四面体 $PABC$ 中，面角 $\angle APB=\angle BPC=\angle CPA=90^{\circ}$，各棱长的和是 $S$. 求这个四面体的体积的最大值.

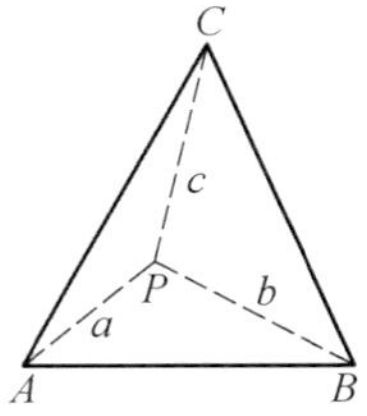


**图 2**

**解**　设 $PA=a, PB=b, PC=c$，则

$$S=a+b+c+\sqrt{a^2+b^2}+\sqrt{b^2+c^2}+\sqrt{c^2+a^2}$$

又

$$a+b+c\geqslant 3\sqrt[3]{abc}$$

$$\sqrt{a^2+b^2}+\sqrt{b^2+c^2}+\sqrt{c^2+a^2}\geqslant$$

$$\sqrt{2ab}+\sqrt{2bc}+\sqrt{2ca}\geqslant$$

$$3\sqrt[6]{8a^2b^2c^2}=3\sqrt{2}\sqrt[3]{abc}$$

所以

$$S\geqslant 3\sqrt[3]{abc}+3\sqrt{2}\sqrt[3]{abc}=3(1+\sqrt{2})\sqrt[3]{abc}$$

所以

$$V=\frac{1}{6}abc\leqslant\frac{1}{6}\left[\frac{S}{3(1+\sqrt{2})}\right]^3=\frac{S^3}{162(1+\sqrt{2})^3}$$

且当 $a=b=c$ 时，上式等号成立. 所以

$$V_{\max}=\frac{S^3}{162(1+\sqrt{2})^3}$$

6.（1996 年全国高中联赛试题）如果在区间[1,2]上，函数 $f(x)=x^2+px+q$ 与 $g(x)=x+\frac{1}{x^2}$ 在同一点取相同的最小值，那么，$f(x)$ 在该区间的最大值是（　　）.

A. $4+\frac{11}{2}\sqrt[3]{2}+\sqrt[3]{4}$　　B. $4-\frac{5}{2}\sqrt[3]{2}+\sqrt[3]{4}$

C. $1-\frac{1}{2}\sqrt[3]{2}+\sqrt[3]{4}$　　D. 以上答案都不对

**解**　选 B. 在[1,2]上

$$g(x)=x+\frac{1}{x^2}=\frac{x}{2}+\frac{x}{2}+\frac{1}{x^2}\geqslant 3\sqrt[3]{\frac{1}{4}}=\frac{3}{2}\sqrt[3]{2}$$

因为 $f(x)$ 与 $g(x)$ 在同一点上取相等的最小值，当 $\frac{x}{2}=\frac{1}{x^2}$，即 $x=\sqrt[3]{2}\in[1,2]$ 时

$$g(x)_{\min}=\frac{3}{2}\sqrt[3]{2}$$

所以

$$-\frac{p}{2}=\sqrt[3]{2},\frac{4q-p^2}{4}=\frac{3}{2}\sqrt[3]{2}$$

解得

$$p=-2\sqrt[3]{2},q=\frac{3}{2}\sqrt[3]{2}+\sqrt[3]{4}$$

于是

$$f(x)=x^2-2\sqrt[3]{2}x+\frac{3}{2}\sqrt[3]{2}+\sqrt[3]{4}$$

因为

$$\sqrt[3]{2}-1<2-\sqrt[3]{2}$$

所以

$$\max f(x)=f(2)=4-\frac{5}{2}\sqrt[3]{2}+\sqrt[3]{4}$$

7.(1989 年芜湖市竞赛题) 设 $\alpha,\beta,\gamma$ 为锐角

$$\tan\alpha\cdot\tan\beta\cdot\tan\gamma=1$$

求证

$$\cot^3\alpha+\cot^3\beta+\cot^3\gamma\geqslant\tan\alpha+\tan\beta+\tan\gamma$$

**证明**

$$\begin{aligned}\text{左边}=&\frac{\cot^3\alpha+\cot^3\beta+\cot^3\gamma}{3}+\frac{\cot^3\alpha+\cot^3\beta+1}{3}+\\&\frac{\cot^3\beta+\cot^3\gamma+1}{3}+\frac{\cot^3\alpha+\cot^3\gamma+1}{3}-1\geqslant\\&\cot\alpha\cdot\cot\beta\cdot\cot\gamma+\cot\alpha\cdot\cot\beta+\\&\cot\beta\cdot\cot\gamma+\cot\gamma\cdot\cot\alpha-1=\\&\cot\alpha\cdot\cot\beta+\cot\beta\cdot\cot\gamma+\cot\gamma\cdot\cot\alpha=\\&\tan\alpha+\tan\beta+\tan\gamma\end{aligned}$$

8. 设多项式 $p(x)=x^n+a_1x^{n-1}+\cdots+a_{n-1}+1$ 有 $n$ 个实数根,并且素数 $a_1,a_2,\cdots,a_{n-1}$ 均是非负的,求证:$p(2)\geqslant 3^n$.

**证明**　设 $-x_1,-x_2,\cdots,-x_n$ 为 $p(x)$ 的 $n$ 个实数根,则 $x_j>0(1\leqslant j\leqslant n)$,$x_1x_2\cdots x_n=1$.

所以

$$\begin{aligned}p(2)=&(2+x_1)(2+x_2)\cdots(2+x_n)=\\&(1+1+x_1)(1+1+x_2)\cdots(1+1+x_n)\geqslant\\&3\sqrt[3]{x_1}\cdot 3\sqrt[3]{x_2}\cdot\cdots\cdot 3\sqrt[3]{x_n}=\\&3^n\cdot\sqrt[3]{x_1x_2\cdots x_n}=3^n\end{aligned}$$

9. 求所有三元整数组 $(x,y,z)$,使得

$$x^3+y^3+z^3-3xyz=2\ 003$$

**解**

$$(x+y+z)[(x-y)^2+(y-z)^2+(z-x)^2]=4\ 006$$

因为 $4\ 006=2\times 2\ 003$,且

$$(x-y)^2+(y-z)^2+(z-x)^2\equiv 0 \pmod 2$$

所以

$$\begin{cases}x+y+z=1\\(x-y)^2+(y-z)^2+(z-x)^2=4\ 006\end{cases} \tag{7}$$

或

$$\begin{cases}x+y+z=2\ 003\\(x-y)^2+(y-z)^2+(z-x)^2=2\end{cases} \tag{8}$$

对于式 ⑦ 有

$$(x-y)^2+(x+2y-1)^2+(2x+y-1)^2=4\ 006$$

即

$$6x^2+6y^2+6xy-6x-6y+2=4\ 006$$

但

$$4\ 006\equiv 4 \pmod 6$$

矛盾.

对于式 ⑧,因为 $|x-y|$,$|y-z|$,$|z-x|$ 中有两个 1,一个 0,不妨设 $x\geqslant y\geqslant z$.

当 $x-1=y=z$ 时,$3y+1=2\ 003$,无解.

当 $x=y=z+1$ 时,$3x-1=2\ 003$,$x=668$.

因此,满足条件的三元整数组为

(668,668,667),(668,667,668),(667,668,668)

10.(美国数学邀请赛试题)设非负实数 $x_1$,$x_2$,…,$x_6$ 满足

$$x_1+x_2+\cdots+x_6=1, x_1x_3x_5+x_2x_4x_6\geqslant \frac{1}{540}$$

若

$$\max(x_1x_2x_3+x_2x_3x_4+x_3x_4x_5+x_4x_5x_6+x_5x_6x_1+x_6x_1x_2)=\frac{p}{q}$$

$$(p,q)=11$$

求 $p+q$.

**解**　设

$$r=x_1x_3x_5+x_2x_4x_6$$

$$s=x_1x_2x_3+x_2x_3x_4+x_3x_4x_5+x_4x_5x_6+x_5x_6x_1+x_6x_1x_2$$

由 AG 不等式

$$r+s=(x_1+x_4)(x_2+x_5)(x_3+x_6)\leqslant\left[\frac{(x_1+x_4)+(x_2+x_5)+(x_3+x_6)}{3}\right]^3=\frac{1}{27}$$

当且仅当

$$x_1+x_4=x_2+x_5=x_3+x_6=\frac{1}{3}$$

时,上式等号成立.因此

$$s\leqslant\frac{1}{27}-\frac{1}{540}=\frac{19}{540}$$

令

$$x_1=x_3=\frac{3}{10},x_5=\frac{1}{60},x_2=\frac{1}{3}-x_5=\frac{19}{60}$$

$$x_4=\frac{1}{3}-x_1=\frac{1}{30},x_6=\frac{1}{3}-x_3=\frac{1}{30}$$

则 $r=\frac{1}{540}$,$s=\frac{19}{540}$,进而 $p+q=559$.

11. 已知:$a,b,c\in\mathbf{R}_+$,且 $a+b+c=1$,求证

$$\left(a+\frac{1}{a}\right)\left(b+\frac{1}{b}\right)\left(c+\frac{1}{c}\right)\geqslant\frac{1\ 000}{27}$$

**证明** 原式左边 $\geqslant\left(\sqrt[3]{abc}+\sqrt[3]{\frac{1}{abc}}\right)^3$

因为

$$1=a+b+c\geqslant 3\sqrt[3]{abc}$$

所以

$$0<\sqrt[3]{abc}\leqslant\frac{1}{3}$$

注意到 $f(x)=x+\frac{1}{x}$ 在 $\left(0,\frac{1}{3}\right]$ 上为减函数,所以

$$\left(\sqrt[3]{abc}+\frac{1}{\sqrt[3]{abc}}\right)^3\geqslant\left(\frac{1}{3}+3\right)^3=\frac{1\ 000}{27}$$

从而

$$\left(a+\frac{1}{a}\right)\left(b+\frac{1}{b}\right)\left(c+\frac{1}{c}\right)\geqslant\frac{1\ 000}{27}$$

当且仅当 $a=b=c=\frac{1}{3}$ 时取等号.

**注** 可推广至:若 $x_k>0(k=1,2,\cdots,n)$,且 $\sum_{k=1}^{n}x_k=1$,则

$$\prod_{k=1}^{n}\left(x_k+\frac{1}{x_k}\right)\geqslant\left(n+\frac{1}{n}\right)^n$$

12.(1998 年 IMO 预选题)设 $x,y,z$ 是正实数,且 $xyz=1$,求证

$$\frac{x^3}{(1+y)(1+z)}+\frac{y^3}{(1+z)(1+x)}+\frac{z^3}{(1+x)(1+y)}\geqslant\frac{3}{4}$$

**证明** 原不等式等价于

$$x^4+x^3+y^4+y^3+z^4+z^3\geqslant\frac{3}{4}(x+1)(y+1)(z+1)$$

由于 $\forall u,v,w\in\mathbf{R}_+$，都有

$$u^3+v^3+w^3\geqslant 3uvw$$

我们可以转化为证明更强的不等式

$$x^4+x^3+y^4+y^3+z^4+z^3\geqslant$$

$$\frac{1}{4}[(x+1)^3+(y+1)^3+(z+1)^3]$$

成立.

设

$$f(t)=t^4+t^3-\frac{1}{4}(t+1)^3$$

$$g(t)=(t+1)(4t^2+3t+1)$$

则

$$f(t)=\frac{1}{4}(t-1)g(t)$$

且 $g(t)$ 在 $(0,+\infty)$ 上是严格递增函数，因为

$$x^4+x^3+y^4+y^3+z^4+z^3-$$

$$\frac{1}{4}[(x+1)^3+(y+1)^3+(z+1)^3]=$$

$$f(x)+f(y)+f(z)=$$

$$\frac{1}{4}(x-1)g(x)+\frac{1}{4}(y-1)g(y)+\frac{1}{4}(z-1)g(z)$$

故只要证明最后一个表达式非负即可.

假设 $x\geqslant y\geqslant z$，则 $g(x)\geqslant g(y)\geqslant g(z)>0$. 由 $xyz=1$，得

$$x\geqslant 1,z\leqslant 1$$

因为

$$(x-1)g(x)\geqslant(x-1)g(y)$$

$$(z-1)g(x)\leqslant(z-1)g(z)$$

所以

$\frac{1}{4}(x-1)g(x)+\frac{1}{4}(y-1)g(y)+\frac{1}{4}(z-1)g(z)\geqslant$

$\frac{1}{4}[(x-1)+(y-1)+(z-1)]g(y)=$

$\frac{1}{4}(x+y+z-3)g(y)\geqslant$

$\frac{1}{4}(\sqrt[3]{xyz}-3)g(y)=0$

故原不等式成立，等号当且仅当 $x=y=z$ 时成立.

13.(《美国数学月刊》问题征解栏中的问题）设 $x,y,z\in(0,+\infty)$，且 $x^2+y^2+z^2=1$，求函数 $f=x+y+z-xyz$ 的值域.

**解** 可用抽屉原理探得 $f$ 的值域为 $1<f\leqslant\frac{8\sqrt{3}}{9}$.

利用本题公式可以将其加强，有如下结果：

**定理** 设 $x,y,z\in(0,+\infty)$，且 $x^2+y^2+z^2=1$，则

$$g=x^3+y^3+z^3+3f\leqslant 3\sqrt{3}$$

**证明** 根据题意有

$g=x^3+y^3+z^3+3(x+y+z-xyz)=$

$3(x+y+z)+(x^3+y^3+z^3-3xyz)=$

$3(x+y+z)+(x+y+z)(x^2+y^2+z^2-yz-zx-xy)=$

$3(x+y+z)+(x+y+z)(1-yz-zx-xy)=$

$4(x+y+z)-(x+y+z)(yz+zx+xy)=$

$4(x+y+z)-\frac{1}{2}(x+y+z)[(x+y+z)^2-x^2-y^2-z^2]=$

$-\frac{1}{2}(x+y+z)^3+\frac{9}{2}(x+y+z)=$

$$-\frac{1}{2}(x+y+z-\sqrt{3})^2+(x+y+z+2\sqrt{3})+3\sqrt{3}\leqslant$$

$$3\sqrt{3}$$

14.(《中等数学》数学奥林匹克问题）已知 $a,b,c$ 为满足 $a+b+c=1$ 的正数，求证

$$\frac{1}{a(1+b)}+\frac{1}{b(1+c)}+\frac{1}{c(1+a)}\geqslant\frac{27}{4}$$

**证明**　由三元均值不等式有

$$\frac{1}{a(1+b)}+\frac{27}{4}a+\frac{27}{16}(1+b)\geqslant 3\sqrt[3]{\frac{27}{4}\times\frac{27}{16}}$$

$$\sum\frac{1}{a(1+b)}\geqslant$$

$$3\times 3\sqrt[3]{\frac{27}{4}\times\frac{27}{16}}-\frac{27}{4}\sum a-\frac{27}{16}\sum(1+b)=\frac{27}{4}$$

15.(《数学教学》数学问题与解答）已知实数 $a,b,c$ 满足 $a^3+b^3+c^3=3$，求证

$$ab+bc+ca\leqslant 3$$

**分析**　易见当 $a=b=c=1$ 时等号成立. 已知式为三次式，为使用三元均值不等式，可考虑给 $ab,bc,ca$ 配一个乘积项 1.

**证明**　由三元均值不等式有

$$ab=a\cdot b\cdot 1\leqslant\frac{a^3+b^3+1}{3}$$

同理

$$bc\leqslant\frac{b^3+c^3+1}{3},ca\leqslant\frac{a^3+c^3+1}{3}$$

三式相加整理即得

$$ab+bc+ca\leqslant 3$$

16.(2005 年上海市 TI 杯高二年级数学竞赛题）

已知 $a>0,b>0$，且 $a^3+b^3=2$，求 $a+b$ 的取值范围.

**解**　由 $a>0,b>0$ 知

$$(a+b)^3>a^3+b^3=2$$

所以

$$a+b>\sqrt[3]{2}$$

由三元均值不等式有

$$a\leqslant\frac{a^3+1+1}{3}=\frac{a^3+2}{3}$$

$$b=b\times1\times1\leqslant\frac{b^3+1+1}{3}=\frac{b^3+2}{3}$$

所以

$$a+b\leqslant\frac{(a^3+2)+(b^3+2)}{3}=2$$

故

$$\sqrt[3]{2}<a+b\leqslant2$$

17. 若不等式

$$a^3+b^3+c^3-3abc\geqslant M(a-b)(b-c)(c-a)$$

对所有非负实数 $a,b,c$ 成立，求实数 $M$ 的最大值.

**解**　不妨设 $M>0$，记

$$a=\min\{a,b,c\},c\geqslant b$$

且

$$b=a+x,c=a+y$$

对 $y\geqslant x\geqslant0$ 成立，则

$$\begin{aligned}&a^3+b^3+c^3-3abc\geqslant M(a-b)(b-c)(c-a)\\ \Leftrightarrow&(a+b+c)[(a-b)^2+(b-c)^2+(c-a)^2]\geqslant\\ &2M(-x)(x-y)y\\ \Leftrightarrow&(3a+x+y)(x^2-xy+y^2)\geqslant Mxy(y-x)\end{aligned}$$

设 $y\neq0$，若 $a=0$，则

$$f(t)=t^3+Mt^2-Mt+1\geqslant0$$

其中

$$t=\frac{x}{y}\quad (0\leqslant t\leqslant 1)$$

$$f'(t)=3t^2+2Mt-M$$

推得

$$t_{\min}=\frac{-M+\sqrt{M^2+3M}}{3}$$

故

$$\begin{aligned}f(t_{\min})\geqslant 0 &\Leftrightarrow 2M^3+9M^2+27\geqslant \\ &\quad (2M^2+6M)\sqrt{M^2+3M} \\ &\Leftrightarrow M^4-18M^2-27\leqslant 0 \\ &\Leftrightarrow M\leqslant \sqrt{9+6\sqrt{3}}\end{aligned}$$

又

$$a^3+b^3+c^3-3abc\geqslant \sqrt{9+6\sqrt{3}}(a-b)(b-c)(c-a)$$

对所有非负实数 $a,b,c$ 成立，等号在

$$a=0,b=\frac{-M+\sqrt{M^2+3M}}{3},c=1$$

时成立，其中 $M=\sqrt{9+6\sqrt{3}}$.

综上所述，$M_{\max}=\sqrt{9+6\sqrt{3}}$.

18. 利用公式证明下列恒等式：

(1) $(b+c)^3+(c+a)^3+(a+b)^3-3(b+c)(c+a)(a+b)=2(a^3+b^3+c^3-3abc)$.

(2) $(b-c)^3+(c-a)^3+(a-b)^3-3(b-c)(c-a)(a-b)=0$.

(3) $(a^2-bc)^3+(b^2-ac)^3+(c^2-ab)^3-3(a^2-bc)(b^2-ac)(c^2-ab)=(a^3+b^3+c^3-3abc)^2$.

(4) $(b+c-a)^3+(c+a-b)^3+(a+b-c)^3-$

$3(b+c-a)(c+a-b)(a+b-c)=4(a^3+b^3+c^3-3abc)$.

(5) $(3a-b-c)^3+(3b-c-a)^3+(3c-a-b)^3-3(3a-b-c)(3b-c-a)(3c-a-b)=16(a^3+b^3+c^3-3abc)$.

(6) $(na-b-c)^3+(nb-c-a)^3+(nc-a-b)^3-3(na-b-c)(nb-c-a)(nc-a-b)=(n+1)^2\cdot(n-2)(a^3+b^3+c^3-3abc)$.

19. 化简分式

$$\frac{a^3+b^3+c^3-3abc}{(a-b)^2+(b-c)^2+(c-a)^2}$$

20. 解方程

$$(a-x)^3+(b-x)^3=(a+b-2x)^3$$

21. 利用公式证明下列不等式：

设 $a>0,b>0,c>0,a\neq b,b\neq c,c\neq a$，和 $a+b>c$，求证

$$a^3+b^3+c^3+3abc>2(a+b)c^2$$

# 一元三次方程的一种解法

第 2 章

公式告诉我们,若一个一元三次方程能转化为上述三次齐次式,则能通过因式分解降次而求解. 注意到上述三次齐次式不含二次项,故我们先考虑一个缺少二次项的三次方程

$$x^3+mx+n=0 \quad (m,n\text{ 为实数}) \quad ①$$

令 $\begin{cases} m=-3ab \\ n=a^3+b^3 \end{cases}$,则方程 ① 可化为三次齐次式. 要确定 $a,b$ 的值,由

$$\begin{cases} ab=-\dfrac{m}{3} \\ a^3+b^3=n \end{cases} \Rightarrow \begin{cases} a^3b^3=-\dfrac{m^3}{27} \\ a^3+b^3=n \end{cases}$$

可知 $a^3,b^3$ 为一元二次方程 $x^2-nx-\dfrac{m^3}{27}=0$ 的两根,即 $a^3,b^3$ 由

$$\frac{1}{2}\left(n\pm\sqrt{n^2+\frac{4m^3}{27}}\right) \quad ②$$

确定.

对于一般实系数一元三次方程,总可以化为

$$x^3+px^2+qx+r=0 \quad (p,q,r\text{ 为实常数}) \qquad ③$$

要将方程 ③ 化为方程 ①,需消去二次项. 为此我们设 $x=y+k$($k$ 为待定常数),代入方程 ③ 有

$$y^3+(3k+p)y^2+(3k^2+2kp+q)y+$$
$$(k^3+pk^2+qk+r)=0 \qquad ④$$

令 $3k+p=0$,有 $k=-\frac{p}{3}$,则方程 ④ 化为

$$y^3=\left(q-\frac{p^2}{3}\right)y-\left(\frac{2p^3}{27}-\frac{pq}{3}+r\right)=0 \qquad ⑤$$

令 $m=q-\frac{p^2}{3}$,$n=\frac{2p^3}{27}-\frac{pq}{3}+r$,则方程 ⑤ 化为方程 ③,代入 ② 得

$$\frac{2p^3-9pq+27r\pm\sqrt{(2p^3-9pq+27r)^2+108\left(q-\frac{p^2}{3}\right)^3}}{54}$$

$a$,$b$ 分别取为

$$\sqrt[3]{\frac{2p^3-9pq+27r+\sqrt{(2p^3-9pq+27r)^2+108\left(q-\frac{p^2}{3}\right)^3}}{54}}$$

$$\sqrt[3]{\frac{2p^3-9pq+27r-\sqrt{(2p^3-9pq+27r)^2+108\left(q-\frac{p^2}{3}\right)^3}}{54}}$$

则方程 ⑤ 的一解为 $y=-(a+b)$,另两解由

$$y^2-(a+b)y+a^2+b^2-ab=0$$

确定. 从而方程 ④ 的一解为

$$x_1=-\left(a+b+\frac{p}{3}\right)$$

另两解由下述方程确定

$$\left(x+\frac{p}{3}\right)^2-(a+b)\left(x+\frac{p}{3}\right)+a^2+b^2-ab=0$$

$$\Rightarrow\left[\left(x+\frac{p}{3}\right)-\frac{a+b}{2}\right]^2=\frac{(a+b)^2}{4}-(a^2+b^2)+ab$$

$$\Rightarrow x_{2,3}=\frac{3(a+b)-2p\pm3\sqrt{6ab-3(a^2+b^2)}}{6}=$$

$$\frac{3(a+b)-2p\pm3\sqrt{3}(a-b)\mathrm{i}}{6}$$

显然，当

$$(2p^3-9pq+27r)^2+108\left(q-\frac{p^2}{3}\right)^3\geqslant0$$

时，$a$，$b$ 为实数，$x_1$ 为实数，$x_{2,3}$ 为复数.

# 吴大任教授藏书中的因式分解公式

# 第3章

一般人认为因式分解公式属初等代数范畴，难登大雅之堂，殊不知本书中的公式却在高深的理论中扮演了重要角色.

我国数学家吴大任先生是著名的几何学家.在他的藏书中有一本 Kuno Fladt 所著的德文版的《特殊平面曲线分析几何》，在书中多次用到本书中提到的公式.从这个意义上讲这是一个“顶天立地”的公式.为了原汁原味地体现出文献价值，我们选择原书中的部分内容列于后，供有兴趣的读者欣赏.

吴先生生于 1908 年，1930 年毕业于南开大学，1933 年赴英国留学，1935 年获硕士学位，1935 年至 1937 年在德

国汉堡大学师从布拉须凯教授进修积分几何，这本 Kuno Fladt 的书就是他带回的.

$$\begin{aligned}F \equiv\ & A\bar{x}_1^3 + B\bar{x}_1(\bar{x}_1^2 - \bar{x}_1\bar{x}_2 + \bar{x}_3^2) + \\ & C(2\bar{x}_2^3 - 3\bar{x}_2^2\bar{x}_3 - 3\bar{x}_2\bar{x}_3^2 + 2\bar{x}_3^3) = \\ & A\bar{x}_1^3 + B\bar{x}_1(\bar{x}_1^2 - \bar{x}_2\bar{x}_3 + \bar{x}_3^2) + \\ & C(\bar{x}_2 + \bar{x}_3)(2\bar{x}_2 - \bar{x}_3)(\bar{x}_2 - 2\bar{x}_3) \qquad ①\end{aligned}$$

Weiter ist num

$$\bar{x}_2^2 - \bar{x}_2\bar{x}_3 + \bar{x}_3^2 \equiv (\bar{x}_2 + \varepsilon\bar{x}_3)(\bar{x}_2 + \varepsilon^2\bar{x}_3)$$

wo

$$\varepsilon = \frac{-1 + \mathrm{i}\sqrt{3}}{2}$$

eine sogenannte dritte Einheitswurzel mit $1 + \varepsilon + \varepsilon^2 = 0$ ist.

Transformiert man nochmals, so daβ

$$\bar{\bar{x}}_2 = \bar{x}_2 + \varepsilon\bar{x}_3, \bar{\bar{x}}_3 = \bar{x}_2 + \varepsilon^2\bar{x}_3 \qquad ②$$

ist, so wird der Faktor von $C$ einfach $\bar{\bar{x}}_2^3 + \bar{\bar{x}}_3^3$, da

$$\begin{aligned}& (\bar{\bar{x}}_2 + \bar{\bar{x}}_3)(\bar{\bar{x}}_2 + \varepsilon\bar{\bar{x}}_3)(\bar{\bar{x}}_2 + \varepsilon^2\bar{\bar{x}}_3) = \\ & (2\bar{x}_2 - \bar{x}_3)(-\varepsilon^2\bar{x}_2 - \varepsilon^2\bar{x}_3)(-\varepsilon\bar{x}_2 + 2\varepsilon\bar{x}_3) = \\ & (2\bar{x}_2 - \bar{x}_3)(\bar{x}_2 + \bar{x}_3)(\bar{x}_2 - 2\bar{x}_3)\end{aligned}$$

ist.

Damit kommt

$$F = A\bar{\bar{x}}_1^3 + C(\bar{\bar{x}}_2^3 + \bar{\bar{x}}_3^3) + B\bar{x}_1\bar{\bar{x}}_2\bar{\bar{x}}_3$$

oder indem man noch die Konstanten $A$ und $C$ zu den Koordinaten hinzunimmt

$$F \equiv x_1^3 + x_2^3 + x_3^3 + 6mx_1x_2x_3 = 0 \qquad ③$$

die berühmte Hessesche Normalform oder kanonische Form der Gleichung einer allgemeinen Kurve 3. Ordnung.

Nun ist aber die Frage, wie es mit dem Reellsein dieser Gleichung bestellt ist: bei reellem $m$ stellt sie eine durchaus reelle Kurve dar, wenn nur die Koordinatenachsen wirklich reell sind, was aber infolge der verschiedenen Transformationen gar nicht ausgemacht ist. Wir können uns aber folgendermaßen davon überzeugen.

Zunächst sagten wir schon in Nr. 66, daß jedenfalls nicht alle Wendepunkte reell sein können, weil die Konfiguration $9_4\ 12_3$ nicht reell sein können. Daß dem so ist, folgt so. Gibt man den dortigen Wendepunkten die Koordinaten

$$\overset{a_1}{1\mid 0\mid 0}\quad \overset{a_2}{0\mid 1\mid 0}\quad \overset{b_1}{0\mid 0\mid 1}\quad \overset{b_2}{1\mid 1\mid 1}$$

so folgt daraus, daß

$$a_1a_2a_3 \mid b_1b_2b_3 \mid c_1c_2c_3, a_1b_1c_1 \mid a_2b_2c_2 \mid a_3b_3c_3$$

$$a_1b_2c_3 \mid a_2b_3c_1 \mid a_3b_1c_2, a_1b_3c_2 \mid a_2b_1c_3 \mid a_3b_2c_1$$

vier Geradentripel bilden, mit leichter Mühe, daß die Punkte die Koordinaten

$$\overset{a_3}{-\varepsilon\mid 1\mid 0}\quad \overset{b_3}{1\mid 1\mid -\varepsilon}\quad \overset{c_1}{1\mid 0\mid -\varepsilon}\quad \overset{c_2}{\varepsilon\mid -1\mid \varepsilon}\quad \overset{c_3}{0\mid 1\mid 1}$$

haben, wo $\varepsilon$ eine 3. Einheitswurzel ist.

Da die Bestimmung der Wendepunkte von einer Gleichung 9. Grades mit reellen Koeffizienten abhängt, so gibt es mindestens einen reellen Wendepunkt. Da sicher nicht alle Wendepunkte reell sind, so gibt es sicher zwei konjugiert imaginäre Wendepunkte. Wir wollen annehmen, dies seien die

beiden auf $x_2=0$ und $x_3=0$. Dann sind auch $x_2=0$ und $x_3=0$ konjugiert imaginär, während $x_1=0$ reell ist. Damit sind auch $\overline{x}_2=0$ und $\overline{x}_3=0$ in Gleichung ① konjugiert imaginär, $\overline{x}_1$ reell. Setzt man etwa $\overline{x}_2=x+\mathrm{i}\xi$, $\overline{x}_3=x-\mathrm{i}\xi$, so findet man

$$(\overline{x}_2+\varepsilon\overline{x}_3)(\overline{x}_2+\varepsilon^2\overline{x}_3)=\overline{\overline{x}}_2\overline{\overline{x}}_3=x^2-3\xi^2=$$
$$(x+\sqrt{3}\xi)(x-\sqrt{3}\xi)$$

$\overline{\overline{x}}_2=0$ und $\overline{\overline{x}}_3=0$ samt $\overline{\overline{x}}_1=0$ sind also tatsächlich reell.

Die kanonische Form ③ bezieht sich also auf reelle Koordinatenachsen, $m$ muß reell sein, wenn die Kurve es sein soll.

**Nochmals die Konfiguration der Wendepunkte. Die Konfiguration der Wendepunktspolaren**

Aus der Gleichung ③ können wir nun sofort wieder alles auf die Wendepunktskonfiguration Bezügliche, dazu aber noch viel mehr entnehmen.

Schreibt man ③ z. B. in der Form

$$F\equiv(-2mx_1)^3+x_2^3+x_3^3-$$
$$3(-2mx_1)x_2x_3+(8m^3+1)x_1^3=0$$

so läßt sich dafür wegen der Identität

$$y_1^3+y_2^3+y_3^3-3y_1y_2y_3=$$
$$(y_1+y_2+y_3)(y_1+\varepsilon y_2+\varepsilon^2y_3)(y_1+\varepsilon^2y_2+\varepsilon y_3) \quad ④$$

wenn man dasselbe in bezug auf $x_2$ und $x_3$ macht, auf drei verschiedene Arten

$$\begin{cases}(-2mx_1+x_2+x_3)(-2mx_1+\varepsilon x_2+\varepsilon^2 x_3)\cdot\\(-2mx_1+\varepsilon^2 x_2+\varepsilon x_3)+(8m^3+1)x_1^3=0\\(x_1-2mx_2+x_3)(\varepsilon^2 x_1-2mx_2+\varepsilon x_3)\cdot\\(\varepsilon x_1-2mx_2+\varepsilon^2 x_3)+(8m^3+1)x_2^3=0\\(x_1+x_2-2mx_3)(\varepsilon x_1+\varepsilon^2 x_2-2mx_3)\cdot\\(\varepsilon^2 x_1+\varepsilon x_2-2mx_3)+(8m^3+1)x_3^3=0\end{cases} \quad ⑤$$

schreiben.

Aus ⑤ entnimmt man aber sofort alle Wendepunkte mit ihren Wendetangenten.

Wendepunkte

| | | |
|---|---|---|
| $a_1$ | $x_1=0, x_2+x_3=0$ | $0 \mid 1 \mid -1$ |
| $a_2$ | $x_2=0, x_3+x_1=0$ | $-1 \mid 0 \mid 1$ |
| $a_3$ | $x_3=0, x_1+x_2=0$ | $1 \mid -1 \mid 0$ |
| $b_1$ | $x_1=0, x_2+\varepsilon x_3=0$ | $0 \mid -\varepsilon \mid 1$ |
| $b_2$ | $x_2=0, x_3+\varepsilon x_1=0$ | $1 \mid 0 \mid -\varepsilon$ |
| $b_3$ | $x_3=0, x_1+\varepsilon x_2=0$ | $-\varepsilon \mid 1 \mid 0$ |
| $c_1$ | $x_1=0, \varepsilon x_2+x_3=0$ | $0 \mid 1 \mid -\varepsilon$ |
| $c_2$ | $x_2=0, \varepsilon x_3+x_1=0$ | $-\varepsilon \mid 0 \mid 1$ |
| $c_3$ | $x_3=0, \varepsilon x_1+x_2=0$ | $1 \mid -\varepsilon \mid 0$ |

Wendetangenten in

$$\begin{array}{ll}a_1 & -2mx_1+x_2+x_3=0\\ a_2 & x_1-2mx_2+x_3=0\\ a_3 & x_1+x_2-2mx_3=0\\ b_1 & -2mx_1+\varepsilon x_2+\varepsilon^2 x_3=0\\ b_2 & \varepsilon^2 x_1-2mx_2+\varepsilon x_3=0\\ b_3 & \varepsilon x_1+\varepsilon^2 x_2-2mx_3=0\\ c_1 & -2mx_1+\varepsilon^2 x_2+\varepsilon x_3=0\\ c_2 & -\varepsilon x_1-2mx_2+\varepsilon^2 x_3=0\\ c_3 & \varepsilon^2 x_1+\varepsilon x_2-2mx_3=0\end{array}$$

Man ersieht den:

Satz. Eine allgemeine Kurve 3. Ordnung besitzt drei reelle und sechs paarweise konjugierte imaginäre Wendepunkte. Die drei reellen Wendepunkte liegen in einer Geraden.

Nach dem 5. Satz liegen je drei Wendepunkte auf einer von zwölf Geraden. Deren Gleichungen können wir wieder mit einem Schlag angeben. Wir zerlegen diesmal z. B.

$$F \equiv x_1^3 + x_2^3 + x_3^3 - 3x_1x_2x_3 + 3(2m+1)x_1x_2x_3 = 0$$

und weiter folgendermaßen

$$\begin{gathered}(x_1 + x_2 + x_3)(x_1 + \varepsilon x_2 + \varepsilon^2 x_3)(x_1 + \varepsilon^2 x_2 + \varepsilon x_3) + 3(2m+1)x_1x_2x_3 = 0\\ (\varepsilon x_1 + x_2 + x_3)(x_1 + \varepsilon x_2 + x_3)(x_1 + x_2 + \varepsilon x_3) + 3\varepsilon(2m+\varepsilon)x_1x_2x_3 = 0\\ (\varepsilon^2 x_1 + x_2 + x_3)(x_1 + \varepsilon^2 x_2 + x_3)(x_1 + x_2 + \varepsilon^2 x_3) + 3\varepsilon^2(2m+\varepsilon^2)x_1x_2x_3 = 0\end{gathered} \qquad ⑥$$

Die zwölf in ⑥ auftretenden Geraden, von denen vier reell sind, stellen die Geraden des 5. Satzes, die sogenannten Wendepunktsgeraden dar, und zwar

$$\begin{array}{llll} x_1 + x_2 + x_3 = 0 & & a_1a_2a_3 \equiv A_1 \\ x_1 + \varepsilon x_2 + \varepsilon^2 x_3 = 0 & & b_1b_2b_3 \equiv A_2 \\ x_1 + \varepsilon^2 x_2 + \varepsilon x_3 = 0 & & c_1c_2c_3 \equiv A_3 \\ x_1 = 0 & & a_1b_1c_1 \equiv B_1 \\ x_2 = 0 & & a_2b_2c_2 \equiv B_2 \\ x_3 = 0 & & a_3b_3c_3 \equiv B_3 \\ \varepsilon x_1 + x_2 + x_3 = 0 & & a_1b_2c_3 \equiv C_1 \\ x_1 + \varepsilon x_2 + x_3 = 0 & & a_2b_3c_1 \equiv C_2 \end{array}$$

$$\begin{array}{ll} x_1 + x_2 + \varepsilon x_3 = 0 & a_3 b_1 c_2 \equiv C_3 \\ \varepsilon^2 x_1 + x_2 + x_3 = 0 & a_1 b_3 c_2 \equiv D_1 \\ x_1 + \varepsilon^2 x_2 + x_3 = 0 & a_2 b_1 c_3 \equiv D_2 \\ x_1 + x_2 + \varepsilon^2 x_3 = 0 & a_3 b_2 c_1 \equiv D_3 \end{array}$$

Vermöge des Schemas der Fig. 3 lassen sie sich sofort überblicken, und es lassen sich auch je die vier Geraden durch einen Wendepunkt angeben, z. B. $A_2$, $B_2$, $C_1$, $D_3$ durch $b_2$. Die Geradentripel $A_1A_2A_3$, $B_1B_2B_3$, $C_1C_2C_3$, $D_1D_2D_3$ bilden die vier sogenannten Wendedreiseite.

Nun können wir aber auch sofort noch die neun harmonischen Polaren der Wendepunkte, kurz Wendepunktspolaren, angeben. Durch den Wendepunkt $a_1$ gehen die vier Wendepunktsgeraden

$$a_1a_2a_3 \qquad a_1b_1c_1 \qquad a_1b_2c_3 \qquad a_1b_3c_2$$

Seine harmonische Polare geht also nach dem 4. Satz durch die Schnittpunkte von:

$b_1b_2$ und $c_1c_3$, $a_2b_2$ und $a_3c_3$, $a_2c_1$ und $a_3b_1$, $b_1c_3$ und $b_2c_1$, d. h. $A_2$ und $A_3$, $B_2$ und $B_3$, $C_2$ und $C_3$, $D_2$ und $D_3$.

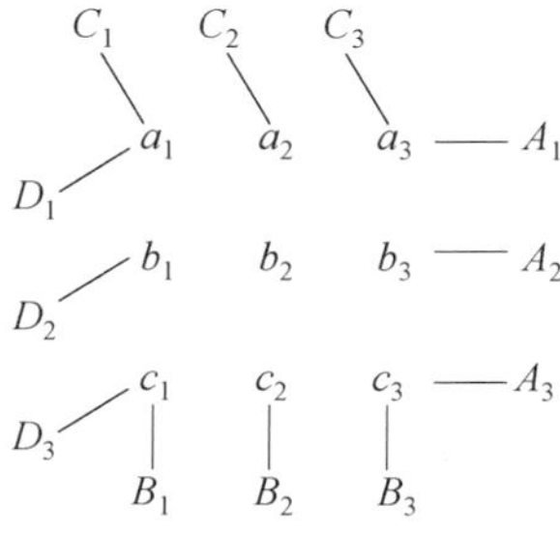


**Fig. 3**

Dieses bedeutet den:

Satz. Die harmonische Polare irgendeines Wendepunkts

auf einer Seite eines Wendedreiseits geht durch die Gegenecke der Seite.

Jede harmonische Polare geht also durch je eine Ecke der vier Wendedreiseite, und jede solche Ecke liegt auf drei harmonischen Polaren, nämlich denjenigen, deren zugehörige Wendepunkte auf der Gegenseite des betreffenden Wendedreiseits liegen.

Die harmonischen Polaren gehen also zu je drei durch die zwölf Ecken von vier Dreiecken, die Ecken liegen ihrerseits zu je vier auf den Polaren. Sie bilden eine Konfiguration $9_3\ 12_4$, die zur Wendepunktskonfiguration dual ist.

Die harmonische Polare von $a_1$ geht durch den Schnittpunkt von $A_2$ und $A_3$, d. h. $1 \mid 1 \mid 1$ und von $B_2$ und $B_3$, d. h. $1 \mid 0 \mid 0$, hat also die Gleichung $x_2 - x_3 = 0$.

Ähnlich folgen die Gleichungen der übrigen acht Polaren. Die Dualität zu den Wendepunkten tritt ins Licht, wenn man statt ihrer Gleichungen ihre Koordinaten angibt. Man findet sie, indem man in den Wendepunktskoordinaten einfach $\varepsilon$ mit $\varepsilon^2$ vertauscht.

**Einiges über die Gleichungen 3. und 4. Grades mit einer Unbekannten**

Wir schalten hier einiges immer wieder Nützliches über die Gleichungen 3. und 4. Grades mit einer Unbekannten ein. Die Gleichung 3. Grades

$$a_0x^3 + 3a_1x^2 + 3a_2x + a_3 = 0 \qquad ⑦$$

geht durch die Substitution

$$x = \bar{x} - \frac{a_1}{a_0} \qquad ⑧$$

mittels der Abkürzungen

$$a_0a_2-a_1^2=\Delta_1, a_0a_3-a_1a_2=\Delta_2, a_1a_3-a_2^2=\Delta_3 \qquad ⑨$$

über in

$$\bar{x}^3+3\frac{\Delta_1}{a_0^2}\bar{x}-\frac{-a_0\Delta_2+2a_1\Delta_1}{a_0^3}=0 \qquad ⑩$$

Nun löst man die Gleichung

$$\bar{x}^3+3p\bar{x}-2q=0 \qquad ⑪$$

folgendermaßen. Man setzt

$$\bar{x}=u+v \qquad ⑫$$

und erhält aus ⑪

$$u^3+v^3-2q+3(u+v)(uv+p)=0 \qquad ⑬$$

$u$ und $v$ schreibt man die Bedingungen

$$uv=-p, u^3+v^3=2q \qquad ⑭$$

vor.

Aus ⑭ folgt

$$v=-\frac{p}{u} \qquad ⑮$$

und damit kommt aus ⑭

$$u^6-2qu^3-p^3=0, u^3=q\pm\sqrt{q^2+p^3} \qquad ⑯$$

$$\begin{cases} u_1=\sqrt[3]{q\pm\sqrt{q^2+p^3}}=u_0 \\ u_2=\varepsilon u_0 \\ u_3=\varepsilon^2 u_0 \\ \varepsilon=\dfrac{-1+i\sqrt{3}}{2} \end{cases} \qquad ⑰$$

Damit ergibt sich aus ⑮ und ⑫

$$\begin{cases}\overline{x}_1 = u_0 - \dfrac{p}{u_0} \\ \overline{x}_2 = \varepsilon u_0 - \dfrac{p}{\varepsilon u_0} \\ \overline{x}_3 = \varepsilon^2 u_0 - \dfrac{p}{\varepsilon^2 u_0} \\ \dfrac{1}{u_0} = -\dfrac{\sqrt[3]{q \mp \sqrt{q^2 + p^3}}}{p}\end{cases} \quad ⑱$$

oder auch

$$\begin{cases}\overline{x}_1 = \sqrt[3]{q + \sqrt{q^2 + p^3}} + \sqrt[3]{q - \sqrt{q^2 + p^3}} \\ \overline{x}_2 = \varepsilon\sqrt[3]{q + \sqrt{q^2 + p^3}} + \varepsilon^2\sqrt[3]{q - \sqrt{q^2 + p^3}} \\ \overline{x}_3 = \varepsilon^2\sqrt[3]{q + \sqrt{q^2 + p^3}} + \varepsilon\sqrt[3]{q - \sqrt{q^2 + p^3}}\end{cases} \quad ⑲$$

Der andere Wert von $u_0$ liefert die Werte von $\overline{x}$ in der Reihenfolge $\overline{x}_1\overline{x}_2\overline{x}_3$.

Die Wurzeln ⑲ sind verschieden, wenn $q^2 + p^3 \neq 0$ ist. Ist $q^2 + p^3 > 0$, so ist eine Wurzel reell, ist $q^2 + p^3 < 0$, so sind es, worauf wir hier nicht näher eingehen, alle drei. Für $q^2 + p^3 = 0$ kommt $\overline{x}_1 = 2\sqrt[3]{q}$, $x_2 = \overline{x}_3 = -\sqrt[3]{q}$, d. h. es sind zwei Wurzeln gleich.

Die Größe

$$\Delta = -4a_0^4(q^2 + p^3) = -\frac{(-a_0\Delta_2 + 2a_1\Delta_1)^2 + 4\Delta_1^3}{a_0^2} =$$

$$-\frac{a_0^2\Delta_2^2 - 4a_0a_1\Delta_1\Delta_2 + 4a_0a_2\Delta_1^2}{a_0^2} =$$

$$-\frac{a_0\Delta_2^2 + 4\Delta_1\overbrace{(-a_1\Delta_2 + a_2\Delta_1)}^{-a_0\Delta_3}}{a_0} =$$

$$4\Delta_1\Delta_3 - \Delta_2^2 \quad ⑳$$

heiβt die Diskriminante der Gleichung ⑩ oder ⑦. Sie ist andererseits

$$\Delta=\frac{a_0^4}{27}(\bar{x}_2-\bar{x}_3)^2(\bar{x}_3-\bar{x}_1)^2(\bar{x}_1-\bar{x}_2)^2=$$

$$\frac{a_0^4}{27}(x_2-x_3)^2(x_3-x_1)^2(x_1-x_2)^2 \qquad ㉑$$

Die Wurzeln von ⑦ sind $\left\{\begin{array}{l}\text{reell und verschieden,}\\ \text{reell, darunter zwei gleiche,}\\ \text{eine reell, zwei imaginär,}\end{array}\right\}$

wenn $\Delta \gtreqless$ ist.

**Der Salmonsche Satz**

Die Hessesche Kurve der Kubik

$$F\equiv x_1^3+x_2^3+x_3^3+6mx_1x_2x_3=0 \qquad ㉒$$

ist

$$\frac{1}{6}H\equiv\begin{vmatrix} x_1 & mx_3 & mx_2\\ mx_3 & x_2 & mx_1\\ mx_2 & mx_1 & x_3\end{vmatrix}\equiv$$

$$m^2(x_1^3+x_2^3+x_3^3)-(1+2m^3)x_1x_2x_3=0 \qquad ㉓$$

Diese Form bestätigt den in Nr. 66 erhaltenen Satz, daβ die Kurven 3. Ordnung $F=0$ und $H=0$ demselben syzygetischen Büschel angehören.

Bei gegebener Hessescher Kurve

$$\frac{1}{6m^2}H\equiv x_1^3+x_2^3+x_3^3+6\mu x_1x_2x_3=0 \qquad ㉔$$

gibt es offenbar drei Kurven $F=0$. Es ist

$$6\mu=-\frac{1+2m^3}{m^2} \qquad ㉕$$

$m$ ist die wesentliche Konstante der allgemeinen

nicht singulären Kurve 3. Ordnung. $m$ selbst hat zwar keine geometrische Bedeutung, es gibt aber eine geometrische Größe, die nur vom $m$ abhängt. Diese ist das DV der vier Tangenten, die man von einem Punkt $P$ der Kurve $F=0$ an diese (außer der Tangente in $P$ selbst) noch legen kann. Es gilt der Salmonsche Satz (George Salmon, 1819—1904), daß der Wert dieses DV für alle Punkte der Kurve derselbe, also eine Invariante der Kurve ist.

Seien die vier von $P$ ausgehenden Tangenten $PA, PB, PC, PD$ ($A, B, C, D$ die Berührpunkte), so liegen $A, B, C, D$ mit $P$ auf einem Kegelschnitt, der kein anderer ist als der zu $P$ gehörige Polarkegelschnitt. Denn sind $p_1 \mid p_2 \mid p_3$ die Koordinaten von $P$, so daß $F(p)=0$ ist, so trifft die Gerade $\rho x = p + \lambda q$ durch $P$ die $C_3$ noch in zwei Punkten, deren $\lambda$-Werte der Gleichung

$$[F_1(p)q_1 + F_2(p)q_2 + F_3(p)q_3] + [F_{11}(p)q_1^2 + \cdots]\frac{\lambda}{2!} + F(q)\lambda^2 = 0 \quad ㉖$$

genügen.

Damit $q$ Berührpunkt einer Tangente von $P$ an die $C_3$ ist, muß die Gleichung ㉖ zwei Wurzeln $\lambda=\infty$ besitzen, es muß außer $F(q)=0$ auch noch $F_{11}q_1^2+\cdots=0$ sein. $q$ liegt also auf dem Polarkegelschnitt

$$F_{11}x_1^2 + F_{22}x_2^2 + F_{33}x_3^2 + 2F_{23}x_2x_3 + 2F_{31}x_3x_1 + 2F_{12}x_1x_2 = 0 \quad ㉗$$

von $p$, dem auch $P$ angehört (Eulerscher Satz). Die Tangente von ㉗ in $p$ ist

$$(F_{11}p_1+\cdots)x_1+(F_{12}p_2+\cdots)x_2+(F_{13}p_3+\cdots)x_3=0$$

oder $F_1x_1 + F_2x_2 + F_3x_3 = 0$, d. h. die Kurventangente in $P$. Der "Nachbarpunkt" $P'$ von $P$ auf der $C_3$ liegt also auch auf dem Kegelschnitt. Die Tangenten von $P'$ an die $C_3$ gehen durch $A,B,C,D$, und es ist $P'(A,B,C,D)\ \overline{\wedge}\ P(A,B,C,D)$, d. h. das Tangenten-DV ändert sich beim Übergang zum Nachbarpunkt nicht.

Dieser "unstrenge" Beweis ersetze den algebraischen, auf den wir verzichten müssen, wenn die $C_3$ in der allgemeinen Gestalt ㉓ der Nr. 64 gegeben ist. Für die Hessesche Normalform lautet der algebraische Beweis so:

Die Bedingung, daβ bei beliebigem $q$ die Gerade $\rho x=p+\lambda q$ durch den Punkt $P(p_1 \mid p_1 \mid p_3)$ der $C_3$ diese berührt, lautet gemäβ ㉖

$$16\{F_1(p)q_1+\cdots\}F(q)-\{F_{11}q_1^2+\cdots\}^2=0 \qquad ㉘$$

Die Berührpunkte der Tangenten von $P$ an die $C_3$ liegen also auf der Kurve 4. Ordnung

$$16\{F_1(p)x_1+F_2(p)x_2+F_3(p)x_3\}F(x)-\{F_{11}(p)x_1^2+F_{22}(p)x_2^2+F_{33}(p)x_3^2+2F_{23}(p)x_2x_3+2F_{31}(p)x_3x_1+2F_{12}(p)x_1x_2\}^2=0 \qquad ㉙$$

Wir behaupten nun, daβ diese Gleichung nichts anderes als die vier Tangenten von $P$ an die $C_3$ darstellt.

Wir schneiden ㉙ mit der Geraden $x = p + \lambda r$ durch $p$ bei beliebigem $r$.

Es wird

$$F(x) = (F_1(p)r_1 + \cdots)\lambda + (F_{11}r_1^2 + \cdots)\frac{\lambda^2}{2!} + F(r)\lambda^3$$

und nach Euler

$$F_{11}(p)x_1^2 + \cdots = 4(F_1 r_1 + \cdots)\lambda + (F_{11}r_1^2 + \cdots)\lambda^2$$

Trägt man alles in ㉙ ein, so bleibt

$$[16\{F_1(p)r_1 + \cdots\}F(r) - \{F_{11}(p)r_1^2\}^2]\lambda^4 = 0$$

d. h. die Gerade $\rho x = p + \lambda r$ trifft bei ganz beliebigem $r$ die Kurve ㉙ nur in $p$, und zwar in vier zusammenfallenden Punkten. Das ist nur möglich, wenn die Kurve ㉙ in vier Geraden zerfällt.

Das gesuchte DV der vier Tangenten ist nun gleich dem ihrer vier Schnittpunkte mit einer beliebigen Geraden, z. B. $x_3 = 0$. Das gibt für das Verhältnis $\frac{x_1}{x_2}$ der vier Schnittpunkte, wenn man sogleich für $F$ die Hessesche Normalform wählt

$$4\{(m^2 + 2mp_2p_3)x_1 + (p_2^2 + 2mp_3p_1)x_2\}(x_1^3 + x_2^3) - 3(p_1x_1^2 + 2mp_3x_1x_2 + p_2x_2^2)^2 = 0$$

oder

$$(p_1^2 + 8mp_2p_3)x_1^4 + 4(p_2^2 - mp_3p_1)x_1^3x_2 - 6(p_1p_2 + 2m^2p_3^2)x_1^2x_2^2 + 4(p_1^2 - mp_2p_3)x_1x_2^3 + (p_2^2 + 8mp_3p_1)x_2^4 = 0 \qquad ㉚$$

Das DV der vier Wurzeln von ㉚ aber genügt der Gleichung

$$J : (J-1) : 1 = g_2^3 : 27g_3^2 : \Delta_x = 4(\sigma^2 - \sigma + 1)^3 :$$

$$[(2\sigma-1)(\sigma-2)(\sigma+1)]^2 :$$
$$27\sigma^2(1-\sigma)^2$$

Man braucht nur $g_2$ und $g_3$ für die Werte

$$a_0 = p_1^2 + 8mp_2p_3$$
$$a_1 = p_2^2 - mp_3p_1$$
$$a_2 = -(p_1p_2 + 2m^2p_3^2)$$
$$a_3 = p_1^2 - mp_2p_3$$
$$a_4 = p_2^2 + 8mp_3p_1$$

auszurechnen. Wegen $F(p)=0$ erhält man

$$g_2 = 12m(m^3-1)p_3^4, g_3 = (1-20m^3-8m^6)p_3^6$$

und damit sofort

$$\frac{g_2^3}{27g_3^2} = \frac{\{4m(m^3-1)\}^3}{(8m^6+20m^3-1)^2}$$

so daβ die gesuchte berühmte Gleichung zwischen dem Tangenten-DV $\sigma$ und der Konstanten $m$ folgendermaβen lautet

$$64m^3(m^3-1)^3 : (8m^6+20m^3-1)^2 : [-27(8m^3+1)^3] = 4(\sigma^2-\sigma+1)^3 : [(2\sigma-1)(\sigma-2)(\sigma+1)]^2 : [27\sigma^2(1-\sigma)^2] \quad ㉛$$

Den Werten $\sigma = 1, 0, \infty$ entsprechen die Werte $m = -\frac{1}{2}, -\frac{\varepsilon}{2}, -\frac{\varepsilon^2}{2}, \infty$, den Werten $\sigma = \frac{1 \pm i\sqrt{3}}{2}$ die Werte $m = 0, 1, \varepsilon, \varepsilon^2$, den Werten $\sigma = -1, \frac{1}{2}, 2$ die Werte

$$m = \sqrt[3]{\frac{-5 \pm 3\sqrt{3}}{4}} = m_0, \varepsilon m_0, \varepsilon^2 m_0$$

Für reelle Kurven kommen natürlich nur die

reellen Werte von $m$ in Betracht.

$m=\infty$ gibt das Koordinatendreiseit, $m=-\frac{1}{2}$ liefert die zerfallenden Kurve

$$x_1^3+x_2^3+x_3^3-3x_1x_2x_3=(x_1+x_2+x_3)(x_1+\varepsilon x_2+\varepsilon^2x_3)(x_1+\varepsilon^2x_2+\varepsilon x_3) \quad ㉜$$

$m=0$ bzw. 1 die äquianharmonischen Kurven

$$x_1^3+x_2^3+x_3^3=0 \quad ㉝$$

und

$$x_1^3+x_2^3+x_3^3+6x_1x_2x_3=0 \quad ㉞$$

$$m=m_0=\sqrt[3]{\frac{-5\pm3\sqrt{5}}{4}}$$

die harmonischen Kurven

$$x_1^3+x_2^3+x_3^3+6m_0x_1x_2x_3=0 \quad ㉟$$

Für $m=-\frac{1}{2}$ und $\infty$ fällt die Kurve $F=0$ mit ihrer Hesseschen Kurve zusammen, für $m=0$ und 1 zerfällt die Hessesche Kurve in das Wendedreiseit $x_1x_2x_3=0$ bzw. die Geraden ㉜, $m=m_0$ ergibt die Hessesche Kurve

$$\sqrt[3]{10\mp6\sqrt{3}}\,(x_1^3+x_2^3+x_3^3)-6x_1x_2x_3=0$$

In diesem Fall ist die Hessesche Kurve von $H$ wieder die ursprüngliche Kurve.

Die Bedingungen

$$6\mu=-\frac{1+2m^3}{m^2} \text{ und } 6m=-\frac{1+2\mu^2}{\mu^2} \quad ㊱$$

ergeben nämlich die Gleichung

Newton 公式

$$64m^9 + 168m^6 + 12m^3 - 1 \equiv$$
$$(8m^6 + 20m^3 - 1)(8m^3 + 1) = 0$$

# 第4章 公式在解方程及方程组中的几个应用

**例 1** 证明:下列两方程

$$\sqrt[3]{x}+\sqrt[3]{y}=\sqrt[3]{z}$$

$$(z-x-y)^3=27xyz$$

(在实数域上)同解.

**证明** 若$\sqrt[3]{x}+\sqrt[3]{y}=\sqrt[3]{z}$,则两侧同时立方并注意

$$\sqrt[3]{x}+\sqrt[3]{y}=\sqrt[3]{z}$$

得

$$x+y+3\sqrt[3]{xyz}=z$$

由此

$$(z-x-y)^3=27xyz$$

反之,若$(z-x-y)^3=27xyz$,则

$$z-x-y=3\sqrt[3]{xyz} \qquad ①$$

当

$$x+y+3\sqrt[3]{xy}(\sqrt[3]{x}+\sqrt[3]{y})=z$$

或

$$z-x-y=3\sqrt[3]{xy}(\sqrt[3]{x}+\sqrt[3]{y}) \qquad ②$$

时，则等式$\sqrt[3]{x}+\sqrt[3]{y}=\sqrt[3]{z}$ 成立. 但因为式 ① 成立，所以式 ② 当且仅当

$$3\sqrt[3]{xyz}=3\sqrt[3]{xy}(\sqrt[3]{x}+\sqrt[3]{y})$$

时才成立，而若设 $xy\neq 0$，则得

$$\sqrt[3]{x}+\sqrt[3]{y}=\sqrt[3]{z}$$

而若设 $xy=0$，则或 $x=0$，或 $y=0$. 这时 ① 具有如下形式(例如当 $y=0$)：$z-x=0$，当 $y=0$ 时，它当然和等式$\sqrt[3]{x}+\sqrt[3]{y}=\sqrt[3]{z}$ 等价.

若利用公式，则可将第一个方程变形为

$$\sqrt[3]{x}+\sqrt[3]{y}-\sqrt[3]{z}=0$$

第二个方程变形为

$$(\sqrt[3]{x})^3+(\sqrt[3]{y})^3+(-\sqrt[3]{z})^3-3\sqrt[3]{x}\sqrt[3]{y}(-\sqrt[3]{z})=0$$

设$\sqrt[3]{x}=a$，$\sqrt[3]{y}=b$，$-\sqrt[3]{z}=c$，则原题变为 $a+b+c=0$ 与$a^3+b^3+c^3-3abc=0$ 同解.

在 1978 年全国部分省市中学生数学竞赛中有一试题为：

**例 2** 求方程组

$$\begin{cases}x+y+z=0\\x^3+y^3+z^3=-18\end{cases}$$

的全部整数解.

**解** 因为有恒等式

$$x^3+y^3+z^3-3xyz=$$
$$(x+y+z)(x^2+y^2+z^2-xy-yz-zx)$$

所以，当 $x+y+z=0$ 时，就有

$$x^3+y^3+z^3=3xyz$$

但 $x^3+y^3+z^3=-18$,故

$$xyz=-6$$

因此只能是以下解

$$\begin{cases}x=1\\y=2\\z=-3\end{cases},\begin{cases}x=1\\y=-3\\z=2\end{cases},\begin{cases}x=2\\y=1\\z=-3\end{cases}$$

$$\begin{cases}x=2\\y=-3\\z=1\end{cases},\begin{cases}x=-3\\y=1\\z=2\end{cases},\begin{cases}x=-3\\y=2\\z=1\end{cases}$$

**例 3**　求

$$\begin{cases}x^3-xyz=a\sqrt{xyz}\\y^3-xyz=b\sqrt{xyz}\\z^3-xyz=c\sqrt{xyz}\end{cases}$$

其中 $a,b,c$ 是不为 0 的实数.

**解**　方程组总有解(0,0,0),下面只提这个解以外的解.

若

$$a+b+c=0,\frac{1}{a}+\frac{1}{b}+\frac{1}{c}<0$$

则解为

$$\left(-a\sqrt[3]{\frac{bc(b+c)}{(bc+ac+ab)^2}},-b\sqrt[3]{\frac{ac(a+c)}{(bc+ac+ab)^2}},\right.$$
$$\left.-c\sqrt[3]{\frac{ab(a+b)}{(bc+ac+ab)^2}}\right)$$

若 $a+b+c=0$,而$\frac{1}{a}+\frac{1}{b}+\frac{1}{c}>0$,则无解.

若

$$a+b+c\neq 0,\frac{abc}{a+b+c}>0$$

$$\frac{ab+ac+bc}{a+b+c}<0,(ab+bc+ca)^2\geqslant 4abc(a+b+c)$$

则解为

$$(\sqrt[3]{\lambda(\lambda+a)},\sqrt[3]{\lambda(\lambda+b)},\sqrt[3]{\lambda(\lambda+c)}) \qquad ③$$

其中 $\lambda$ 是两个正数之中的任意一个

$$\lambda=\frac{-(bc+ca+ab)\pm\sqrt{(bc+ca+ab)^2-4abc(a+b+c)}}{2(a+b+c)}$$

若

$$a+b+c\neq 0,\frac{abc}{a+b+c}<0,\frac{bc+ca+ab}{a+b+c}>0$$

则有一组解 ③,其中 $\lambda$ 为实数

$$\lambda=\frac{-(bc+ca+ab)+\sqrt{(bc+ca+ab)^2-4abc(a+b+c)}}{2(a+b+c)}$$

若

$$a+b+c\neq 0,\frac{abc}{a+b+c}<0,\frac{bc+ca+ab}{a+b+c}<0$$

则无解.

若

$$a+b+c\neq 0,\frac{abc}{a+b+c}>0,\frac{bc+ca+ab}{a+b+c}>0$$

则无解.

**注** 可将原方程组的三式相加得

$$x^3+y^3+z^3-3xyz=\sqrt{xyz}(a+b+c)$$

然后再讨论.

**例 4** $\frac{x^3+a^3}{(x+a)^3}+\frac{x^3+b^3}{(x+b)^3}+\frac{x^3+c^3}{(x+c)^3}+\frac{3}{2}\frac{x-a}{x+a}\cdot\frac{x-b}{x+b}\frac{x-c}{x+c}=\frac{3}{2}$.

**解** 由于

$$\frac{x^2-ax+a^2}{(x+a)^2}+\frac{x^2-bx+b^2}{(x+b)^2}+\frac{x^2-cx+c^2}{(x+c)^2}+$$

$$\frac{3}{2}\frac{(x-a)(x-b)(x-c)}{(x+a)(x+b)(x+c)}-\frac{3}{2}=0$$

$$1-\frac{3ax}{(x+a)^2}+1-\frac{3bx}{(x+b)^2}+1-\frac{3cx}{(x+c)^2}+$$

$$\frac{3}{2}\frac{(x-a)(x-b)(x-c)}{(x+a)(x+b)(x+c)}-\frac{3}{2}=0$$

$$\frac{1}{2}\frac{(x-a)(x-b)(x-c)}{(x+a)(x+b)(x+c)}+\frac{1}{2}-$$

$$x\left[\frac{a}{(x+a)^2}+\frac{b}{(x+b)^2}+\frac{c}{(x+c)^2}\right]=0$$

$$\frac{A}{(x+a)(x+b)(x+c)}-x\frac{B}{(x+a)^2(x+b)^2(x+c)^2}=0 \qquad ④$$

其中

$$A=x^3+(bc+ca+ab)x$$

$$B=a(x+b)^2(x+c)^2+b(x+a)^2(x+c)^2+$$
$$c(x+a)^2(x+b)^2$$

把式 ④ 通分后得

$$分母=(x+a)^2(x+b)^2(x+c)^2$$

$$分子=x^2[x^4-2(bc+ca+ab)x^2-8abcx+a^2b^2+$$
$$b^2c^2+c^2a^2-2a^2bc-2b^2ca-2c^2ab]$$

按费拉里方法对分子作变换(所谓费拉里方法,即四次有理整函数可以表为两个二次有理整函数的平方之差,这个方法一般导致解三次方程;这里给出了人为的变换)

$$[x^2-(ab+ac-bc)]^2-4bcx^2-8abcx-4a^2bc=$$
$$[x^2-(ab+ac-bc)]^2-4bc(x^2+2ax+a^2)=$$
$$[x^2-(ab+ac-bc)]^2-[2\sqrt{bc}(x+a)]^2=$$
$$(x^2+2\sqrt{bc}x+2a\sqrt{bc}-ab-ac+bc)\cdot$$
$$(x^2-2\sqrt{bc}x-2a\sqrt{bc}-ab-ac+bc)$$

得

$$x_1=-\sqrt{bc}+\sqrt{ab}-\sqrt{ac}$$
$$x_2=-\sqrt{bc}-\sqrt{ab}+\sqrt{ac}$$
$$x_3=\sqrt{bc}+\sqrt{ab}+\sqrt{ac}$$
$$x_4=\sqrt{bc}-\sqrt{ab}-\sqrt{ac}$$

若

$$abc(b-c)(c-a)(a-b)\neq 0$$

则所有这四个 $x$ 值和 $x_5=0$ 是原方程的根. 而如果在 $x_1,x_2,x_3,x_4,x_5$ 中有等于 $-a,-b,-c$ 的值,则这些值不是原方程的根. 若 $abc=0$,则 $x=0$ 不是原方程的根,而若 $abc\neq 0$,则 $x=0$ 是原方程的根.

**例 5** $x^3-\dfrac{3x}{ab}+\dfrac{a+b}{a^2b^2}=0.$

**解** 将使用一般解任意一个形如 $x^3+px+q=0$ 的三次方程的方法. 原方程中的数 $a$ 和 $b$ 亦可为复数. 令 $x=u+v$,那么

$$x^3=u^3+v^3+3uv(u+v)$$

代入原方程得

$$u^3+v^3+3uv(u+v)-\frac{3}{ab}(u+v)+\frac{a+b}{a^2b^2}=0$$

这样来选择 $u$ 和 $v$,使 $u+v$ 的系数为 $0$,$uv=\dfrac{1}{ab}$. 那么

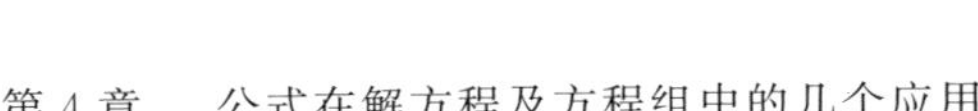


$$u^3+v^3=-\frac{a+b}{a^2b^2},u^3v^3=\frac{1}{a^3b^3}$$

$u^3,v^3$ 是方程

$$z^2+\frac{a+b}{a^2b^2}z+\frac{1}{a^3b^3}=0$$

的根.解该方程得

$$z_1=-\frac{1}{a^2b},z_2=-\frac{1}{ab^2}$$

于是

$$u=-\frac{1}{\sqrt[3]{a^2b}}\varepsilon,v=\frac{1}{abu}=-\frac{\sqrt[3]{a^2b}}{ab\varepsilon}=-\frac{\sqrt[3]{a^2b}}{ab}\varepsilon^2$$

其中 $\varepsilon$ 为$\sqrt[3]{1}$ 的三个值中的任意一个,即

$$1,\frac{1}{2}(-1\pm i\sqrt{3})$$

最后得

$$x_{1,2,3}=-\frac{1}{\sqrt[3]{a^2b}}\varepsilon-\frac{\sqrt[3]{a^2b}}{ab}\varepsilon^2$$

其中 $\varepsilon$ 的值为

$$1,\frac{1}{2}(-1+i\sqrt{3}),\frac{1}{2}(-1-i\sqrt{3})$$

而对根式$\sqrt[3]{a^2b}$ 每次取其中一个任意值.

**例 6** $\begin{cases}\sqrt{x^2+\sqrt[3]{x^4y^2}}+\sqrt{y^2+\sqrt[3]{x^2y^4}}=a\\x+y+3\sqrt[3]{bxy}=b\end{cases}$.

**解**　若 $a=|b|$,则$(0,b)$ 和$(b,0)$ 是方程组的解;若 $a\neq|b|$,则$(0,b)$ 和$(b,0)$ 不是方程组的解;若 $a=0,b\neq0$,则无解;若 $a=b=0$,则方程组有唯一解$(0,0)$;若 $a<0$,则无解;若 $a>0$,那么方程组中的第一个方程与方程

$$(\sqrt{x^2+\sqrt[3]{x^4y^2}}+\sqrt{y^2+\sqrt[3]{x^2y^4}})^2=a^2$$

或

$$\sqrt[3]{x^4y^2}+\sqrt[3]{x^2y^4}=\frac{a^2-x^2-y^2}{3} \quad ⑤$$

同解.而方程 ⑤ 与

$$(\sqrt[3]{x^4y^2}+\sqrt[3]{x^2y^4})^3=\left(\frac{a^2-x^2-y^2}{3}\right)^3$$

或

$$x^4y^2+x^2y^4+3x^2y^2(\sqrt[3]{x^4y^2}+\sqrt[3]{x^2y^4})=\left(\frac{a^2-x^2-y^2}{3}\right)^3 \quad ⑥$$

同解.由方程 ⑤ 和 ⑥ 可知

$$x^4y^2+x^2y^4+3x^2y^2\ \frac{a^2-x^2-y^2}{3}=\left(\frac{a^2-x^2-y^2}{3}\right)^3$$

或

$$a^2x^2y^2=\left(\frac{a^2-x^2-y^2}{3}\right)^3$$

或

$$3\sqrt[3]{a^2x^2y^2}=a^2-x^2-y^2 \quad ⑦$$

可以认为这个方程仅仅是方程 ⑤ 的系,因为 ⑤ 和 ⑥ 为同解方程.考虑恒等式

$$(\sqrt[3]{x^2}+\sqrt[3]{y^2})^3=x^2+y^2+3\sqrt[3]{x^2y^2}(\sqrt[3]{x^2}+\sqrt[3]{y^2})$$

由此并由方程 ⑦ 得

$$(\sqrt[3]{x^2}+\sqrt[3]{y^2})^3=a^2-3\sqrt[3]{a^2x^2y^2}+3\sqrt[3]{x^2y^2}(\sqrt[3]{x^2}+\sqrt[3]{y^2})$$

$$(\sqrt[3]{x^2}+\sqrt[3]{y^2})^3-a^2=3\sqrt[3]{x^2y^2}(\sqrt[3]{x^2}+\sqrt[3]{y^2}-\sqrt[3]{a^2})$$

$$(\sqrt[3]{x^2}+\sqrt[3]{y^2}-\sqrt[3]{a^2})[\sqrt[3]{x^4}+2\sqrt[3]{x^2y^2}+\sqrt[3]{y^4}+\sqrt[3]{a^2}(\sqrt[3]{x^2}+\sqrt[3]{y^2})+\sqrt[3]{a^4}]=0$$

而由于对任意的 $x$ 和 $y$ 第二个因式为正,并且不等于 0,则

$$\sqrt[3]{x^2}+\sqrt[3]{y^2}=\sqrt[3]{a^2} \qquad ⑧$$

因此,方程 ⑧ 是方程 ⑤ 的系.反之,若方程 ⑧ 成立,则方程 ⑧ 两侧同时立方得方程 ⑦,而后由恒等式

$$(\sqrt[3]{x^4y^2}+\sqrt[3]{x^2y^4})^3=$$
$$x^4y^2+x^2y^4+3x^2y^2(\sqrt[3]{x^4y^2}+\sqrt[3]{x^2y^4})$$

或

$$(\sqrt[3]{x^4y^2}+\sqrt[3]{x^2y^4})^3=$$
$$x^2y^2[x^2+y^2+3\sqrt[3]{x^2y^2}(\sqrt[3]{x^2}+\sqrt[3]{y^2})]$$

并注意到方程 ⑧,得

$$(\sqrt[3]{x^4y^2}+\sqrt[3]{x^2y^4})^3=x^2y^2(x^2+y^2+3\sqrt[3]{a^2x^2y^2})$$

之后考虑到方程 ⑦,有

$$(\sqrt[3]{x^4y^2}+\sqrt[3]{x^2y^4})^3=a^2x^2y^2$$

再次利用方程 ⑦,得

$$(\sqrt[3]{x^4y^2}+\sqrt[3]{x^2y^4})^3=\left(\frac{a^2-x^2-y^2}{3}\right)^3$$

从而,有

$$\sqrt[3]{x^4y^2}+\sqrt[3]{x^2y^4}=\frac{a^2-x^2-y^2}{3}$$

于是得方程 ⑤.因而方程组的第一个方程与方程 $\sqrt[3]{x^2}+\sqrt[3]{y^2}=\sqrt[3]{a^2}$ 同解.下面我们解方程组

$$\sqrt[3]{x^2}+\sqrt[3]{y^2}=\sqrt[3]{a^2},x+y+3\sqrt[3]{bxy}=b$$

作变换

$$\sqrt[3]{x}=u\sqrt[3]{a},\sqrt[3]{y}=v\sqrt[3]{a}$$

得

$$u^2+v^2=1,u^3+v^3+3cuv=c^3$$

其中

$$c=\sqrt[3]{\frac{b}{a}}$$

或

$$(u+v)^2-2uv=1,(u+v)[(u+v)^2-3uv]+3cuv=c^3$$

或

$$\lambda^2-2\mu=1,\lambda^3-3\lambda\mu+3c\mu=c^3$$

其中

$$\lambda=u+v,\mu=uv$$

消去 $\mu$,得

$$\lambda_1=c,\lambda_2=c+\sqrt{3}\sqrt{c^2+1},\lambda_3=c-\sqrt{3}\sqrt{c^2+1}$$

$$\mu_1=\frac{\lambda_1^2-1}{2},\mu_2=\frac{\lambda_2^2-1}{2},\mu_3=\frac{\lambda_3^2-1}{2}$$

现在,作为方程 $z^2-\lambda z+\frac{\lambda^2-1}{2}=0$ 的根求出 $u$ 和 $v$. 由此

$$z_{1,2}=\frac{\lambda\pm\sqrt{2-\lambda^2}}{2}$$

因为我们是在实数域上求解方程组,故当 $2-\lambda^2\geqslant 0$ 时,$z_1$ 和 $z_2$ 等于 $u$ 和 $v$,而 $x=au^3$,$y=av^3$,即方程组有解

$$\left(a\left(\frac{\lambda+\sqrt{2-\lambda^2}}{2}\right)^3,a\left(\frac{\lambda-\sqrt{2-\lambda^2}}{2}\right)^3\right)$$

$$\left(a\left(\frac{\lambda-\sqrt{2-\lambda^2}}{2}\right)^3,a\left(\frac{\lambda+\sqrt{2-\lambda^2}}{2}\right)^3\right)$$

因而:

1) $\lambda=\lambda_1=c$. 若 $2-\sqrt[3]{\frac{b^2}{a^2}}\geqslant 0$,则方程组有下列解

$$\left(a\left(\frac{c+\sqrt{2-c^2}}{2}\right)^3,a\left(\frac{c-\sqrt{2-c^2}}{2}\right)^3\right)$$

$$\left(a\left(\frac{c-\sqrt{2-c^2}}{2}\right)^3,a\left(\frac{c+\sqrt{2-c^2}}{2}\right)^3\right)$$

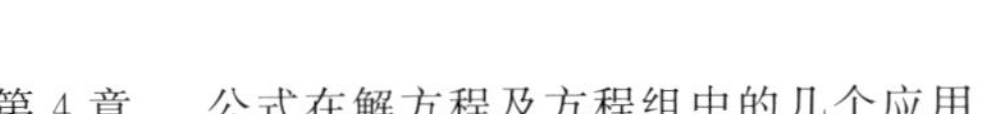


而若 $2-\sqrt[3]{\frac{b^2}{a^2}}<0$,则以上两对数中的任何一对都不是方程组的解.

2) $\lambda=\lambda_2=c+\sqrt{3}\sqrt{c^2+1}$.若

$$2-\lambda_2^2=2-(c+\sqrt{3}\sqrt{c^2+1})^2\geqslant 0$$

即

$$-2\sqrt{3}c\sqrt{c^2+1}\geqslant 4c^2+1$$

则方程组还有两组解(见下面).若 $c\geqslant 0$,即 $\sqrt[3]{\frac{b}{a}}\geqslant 0$,亦即当 $b\geqslant 0$ 时(因为现在假设 $a>0$),条件

$$4c^2+1\leqslant -2\sqrt{3}c\sqrt{c^2+1}$$

不成立.若 $b<0$,则 $c>0$,而且该条件可能成立,然而当 $c<0$ 时,它等价于下列条件

$$12c^2(c^2+1)\geqslant 16c^4+8c^2+1$$

或

$$4c^4-4c^2+1\leqslant 0,(2c^2-1)^2\leqslant 0$$

由此

$$c^2=\frac{1}{2},c=-\frac{1}{\sqrt{2}}$$

于是,仅当 $\sqrt[3]{\frac{b}{a}}=-\frac{1}{\sqrt{2}}$ 时方程组才有对应于 $\lambda=\lambda_2=\sqrt{2}$ 的解 $\left(\frac{a}{2\sqrt{2}},\frac{a}{2\sqrt{2}}\right)$.

3) $\lambda=\lambda_3=c-\sqrt{3}\sqrt{c^2+1}$,同理可得 $c=\frac{1}{\sqrt{2}}$,$\lambda=-\sqrt{2}$,解为 $\left(-\frac{a}{2\sqrt{2}},-\frac{a}{2\sqrt{2}}\right)$.

**例 7**　求

$$\begin{cases} x^3 - y^2 z = a \\ y^3 - z^2 x = b \\ z^3 - x^2 y = c \end{cases}$$

其中 $a \neq 0, b \neq 0, c \neq 0$.

**解**　由原方程组得

$$ay + bz + cx = 0, az^2 + bx^2 + cy^2 = 0$$

原方程组与方程组

$$\begin{cases} ay + bz + cx = 0 \\ az^2 + bx^2 + cy^2 = 0 \\ y^3 - z^2 x = b \end{cases} \quad ⑨$$

同解.事实上,这些方程可由原方程组得出;反之,若这些方程成立,则(因为 $y^3 - z^2 x = b \neq 0$) 由前两个方程得

$$a : b : c = (x^3 - y^2 z) : (y^3 - z^2 x) : (z^3 - x^2 y)$$

而由 $y^3 - z^2 x = b \neq 0$ 可知

$$x^3 - y^2 z = a, z^3 - x^2 y = c$$

当 $b^3 + c^2 a \neq 0$ 时,由式 ⑨ 的前两个方程得

$$x = \frac{-ca^2 \mp bR}{b^3 + c^2 a} y, z = \frac{-ab^2 \pm cR}{b^3 + c^2 a} y$$

其中 $R = \sqrt{-a^3 b - b^3 c - c^3 a}$,并利用最后一个方程求解

$$x = \frac{(-ca^2 \mp bR)\sqrt[3]{b}}{\sqrt[3]{(b^3 + c^2 a)^3 - (-ab^2 \pm cR)^2 (-ca^2 \mp bR)}} \varepsilon$$

$$y = \frac{(b^3 + c^2 a)\sqrt[3]{b}}{\sqrt[3]{(b^3 + c^2 a)^3 - (-ab^2 \pm cR)^2 (-ca^2 \mp bR)}} \varepsilon$$

$$z = \frac{(-ab^2 \pm cR)\sqrt[3]{b}}{\sqrt[3]{(b^3 + c^2 a)^3 - (-ab^2 \pm cR)^2 (-ca^2 \mp bR)}} \varepsilon$$

其中立方根 $\sqrt[3]{b}$ 和

$$\sqrt[3]{(b^3 + c^2 a)^3 - (-ab^2 \pm cR)^2 (-ca^2 \mp bR)}$$

取固定值,而 $\varepsilon$ 取 $\sqrt[3]{1}$ 的所有值.若

$$(b^3+c^2a)^3-(-ab^2+cR)^2(-ca^2-bR)\neq 0$$

$$(b^3+c^2a)^3-(-ab^2-cR)^2(-ca^2+bR)\neq 0$$

这显然成立.若上述各式为 0,则方程组无解.若其中有一个为 0,则和不等于 0 的那个式子相对应有三组解.若 $b^3+c^2a=0$,则方程组的解为

$$\left(-\frac{b}{(\sqrt[3]{c})^2}\varepsilon,0,\sqrt[3]{c}\varepsilon\right)$$

其中 $\varepsilon=1,\frac{-1\pm\mathrm{i}\sqrt{3}}{2}$,而当

$$8a^3b^6c^3-(c^3+ba^2)^2(c^3-ba^2)bc^2\neq 0$$

时,还有三组解

$$x=\frac{(c^3-ba^2)b^2}{\sqrt[3]{8a^3b^6c^3-(c^3+ba^2)^2(c^3-ba^2)bc^2}}\varepsilon$$

$$y=\frac{2ab^3c}{\sqrt[3]{8a^3b^6c^3-(c^3+ba^2)^2(c^3-ba^2)bc^2}}\varepsilon$$

$$z=\frac{(c^3+ba^2)b^2c}{\sqrt[3]{8a^3b^6c^3-(c^3+ba^2)^2(c^3-ba^2)bc^2}}\varepsilon$$

其中 $\varepsilon=1,\frac{-1\pm\mathrm{i}\sqrt{3}}{2}$.

# 对称多项式

# 第 5 章

设 $X_1,\cdots,X_n$ 是交换环 $K$ 上的未定元. 称多项式

$$s_1 = X_1 + \cdots + X_n = \sum_{i=1}^{n} X_i$$

$$s_2 = X_1X_2 + \cdots + X_{n-1}X_n = \sum_{1\leqslant i<j\leqslant n} X_iX_j$$

$$s_3 = X_1X_2X_3 + \cdots = \sum_{1\leqslant i<j<k\leqslant n} X_iX_jX_k$$

$$\vdots$$

$$s_n = X_1X_2\cdots X_n$$

为 $X_1,\cdots,X_n$ 的初等对称函数(这些表达式涉及用代数方程的根计算其系数). 另外,称一个多项式 $f\in K[X_1,\cdots,X_n]$ 是对称的,如果对于整数 $1,\cdots,n$ 的所有置换 $s$ 有

$$f(X_{s(1)},\cdots,X_{s(n)}) = f(X_1,\cdots,X_n)$$

通过对以下各题的解答,我们来熟悉一下对称多项式的简单性质.

用基本对称多项式表示下列对称函数：

1. $x^3+y^3+z^3-3xyz$；

2. $x^2y+xy^2+x^2z+xz^2+y^2z+yz^2$；

3. $x^4+y^4+z^4-2x^2y^2-2y^2z^2-2z^2x^2$；

4. $x^5y^2+x^2y^5+x^5z^2+x^2z^5+y^5z^2+y^2z^5$；

5. $(x+y)(y+z)(z+x)$；

6. $(x^2+y^2)(y^2+z^2)(z^2+x^2)$；

7. $(x+y)(x+z)(x+u)(y+z)(y+u)(z+u)$；

8. $(x-y)^2(y-z)^2(z-x)^2$；

9. $(xy+zu)(xz+yu)(xu+yz)$；

10. $x_1^3+x_2^3+x_3^3+\cdots+x_n^3$；

11. $x_1^4+x_2^4+x_3^4+\cdots+x_n^4$；

12. $x_1^5+x_2^5+x_3^5+\cdots+x_n^5$.

把对称函数表示为基本对称函数的有理整函数的方法不止一个.这类方法都基于牛顿(Newton)公式和格林(Green)公式，还有拉格朗日(Lagrange)方法和高斯(Gauss)方法.

上述对称函数 1 有如下几种解法：

**解法 1**　令

$$p_1=x_1+x_2+\cdots+x_n$$

$$p_2=x_1x_2+x_1x_3+\cdots+x_1x_n+x_2x_3+\cdots+x_2x_n+\cdots+x_{n-1}x_n$$

$$\vdots$$

$$p_n=x_1x_2x_3\cdots x_n$$

为 $n$ 个变量 $x_1,x_2,\cdots,x_n$ 的基本对称函数，而 $\varphi(x_1,x_2,\cdots,x_n)$ 是已知对称函数.考虑 $\varphi$ 表达式中的这样一项 $Ax_1^{\alpha_1}x_2^{\alpha_2}\cdots x_n^{\alpha_n}$，其中 $\alpha_1\geqslant\alpha_2\geqslant\cdots\geqslant\alpha_n$(由 $\varphi$ 的对称性可知，这样的一项存在).差

$$\varphi - Ap_1^{\alpha_1-\alpha_2}p_2^{\alpha_2-\alpha_3}\cdots p_{n-1}^{\alpha_{n-1}-\alpha_n}p_n^{\alpha_n}$$

也是对称函数，而其中的项 $Ax_1^{\alpha_1}x_2^{\alpha_2}\cdots x_n^{\alpha_n}$ 被消去. 接连消减即可解题. 也可利用待定系数法(见解法 2). 现解第一题：$\varphi = x^3+y^3+z^3-3xyz$；这里，上面所说的项 $Ax_1^{\alpha_1}x_2^{\alpha_2}\cdots x_n^{\alpha_n}$ 为 $x^3y^0z^0$，其中 $\alpha_1=3,\alpha_2=0,\alpha_3=0$. 有

$$\begin{aligned}\varphi - p_1^3p_2^0p_3^0 = {}& x^3+y^3+z^3-3xyz-(x+y+z)^3 = \\ & -3(y+z)x^2-3(3yz+z^2+y^2)x- \\ & 3yz(y+z)\end{aligned}$$

现在，在项 $-3x^2y$ 中

$$A=-3,\alpha_1=2,\alpha_2=1,\alpha_3=0$$

求差

$$\begin{aligned}&-3(y+z)x^2-3(3yz+z^2+y^2)x- \\ &3yz(y+z)+3(x+y+z)(yz+zx+xy)\equiv 0\end{aligned}$$

于是

$$\begin{aligned}&x^3+y^3+z^3-3xyz= \\ &p_1^3-3p_1p_2= \\ &(x+y+z)^3-3(x+y+z)(yz+zx+xy)\end{aligned}$$

**解法 2**(待定系数法) 取项 $x^3$，对它有 $\alpha_1=3,\alpha_2=0,\alpha_3=0$. 在给出相应的差之后，看形如 $x^2y$ 的项，其中 $\alpha_1=2,\alpha_2=1,\alpha_3=0$. 然后再考虑形如 $xyz$ 的项，其中 $\alpha_1=1,\alpha_2=1,\alpha_3=1$. 所需要求的相应的项为 $Ap_1^3,Bp_1p_2,Cp_3$. 于是

$$\begin{aligned}&x^3+y^3+z^3-3xyz= \\ &A(x+y+z)^3+B(x+y+z)(xy+xz+yz)+Cxyz\end{aligned}$$

令 $x=y=0,z=1$，那么 $A=1$；令 $z=0,x=y=1$，那么 $2=8A+2B,B=-3$；令 $x=y=z=1$，那么 $0=27A+9B+C,C=0$.

于是得

$x^3+y^3+z^3-3xyz=$

$p_1^3-3p_1p_2=$

$(x+y+z)^3-3(x+y+z)(yz+zx+xy)$

最后,该题还有初等解法

$x^3+y^3+z^3-3xyz=$

$(x+y+z)(x^2+y^2+z^2-yz-zx-xy)=$

$(x+y+z)[(x+y+z)^2-3yz-3zx-3yx]=$

$(x+y+z)^3-3(x+y+z)(yz+zx+xy)$

2. $p_1p_2-3p_3$.

3. $p_1^4-4p_1^2p_2+8p_1p_3$.

4. 答案:$p_1^3p_2^2-2p_1^4p_3-3p_1p_2^3+6p_1^2p_2p_3+3p_2^2p_3-7p_1p_3^2$. 提示:列出 $\alpha_1,\alpha_2,\alpha_3$ 的值表($\alpha_1\geqslant\alpha_2\geqslant\alpha_3,\alpha_1+\alpha_2+\alpha_3=7$)

| $\alpha_1$ | $\alpha_2$ | $\alpha_3$ |
|---|---|---|
| 5 | 2 | 0 |
| 5 | 1 | 1 |
| 4 | 3 | 0 |
| 4 | 2 | 1 |
| 3 | 3 | 1 |
| 3 | 2 | 2 |

即

$x^5y^2+x^2y^5+x^5z^2+z^5x^2+y^5z^2+z^5y^2=$

$Ap_1^3p_2^2+Bp_1^4p_3+Cp_1p_2^3+$

$Dp_1^2p_2p_3+Ep_2^2p_3+Fp_1p_3^2=$

$A(x+y+z)^3(yz+zx+xy)^2+$

$B(x+y+z)^4xyz+C(x+y+z)(yz+zx+xy)^3+$

$D(x+y+z)^2(yz+zx+xy)xyz+$

$E(yz+zx+xy)^2xyz+F(x+y+z)x^2y^2z^2$

设 $x$ 和 $y$ 取适当的值，使在所得的方程中可以逐次地求出 $A,B,C,D,E,F$. 为此，令 $z=2,x=y=-1$，得

$$-1-1-4+32-4+32=9\cdot 2E$$

由此 $E=3$. 令 $z=0,x=y=1$ 和 $z=0,x=1,y=2$，得

$$8A+2C=2,108A+24C=36$$

由此

$$A=1,C=-3$$

令 $x=2,y=-1,z=2$ 和 $x=3,y=-2,z=6$（为使 $yz+zx+xy$ 项为 0），得

$$3^4(-4)B+3F\times 4\times 4=32-4+128+128-4+32$$

及

$$7^4\times 3\times(-2)\times 6B+7\times 6^2\times 3^2\times 2^2F=$$
$$3^5\times(-2)^2+(-2)^5\times 3^2+3^5\times 6^2+6^5\times 3^2+$$
$$(-2)^5\times 6^2+6^5\times(-2)^2$$

由此

$$B=-2,F=-7$$

最后，令 $x=y=z=1$，得

$$6=243A+81B+81C+27D+9E+3F$$

由此 $D=6$. 于是

$$x^5y^2+x^2y^5+x^5z^2+x^2z^5+y^5z^2+y^2z^5=$$
$$(x+y+z)^3(yz+zx+xy)^2-$$
$$2(x+y+z)^4xyz-3(x+y+z)(yz+zx+xy)^3+$$
$$6(x+y+z)^2(yz+zx+xy)xyz+$$
$$3(yz+zx+xy)^2xyz-7(x+y+z)(xyz)^2$$

5. $p_1p_2-p_3$.

6. $p_1^2p_2^2-2p_1^3p_3-2p_2^3+4p_1p_2p_3-p_3^2$.

7. $p_1p_2p_3-p_1^2p_4-p_3^2$.

8. $p_1^2p_2^2-4p_1^3p_3-4p_2^3+18p_1p_2p_3-27p_3^2$.

9. $p_1^2p_4+p_3^2-4p_2p_4$.

10. 答案：$p_1^3-3p_1p_2+3p_3$. 提示：该题可以利用初等方法解，或用所提示的一般方法，或借助于牛顿公式. 看 $x$ 的有理整函数

$$f(x)=(x-x_1)(x-x_2)(x-x_3)\cdots(x-x_n) \quad ①$$

或

$$f(x)=x^n-p_1x^{n-1}+p_2x^{n-2}-p_3x^{n-3}+\cdots+(-1)^np_n \quad ②$$

其中 $p_1,p_2,p_3,\cdots,p_n$ 是基本对称函数. 由式 ① 和 ② 求 $f(x+h)$，则

$$\begin{aligned}&f(x+h)=\\&(x+h-x_1)(x+h-x_2)(x+h-x_3)\cdots(x+h-x_n)=\\&(x-x_1)(x-x_2)(x-x_3)\cdots(x-x_n)+\\&h[(x-x_2)(x-x_3)(x-x_4)\cdots(x-x_n)+\\&(x-x_1)(x-x_3)(x-x_4)\cdots(x-x_n)+\\&(x-x_1)(x-x_2)(x-x_4)\cdots(x-x_n)+\cdots+\\&(x-x_1)(x-x_2)(x-x_3)\cdots(x-x_{n-1})]+\cdots\end{aligned}$$

另一方面

$$\begin{aligned}f(x+h)=&(x+h)^n-p_1(x+h)^{n-1}+\\&p_2(x+h)^{n-2}-\cdots+(-1)^np_n=\\&x^n-p_1x^{n-1}+p_2x^{n-2}-\cdots+(-1)^np_n+\\&h[nx^{n-1}-p_1(n-1)x^{n-2}+\\&p_2(n-2)x^{n-3}-\cdots+(-1)^{n-1}p_{n-1}]+\cdots\end{aligned}$$

使以上两式相等，并考虑到式 ① 和 ②，可以得到关于 $h$ 的两个多项式. 多项式的首项为 $h$ 的一次项，因为两个多项式恒等，所以 $h$ 的一次项系数相同，即

$$(x-x_2)(x-x_3)(x-x_4)\cdots(x-x_n)+$$

$$(x-x_1)(x-x_3)(x-x_4)\cdots(x-x_n)+$$
$$(x-x_1)(x-x_2)(x-x_4)\cdots(x-x_n)+\cdots+$$
$$(x-x_1)(x-x_2)(x-x_3)\cdots(x-x_{n-1})=$$
$$nx^{n-1}-p_1(n-1)x^{n-2}+$$
$$p_2(n-2)x^{n-3}-\cdots+(-1)^{n-1}p_{n-1}$$

或

$$\frac{f(x)}{x-x_1}+\frac{f(x)}{x-x_2}+\cdots+\frac{f(x)}{x-x_n}=$$
$$nx^{n-1}-p_1(n-1)x^{n-2}+$$
$$p_2(n-2)x^{n-3}-\cdots+(-1)^{n-1}p_{n-1} \quad ③$$

根据 $f(x)$ 的表达式 ②,用 $x-x_1$ 去除 $f(x)$ 得

$$\frac{f(x)}{x-x_1}=$$
$$x^{n-1}+(x_1-p_1)x^{n-2}+$$
$$(x_1^2-x_1p_1+p_2)x^{n-3}+\cdots+$$
$$x_1^{n-1}-x_1^{n-2}p_1+x_1^{n-3}p_2-\cdots+(-1)^{n-1}p_{n-1}$$

类似的

$$\frac{f(x)}{x-x_2}=$$
$$x^{n-1}+(x_2-p_1)x^{n-2}+$$
$$(x_2^2-x_2p_1+p_2)x^{n-3}+\cdots+$$
$$x_2^{n-1}-x_2^{n-2}p_1+x_2^{n-3}p_2-\cdots+(-1)^{n-1}p_{n-1}$$
$$\vdots$$
$$\frac{f(x)}{x-x_n}=$$
$$x^{n-1}+(x_n-p_1)x^{n-2}+(x_n^2-x_np_1+p_2)x^{n-3}+\cdots+$$
$$x_n^{n-1}-x_n^{n-2}p_1+x_n^{n-3}p_2-\cdots+(-1)^{n-1}p_{n-1}$$

将以上各式按式 ③ 的左侧相加,由式 ③ 可得

$$nx^{n-1}-p_1(n-1)x^{n-2}+$$

$$p_2(n-2)x^{n-3}-\cdots+(-1)^{n-1}p_{n-1}\equiv$$
$$nx^{n-1}+(s_1-np_1)x^{n-2}+$$
$$(s_2-s_1p_1+np_2)x^{n-3}+\cdots+$$
$$s_{n-1}-s_{n-2}p_1+s_{n-3}p_2-\cdots+n(-1)^{n-1}p_{n-1}$$

使恒等式两侧 $x$ 的同次幂系数相等(例如对 $x^{n-k-1}$ 项)有

$$(-1)^kp_k(n-k)=s_k-s_{k-1}p_1+s_{k-2}p_2-\cdots+(-1)^knp_k$$

或

$$s_k-s_{k-1}p_1+s_{k-2}p_2-\cdots+k(-1)^kp_k=0$$
$$(k=1,2,3,\cdots,n-1) \quad ④$$

式 ④ 是牛顿第一公式,根据这个公式(当 $k=2$) 有

$$s_2-s_1p_1+2p_2=0$$

由此

$$s_2=p_1^2-2p_2$$

即

$$x_1^2+x_2^2+x_3^2+\cdots+x_n^2=$$
$$(x_1+x_2+x_3+\cdots+x_n)^2-$$
$$2(x_1x_2+x_1x_3+\cdots+x_1x_n+x_2x_3+\cdots+$$
$$x_2x_n+\cdots+x_{n-1}x_n)$$

另外,当 $k=3$ 时,有

$$s_3-s_2p_1+s_1p_2-3p_3=0$$
$$s_3=p_1(p_1^2-2p_2)-p_1p_2+3p_3=p_1^3-3p_1p_2+3p_3$$

11. 答案:$p_1^4-4p_1^2p_2+2p_2^2+4p_1p_3-4p_4$. 见上题的提示(运用牛顿公式).

12. 答案:$p_1^5-5p_1^3p_2+5p_1p_2^2+5p_1^2p_3-5p_2p_3-5p_1p_4+5p_5$. 见上题的提示(利用牛顿公式).

对于对称多项式我们可以证明所有的对称多项式是系数在 $K$ 内的 $s_1,\cdots,s_n$ 的一个多项式. 可以关于整

数 $n+d^0(f)$ 进行归纳推理. 首先注意 $f(X_1,\cdots,X_{n-1},0)$ 关于 $X_1,\cdots,X_{n-1}$ 是对称的,从而是 $X_1,\cdots,X_{n-1}$ 的初等对称函数的一个多项式,这些初等对称函数由在 $X_1,\cdots,X_n$ 的初等对称函数中令 $X_n=0$ 而得到. 由此推出存在一个其次数至多等于 $f$ 的次数的多项式 $p(s_1,\cdots,s_{n-1})$,使得

$$g(X_1,\cdots,X_n)=f(X_1,\cdots,X_n)-p(s_1,\cdots,s_{n-1})$$

当 $X_n=0$ 时它等于 0. 考虑到 $g$ 的对称性,由此推出

$$g(X_1,\cdots,X_n)=X_1\cdots X_n h(X_1,\cdots,X_n)$$

其中的 $h$ 是对称的,并且 $d^0(h)<d^0(f)$.

另外我们还可以证明:若 $p\in K[X_1,\cdots,X_n]$ 满足 $p(s_1,\cdots,s_n)=0$,则 $p=0$(关于 $n$ 进行归纳推理. 取 $p$ 为 $s_n$ 的最小可能的次数,在结果中令 $X_n=0$).

由此推出对称多项式 $f$ 借助 $s_1,\cdots,s_n$ 的表达式是唯一的.

如果假定 $f$ 关于 $X_1,\cdots,X_n$ 是总次数为 $k$ 次齐次的,令

$$f(X_1,\cdots,X_n)=p(s_1,\cdots,s_n)$$

那么证明实际出现在 $p$ 内的单项式仅是这样的

$$s_1^{r_1}\cdots s_n^{r_n}$$

其中的指数满足关系

$$r_1+2r_2+\cdots+nr_n=k$$

# 第6章 一元三次方程判别式的推导

我们再用三元对称多项式来推导一下一元三次方程的判别式. 对于一元二次方程 $ax^2+bx+c=0$,它的判别式 $D=b^2-4ac$,那么三次方程的判别式是怎样的呢?

对于三次方程 $x^3+rx^2+px+q=0$ 的 3 个根 $\alpha_1,\alpha_2,\alpha_3$ 定义的

$$\Delta=(\alpha_1-\alpha_2)(\alpha_2-\alpha_3)(\alpha_3-\alpha_1)$$

可用范德蒙德(Vandermonde)行列式表示为

$$\Delta=\begin{vmatrix}1 & 1 & 1\\ \alpha_1 & \alpha_2 & \alpha_3\\ \alpha_1^2 & \alpha_2^2 & \alpha_3^2\end{vmatrix}=\begin{vmatrix}1 & \alpha_1 & \alpha_1^2\\ 1 & \alpha_2 & \alpha_2^2\\ 1 & \alpha_3 & \alpha_3^2\end{vmatrix}$$

引入 $\pi_i=\alpha_1^i+\alpha_2^i+\alpha_3^i,i=0,1,2,3,4$,应用行列式的乘法,则可得

Newton 公式

$$D=\Delta^2=\begin{vmatrix}1&1&1\\\alpha_1&\alpha_2&\alpha_3\\\alpha_1^2&\alpha_2^2&\alpha_3^2\end{vmatrix}\cdot\begin{vmatrix}1&\alpha_1&\alpha_1^2\\1&\alpha_2&\alpha_2^2\\1&\alpha_3&\alpha_3^2\end{vmatrix}=$$

$$\begin{vmatrix}\pi_0&\pi_1&\pi_2\\\pi_1&\pi_2&\pi_3\\\pi_2&\pi_3&\pi_4\end{vmatrix}=$$

$$\pi_0\pi_2\pi_4+2\pi_1\pi_2\pi_3-\pi_2^3-\pi_0\pi_3^2-\pi_1^2\pi_4$$

注意到 $\pi_i$ 是 $\alpha_1,\alpha_2,\alpha_3$ 的对称多项式,因此可用初等对称多项式

$\alpha_1+\alpha_2+\alpha_3=-r,\alpha_1\alpha_2+\alpha_2\alpha_3+\alpha_3\alpha_1=p,\alpha_1\alpha_2\alpha_3=-q$

表示.事实上,稍做计算后,有

$$\pi_0=3,\pi_1=-r,\pi_2=r^2-2p$$

$$\pi_3=-r^3+3rp-3q,\pi_4=r^4-4r^2p+4rq+2p^2$$

于是最后有

$$D=-4r^3q-27q^2+18rpq-4p^3+r^2p^2$$

当 $r=0$ 时,有

$$D=-27q^2-4p^3$$

# 利用牛顿公式解一个问题

## 第7章

列方程(六次),使其根等于

$$x_1+x_2,x_1+x_3,x_1+x_4$$

$$x_2+x_3,x_2+x_4,x_3+x_4$$

其中 $x_1,x_2,x_3,x_4$ 为方程

$$x^4+x^3-1=0$$

的根.

前面我们得到了牛顿第一公式

$$s_k-s_{k-1}p_1+s_{k-2}p_2-\cdots+(-1)^{k-1}s_1p_{k-1}+k(-1)^kp_k=0$$

其中$k=1,2,3,\cdots,n-1$,而$p_1,p_2,\cdots,p_{n-1}$是变量$x_1,x_2,x_3,x_4,\cdots,x_n$的基本对称函数,即

$$p_1=x_1+x_2+x_3+\cdots+x_n$$

$$p_2=x_1x_2+x_1x_3+\cdots+x_1x_n+x_2x_3+x_2x_4+\cdots+x_2x_n+\cdots+x_{n-1}x_n$$

$$\vdots$$

而 $s_1, s_2, \cdots, s_{n-1}$ 为变量 $x_1, x_2, x_3, \cdots, x_n$ 的同次幂之和

$$s_1 = x_1 + x_2 + x_3 + \cdots + x_n$$
$$s_2 = x_1^2 + x_2^2 + x_3^2 + \cdots + x_n^2$$
$$\vdots$$
$$s_{n-1} = x_1^{n-1} + x_2^{n-1} + x_3^{n-1} + \cdots + x_n^{n-1}$$

为求 $s_n, s_{n+1}, \cdots$，现在来推导牛顿第二公式. 设

$$f(x) = (x - x_1)(x - x_2)\cdots(x - x_n) = x^n - p_1 x^{n-1} + p_2 x^{n-2} - \cdots + (-1)^n p_n$$

那么

$$f(x_i) = x_i^n - p_1 x_i^{n-1} + p_2 x_i^{n-2} - \cdots + (-1)^n p_n = 0 \quad (i = 1, 2, \cdots, n)$$

由此

$$x_i^k f(x_i) = x_i^{n+k} - p_1 x_i^{n+k-1} + p_2 x_i^{n+k-2} - \cdots + (-1)^n p_n x_i^k = 0$$

令 $i = 1, 2, \cdots, n$，将各式相加，得牛顿第二公式

$$s_{n+k} - p_1 s_{n+k-1} + p_2 s_{n+k-2} - \cdots + (-1)^n p_n s_n = 0$$

其中 $k = 0, 1, 2, \cdots$. 根据牛顿第一公式，先通过基本对称函数来表示 $s_1, s_2, s_3, \cdots, s_{n-1}$，然后可以由牛顿第二公式算出 $s_n, s_{n+1}, s_{n+2}, \cdots$. 解该题的思想是：首先通过基本变量 $x_1, x_2, x_3, x_4$ 的幂的和来计算

$$x_1 + x_2, x_1 + x_3, x_1 + x_4, x_2 + x_3, x_2 + x_4, x_3 + x_4$$

的 1,2,3,4,5,6 次幂之和 $S_1, S_2, S_3, S_4, S_5, S_6$. 根据这些和可以算出 $x_1 + x_2, x_1 + x_3, \cdots$ 的基本对称函数. 考虑等式

$$(x + x_i)^k = x^k + C_k^1 x^{k-1} x_i + C_k^2 x^{k-2} x_i^2 + \cdots + x_i^k$$

令 $i = 1, 2, 3, 4$，将各式相加，得

$$(x + x_1)^k + (x + x_2)^k + (x + x_3)^k + (x + x_4)^k = 4x^k + C_k^1 x^{k-1} s_1 + C_k^2 x^{k-2} s_2 + \cdots + s_k$$

在上式中分别令

$$x=x_1, x=x_2, x=x_3, x=x_4$$

然后将所得到的四个等式相加，得

$$2^k s_k+2S_k=$$
$$4s_k+C_k^1 s_1 s_{k-1}+C_k^2 s_2 s_{k-2}+\cdots+C_k^{k-1} s_{k-1} s_1+4s_k$$

由此

$$S_k=\frac{1}{2}(s_0 s_k+C_k^1 s_1 s_{k-1}+C_k^2 s_2 s_{k-2}+\cdots+$$
$$C_k^{k-1} s_{k-1} s_1+s_k s_0)-2^{k-1} s_k$$

其中 $s_0=x_1^0+x_2^0+x_3^0+x_4^0=4$. 现在先来直接求

$$S_1=x_1+x_2+x_1+x_3+x_1+x_4+x_2+$$
$$x_3+x_2+x_4+x_3+x_4=3s_1$$

$$S_2=\frac{1}{2}(s_0 s_2+2s_1^2+s_2 s_0)-2s_2=2s_2+s_1^2$$

$$S_3=\frac{1}{2}(s_0 s_3+3s_1 s_2+3s_2 s_1+s_3 s_0)-4s_3=3s_1 s_2$$

$$S_4=\frac{1}{2}(s_0 s_4+4s_1 s_3+6s_2^2+4s_3 s_1+s_4 s_0)-8s_4=$$
$$4s_1 s_3+3s_2^2-4s_4$$

$$S_5=\frac{1}{2}(s_0 s_5+5s_1 s_4+10s_2 s_3+10s_3 s_2+5s_4 s_1+s_5 s_0)-16s_5=$$
$$5s_1 s_4+10s_2 s_3-12s_5$$

$$S_6=\frac{1}{2}(s_0 s_6+6s_1 s_5+15s_2 s_4+20s_3^2+$$
$$15s_4 s_2+6s_5 s_1+s_6 s_0)-32s_6=$$
$$6s_1 s_5+15s_2 s_4+10s_3^2-28s_6$$

现在求 $s_1, s_2, s_3, s_4, s_5, s_6$. 由原方程 $x^4+x^3-1=0$，有

$$p_1=-1, p_2=0, p_3=0, p_4=-1$$

由牛顿第一公式，得

$$s_1=p_1=-1$$

$$s_2 = p_1^2 - 2p_2 = 1$$

$$s_3 = p_1^3 - 3p_1p_2 + 3p_3 = -1$$

现在利用牛顿第二公式，得

$$s_4 - p_1s_3 + p_2s_2 - p_3s_1 + p_4s_0 = 0$$

$$(s_0 = x_1^0 + x_2^0 + x_3^0 + x_4^0 = 4)$$

$$s_4 - 1 - 4 = 0, s_4 = 5$$

$$s_5 - p_1s_4 + p_2s_3 - p_3s_2 + p_4s_1 = 0$$

$$s_5 + 5 + 1 = 0, s_5 = -6$$

$$s_6 - p_1s_5 + p_2s_4 - p_3s_3 + p_4s_2 = 0$$

$$s_6 - 6 - 1 = 0, s_6 = 7$$

于是

$$S_1 = -3$$

$$S_2 = 2s_2 + s_1^2 = 2 + 1 = 3$$

$$S_3 = 3s_1s_2 = -3$$

$$S_4 = 4s_1s_3 + 3s_2^2 - 4s_4 = 4 + 3 - 20 = -13$$

$$S_5 = 5s_1s_4 + 10s_2s_3 - 12s_5 = -25 - 10 + 72 = 37$$

$$S_6 = 6s_1s_5 + 15s_2s_4 + 10s_3^2 - 28s_6 =$$

$$36 + 75 + 10 - 196 = -75$$

再利用牛顿第一公式求出变量 $x_1 + x_2, x_2 + x_3, \cdots$ 的基本对称函数

$$P_1 = S_1 = -3$$

$$S_2 - S_1P_1 + 2P_2 = 0, 3 - 9 + 2P_2 = 0, P_2 = 3$$

$$S_3 - S_2P_1 + S_1P_2 - 3P_3 = 0$$

$$-3 + 9 - 9 - 3P_3 = 0$$

$$P_3 = -1$$

$$S_4 - S_3P_1 + S_2P_2 - S_1P_3 + 4P_4 =$$

$$-13 - 9 + 9 - 3 + 4P_4 = 0, P_4 = 4$$

$$S_5 - S_4P_1 + S_3P_2 - S_2P_3 + S_1P_4 - 5P_5 = 0$$

$$37-39-9+3-12-5P_5=0, P_5=-4$$

而由牛顿第二公式

$$S_6-S_5P_1+S_4P_2-S_3P_3+S_2P_4-S_1P_5+6P_6=0$$

得

$$-75+111-39-3+12-12+6P_6=0, P_6=1$$

所求方程为

$$x^6+3x^5+3x^4+x^3+4x^2+4x+1=0$$

# 第8章 有关对称多项式的两个竞赛题目

**例 1** （第 26 届国际数学奥林匹克备选题）设实数 $x,y,z,w$ 满足

$$x+y+z+w=x^7+y^7+z^7+w^7=0$$

求 $w(w+x)(w+y)(w+z)$ 的值.

**解** 将 $x,y,z,w$ 看成 4 个未定元，则已知条件为 $s_1=s_7=0$. 由牛顿公式得到

$$s_2=-2\sigma_2,s_3=3\sigma_3,s_4=2\sigma_2^2-4\sigma_4$$

$$s_5=-5\sigma_2\sigma_3$$

$$s_7=7(\sigma_2^2-\sigma_4)\sigma_3=0$$

因此 $\sigma_4=\sigma_2^2$，或者 $\sigma_3=0$.

若 $\sigma_4=\sigma_2^2$，则

$$s_4=-2\sigma_2^2\leqslant 0$$

但

$$s_4=x^4+y^4+z^4+w^4\geqslant 0$$

因此 $s_4=0$，即

$$x=y=z=w=0$$

所以

$$w(w+x)(w+y)(w+z)=0$$

若 $\sigma_3=0$，则由 $\sigma_1=s_1=0$ 可知

$$f(t)=(t-x)(t-y)(t-z)(t-w)=t^4+\sigma_2 t^2+\sigma_4$$

因此多项式 $f(t)$ 的 4 个根必由两对正负相反的数构成. 所以

$$(w+x)(w+y)(w+z)=0$$

从而

$$w(w+x)(w+y)(w+z)=0$$

**例 2**　(第 26 届国际数学奥林匹克备选题) 定义多项式 $P_m(x,y,z)$ 如下：$P_0(x,y,z)=1$，当 $m\geqslant 1$ 时

$$P_m(x,y,z)=(x+z)(y+z)P_{m-1}(x,y,z+1)-z^2P_{m-1}(x,y,z) \qquad ①$$

证明：对每个 $m$，多项式 $P_m(x,y,z)$ 是对称的.

**分析**　为证明多项式 $P_m(x,y,z)$ 是对称的，必须证明

$$P_m(x,y,z)=P_m(x,z,y)=P_m(z,x,y)=\cdots$$

由题设 ① 知

$$P_m(x,z,y)=(x+y)(y+z)P_{m-1}(x,z,y+1)-y^2P_{m-1}(x,z,y) \qquad ②$$

式 ① − ②，得

$$y^2P_{m-1}(x,z,y)-z^2P_{m-1}(x,y,z)+(y+z)[(x+z)P_{m-1}(x,y,z+1)-(x+y)P_{m-1}(x,z,y+1)]=0 \qquad ③$$

若已证明 $P_{m-1}(x,y,z)$ 对称，则

$$P_{m-1}(x,z,y)=P_{m-1}(x,y,z)$$

于是式 ③ 化为

$$(y-z)P_{m-1}(x,y,z)=$$
$$(x+y)P_{m-1}(x,z,y+1)-$$
$$(x+z)P_{m-1}(x,y,z+1)$$

上述分析告诉我们，应当用归纳法证明如下命题 $P(m)$：多项式 $P_m(x,y,z)$ 对称，并且

$$(y-z)P_{m-1}(x,y,z)=$$
$$(x+y)P_m(x,z,y+1)-$$
$$(x+z)P_m(x,y,z+1) \quad ④$$

**证明** 用归纳法证明命题 $P(m)$. 当 $m=0$ 时，$P_0(x,y,z)=1$ 是对称的，并且

$$(y-z)P_0(x,y,z)=y-z$$
$$(x+y)P_0(x,z,y+1)-(x+z)P_0(x,y,z+1)=$$
$$x+y-x-z=y-z$$

即式 ④ 对 $m=0$ 成立. 因此命题 $P(m)$ 对 $m=0$ 成立. 假设命题 $P(m)$ 对 $m=k$ 成立，下面证明命题对 $m=k+1$ 成立. 由题设 ① 知

$$P_{k+1}(x,y,z)=$$
$$(x+z)(y+z)P_k(x,y,z+1)-z^2P_k(x,y,z) \quad ⑤$$
$$P_{k+1}(x,z,y)=$$
$$(x+y)(y+z)P_k(x,z,y+1)-y^2P_k(x,z,y) \quad ⑥$$

由归纳假设，$P_k(x,y,z)$ 对称，因此

$$P_k(x,z,y)=P_k(x,y,z)$$

于是式 ⑤ － ⑥ 得到

$$P_{k+1}(x,y,z)-P_{k+1}(x,z,y)=$$
$$(z+y)[(x+z)P_k(x,y,z+1)-$$
$$(x+y)P_k(x,z,y+1)+(y-z)P_k(x,y,z)]$$

由归纳假设式 ④ 可知

$$P_{k+1}(x,z,y)=P_{k+1}(x,y,z) \quad ⑦$$

再由题设 ① 及归纳假设 $P_k(x,y,z)$ 对称，得到

$$\begin{aligned}&P_{k+1}(y,x,z)=\\&(y+z)(x+z)P_k(y,x,z+1)-z^2P_k(y,x,z)=\\&(x+z)(y+z)P_k(x,y,z+1)-z^2P_k(x,y,z)=\\&P_{k+1}(x,y,z)\end{aligned} \quad ⑧$$

反复利用式 ⑦ 与式 ⑧，得到

$$\begin{aligned}&P_{k+1}(x,y,z)=\\&P_{k+1}(x,z,y)=P_{k+1}(z,x,y)=\\&P_{k+1}(z,y,x)=P_{k+1}(y,z,x)=P_{k+1}(y,x,z)\end{aligned}$$

因此 $P_{k+1}(x,y,z)$ 是对称的.

现在证明式 ④ 对 $m=k+1$ 成立. 因为 $P_{k+1}(x,y,z)$ 是对称的，因此式 ④ 的右端为

$$\begin{aligned}&(x+y)P_{k+1}(x,z,y+1)-(x+z)P_{k+1}(x,y,z+1)=\\&(x+y)P_{k+1}(y+1,z,x)-(x+z)P_{k+1}(z+1,y,x)=\\&(x+y)[(y+1+x)(x+z)P_k(y+1,z,x+1)-\\&x^2P_k(y+1,z,x)]-(x+z)[(z+1+x)\cdot\\&(x+y)P_k(z+1,y,x+1)-x^2P_k(z+1,y,x)]=\\&(x+y)(x+z)[(y+1+x)P_k(y+1,z,x+1)-\\&(z+1+x)P_k(z+1,y,x+1)]-\\&x^2[(x+y)P_k(y+1,z,x)-(x+z)P_k(z+1,y,x)]=\\&(x+y)(x+z)[(x+y+1)P_k(x+1,z,y+1)-\\&(x+z+1)P_k(x+1,y,z+1)]-\\&x^2[(x+y)P_k(x,z,y+1)-(x+z)P_k(x,y,z+1)]=\\&(x+y)(x+z)(y-z)P_k(x+1,y,z)-\\&x^2(y-z)P_k(x,y,z)=\\&(y-z)[(x+y)(x+z)P_k(x+1,y,z)-\\&x^2P_k(x,y,z)]=\end{aligned}$$

$(y-z)[(x+y)(x+z)P_k(y,z,x+1)-$
$x^2P_k(y,z,x)]=$
$(y-z)P_{k+1}(y,z,x)=$
$(y-z)P_{k+1}(x,y,z)$

因此式 ④ 对 $m=k+1$ 成立. 于是命题 $P(m)$ 对 $m=k+1$ 成立.

# 三个不等式的另类证明

第 9 章

在越南人范建雄所写的《不等式的秘密》第二卷中有三个不等式与本书的公式有关，但证法独特.

**例 1** 设 $a,b,c$ 是正实数，证明

$$a+b+c\geqslant 3\sqrt[3]{abc}$$

**证明及分析** 第一步，我们假设 $abc=1$，把不等式规范化，这样，如果 $abc=1$，那么不等式就变成

$$f(a,b,c)=a+b+c\geqslant 3$$

我们尝试整合变量. 特别的，我们来整合变量 $a$ 和 $b$（我们使用几何平均数等于一个变量 $t$，这就是整合变量法的主要思想）. 在条件 $abc=1$ 下，令 $t=\sqrt{ab}$，并注意到

$$a+b\geqslant 2\sqrt{ab}=2t$$

我们有(因为 $t^2c=1$)

$$a+b+c\geqslant 2t+c=2t+\frac{1}{t^2}$$

余下的证明非常简单.因为

$$2t+\frac{1}{t^2}-3=\frac{(2t+1)(t-1)^2}{t^2}\geqslant 0$$

所以

$$a+b+c\geqslant 2t+\frac{1}{t^2}\geqslant 3$$

**例 2** 证明:对于所有非负实数 $a,b,c$ 有

$$a^3+b^3+c^3-3abc\geqslant 4(a-b)(b-c)(c-a)$$

**证明及分析** 考察不等式右边出现的三个差项 $a-b,b-c,c-a$.把不等式改写成如下形式

$$(a+b+c)[(a-b)^2+(b-c)^2+(c-a)^2]\geqslant 8(a-b)(b-c)(c-a) \quad ①$$

从变量 $a,b,c$ 中同时减去一个数 $t(0\leqslant t\leqslant \min\{a,b,c\})$,三个差 $a-b,b-c,c-a$ 是不变的.

注意到,不等式 ① 的右边没有改变,而左边是减少的.所以,如果我们选择 $t=\min\{a,b,c\}$,并用 $a-t$,$b-t,c-t$ 替换 $a,b,c$,则以 $a-t,b-t,c-t$ 产生的新的不等式更强.这个事实表明,我们仅需证明原不等式在 $\min\{a,b,c\}=0$(不妨设 $c=0$)的情况下成立即可,也就是只要证明

$$a^3+b^3\geqslant 4ab(b-a)$$

由 AM-GM 不等式,我们有

$$4a(b-a)\leqslant (a+b-a)^2=b^2$$

$$\Rightarrow 4ab(b-a)\leqslant b^3\leqslant a^3+b^3$$

等号成立当且仅当 $a=b=c$.证毕.

这个证明方法不仅适用于三元不等式,而且对下

面的四元不等式仍然有效.

给定非负实数 $a,b,c,d$,证明

$$a^4+b^4+c^4+d^4-4abcd\geqslant$$
$$2(a-b)(b-c)(c-d)(d-a)$$

**例 3**　设 $a,b,c$ 是非负实数,证明

$$a^3+b^3+c^3+3abc\geqslant$$
$$ab(a+b)+bc(b+c)+ca(c+a)$$

**证明及分析**　下面两个表示都是已知的

$$a^3+b^3+c^3-3abc=$$
$$\frac{1}{2}(a+b+c)[(a-b)^2+(b-c)^2+(c-a)^2]$$

和

$$ab(a+b)+bc(b+c)+ca(c+a)-6abc=$$
$$a(b-c)^2+b(c-a)^2+c(a-b)^2$$

因此原不等式等价于

$$(a+b-c)(a-b)^2+(b+c-a)(b-c)^2+$$
$$(c+a-b)(c-a)^2\geqslant 0$$

但是,这不是我们所希望的,$(a-b)^2$,$(b-c)^2$,$(c-a)^2$ 的系数并不总是非负.

我们在证明对称不等式的时候,通常使用“重排变量次序”的方法.那么,对于这个问题,当然,我们也可以这样做.不失一般性,设 $a\geqslant b\geqslant c$,在

$$(a+b-c)(a-b)^2$$
$$(b+c-a)(b-c)^2$$
$$(c+a-b)(c-a)^2$$

这三项中,至少有一项是负的,即 $(b+c-a)(b-c)^2$(当然,如果这个项是非负的,那么不等式得证).假设

$$r=(b+c-a)(b-c)^2\leqslant 0$$

对于其他两个非负项$(a+b-c)(a-b)^2$和$(c+a-b)(c-a)^2$之间,我们注意到$(b+c-a)(b-c)^2$和$r$相比较是非常大的,这是什么原因呢?简单的,我们有

$$a+c-b\geqslant |b+c-a|$$
$$(a-c)^2\geqslant (b-c)^2$$

结果是

$$(c+a-b)(a-c)^2\geqslant |r|$$

最后,我们可以推出

$$\begin{aligned}&(a+b-c)(a-b)^2+(b+c-a)(b-c)^2+\\&(c+a-b)(c-a)^2\geqslant\\&(c+a-b)(c-a)^2+r\geqslant 0\end{aligned}$$

因此,原不等式得证.

# 赫尔德不等式

# 第 10 章

关于一重积分，我们可以给出赫尔德(Hölder)不等式

$$\int_a^b \varphi\psi \mathrm{d}x \leqslant \left(\int_a^b \varphi^p \mathrm{d}x\right)^{\frac{1}{p}} \left(\int_a^b \psi^q \mathrm{d}x\right)^{\frac{1}{q}}$$

$$\left(\frac{1}{p}+\frac{1}{q}=1\right)$$

的几个证明，这里 $\varphi$ 和 $\psi$ 都是非负的可积函数. 在这里我们要给出一个证明，这个证明要借助于重积分的计算与不等式

$$na_1a_2\cdots a_n \leqslant a_1^n + a_2^n + \cdots + a_n^n$$

这个不等式等价于 $n$ 个正数的几何平均与算术平均之间的经典不等式.

**问题 1** 设 $a,b,c$ 表示三个非负的数，试证明

$$a^3+b^3+c^3 \geqslant 3abc$$

$a,b,c$ 取什么值时，等式成立？

**问题 2** 设

$$a=f(x)g(y)g(z)$$
$$b=f(y)g(z)g(x)$$
$$c=f(z)g(x)g(y)$$

这里 $f$ 与 $g$ 是两个非负函数，并且从 0 到 1 是可积的. 利用这些记号写出问题 1 的不等式. 在区域

$$0<x<1,0<y<1,0<z<1$$

上积分这个不等式，然后改变记号证明

$$\int_0^1 \varphi\psi \mathrm{d}x \leqslant \left(\int_0^1 \varphi^3 \mathrm{d}x\right)^{\frac{1}{3}} \left(\int_0^1 \psi^{\frac{3}{2}} \mathrm{d}x\right)^{\frac{2}{3}}$$

这里 $\varphi,\psi$ 是两个非负函数，并且从 0 到 1 是可积的. $\varphi$ 与 $\psi$ 之间必须满足什么关系，等式才成立？

**问题 3** 当

$$\varphi(x)=x^{\alpha},\psi(x)=x^{\beta}$$

时，通过直接计算验证问题 2 的不等式，这里 $\alpha,\beta$ 是两个给定的数.

**问题 4** 设 $a_1,a_2,\cdots,a_n$ 表示 $n$ 个正整数，试证明

$$a_1^n+a_2^n+\cdots+a_n^n>na_1a_2\cdots a_n$$

我们设

$$a_1=f_1(x_1)f_2(x_2)\cdots f_n(x_n)$$

这是 $f_1,f_2,\cdots,f_n$ 是 $n$ 个在[0,1]上的可积函数. 在表达式 $a_1$ 中，我们用依次轮换 $x_1,x_2,\cdots,x_n$ 的办法定义 $a_2,a_3,\cdots,a_n$. 证明不等式

$$\left[\int_0^1 f_1(x)f_2(x)\cdots f_n(x)\mathrm{d}x\right]^n \leqslant$$
$$\int_0^1 f_1^n(x)\mathrm{d}x\int_0^1 f_2^n(x)\mathrm{d}x\cdots\int_0^1 f_n^n(x)\mathrm{d}x$$

改变记号，然后利用这个不等式去证明：当 $p,q$ 是大于 1 的有理数并满足 $\frac{1}{p}+\frac{1}{q}=1$ 时，有

$$\int_0^1 \varphi\psi \mathrm{d}x \leqslant \left(\int_0^1 \varphi^p \mathrm{d}x\right)^{\frac{1}{p}} \left(\int_0^1 \psi^q \mathrm{d}x\right)^{\frac{1}{q}}$$

这里 $\varphi,\psi$ 都是非负的可积函数.

**解答 1**　经典恒等式

$$a^3+b^3+c^3-3abc=$$

$$\frac{a+b+c}{2}[(b-c)^2+(c-a)^2+(a-b)^2] \qquad ①$$

指出，若 $a,b,c$ 都是实的非负数，则多项式 $a^3+b^3+c^3-3abc$ 是非负的. 当且仅当 $a=b=c$ 时，这个多项式取值 0.

我们也可以用研究函数 $u(a)=a^3-3abc+b^3+c^3$ 的变化来证明这一结果.

**解答 2**　若设

$$a=f(x)g(y)g(z)$$
$$b=f(y)g(z)g(x)$$
$$c=f(z)g(x)g(y)$$

则表达式

$$\begin{aligned}\Phi(x,y,z)= &[f(x)g(y)g(z)]^3+[f(y)g(z)g(x)]^3+\\ &[f(z)g(x)g(y)]^3-\\ &3f(x)f(y)f(z)[g(x)g(y)g(z)]^2\end{aligned}$$

等价于多项式①. 由于 $f$ 与 $g$ 在闭区间 $[0,1]$ 上都是非负的，从而 $a,b,c\geqslant 0$. 所以，在由 $0<x<1,0<y<1,0<z<1$ 所定义的立方体 $K$ 内，这个表达式是非负的. 同样的，积分

$$I=\iiint\limits_K \Phi(x,y,z)\mathrm{d}x\mathrm{d}y\mathrm{d}z$$

也是非负的.

要使 $I=0$，必须 $a=b=c$，因此

$$\frac{f(x)}{g(x)}=\frac{f(y)}{g(y)}=\frac{f(z)}{g(z)}$$

所以这些比的公共值是一个常数,从而比$\dfrac{f}{g}$一定是常数.

若我们引进定积分

$$J_1=\int_0^1 f^3(x)\mathrm{d}x, J_2=\int_0^1 g^3(x)\mathrm{d}x, J_3=\int_0^1 f(x)g^2(x)\mathrm{d}x$$

则有

$$I=3J_1J_2^2-3J_3^3=3(J_1J_2^2-J_3^3)$$

因为 $I\geqslant 0$,所以

$$J_3^3\leqslant J_1J_2^2$$

或

$$J_3\leqslant J_1^{\frac{1}{3}}J_2^{\frac{2}{3}} \qquad ②$$

我们改变一下记号,设

$$f(x)=\varphi(x), g^2(x)=\psi(x)$$

这时不等式 ② 可以写为

$$\int_0^1\varphi(x)\psi(x)\mathrm{d}x\leqslant\left[\int_0^1\varphi^3(x)\mathrm{d}x\right]^{\frac{1}{3}}\left[\int_0^1\psi^{\frac{3}{2}}(x)\mathrm{d}x\right]^{\frac{2}{3}} \qquad ③$$

等式对应于

$$f=kg \text{ 或 } \varphi(x)=k\psi^{\frac{1}{2}}(x)$$

**解答 3** 要使函数 $\varphi^3(x)=x^{3\alpha}$ 在$[0,1]$上是可积的,必须是 $3\alpha>-1$ 或 $\alpha>-\dfrac{1}{3}$.

类似的,要使 $\psi^{\frac{3}{2}}(x)=x^{\frac{3\beta}{2}}$ 在$[0,1]$上是可积的,必须要

$$\frac{3\beta}{2}>-1 \text{ 或 } \beta>-\frac{2}{3}$$

容易验证,$\varphi(x)\psi(x)=x^{\alpha+\beta}$ 是可积的,因为

$$\alpha+\beta>-1$$

这时不等式 ③ 可写为

$$\int_0^1 x^{\alpha+\beta}\mathrm{d}x \leqslant \left(\int_0^1 x^{3\alpha}\mathrm{d}x\right)^{\frac{1}{3}}\left(\int_0^1 x^{\frac{3\beta}{2}}\mathrm{d}x\right)^{\frac{2}{3}} \quad ④$$

把结果算出来以后，我们就会看到

$$\frac{1}{\alpha+\beta+1} \leqslant \frac{1}{(3\alpha+1)^{\frac{1}{3}}\left(\frac{3\beta}{2}+1\right)^{\frac{2}{3}}}$$

或

$$(\alpha+\beta+1)^3 \geqslant (3\alpha+1)\left(\frac{3\beta}{2}+1\right)^2 \quad ⑤$$

现在，引进多项式

$$\psi(\alpha,\beta)=(\alpha+\beta+1)^3-(3\alpha+1)\left(\frac{3\beta}{2}+1\right)^2$$

我们可以看到，当把 $\psi(\alpha,\beta)$ 看作 $\alpha$ 的函数时，$\alpha=\frac{\beta}{2}$ 是 $\psi(\alpha,\beta)$ 的二重根，于是我们可以写出

$$\psi(\alpha,\beta)=\left(\alpha-\frac{\beta}{2}\right)^2(4\beta+\alpha+3)$$

这里当 $4\beta+\alpha>-3$ 时，$\psi$ 是正的. 而不等式 $\alpha>-\frac{1}{3}$，$\beta>-\frac{2}{3}$ 蕴涵着

$$4\beta+\alpha \geqslant -\frac{8}{3}-\frac{1}{3}=-3$$

这样一来，不等式 ⑤ 得证.

注意，当

$$p=3,q=\frac{3}{2}$$

时，不等式 ④ 是赫尔德不等式.

从不等式

$$a^2+b^2-2ab=(a-b)^2\geqslant 0$$

出发,取

$$a=f(x)g(y),b=f(y)g(x)$$

可以用类似的方法证明施瓦兹(Schwarz)不等式.

**解答 4** 更一般的,我们来证明,若 $a_1,\cdots,a_n$ 都是非负的数,则

$$a_1^n+\cdots+a_n^n\geqslant na_1a_2\cdots a_n \qquad ⑥$$

设

$$\psi(a)=a^n-naa_2\cdots a_n+a_2^n+\cdots+a_n^n$$

则

$$\psi'(a)=n(a^{n-1}-a_2a_3\cdots a_n)$$

注意,当 $a=(a_2a_3\cdots a_n)^{\frac{1}{n-1}}$ 时,$\psi'(a)$ 取值 0,在 $a$ 的这个值,$\psi(a)$ 取值

$$a_2^n+\cdots+a_n^n-(n-1)(a_2a_3\cdots a_n)^{\frac{n}{n-1}}$$

若 $\psi$ 在这个极小值处是非负的,则对 $a$ 的一切值,不等式得证. 设

$$a_2^{\frac{n}{n-1}}=b_2,\cdots,a_n^{\frac{n}{n-1}}=b_n$$

这时我们得到不等式

$$b_2^{n-1}+\cdots+b_n^{n-1}-(n-1)b_2b_3\cdots b_n\geqslant 0$$

这是同一个不等式,不过用 $n-1$ 代替了 $n$. 如果所要证的不等式对 $n-1$ 成立,那么它一定也对 $n$ 成立. 但是我们知道它对 $n=2$(和 $n=3$) 成立,因此,它对一切 $n$ 都成立.

这个不等式表达了这样一个事实:$n$ 个正数 $a_1,\cdots,a_n$ 的算术平均值至少等于它们的几何平均值 $\sqrt[n]{a_1a_2\cdots a_n}$.

现在我们考虑 $n$ 个函数 $f_1,\cdots,f_n$ 与 $n$ 个变量

$x_1,\cdots,x_n$. 设

$$a_1=f_1(x_1)f_2(x_2)\cdots f_n(x_n)$$

然后依次轮换 $x_i$ 得

$$a_2=f_1(x_2)f_2(x_3)\cdots f_n(x_1)$$
$$a_3=f_1(x_3)f_2(x_4)\cdots f_n(x_2)$$
$$\vdots$$
$$a_n=f_1(x_n)f_2(x_1)\cdots f_n(x_{n-1})$$

利用这些记号写出不等式 ⑥,然后在区域 $0<x_1<1,\cdots,0<x_n<1$ 上积分. 这时第一项将包含 $n$ 个形如

$$\int_0^1 f_1^n(x_1)\mathrm{d}x_1,\cdots,\int_0^1 f_n^n(x_n)\mathrm{d}x_n$$

的积分,它们之间的差别仅在于角标不同. 因此每一个都与第一个有相同的值,所以乘以 $n$,结果也一样. 在右端我们有

$$n[f_1(x_1)f_2(x_1)\cdots f_n(x_1)][f_1(x_2)f_2(x_2)\cdots f_n(x_2)]\cdot\cdots\cdot[f_1(x_n)f_2(x_n)\cdots f_n(x_n)]$$

通过积分可得

$$n\left[\int_0^1 f_1(x_1)f_2(x_1)\cdots f_n(x_1)\mathrm{d}x_1\right]^n$$

除以 $n$,则得不等式

$$\left[\int_0^1 f_1(x)f_2(x)\cdots f_n(x)\mathrm{d}x\right]^n\leqslant\int_0^1 f_1^n(x)\mathrm{d}x\cdots\int_0^1 f_n^n(x)\mathrm{d}x$$

现在设 $n=\alpha+\beta$,然后把前 $\alpha$ 个函数 $f_i$ 都取为 $f$,把后 $\beta$ 个函数 $f_i$ 都取为 $g$. 于是我们有

$$\left(\int_0^1 f^\alpha g^\beta\mathrm{d}x\right)^{\alpha+\beta}\leqslant\left(\int_0^1 f^{\alpha+\beta}\mathrm{d}x\right)^\alpha\left(\int_0^1 g^{\alpha+\beta}\mathrm{d}x\right)^\beta$$

最后,若我们改变记号,记为

$$p=\frac{\alpha+\beta}{\alpha},q=\frac{\alpha+\beta}{\beta},f^\alpha=\varphi,g^\beta=\psi$$

则得

$$\int_0^1 \varphi\psi \mathrm{d}x \leqslant \left(\int_0^1 \varphi^p \mathrm{d}x\right)^{\frac{1}{p}} \left(\int_0^1 \psi^q \mathrm{d}x\right)^{\frac{1}{q}} \quad \left(\frac{1}{p}+\frac{1}{q}=1\right)$$

这就是 $p$ 与 $q$ 为有理数时的赫尔德不等式.

若 $\varphi$ 是可积的,并且是非负的,则积分 $\left(\int_0^1 \varphi^p \mathrm{d}x\right)^{\frac{1}{p}}$ 是 $p$ 的连续函数. 因此,当 $p$ 与 $q$ 是无理数时,我们所得到的不等式仍然成立.

# 第　2　编

# 牛顿定理

## 第11章

中学数学教材中解高次方程组是最复杂的问题之一.

对于一元二次方程

$$x^2+px+q=0$$

得到公式

$$x_{1,2}=-\frac{p}{2}\pm\sqrt{\frac{p^2}{4}-q}$$

最后得到标准解. 对于一次方程组也有解的标准例子(消去等系数的未知量). 但是对于高次方程组的情况是更复杂的.

更多的解上述方程组的一般方法是未知量消元法. 我们以下面的方程组为例讲解.

**例** 解关于 $y$ 的二次方程组$\begin{cases}x+y=4\\2x^2+y^2=19\end{cases}$,我们得到

$$y=4-x$$

将得到的关于 $y$ 的表达式代入第二个方程,得到新的方程只存在一个未知量 $x$,即

$$2x^2+(4-x)^2=19$$

化简方程后显然有

$$3x^2-8x-3=0$$

解上面的方程,我们得到两个解

$$x_1=3,\ x_2=-\frac{1}{3}$$

这些解中的每一个都符合定义值 $y$(我们借助于方程 $y=4-x$ 求出它)

$$y_1=1,\ y_2=\frac{13}{3}$$

经过检验,求出两组解

$$\begin{cases}x_1=3\\y_1=1\end{cases},\ \begin{cases}x_2=-\frac{1}{3}\\y_2=\frac{13}{3}\end{cases}$$

满足原方程组.

未知量消元法是非常普遍的.理论上由任意两个含两个未知量的代数方程构成,消去一个未知量,即为未知量消元法.但是消元过程不总是如此简单,如拆分高次的例子.若代入方程得到非常高的次幂是不适合使用消元方法的.在高等数学中,如果一个方程组(含有两个未知量)有一个最高次数是 $n$,第二个最高次数是 $m$,则消元后得到的是次数为 $mn$ 的方程.

以下面的方程组为例

$$\begin{cases}x^2+y^2=5\\x^3+y^3=9\end{cases}$$

由第一个方程我们得到：$x^2=5-y^2$，然后

$$x^6=(5-y^2)^3=125-75y^2+15y^4-y^6$$

也就是说由第二个方程我们得到：$x^3=9-y^3$，然后

$$x^6=81-18y^3+y^6$$

求出关于 $x^6$ 的等式，我们得到只含有一个未知量 $y$ 的方程

$$2y^6-15y^4-18y^3+75y^2-44=0$$

但是这个方程是六次方程（$2\times3=6$，这完全符合我们提到的高数定理），不能用初中的公式解六次幂方程，这样来说，消元法把我们带入了绝境.

用这些不充分的方法消元（在解高次方程组的情况下）很少能满足中学的内容. 通常解方程组都是借助于某一构造方法，但通常找不到这样常规的方法. 每一个方程组都有自己的解法，所得的经验也只能解一个方程组，很少能帮助解其他的方程组. 结果中学数学的“这一章”变成了难题章，只能单独用原始的方法来解它们.

下面我们介绍一种令读者满意的解高次方程组的一般方法. 它不像消元法一样普遍，因此不适用于所有方程组. 但是这种方法适用于大多数中小学生学习的方程组，它主要区别于消元法的是，代入后不提高方程的幂，而是降幂.

这里所指的方法的原理是利用对称多项式定理. 读者将看到，定理本身非常简单，它不仅能解许多数学方程组，而且可以解许多其他的数学问题（如解无理方程、证明恒等式和不等式、因式分解，等等）. 这些类型的一系列问题将在本书中分别进行研究，在每一章的最后，读者都可以找到适合自己的方法. 这些题中有的是非常难的，建议把它们中的某些题放到奥数中去. 借助于对称多项式定理解这些题，步骤很简单.

## 11.1 引　言

1957 年在我国上海举行的数学竞赛中首次出现了一个条件恒等式的证明问题：

若 $a,b,c \in \mathbf{R}$，且满足 $a+b+c=0$，则

$$\frac{a^5+b^5+c^5}{5}=\frac{a^2+b^2+c^2}{2}\cdot\frac{a^3+b^3+c^3}{3}$$

$$\frac{a^7+b^7+c^7}{7}=\frac{a^2+b^2+c^2}{2}\cdot\frac{a^5+b^5+c^5}{5}$$

此试题一般采用两种方法证明，一种是基于对称多项式的分解，另一种是基于牛顿公式. 在这两条解决途径中都附带着得到许多“副产品”，可以说这个问题之于竞赛数学有些像费马(Fermat) 大定理之于数论.

先来看第一条途径 —— 减少变元的个数以便于处理.

由 $a+b+c=0$，可设 $a=x+y,b=-x,c=-y$，则

$$a^p+b^p+c^p=(x+y)^p+(-x)^p+(-y)^p$$

故只需考虑分解式

$$f_p(x,y)=(x+y)^p+(-x)^p+(-y)^p$$

当 $p=2$ 时

$$f_2(x,y)=(x+y)^2+x^2+y^2=2(x^2+y^2+xy)$$

当 $p=3$ 时

$$f_3(x,y)=(x+y)^3-x^3-y^3=$$
$$3xy(x+y)$$

当 $p=5$ 时

$$f_5(x,y)=(x+y)^5-x^5-y^5=$$
$$5xy(x+y)(x^2+xy+y^2)$$

当 $p=7$ 时

$$f_7(x,y)=(x+y)^7-x^7-y^7=$$
$$7xy(x+y)(x^2+xy+y^2)^2$$

显然

$$\frac{1}{5}f_5(x,y)=\frac{1}{2}f_2(x,y)\cdot\frac{1}{3}f_3(x,y)$$

$$\frac{1}{7}f_7(x,y)=\frac{1}{2}f_2(x,y)\cdot\frac{1}{5}f_5(x,y)$$

那么是不是所有的

$$f_n(x,y)=(x+y)^n+(-x)^n+(-y)^n$$

都可分解为 $xy(x+y)$ 和 $x^2+xy+y^2$ 的多项式形式呢？1976 年的美国 Putnam 竞赛试题 A2 肯定了这一点，题目如下：

设

$$P(x,y)=x^2y+xy^2,Q(x,y)=x^2+xy+y^2$$

对于 $n=1,2,3,\cdots$，设

$$F_n(x,y)=(x+y)^n-x^n-y^n$$
$$G_n(x,y)=(x+y)^n+x^n+y^n$$

有

$$G_2=2Q,F_3=3P,G_4=2Q^2,F_5=5PQ,G_6=3Q^3+3P^2$$

求证：对于每个 $n$，$F_n$ 或 $G_n$ 都可以表示为一个整系数 $P$ 与 $Q$ 的多项式.

证明很简单：因为容易验证

$$(x+y)^n=(x+y)^{n-2}Q+(x+y)^{n-3}P$$

$$x^n+y^n=(x^{n-2}+y^{n-2})Q-(x^{n-3}+y^{n-3})P$$

将两式分别相减、相加，得

$$F_n=QF_{n-2}+PG_{n-3}, G_n=QG_{n-2}+PF_{n-3}$$

再利用已知的 $G_2, F_3, G_4, F_5, G_6$，按完全归纳法即可证得所求结果.

在此前提下，我们可以进一步计算出更多的 $f_n(x,y)$，例如

$$f_9(x,y)=$$
$$3xy(x+y)[3(x^2+xy+y^2)^3+x^2y^2(x+y)^2]$$

$$f_{11}(x,y)=11xy(x+y)(x^2+xy+y^2)\cdot[(x^2+xy+y^2)^3+x^2y^2(x+y)^2]$$

$$f_{13}(x,y)=13xy(x+y)(x^2+xy+y^2)\cdot[(x^2+xy+y^2)^3+2x^2y^2(x+y)^2]$$

但是我们没有再发现类似的

$$\frac{1}{m}f_m(x,y)\cdot\frac{1}{n}f_n(x,y)=\frac{1}{m+n}f_{m+n}(x,y)$$

成立的迹象. 那么这是否就是事实呢？1982 年的第 11 届 USAMO 回答了这个问题：

设 $s_r=x^r+y^r+z^r$，其中 $x,y,z\in\mathbf{R}$，已知在 $s_1=0$ 时，对 $(m,n)=(2,3),(3,2),(2,5)$ 或 $(5,2)$，有

$$\frac{s_{m+n}}{m+n}=\frac{s_m}{m}\cdot\frac{s_n}{n} \qquad ①$$

试确定所有的其他适合式 ① 的正整数组(如果有这样的数组存在的话).

通过取一组特殊的 $x,y,z$ 的值，即 $k+1,-k,-1$ 来研究关于 $k$ 的多项式

$$s_m=(k+1)^m+(-k)^m+(-1)^m$$

从而证实了上述猜测，即没有其他数组存在.

通过 $f_7(x,y)$ 的分解式子，我们还可以得到 1984

年第25届IMO的一道试题的解答：

求一对正整数 $a,b$，使其满足：

(1) $ab(a+b)$ 不能被7整除；

(2) $(a+b)^7-a^7-b^7$ 能被 $7^7$ 整除.

事实上，因为

$$f_7(a,b)=(a+b)^7-a^7-b^7=\\7ab(a+b)(a^2+ab+b^2)^2$$

所以由

$$7\nmid ab(a+b)$$

$$7^7\mid (a+b)^7-a^7-b^7$$

可知

$$7^3\mid a^2+ab+b^2$$

令 $a^2+ab+b^2=7^3$，即 $(a+b)^2-ab=343$. 取 $a+b=19$，则 $ab=19^2-343=18$. 故取 $a=18,b=1$ 即可. 值得注意的是，对 $f_7(a,b)$ 的分解是解决此题的必由之路！

使用这种分解法还使得这个问题有向多元发展的可能.

如设

$$f_p(x,y,z)=(x+y+z)^p+(-x)^p+(-y)^p+(-z)^p$$

则易得

$$f_5(x,y,z)=5(x+y)(y+z)(z+x)\cdot\\(x^2+y^2+z^2+xy+yz+zx)$$

$$f_3(x,y,z)=3(x+y)(y+z)(z+x)$$

$$f_2(x,y,z)=2(x^2+y^2+z^2+xy+yz+zx)$$

故

$$\frac{1}{5}f_5(x,y,z)=\frac{1}{2}f_2(x,y,z)\cdot\frac{1}{3}f_3(x,y,z)$$

即可将前述竞赛题推广为：

若 $a,b,c,d\in\mathbf{R}$，且 $a+b+c+d=0$，则

$$\frac{a^5+b^5+c^5+d^5}{5}=\frac{a^3+b^3+c^3+d^3}{3}\cdot\frac{a^2+b^2+c^2+d^2}{2}$$

## 11.2 牛顿定理

那么相应的是否还有其他问题能推广到四元或 $n(n\geqslant 4)$ 元呢？需要指出的是，如果推广到更多个变元的话，仅有一个条件是不够的. 在朱水林先生的《对称和群》(上海教育出版社，1984 年) 中有：若

$$\sum_{i=1}^{5}X_i=\sum_{i=1}^{5}X_i^3=0$$

则

$$\frac{1}{7}\sum_{i=1}^{5}X_i^7=\frac{1}{5}\sum_{i=1}^{5}X_i^5\cdot\frac{1}{2}\sum_{i=1}^{5}X_i^2$$

实际上，在同样条件下对 6 个变元的恒等式也成立. 在北大蓝以中教授的《高等代数简明教程》(北京大学出版社) 的习题中有一题为：

若

$$\sum_{i=1}^{6}X_i=\sum_{i=1}^{6}X_i^3=0$$

则

$$\frac{1}{7}\sum_{i=1}^{6}X_i^7=\frac{1}{5}\sum_{i=1}^{6}X_i^5\cdot\frac{1}{2}\sum_{i=1}^{6}X_i^2$$

下面我们再来看一看另一途径 —— 牛顿公式法.

设

$$s_k=\sum_{i=1}^{n}X_i^k$$

则所谓的牛顿公式为：

(1) 当 $k\leqslant n$ 时，有

$$s_k=\sigma_1 s_{k-1}-\sigma_2 s_{k-2}+\cdots+(-1)^k\sigma_{k-1}s_1+k(-1)^{k+1}\sigma_k$$

(2) 当 $k>n$ 时，有

$$s_k=\sigma_1 s_{k-1}-\sigma_2 s_{k-2}+\cdots+(-1)^{n+1}\sigma_n s_{k-n}$$

当 $n=3,\sigma_1=x_1+x_2+x_3=0$ 时，有

$$s_2=\sigma_1^2-2\sigma_2=-2\sigma_2$$

$$s_3=\sigma_1^3-3\sigma_1\sigma_2+3\sigma_3=3\sigma_3$$

$$s_4=\sigma_1 s_3-\sigma_2 s_2+\sigma_3 s_1=2\sigma_2^2$$

$$s_5=\sigma_1 s_4-\sigma_2 s_3+\sigma_3 s_2=-3\sigma_2\sigma_3-2\sigma_3\sigma_2=-5\sigma_2\sigma_3$$

$$s_7=\sigma_1 s_6-\sigma_2 s_5+\sigma_3 s_4=5\sigma_2^2\sigma_3+2\sigma_2^2\sigma_3=7\sigma_2^2\sigma_3$$

故

$$\frac{1}{7}s_7=\frac{1}{5}s_5\cdot\frac{1}{2}s_2$$

$$\frac{1}{5}s_5=\frac{1}{3}s_3\cdot\frac{1}{2}s_2$$

从以上的牛顿公式出发，我们可以得到一系列的竞赛命题，例如第 2 届 USAMO 的第 4 题：

确定方程组

$$\begin{cases}x+y+z=3\\x^2+y^2+z^2=3\\x^5+y^5+z^5=3\end{cases}$$

的所有实根或复根.

若记

$$\sigma_1=x+y+z,\sigma_2=xy+yz+zx,\sigma_3=xyz$$

则 $x,y,z$ 是关于 $r^3-\sigma_1 r^2+\sigma_2 r-\sigma_3=0$ 的根. 又将

$$\begin{cases}s_1=\sigma_1=3\\s_2=\sigma_1^2-2\sigma_2=3\end{cases}\Rightarrow\sigma_2=3$$

$$s_3=\sigma_1^3-3\sigma_1\sigma_2+3\sigma_3\Rightarrow s_3=3\sigma_3$$

$$s_4=\sigma_1 s_3-\sigma_2 s_2+\sigma_3 s_1\Rightarrow s_4=12\sigma_3-9$$

代入到 $s_5=\sigma_1 s_4-\sigma_2 s_3+\sigma_3 s_2$ 中，得

$$3=3(12\sigma_3-9)-3\cdot 3\sigma_3+3\sigma_3\Leftrightarrow\sigma_3=1$$

故此三次方程为

$$r^3-3r^2+3r-1=0$$

即 $(r-1)^3=0$，故 $r=1$，于是 $x=y=z=1$.

需要指出的一点是，选择这三个同幂和形式的方程联立，命题者也是煞费了一些苦心的，因为一不小心就会将问题变得简单化. 例如假设将问题提为

$$\begin{cases}x+y+z=3\\ x^3+y^3+z^3=3\\ x^5+y^5+z^5=3\end{cases}$$

的话，就会使问题的解决存在一条捷径.

我们知道美籍匈牙利数学家乔治·波利亚(George Pólya)是一位世界著名的解题理论专家，他的代表作之一《数学与猜想》(见中译本，科学出版社，李心灿等译，第 13 页)风靡欧美，在其第二卷合情推理模式中有这样一段：

对 $n=1,2,3,\cdots$，设

$$a^n+b^n+c^n=s_n$$

$$(x-a)(x-b)(x-c)=x^3-px^2+qx-r$$

并用 $x$ 的恒等式定义 $p,q$ 与 $r$，因此有

$$p=a+b+c,q=ab+bc+ca,r=abc$$

显然 $p=s_1$，对 $a,b$ 与 $c$ 的任意值

$$q=\frac{2s_1^5-5s_1^2s_3+3s_5}{5(s_1^3-s_3)}$$

$$r=\frac{s_1^6-5s_1^3s_5-5s_3^2+9s_1s_5}{15(s_1^3-s_3)}$$

**注**　类似的公式我们自己也可以推导一些,如当 $n=4$ 时,我们可以用 $s_1,s_2,s_3,s_4$ 表示 $\sigma_1,\sigma_2,\sigma_3,\sigma_4$,即

$$\sigma_1=s_1$$

$$\sigma_2=\frac{1}{2}(s_1^2-s_2)$$

$$\sigma_3=\frac{1}{6}(s_1^3-3s_1s_2+2s_3)$$

$$\sigma_4=\frac{1}{24}(s_1^4-6s_1^2s_2+8s_1s_3+3s_2^2-6s_4)$$

更进一步的表达式见李乔编写的《组合数学基础》第 58,59 页.当然这要比上述公式容易些.

由这一断言,我们由 $s_1=s_3=s_5=3$ 不难计算

$$p=s_1=3$$

$$q=\frac{2\times 3^5-5\times 3^2\times 3+3\times 3}{5\times(3^3-3)}=\frac{360}{120}=3$$

$$r=\frac{3^6-5\times 3^3\times 3-5\times 3^2+9\times 3\times 3}{15\times(3^3-3)}=\frac{360}{360}=1$$

故 $x,y,z$ 是方程 $a^3-3a^2+3a-1=(a-1)^3=0$ 的三个根,故 $x=y=z=1$.

这样问题的难度会随着 $p,q,r$ 用 $s_1,s_3,s_5$ 的表达式的出现而降低,所以从这个角度来说原试题更合适一些.

另外一点,原试题具有另一方面的背景,因为前两个方程可以看作是一个平面 $\pi:Ax+By+Cz+D=0$ 和一个球面 $\Sigma:(x-a)^2+(y-b)^2+(z-c)^2=d^2$.它们联立相当于求平面与球面的交点 $\pi\cap\Sigma$.而由点到平面的距离公式

$$d=\frac{|Ax_0+By_0+Cz_0+D|}{\sqrt{A^2+B^2+C^2}}$$

知球心(0,0,0)到平面 $x+y+z=3$ 的距离 $r=\sqrt{3}$ 恰好是球的半径. 故可知 $\pi\cap\Sigma=P$,即 $\pi$ 与 $\Sigma$ 相切于一点 $P$,不难看出切点为(1,1,1),且知它满足第 3 个方程,故 $x=y=z=1$ 是原方程组的唯一解.

如果将其引申一步即为第 1 届中国数学奥林匹克集训试题:

解方程组

$$\begin{cases}x_1+x_2+\cdots+x_n=n\\x_1^2+x_2^2+\cdots+x_n^2=n\\\vdots\\x_1^n+x_2^n+\cdots+x_n^n=n\end{cases}$$

仿照上题,我们不妨设 $x_1,x_2,\cdots,x_n$ 是方程

$$f(r)=r^n-\sigma_1r^{n-1}+\sigma_2r^{n-2}-\cdots+(-1)^n\sigma_n=0$$

的 $n$ 个根,则由牛顿公式

$$s_n=\sigma_1s_{n-1}-\sigma_2s_{n-2}+\cdots+n(-1)^{n+1}\sigma_n$$

注意到 $s_1=s_2=\cdots=s_n=n$,故

$$1=\sigma_1-\sigma_2+\cdots+(-1)^n\sigma_{n-1}+(-1)^{n+1}\sigma_n$$

而且

$$f(1)=1-\sigma_1+\sigma_2+\cdots+(-1)^n\sigma_n=0$$

知 $f(r)=0$ 至少有一个根 $r=1$,故 $x_i(1\leqslant i\leqslant n)$ 中至少有一个为 1. 不妨设 $x_n=1$,代入方程组,并去掉最后一个方程得

$$\begin{cases}x_1+x_2+\cdots+x_{n-1}=n-1\\x_1^2+x_2^2+\cdots+x_{n-1}^2=n-1\\\vdots\\x_1^{n-1}+x_2^{n-1}+\cdots+x_{n-1}^{n-1}=n-1\end{cases}$$

现重复上面的操作,故可推出 $x_1=x_2=\cdots=x_n=1$.

再结合一个熟悉的结果:

方程

$$\begin{cases}x+y+z=1\\x^2+y^2+z^2=1\\x^3+y^3+z^3=1\end{cases}$$

的解为(0,0,1),(0,1,0),(1,0,0)(证明见《数学解题辞典》,上海辞书出版社).

我们又可得到一道IMO预选题:

设 $s_k=x_1^k+x_2^k+\cdots+x_n^k$,其中 $x_i\in\mathbf{R}(i=1,2,\cdots,n)$.若 $s_1=s_2=\cdots=s_{n+1}$,求证:对于任何 $i=1,2,\cdots,n,x_i\in\{0,1\}$.

虽然利用牛顿定理可以使本题有一个巧妙的解法,但由于当 $n\geqslant 3$ 时,有

$$\sum_{i=1}^{n}(x_i-x_i^2)^2=\sum_{i=1}^{n}(x_i^2-2x_i^3+x_i^4)=s_2-2s_3+s_4=0$$

于是

$$x_i-x_i^2=0\Rightarrow x_i=0\text{ 或 }x_i=1$$

这使得问题意外地简单了.

## 11.3　几个例子

从以上几个问题可见,人们对这种幂和及牛顿公式有着持久的兴趣.1975年,D.J.纽曼在《美国数学月刊》第82期解答了一个更为困难的问题:

给定 $s_k=k,k=1,2,\cdots,n$,求 $s_{n+1}$.

这个问题的特殊情况可以当作竞赛训练题.

设 $x,y,z\in\mathbf{C}$($\mathbf{C}$ 为复数域),$s_n=x^n+y^n+z^n$,且 $s_n=n$ 对 $n=1,2,3$ 成立,求 $s_4,s_5,s_6$.

由牛顿公式易得

$$s_n=s_{n-1}+\frac{1}{2}s_{n-2}+\frac{1}{6}s_{n-3}$$

令 $n=4$ 时，得 $s_4=\frac{25}{6}$. 类似的，$s_5=6$，$s_6=\frac{103}{12}$.

在这种研究氛围下，1980 年第 9 届 USAMO 又提出了一个以牛顿定理为背景的问题：

设 $F_r=x^r\sin(rA)+y^r\sin(rB)+z^r\sin(rC)$，其中 $x,y,z,A,B,C$ 都是实数，且 $A+B+C$ 是 $\pi$ 的整数倍. 试证：如果 $F_1=F_2=0$，那么对于一切正整数 $r$ 都有 $F_r=0$.

本题如用三角法证明非常繁杂，如用牛顿定理，则可使证明变得十分简捷. 利用棣莫弗(de Moivre) 定理：设

$$\alpha=x(\cos A+\mathrm{i}\sin A)$$
$$\beta=y(\cos B+\mathrm{i}\sin B)$$
$$\gamma=z(\cos C+\mathrm{i}\sin C)$$

$$s_r=\alpha^r+\beta^r+\gamma^r=$$
$$x^r\cos(rA)+y^r\cos(rB)+z^r\cos(rC)+\mathrm{i}F_r$$

所以只需证对任意的 $r\in\mathbf{N}$，都有 $s_r\in\mathbf{R}$ 即可推知对任意的 $r\in\mathbf{N}$，$F_r=0$.

由牛顿公式

$$s_r=\sigma_1 s_{r-1}-\sigma_2 s_{r-2}+\sigma_3 s_{r-3}$$

故只需判断出 $\sigma_1,\sigma_2,\sigma_3$ 及 $s_1,s_2$ 都为实数即可，因为以此出发可推出所有的 $s_r$ 都是实数. 事实上

$$s_1=\alpha+\beta+\gamma=x\cos A+y\cos B+z\cos C+\mathrm{i}F_1=$$
$$x\cos A+y\cos B+z\cos C$$

故 $s_1\in\mathbf{R}$. 又

$$s_2=x^2\cos^2 A+y^2\cos^2 B+z^2\cos^2 C+\mathrm{i}F_2=$$

$$x^2\cos^2 A + y^2\cos^2 B + z^2\cos^2 C$$

故 $s_2 \in \mathbf{R}$. 再有

$$\sigma_1 = s_1 \in \mathbf{R}$$

$$\sigma_2 = \frac{1}{2}(s_1^2 - s_2) \in \mathbf{R}$$

$$\sigma_3 = \alpha\beta\gamma = xyz[\cos(A+B+C) + \mathrm{i}\sin(A+B+C)]$$

因为 $A+B+C=n\pi$,所以 $\sigma_3 = xyz\cos(n\pi)$,即 $\sigma_3 \in \mathbf{R}$.

当然如果对于对称多项式有更多的了解,那么我们也可以仅判断 $\sigma_1,\sigma_2,\sigma_3$ 是否为实数,而无需判断 $s_2$ 是否为实数. 因为对于 $s_m$ 我们有下列公式成立

$$s_m = m\sum c(m;l_1,\cdots,l_n)\sigma_1^{l_1}\sigma_2^{l_2}\cdots\sigma_n^{l_n}$$

求和对一切满足 $ml_1 + 2l_2 + \cdots + nl_n$ 的 $m$ 进行,其中

$$c(m;l_1,\cdots,l_n) = (-1)^l \frac{(l_1+l_2+\cdots+l_n-1)!}{l_1!\ l_2!\ \cdots l_n!}$$

$$l = l_2 + l_4 + \cdots + l_{2\left[\frac{n}{2}\right]}$$

而 $\left[\frac{n}{2}\right]$ 是不超过 $\frac{n}{2}$ 的最大整数. 顺便我们还可以得到一个可供编造题目的结论:

设 $l_1,l_2,\cdots,l_n$ 为非负整数,且 $l_1 + 2l_2 + \cdots + nl_n = m$,则

$$\frac{m(l_1+l_2+\cdots+l_n-1)!}{l_1!\ l_2!\ \cdots l_n!} \qquad ②$$

是一个整数.

当取一些特殊的 $l_i$ 值后便可以编出新的题目,如取 $l_1=m,l_2=n,l_3=3m+n,l_4=3n+m$,有

$$l_1 + 2l_2 + 3l_3 + 4l_4 = 17n + 14m$$

则可求证

$$\frac{(17n+14m)[5(m+n)-1]!}{m!\ n!\ (3m+n)!\ (3n+m)!}$$

是整数. 这个问题的难度低于第 4 届(1975 年)USAMO 试题中的第 1 题:

(1) 求证:$[5x]+[5y]\geqslant[3x+y]+[3y+x]$,其中 $x,y\geqslant 0$,且$[n]$表示不大于 $n$ 的最大整数.

(2) 应用(1) 或其他方法,证明:对于一切正整数 $m,n$,$\dfrac{(5m)!\ (5n)!}{m!\ n!\ (3m+n)!\ (3n+m)!}$ 是整数.

当我们适当地调整 $l_1,l_2,l_3,l_4$ 的顺序后,我们会发现由(2) 可以推出式 ② 的下列特例:取 $l_1=3m+n$,$l_2=n,l_3=m,l_4=3n+m$,则

$$l_1+2l_2+3l_3+4l_4=15n+10m$$

$$\frac{(15n+10m)(5m+5n-1)!}{m!\ n!\ (3m+n)!\ (3n+m)!}$$

是整数.

因为

$$(15n+10m)(5m+5n-1)!=$$
$$5n(5m+5n-1)!+2(5m+5n)!$$

由组合数的定义知

$$\frac{5n(5m+5n-1)!}{(5m)!\ (5n)!}=\frac{(5m+5n-1)!}{(5m)!\ (5n-1)!}=\binom{5m+5n-1}{5m}$$

$$\frac{(5m+5n)!}{(5m)!\ (5n)!}=\binom{5m+5n}{5m}$$

都是整数,故

$$\frac{(15n+10m)(5m+5n-1)!}{m!\ n!\ (3m+n)!\ (3n+m)!}=$$

$$\frac{(15n+10m)(5m+5n-1)!}{(5m)!\ (5n)!}\cdot$$

$$\frac{(5m)!\ (5n)!}{m!\ n!\ (3m+n)!\ (3n+m)!}$$

由(2) 知上式为整数.

有一点需要指出的是,上述 USAMO 的试题可能受到第 14 届 IMO 第 3 题的启发.第 3 题为:

设 $m$ 和 $n$ 为任意的非负整数.

求证:当 $0!=1$ 时,$\dfrac{(2m)!\ (2n)!}{m!\ n!\ (m+n)!}$ 为一个整数.

从它出发也可推出式 ② 的一些特例.

在 1989 年 IMO 上菲律宾提供了一个应用牛顿定理的候选题:

设 $k$ 与 $s$ 为正整数,对满足条件

$$\sum_{i=1}^{s}\alpha_i^j=\sum_{i=1}^{s}\beta_i^j\quad(j=1,2,\cdots,k)$$

的实数组$(\alpha_1,\alpha_2,\cdots,\alpha_s)$ 与$(\beta_1,\beta_2,\cdots,\beta_s)$,我们记为

$$(\alpha_1,\alpha_2,\cdots,\alpha_s)=(\beta_1,\beta_2,\cdots,\beta_s)$$

求证:若$(\alpha_1,\alpha_2,\cdots,\alpha_s)=(\beta_1,\beta_2,\cdots,\beta_s)$,$s\leqslant k$,则存在$(1,2,\cdots,s)$ 的一个排列 $\pi$,使得

$$\beta_i=\alpha_{\pi(i)}\quad(i=1,2,\cdots,s)$$

证明很简单,只需考虑多项式

$$p(x)=\prod_{i=1}^{s}(x-\alpha_i)$$

$$q(x)=\prod_{i=1}^{s}(x-\beta_i)$$

则

$$p(x)=x^s-\sigma_1x^{s-1}+\sigma_2x^{s-2}-\cdots+(-1)^s\sigma_s$$

$$q(x)=x^{s}-\sigma'_{1}x^{s-1}+\sigma'_{2}x^{s-2}-\cdots+(-1)^{s}\sigma'_{s}$$

其中

$$\sigma_1=\sum_{i=1}^{s}\alpha_i,\sigma_2=\sum_{1\leqslant i<j\leqslant s}\alpha_i\alpha_j,\cdots,\sigma_s=\alpha_1\alpha_2\cdots\alpha_s$$

$$\sigma'_1=\sum_{i=1}^{s}\beta_i,\sigma'_2=\sum_{1\leqslant i<j\leqslant s}\beta_i\beta_j,\cdots,\sigma'_s=\beta_1\beta_2\cdots\beta_s$$

令

$$s_j=\sum_{i=1}^{s}\alpha_i^j,s'_j=\sum_{i=1}^{s}\beta_i^j$$

则由牛顿公式

$$s_1-\sigma_1=0$$

$$s_2-\sigma_1s_1+2\sigma_2=0$$

$$\vdots$$

$$s_s-\sigma_1s_{s-1}+\sigma_2s_{s-2}-\cdots+(-1)^s\sigma_s=0$$

$$s'_1-\sigma'_1=0$$

$$s'_2-\sigma'_1s'_1+2\sigma'_2=0$$

$$\vdots$$

$$s'_s-\sigma'_1s'_{s-1}+\sigma'_2s'_{s-2}-\cdots+(-1)^s\sigma'_s=0$$

由$(\alpha_1,\alpha_2,\cdots,\alpha_s)=(\beta_1,\beta_2,\cdots,\beta_s)$，推出 $s_j=s'_j$ $(j=1,2,\cdots,s)$. 再由牛顿公式导出 $\sigma_i=\sigma'_i(i=1,2,\cdots,s)$,因此 $p(x)=q(x)$. 从而 $p(x)$ 的根的集合$\{\alpha_1,\alpha_2,\cdots,\alpha_s\}$与 $q(x)$ 的根的集合$\{\beta_1,\beta_2,\cdots,\beta_s\}$完全相同.

我们说任何一种方法都有其局限性,在解数学竞赛题中的所谓以不变应万变只是一种理想,正所谓“有法法有尽,无法法无穷”. 所以并不是所有有关幂和的问题都可用牛顿公式来解决,因为很多题的形式与解法之间是貌合神离的,尽管如此,我们还是可以从中得到些有益的东西.

例如,第9届IMO苏联提供的一道试题:

考察数列$\{a_n\}$,满足

$$c_1 = a_1 + a_2 + \cdots + a_8$$
$$c_2 = a_1^2 + a_2^2 + \cdots + a_8^2$$
$$\vdots$$
$$c_n = a_1^n + a_2^n + \cdots + a_8^n$$

其中$a_1, a_2, \cdots, a_8$为实数,且至少有一个不为零.已知数列有无穷多个项$c_n$等于零,求满足上述条件的所有的$n$.

此题就不能用牛顿公式来解决,用其他方法却很容易证明所有的奇数,都是满足上述条件的$n$.

因为可以推出来这8个数一定是四对互为相反的数,根据这一线索在第26届IMO预选题中也出现了这样一个题目,只不过它从8个变量降为4个并且指定了2个奇数幂1和7,令$s_1 = s_7 = 0$,即如下题目:

设实数$x, y, z, w$满足

$$x + y + z + w = x^7 + y^7 + z^7 + w^7 = 0$$

求$w(w + x)(w + y)(w + z)$的值.

而此题就可用牛顿公式了,其解法如下:

将$x, y, z, w$看成4个未定元,则已知条件为$s_1 = s_7 = 0$.由牛顿公式得到

$$s_2 = -2\sigma_2, s_3 = 3\sigma_3, s_4 = 2\sigma_2^2 - 4\sigma_4$$
$$s_5 = -5\sigma_2\sigma_3, s_7 = 7(\sigma_2^2 - \sigma_4)\sigma_3 = 0$$

因此$\sigma_4 = \sigma_2^2$或$\sigma_3 = 0$.

(1)若$\sigma_4 = \sigma_2^2$,则$s_4 = -2\sigma_2^2 \leqslant 0$,但

$$s_4 = x^4 + y^4 + z^4 + w^4 \geqslant 0$$

因此

$$s_4 = 0, x = y = z = w = 0$$

所以

$$w(w+x)(w+y)(w+z)=0$$

(2) 若 $\sigma_3=0$,则由 $\sigma_1=s_1=0$,知

$$f(t)=(t-x)(t-y)(t-z)(t-w)=t^4+\sigma_2t^2+\sigma_4$$

因此多项式 $f(t)$ 的 4 个根必由两对正负相反数构成,所以

$$(w+x)(w+y)(w+z)=0$$

从而

$$w(w+x)(w+y)(w+z)=0$$

顺便指出,在著名数学家中有三位牛顿.

一位是约翰·牛顿(John Newton,1622—1678),英国数学家,毕业于牛津大学,著有《实用几何或测量术》.

还有一位是休伯特·安森·牛顿(Hubert Anson Newton,1830—1896),毕业于耶鲁大学.

本文提到的是伟大的物理学家和数学家艾萨克·牛顿(Isaac Newton,1642—1727).

# 第12章 关于 $x$ 和 $y$ 的对称多项式

## 12.1 对称多项式的例子

打开 В. Б. Лидского，Л. В. Овсянникова，А. Н. Тулайковаи 和 М. И. Шабунина 所著的教材《初等数学问题》(1960 年著)，最难的题便是解高次方程组，下面我们举一些例子：

1) $\begin{cases} x^2+xy+y^2=4 \\ x+xy+y=2 \end{cases}$；

2) $\begin{cases} x+y=a+b \\ x^2+y^2=a^2+b^2 \end{cases}$；

3) $\begin{cases} x^3+y^3=5a^3 \\ x^2y+xy^2=a^3 \end{cases}$；

4) $\begin{cases} x^4+x^2y^2+y^4=91 \\ x^2-xy+y^2=7 \end{cases}$；

5) $\begin{cases}2(x+y)=5xy\\8(x^3+y^3)=65\end{cases}$;

6) $\begin{cases}x+y=1\\x^4+y^4=7\end{cases}$;

7) $\begin{cases}(x^2+1)(y^2+1)=10\\(x+y)(xy-1)=3\end{cases}$;

8) $\begin{cases}x^2+y^2=axy\\x^4+y^4=bx^2y^2\end{cases}$.

所有的这些方程组都有一个共同的特性——方程左边是关于 $x,y$ 的多项式,多项式有共同的表达方式.

$x,y$ 列出相同的表达方式的多项式被称为是对称的,其精确叙述为:

关于 $x,y$ 的多项式被称为是对称的,如果把 $x$ 换成 $y$,$y$ 换成 $x$,多项式不变. 例如多项式 $x^2y+xy^2$ 是对称的,多项式 $x^3-3y^2$ 不是对称的:如果把 $x$ 换成 $y$,$y$ 换成 $x$,它变成多项式 $y^3-3x^2$,与首要的条件不相符.

下面引入重要的对称多项式的例子. 由加法交换律可知,对于任意数 $x$ 和 $y$,两个数的和交换被加数的位置不改变,即

$$x+y=y+x$$

这个等式显示出 $x+y$ 是对称的.

正是这样,由乘法交换律

$$xy=yx$$

得出,乘积 $xy$ 是对称多项式.

对称多项式 $x+y$ 和 $xy$ 是最简单的形式,它们被称为基础对称多项式. 对它们应用特殊符号

$$\sigma_1=x+y,\ \sigma_2=xy$$

除了 $\sigma_1$ 和 $\sigma_2$,我们常遇到被称为等次之和的多项式

$x^2+y^2, x^3+y^3, \cdots, x^n+y^n, \cdots$，用 $s_n$ 表示 $x^n+y^n$，这样说来

$$s_1=x+y$$
$$s_2=x^2+y^2$$
$$s_3=x^3+y^3$$
$$s_4=x^4+y^4$$
$$\vdots$$

## 12.2　含两个变量的对称多项式的基本定理

存在得到对称多项式的简单方法：取任意（通常情况下是不对称的）含有 $\sigma_1$ 和 $\sigma_2$ 的多项式，用含 $x$ 和 $y$ 的表达式代入其替换 $\sigma_1$ 和 $\sigma_2$. 很显然，在这种情况下，我们得到含 $x$ 和 $y$ 的对称多项式（要知道，无论 $\sigma_1=x+y$ 还是 $\sigma_2=xy$，在交换 $x$ 和 $y$ 的位置时不发生改变，不发生改变的所有多项式变成由 $x+y$ 和 $xy$ 表示）. 例如由多项式 $\sigma_1^3-\sigma_1\sigma_2$ 得到对称多项式

$$(x+y)^3-(x+y)xy=x^3+2x^2y+2xy^2+y^3$$

于是，如果取任意含 $\sigma_1$ 和 $\sigma_2$ 的多项式，用表达式 $\sigma_1=x+y$ 和 $\sigma_2=xy$ 代换 $\sigma_1$ 和 $\sigma_2$，则得到关于 $x$ 和 $y$ 的表达式. 这就产生一个问题：用这个方法构造对称多项式的一般形式是否可以借助它得到任意的对称多项式？

通过对例子的观察得出命题的可能性. 例如，等次之和 $s_1, s_2, s_3, s_4$ 很容易用 $\sigma_1$ 和 $\sigma_2$ 表示

$$s_1=x+y=\sigma_1$$
$$s_2=x^2+y^2=(x+y)^2-2xy=\sigma_1^2-2\sigma_2$$
$$s_3=x^3+y^3=(x+y)(x^2-xy+y^2)=$$
$$(x+y)[(x+y)^2-3xy]=\sigma_1(\sigma_1^2-3\sigma_2)$$

$$s_4 = x^4 + y^4 = (x^2 + y^2)^2 - 2x^2y^2 = (\sigma_1^2 - 2\sigma_2)^2 - 2\sigma_2^2$$

关于对称多项式 $x^3y + xy^3$，我们有

$$x^3y + xy^3 = xy(x^2 + y^2) = \sigma_2(\sigma_1^2 - 2\sigma_2)$$

进一步分析得到结论：无论什么样的对称多项式，经过复杂的计算以后都可以用初等对称多项式 $\sigma_1$ 和 $\sigma_2$ 表示. 这样说来，此例子引出下面的定理：

**定理 1**　任意关于 $x$ 和 $y$ 对称的多项式都可以表示成关于 $\sigma_1 = x + y$ 和 $\sigma_2 = xy$ 的多项式.

当然，例题中多项式的代换不能作为定理的证明. 值得注意的是得到的第一个对称多项式不能用 $\sigma_1$ 和 $\sigma_2$ 同时表示.

## 12.3　用 $\sigma_1$ 和 $\sigma_2$ 表示的等次之和的表达式

最初我们证明的定理不是关于任意的对称多项式，而只有等次之和. 总而言之，我们建立每一个等次之和 $s_n = x^n + y^n$，都可以表示成关于 $\sigma_1$ 和 $\sigma_2$ 的多项式.

为了这个目标，我们将等式 $s_{k-1} = x^{k-1} + y^{k-1}$ 的两边乘以 $\sigma_1 = x + y$，得到

$$\begin{aligned}\sigma_1 s_{k-1} = (x + y)(x^{k-1} + y^{k-1}) = \\ x^k + xy^{k-1} + x^{k-1}y + y^k = \\ x^k + y^k + xy(x^{k-2} + y^{k-2}) = s_k + \sigma_2 s_{k-2}\end{aligned}$$

这样

$$s_k = \sigma_1 s_{k-1} - \sigma_2 s_{k-2} \qquad ①$$

由这个公式我们可以推断出结论的正确性. 事实上，很早我们就引入用多项式 $\sigma_1$ 和 $\sigma_2$ 表示的等次之和 $s_1$ 和 $s_2$. 但是如果我们已经知道等次之和 $s_1, s_2, \cdots,$

$s_{k-2}, s_{k-1}$ 可以表示成公式 ① 的形式，那么我们可以得到等次之和 $s_k$ 用 $\sigma_1$ 和 $\sigma_2$ 表示的表达式. 换言之，我们可以顺次得到用 $\sigma_1$ 和 $\sigma_2$ 表示的等次之和的表达式：知道 $s_1, s_2$，由公式 ① 得到 $s_3, \cdots$. 很显然，或早或晚我们都能得到用 $\sigma_1$ 和 $\sigma_2$ 表示的等次之和 $s_n$. 这样一来，我们的结论得证.

公式 ① 构成了叙述证明的基础，不只是用来断定用 $\sigma_1$ 和 $\sigma_2$ 表示的等次之和 $s_n$，还能依次计算出 $\sigma_1$ 和 $\sigma_2$ 表示的等次之和 $s_n$. 于是我们借助于公式 ① 依次得到

$$s_3 = \sigma_1 s_2 - \sigma_2 s_1 = \sigma_1(\sigma_1^2 - 2\sigma_2) - \sigma_2\sigma_1 = \sigma_1^3 - 3\sigma_1\sigma_2$$

$$s_4 = \sigma_1 s_3 - \sigma_2 s_2 = \sigma_1(\sigma_1^3 - 3\sigma_1\sigma_2) - \sigma_2(\sigma_1^2 - 2\sigma_2) = \sigma_1^4 - 4\sigma_1^2\sigma_2 + 2\sigma_2^2$$

$$s_5 = \sigma_1 s_4 - \sigma_2 s_3 = \sigma_1(\sigma_1^4 - 4\sigma_1^2\sigma_2 + 2\sigma_2^2) - \sigma_2(\sigma_1^3 - 3\sigma_1\sigma_2) = \sigma_1^5 - 5\sigma_1^3\sigma_2 + 5\sigma_1\sigma_2^2$$

$$\vdots$$

以下式子引用 $\sigma_1$ 和 $\sigma_2$ 表示等次之和 $s_1, s_2, \cdots, s_{10}$；这些表达式为我们解题带来了方便. 我们给读者介绍借助于公式 ① 建立的以下式子.

用 $\sigma_1 = x + y$ 和 $\sigma_2 = xy$ 表示等次之和 $s_n = x^n + y^n$，于是

$$s_1 = \sigma_1$$

$$s_2 = \sigma_1^2 - 2\sigma_2$$

$$s_3 = \sigma_1^3 - 3\sigma_1\sigma_2$$

$$s_4 = \sigma_1^4 - 4\sigma_1^2\sigma_2 + 2\sigma_2^2$$

$$s_5 = \sigma_1^5 - 5\sigma_1^3\sigma_2 + 5\sigma_1\sigma_2^2$$

$$s_6 = \sigma_1^6 - 6\sigma_1^4\sigma_2 + 9\sigma_1^2\sigma_2^2 - 2\sigma_2^3 \qquad ②$$

$$s_7 = \sigma_1^7 - 7\sigma_1^5\sigma_2 + 14\sigma_1^3\sigma_2^2 - 7\sigma_1\sigma_2^3$$

$$s_8 = \sigma_1^8 - 8\sigma_1^6\sigma_2 + 20\sigma_1^4\sigma_2^2 - 16\sigma_1^2\sigma_2^3 + 2\sigma_2^4$$

$$s_9 = \sigma_1^9 - 9\sigma_1^7\sigma_2 + 27\sigma_1^5\sigma_2^2 - 30\sigma_1^3\sigma_2^3 + 9\sigma_1\sigma_2^4$$

$$s_{10} = \sigma_1^{10} - 10\sigma_1^8\sigma_2 + 35\sigma_1^6\sigma_2^2 - 50\sigma_1^4\sigma_2^3 + 25\sigma_1^2\sigma_2^4 - 2\sigma_2^5$$

$$\vdots$$

## 12.4　基本定理的证明

现在不难完成12.2中定理1的证明. 任意关于 $x$ 和 $y$ 的对称多项式包含(化简同类项以后)两个被加项.

第一种情况是 $x$ 和 $y$ 次数相同的单项式,即单项式 $ax^ky^k$. 显然

$$ax^ky^k = a(xy)^k = a\sigma_2^k$$

即这个单项式可以直接用 $\sigma_2$ 表示.

第二种情况是 $x$ 和 $y$ 次数不相同的单项式,即单项式 $bx^ky^l$,这里 $k \neq l$. 显然,和单项式 $bx^ky^l$ 一起的对称多项式包含单项式 $bx^ly^k$,将 $bx^ky^l$ 中的字母 $x$ 和 $y$ 交换所得到. 换言之,二项式 $b(x^ky^l + x^ly^k)$ 可代入对称多项式. 假设明确 $k < l$,可以把这个二项式重新写成下面的形式

$$b(x^ky^l + x^ly^k) = bx^ky^k(y^{l-k} + x^{l-k}) = b\sigma_2^k s_{l-k}$$

因为根据证明,等次之和 $s_{l-k}$ 可以表示成 $\sigma_1$ 和 $\sigma_2$,则所研究的二项式也可以通过 $\sigma_1$ 和 $\sigma_2$ 表示.

于是,每一个对称多项式都可以表示成单项式 $ax^ky^k$ 和二项式 $b(x^ky^l + x^ly^k)$ 的和,它们中的每一个又可以表示成 $\sigma_1$ 和 $\sigma_2$ 的形式. 因而,任意一个对称多

项式可以表示成含 $\sigma_1$ 和 $\sigma_2$ 的多项式的形式.

定理得证.

**例**　给出对称多项式

$$f(x,y)=x^5+3x^3y^2-x^3y^3+2xy^4-7x^2y^2+y^5+3x^2y^3-5xy^3-5x^3y+2x^4y$$

在证明中将它划分为单项式和二项式,我们得到

$$f(x,y)=-x^3y^3-7x^2y^2+(x^5+y^5)+3(x^3y^2+x^2y^3)+2(xy^4+x^4y)-5(xy^3+x^3y)$$

或者是另一种形式

$$f(x,y)=-x^3y^3-7x^2y^2+(x^5+y^5)+3x^2y^2(x+y)+2xy(x^3+y^3)-5xy(x^2+y^2)=-\sigma_2^3-7\sigma_2^2+s_5+3\sigma_2^2\sigma_1+2\sigma_2s_3-5\sigma_2s_2$$

通过代换,最后把等次之和用 $\sigma_1$ 和 $\sigma_2$ 表示,我们得到最后的结果

$$f(x,y)=-\sigma_2^3-7\sigma_2^2+(\sigma_1^5-5\sigma_1^3\sigma_2+5\sigma_1\sigma_2^2)+3\sigma_1\sigma_2^2+2\sigma_2(\sigma_1^3-3\sigma_1\sigma_2)-5\sigma_2(\sigma_1^2-2\sigma_2)=\sigma_1^5-3\sigma_1^3\sigma_2-5\sigma_1^2\sigma_2+2\sigma_1\sigma_2^2-\sigma_2^3+3\sigma_2^2$$

## 12.5　定理的唯一性

我们看到,若给出关于 $x$ 和 $y$ 的对称多项式(不超过最高次幂),则很容易表示成 $\sigma_1$ 和 $\sigma_2$ 的形式. 基本定理证明的叙述恰好含有令对称多项式分解为含 $\sigma_1$ 和 $\sigma_2$ 的初等对称多项式. 当然出现一个问题:是否能再找到一种方法用 $\sigma_1$ 和 $\sigma_2$ 表示多项式 $f(x)$? 看来这是不可能的. 我们无论通过什么样的方法用 $\sigma_1$ 和 $\sigma_2$ 表示

对称多项式 $f(x)$，总是得到一个结论. 换句话说，下面的定理是正确的.

**定理 2**(唯一性)　如果把 $\sigma_1=x+y$ 和 $\sigma_2=xy$ 代入多项式 $\varphi(\sigma_1,\sigma_2)$ 和 $\psi(\sigma_1,\sigma_2)$ 中，化成对称多项式 $f(x)$，则它们是相等的：$\varphi(\sigma_1,\sigma_2)=\psi(\sigma_1,\sigma_2)$.

**证明**　证明定理唯一性的充分条件常常只有一种情况，即当 $f(x)=0$ 时. 换言之，需要证明下面的结论：

(1) 若多项式 $\Phi(\sigma_1,\sigma_2)$ 在代入 $\sigma_1=x+y$ 和 $\sigma_2=xy$ 时化为零，则它恒等于零.

我们表明，由定理的唯一性能推导出结论(1). 假设多项式 $\varphi(\sigma_1,\sigma_2)$ 和 $\psi(\sigma_1,\sigma_2)$ 在代入 $\sigma_1=x+y$ 和 $\sigma_2=xy$ 时，给出同样的结果

$$\varphi(x+y,xy)=\psi(x+y,xy)$$

当多项式

$$\Phi(\sigma_1,\sigma_2)=\varphi(\sigma_1,\sigma_2)-\psi(\sigma_1,\sigma_2)$$

时，在以上的代换下变为零

$$\Phi(x+y,xy)=\varphi(x+y,xy)-\psi(x+y,xy)$$

因此，如果结论(1) 正确，那么 $\Phi(\sigma_1,\sigma_2)=0$，因而 $\varphi(\sigma_1,\sigma_2)=\psi(\sigma_1,\sigma_2)$.

为了证明结论(1)，我们需要了解由两个变量构成的多项式的首项. 设 $Ax^ky^l$ 和 $Bx^my^n$ 是两个关于 $x$ 和 $y$ 的单项式，确定 $x$ 的指数是高次幂，如果当它们相等时，$y$ 的指数也是. 换言之，认为单项式 $Ax^ky^l$ 的次数高于 $Bx^my^n$，如果 $k>m$ 或 $k=m$ 或 $l>n$. 例如，单项式 $x^4y^2$ 的次数高于 $x^2y^7$，而单项式 $x^4y^6$ 的次数高于 $x^4y^5$. 显然，如果 $Ax^ky^l$ 的次数高于 $Bx^my^n$，$Bx^my^n$ 的次数高于 $Cx^py^q$，则 $Ax^ky^l$ 的次数高于 $Cx^py^q$.

我们现在证明下面的引理.

**引理**　在打开表达式

$$(x+y)^k(xy)^l \qquad (*)$$

的括号后,得到多项式的首项等于 $x^{k+l}y^l$.

**证明**　事实上,表达式(*)可以写成

$$\underbrace{(x+y)\cdot\cdots\cdot(x+y)}_{k\text{个}}x^ly^l$$

显然,如果打开每个括号提取 $x$ 项,那么得到极大指数项.因为括号数有 $k$ 个,所以这个项就有表达式 $x^{k+l}y^l$.所有剩余项中 $x$ 的指数小于 $k+l$.这样 $x^{k+l}y^l$ 是首项.

引理得证.

我们发现,表达式(*)由单项式 $\sigma_1^k\sigma_2^l$ 在代入 $\sigma_1=x+y$ 和 $\sigma_2=xy$ 的时候得到.因此,证明的引理按单项式 $\sigma_1^k\sigma_2^l$ 立刻写出相应的首项,而按给出的首项得到单项式 $\sigma_1^k\sigma_2^l$.例如,将 $\sigma_1=x+y$ 和 $\sigma_2=xy$ 代入单项式 $\sigma_1^6\sigma_2^4$,并且打开括号得到首项为 $x^{10}y^4$ 的多项式.如果给出首项是 $x^7y^3$,则对应的单项式为 $\sigma_1^4\sigma_2^3$.

最后转到结论(1)的证明.我们应该相信,若多项式 $\Phi(\sigma_1,\sigma_2)$ 不等于零,则它不能在代入 $\sigma_1=x+y$ 和 $\sigma_2=xy$ 后化为零.

令多项式 $\Phi(\sigma_1,\sigma_2)$ 有表达式

$$\Phi(\sigma_1,\sigma_2)=\sum_{k,l}A_{kl}\sigma_1^k\sigma_2^l$$

在 $\Phi(\sigma_1,\sigma_2)$ 中选取关于 $k+l$ 有极大值的项.从选择的被加项中,我们挑选带极大值 $l$ 的项(那样的项只有一个,因为数值 $k+l$ 和 $l$ 唯一确定 $k$).因为

$$\Phi(\sigma_1,\sigma_2)=3\sigma_1^4\sigma_2-4\sigma_1^2\sigma_2^3+\sigma_1\sigma_2^4-6\sigma_1\sigma_2^2+11\sigma_2^3-7\sigma_1+5\sigma_2+8$$

所以最开始我们选择一组项 $3\sigma_1^4\sigma_2$, $-4\sigma_1^2\sigma_2^3$, $\sigma_1\sigma_2^4$,然

后从它们中选出 $\sigma_1\sigma_2^4$.

这样我们选择单项式 $A\sigma_1^m\sigma_2^n$. 它对应的首项应该是 $Ax^{m+n}y^n$，它的次数高于把 $\sigma_1=x+y$ 和 $\sigma_2=xy$ 代入多项式 $\Phi(\sigma_1,\sigma_2)$ 并打开括号整理后得到的所有余项的次数. 关于由被加项 $A\sigma_1^m\sigma_2^n$ 得到的项，显然是因为 $Ax^{m+n}y^n$ 是这些项中的首项. 现在取任意的其他被加项$B\sigma_1^k\sigma_2^l$. 这个被加项的首项为 $Bx^{k+l}y^l$. 在这种情况下，由于选择单项式 $A\sigma_1^m\sigma_2^n$，我们有 $m+n>k+l$ 或者 $m+n=k+l$，但 $n>l$. 在这两种情况下，单项式 $Ax^{m+n}y^n$ 的次数高于 $Bx^{k+l}y^l$ 的次数，它的次数又高于由被加项 $B\sigma_1^k\sigma_2^l$ 得到的剩余项.

我们证明：$Ax^{m+n}y^n$ 是把 $\sigma_1=x+y$ 和 $\sigma_2=xy$ 代入多项式 $\Phi(\sigma_1,\sigma_2)$ 中并打开括号得到所有项的首项. 因此它没有同类项，在同类项相乘后它不能被消去. 于是多项式 $\Phi(x+y,xy)$ 不能恒等于零. 与结论(1) 的证明矛盾. 同时证明了定理的唯一性.

## 12.6 华林公式(Ⅰ)

等次之和的计算方法是以应用公式 ① 为基础的. 这具有一个不足之处：为了找到 $s_k$ 的表达式，需要计算所有上述的和，而这不是我们需要的，我们希望立刻得到通过 $\sigma_1,\sigma_2$ 表示的 $s_k$ 的表达式. 对应的公式是在 1977 年被英国数学家爱德华·华林(Edward Waring) 所发现的，它有下面的表达式

$$\frac{1}{k}s_k=\frac{1}{k}\sigma_1^k-\frac{(k-2)!}{1!\ (k-2)!}\sigma_1^{k-2}\sigma_2+$$

$$\frac{(k-3)!}{2!\ (k-4)!}\sigma_1^{k-4}\sigma_2^2-$$

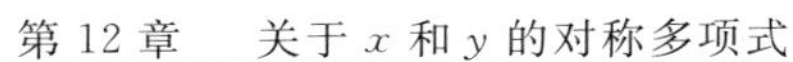



$$\frac{(k-4)!}{3!\,(k-6)!}\sigma_1^{k-6}\sigma_2^3+\cdots \qquad ③$$

我们很容易理解在这个公式中被加项的构成规律. 因此等次之和表现为关于 $x$, $y$ 的 $k$ 次幂多项式. 我们也自然预料到,在分解式中将包含同样唯一的 $k$ 次多项式,但 $\sigma_1=x+y$ 是一次多项式,$\sigma_2=xy$ 是二次多项式(关于 $x$, $y$). 如果取 $\sigma_2$ 的 $m$ 次方,那么得到表达式 $\sigma_2^m=x^my^m$,它是关于 $x$, $y$ 的 $2m$ 次方的多项式,在 $\sigma_2$ 的剩下部分只有 $k-2m$ 次. 因此关于 $\frac{1}{k}s_k$ 的表达式是由被加项 $a_m\sigma_1^{k-2m}\sigma_2^m$ 所构成的,这里 $m$ 从 0 到最大整数,且不超过 $\frac{k}{2}$.

系数 $a_m$ 表示成分式,分子是 $(k-m-1)!$,分母是 $m!$ 和 $(k-2m)!$ 的乘积(这里很容易明白 $m!$ 和 $(k-2m)!$ 是将 $\sigma_1$, $\sigma_2$ 代入这个被加项的幂指数). 除了这些,系数 $a_m$ 逐项变号.

**注**　$\sigma_1^k$ 的系数由以上规律构成,应该只有一种形式,就是被加项 $\sigma_2$ 有零指数幂,而且 $0!=1$. 因此公式 ③ 右边的所有被加项都能得到一个这样的形式:在表达式

$$\frac{(-1)^m(k-m-1)!}{m!\,(k-2m)!}\sigma_1^{k-2m}\sigma_2^m$$

中,数值 $m$ 依次取值 $0,1,2,\cdots,m$,在这种情况下 $k-2m$ 是非负的(即直到最大正整数,不超过 $\frac{k}{2}$).

在数学中经常遇到彼此很相似的被加项之和,更确切地说,它们由某一表达式 $f(m)$ 得到,在 $m$ 是常数的情况下,决定于 $m$. 那些和可以重写成

$$\sum_{m} f(m)$$

的形式，并且应该补充说明 $m$ 取什么样的值. 如果 $m$ 值取从 0 到 $p$ 的所有整数，那么这些和可以写成

$$\sum_{m=0}^{p} f(m)$$

换句话说

$$\sum_{m=0}^{p} f(m)=f(0)+f(1)+\cdots+f(p)$$

利用符号“$\sum$”，我们能把公式 ③ 改写成

$$\frac{1}{k}s_k=\sum_{m=0}^{p}\frac{(-1)^m(k-m-1)!}{m!\ (k-2m)!}\sigma_1^{k-2m}\sigma_2^m$$

这里 $p$ 是不超过$\frac{k}{2}$ 的最大整数. 在 $m$ 后面的一组变量我们省略.

借助于华林公式，很容易重新得到等次之和 $s_k$，$1\leqslant k\leqslant 10$.

证明华林公式采用数学归纳法. 当 $k=1$ 时，有

$$s_1=\sigma_1$$

当 $k=2$ 时，有

$$\frac{1}{2}s_2=\frac{1}{2}\sigma_1^2-\sigma_2$$

也就是说当 $k=1$，$k=2$ 时华林公式成立.

现在假设华林公式关于 $s_1,s_2,\cdots,s_{k-1}$ 成立. 为了证明关于 $s_k$ 也成立，利用公式 ①，我们有

$$\frac{1}{k}s_k=\frac{1}{k}(\sigma_1 s_{k-1}-\sigma_2 s_{k-2})=$$

$$\frac{k-1}{k}\sigma_1\sum_{m}\frac{(-1)^m(k-m-2)!}{m!\ (k-2m-1)!}\sigma_1^{k-2m-1}\sigma_2^m-$$

$$\frac{k-2}{k}\sigma_2\sum_n\frac{(-1)^n(k-n-3)!}{n!\ (k-2n-2)!}\sigma_1^{k-2n-2}\sigma_2^n=$$

$$\frac{1}{k}\sum_m\frac{(-1)^m(k-m-2)!\ (k-1)}{m!\ (k-2m-1)!}\sigma_1^{k-2m}\sigma_2^m-$$

$$\frac{1}{k}\sum_n\frac{(-1)^n(k-n-3)!\ (k-2)}{n!\ (k-2n-2)!}\sigma_1^{k-2n-2}\sigma_2^{n+1}$$

我们发现第二部分的和是从 $n+1$ 到 $m$，将两部分合并到一起，有

$$\frac{1}{k}s_k=\frac{1}{k}\sum_m\frac{(-1)^m(k-m-2)!\ (k-1)}{m!\ (k-2m-1)!}\sigma_1^{k-2m}\sigma_2^m-$$

$$\frac{1}{k}\sum_m\frac{(-1)^{m-1}(k-m-2)!\ (k-2)}{(m-1)!\ (k-2m)!}\sigma_1^{k-2m}\sigma_2^m=$$

$$\frac{1}{k}\sum_m(-1)^m(k-m-2)!\ \left[\frac{k-1}{m!\ (k-2m-1)!}+\right.$$

$$\left.\frac{k-2}{(m-1)!\ (k-2m)!}\right]\sigma_1^{k-2m}\sigma_2^m$$

但

$$\frac{1}{(m-1)!}=\frac{m}{m!},\frac{1}{(k-2m-1)!}=\frac{k-2m}{(k-2m)!}$$

所以中括号里的表达式等于

$$\frac{(k-1)(k-2m)}{m!\ (k-2m)!}+\frac{(k-2)m}{m!\ (k-2m)!}=\frac{k(k-m-1)}{m!\ (k-2m)!}$$

且

$$(k-m-1)\cdot(k-m-2)!\ =(k-m-1)!$$

则我们得到所求的关系式

$$\frac{1}{k}s_k=\sum_{m=0}^{p}\frac{(-1)^m(k-m-1)!}{m!\ (k-2m)!}\sigma_1^{k-2m}\sigma_2^m$$

华林公式得证.

# 初等代数的应用(Ⅰ)

# 第13章

## 13.1 解方程组

应用第12章的结论能够非常简单地解任何代数方程. 我们已经说过，通常遇到的幂方程左边的对称性取决于未知量 $x,y$. 在这种情况下方便引入新的未知量 $\sigma_1=x+y$ 和 $\sigma_2=xy$. 由于12.2中的定理，这些是可能的. 这样代换未知量的好处就在于代换完之后幂方程的次数降低了(因为 $\sigma_2=xy$ 是关于 $x,y$ 的二次多项式). 换言之，解关于新变量 $\sigma_1,\sigma_2$ 的方程组比解最初的方程组简单.

这之后求量 $\sigma_1,\sigma_2$ 的值，需要求出最初的未知量 $x,y$，这可以借助于下面的中学数学课程中的著名定理，在某些公

式里我们将应用它.

**定理 1**　令 $\sigma_1$ 和 $\sigma_2$ 是两个任意的实数,二次方程

$$z^2-\sigma_1 z+\sigma_2=0 \qquad (*)$$

和方程组

$$\begin{cases}x+y=\sigma_1\\ xy=\sigma_2\end{cases} \qquad (**)$$

相互联立有下面的形式:若 $z_1,z_2$ 是二次方程(*)的根,则方程组(**)只有下面的两组解

$$\begin{cases}x_1=z_1\\ y_1=z_2\end{cases},\begin{cases}x_2=z_2\\ y_2=z_1\end{cases}$$

没有其他的解.相反,若 $x=a,y=b$ 是方程组(**)的解,则实数 $a$ 和 $b$ 是二次方程(*)的解.

**证明**　若 $z_1,z_2$ 是二次方程(*)的根,则由韦达定理

$$\begin{cases}z_1+z_2=\sigma_1\\ z_1z_2=\sigma_2\end{cases}$$

即数组

$$\begin{cases}x_1=z_1\\ x_2=z_2\end{cases},\begin{cases}x_1=z_2\\ x_2=z_1\end{cases}$$

是方程组(**)的解,则方程组(**)没有其他解.

令 $x=a,y=b$ 为方程组(**)的解,即

$$\begin{cases}a+b=\sigma_1\\ ab=\sigma_2\end{cases}$$

于是,我们有

$$z^2-\sigma_1 z+\sigma_2=z^2-(a+b)z+ab=(z-a)(z-b)$$

这意味着,实数 $a$ 和 $b$ 是二次方程(*)的解.

定理得证.

下面我们举一些例子.

**例 1** 解方程组

$$\begin{cases}x^3+y^3=35\\x+y=5\end{cases}$$

**解** 引入新的未知量 $\sigma_1=x+y$ 和 $\sigma_2=xy$. 根据 12.3 中的式 ② 我们求得

$$x^3+y^3=\sigma_1^3-3\sigma_1\sigma_2$$

然后，关于新的变量我们得到下面的方程组

$$\begin{cases}\sigma_1^3-3\sigma_1\sigma_2=35\\\sigma_1=5\end{cases}$$

由此方程组我们得到 $\sigma_2=6$.

于是 $\sigma_1=5$，$\sigma_2=6$，即对于最初的未知量 $x$，$y$，我们得到下面的方程组

$$\begin{cases}x+y=5\\xy=6\end{cases}$$

这个方程组很容易解(例如，利用定理 1 解这个方程组就可以转化为解二次方程 $z^2-5z+6=0$)，我们得到下列最初方程组的解

$$\begin{cases}x_1=2\\y_1=3\end{cases},\quad\begin{cases}x_2=3\\y_2=2\end{cases}$$

**例 2** 解方程组

$$\begin{cases}x^5+y^5=33\\x+y=3\end{cases}$$

**解** 解法与例 1 类似，设 $\sigma_1=x+y$，$\sigma_2=xy$，则未知方程组的表达式为

$$\begin{cases}\sigma_1^5-5\sigma_1^3\sigma_2+5\sigma_1\sigma_2^2=33\\\sigma_1=3\end{cases}$$

(参考 12.3 中的式 ②)，这里得到关于 $\sigma_2$ 的二次方程

$$15\sigma_2^2-135\sigma_2+210=0$$

或者

$$\sigma_2^2 - 9\sigma_2 + 14 = 0$$

由这个方程,我们求得关于 $\sigma_2$ 的两个解

$$\sigma_2 = 2, \sigma_2 = 7$$

换言之,关于最初未知量 $x, y$ 可以得到两个方程组

$$\begin{cases} x + y = 3 \\ xy = 2 \end{cases}, \begin{cases} x + y = 3 \\ xy = 7 \end{cases}$$

解这两个方程组,我们得到最初方程组的 4 组解

$$\begin{cases} x_1 = 2 \\ y_1 = 1 \end{cases}, \begin{cases} x_2 = 1 \\ y_2 = 2 \end{cases}$$

$$\begin{cases} x_3 = \dfrac{3}{2} + \dfrac{\sqrt{19}}{2}\mathrm{i} \\ y_3 = \dfrac{3}{2} - \dfrac{\sqrt{19}}{2}\mathrm{i} \end{cases}, \begin{cases} x_4 = \dfrac{3}{2} - \dfrac{\sqrt{19}}{2}\mathrm{i} \\ y_4 = \dfrac{3}{2} + \dfrac{\sqrt{19}}{2}\mathrm{i} \end{cases}$$

贝祖定理是解这些方程组的常用的表示方法. 举下面的例子说明这个定理的应用,我们发现用消元法不能消去同类项.

**例 3**　解方程组

$$\begin{cases} x^3 + y^3 = 8 \\ x^2 + y^2 = 4 \end{cases}$$

**解**　引入 $\sigma_1 = x + y$ 和 $\sigma_2 = xy$. 这时方程组可以改写成下面的形式

$$\begin{cases} \sigma_1^3 - 3\sigma_1\sigma_2 = 8 \\ \sigma_1^2 - 2\sigma_2 = 4 \end{cases}$$

把由第二个方程得到的 $\sigma_2$ 代入第一个方程,我们得到关于 $\sigma_1$ 的方程

$$-\frac{1}{2}\sigma_1^3 + 6\sigma_1 - 8 = 0$$

上式两边同时乘以 $-2$ 得

$$\sigma_1^3-12\sigma_1+16=0$$

将关于 $\sigma_1$ 的整数值代入所研究的三次方程($\sigma_1=0$，$\pm1$，$\pm2$，…)中，我们很快发现 $\sigma_1=2$ 是它的解. 按贝祖定理，由此可以得出方程的左边能被 $\sigma_1-2$ 整除. 进行整除

$$\begin{array}{r|l}
\sigma_1^3-12\sigma_1+16 & \sigma_1-2 \\
\cline{2-2}
\sigma_1^3-2\sigma_1^2 & \sigma_1^2+2\sigma_1-8 \\
\cline{1-1}
2\sigma_1^2-12\sigma_1+16 & \\
2\sigma_1^2-4\sigma_1 & \\
\cline{1-1}
-8\sigma_1+16 & \\
-8\sigma_1+16 & \\
\cline{1-1}
0 &
\end{array}$$

由贝祖定理的结论，于是我们得到

$$\sigma_1^3-12\sigma_1+16=(\sigma_1-2)(\sigma_1^2+2\sigma_1-8)$$

因而，所研究的三次方程可以分解成两个方程：一次方程为

$$\sigma_1-2=0$$

对于给出的未知量我们有解 $\sigma_1=2$；二次方程为

$$\sigma_1^2+2\sigma_1-8=0$$

它给出两个解 $\sigma_1=-1\pm3$，即 $\sigma_1=2$ 和 $\sigma_1=-4$.

于是，我们有两种可能性：或者 $\sigma_1=2$，或者 $\sigma_1=-4$. 由方程 $\sigma_1^2-2\sigma_2=4$，我们得到关于 $\sigma_2$ 的值：$\sigma_2=0$ 或者 $\sigma_2=6$. 这样说来，对于最初的未知量 $x,y$ 得到两个方程组

$$\begin{cases}x+y=2\\xy=0\end{cases},\quad\begin{cases}x+y=-4\\xy=6\end{cases}$$

解这两个方程组可以得到最初方程组的 4 组解

$$\begin{cases}x_1=2\\y_1=0\end{cases},\quad\begin{cases}x_2=0\\y_2=2\end{cases}$$

$$\begin{cases}x_3=-2+i\sqrt{2}\\y_3=-2-i\sqrt{2}\end{cases},\begin{cases}x_4=-2-i\sqrt{2}\\y_4=-2+i\sqrt{2}\end{cases}$$

## 练　习　题

1.解下列方程组：

1) $\begin{cases}x+y=5\\x^2-xy+y^2=7\end{cases}$;

2) $\begin{cases}x+y=7\\\dfrac{x}{y}+\dfrac{y}{x}=\dfrac{25}{12}\end{cases}$;

3) $\begin{cases}x+y=1\\x^2+y^2=0\end{cases}$;

4) $\begin{cases}x+y=5\\x^3+y^3=65\end{cases}$;

5) $\begin{cases}4(x+y)=3xy\\x+y+x^2+y^2=26\end{cases}$;

6) $\begin{cases}x^2+y^2+x+y=32\\12(x+y)=7xy\end{cases}$;

7) $\begin{cases}xy=15\\x+y+x^2+y^2=42\end{cases}$;

8) $\begin{cases}x+y+xy=7\\x^2+y^2+xy=13\end{cases}$;

9) $\begin{cases}x^2-xy+y^2=19\\x-xy+y=7\end{cases}$;

10) $\begin{cases}x^3-y^3=19(x-y)\\x^3+y^3=7(x+y)\end{cases}$;

11) $\begin{cases}\dfrac{x^2}{y}+\dfrac{y^2}{x}=12\\ \dfrac{1}{x}+\dfrac{1}{y}=\dfrac{1}{3}\end{cases}$;

12) $\begin{cases}\dfrac{x^2}{y}+\dfrac{y^2}{x}=18\\ x+y=12\end{cases}$;

13) $\begin{cases}x+y=a\\ x^3+y^3=b(x^2+y^2)\end{cases}$;

14) $\begin{cases}x^2y+y^2x=30\\ \dfrac{1}{x}+\dfrac{1}{y}=\dfrac{5}{6}\end{cases}$;

15) $\begin{cases}xy(x+y)=20\\ \dfrac{1}{x}+\dfrac{1}{y}=\dfrac{5}{4}\end{cases}$;

16) $\begin{cases}x^2+y^2+2(x+y)=23\\ x^2+y^2+xy=19\end{cases}$;

17) $\begin{cases}x^4-x^2y^2+y^4=1\ 153\\ x^2-xy+y^2=33\end{cases}$;

18) $\begin{cases}\dfrac{x^5+y^5}{x^3+y^3}=\dfrac{31}{7}\\ x^2+xy+y^2=3\end{cases}$;

19) $\begin{cases}x+y=4\\ x^4+y^4=82\end{cases}$;

20) $\begin{cases}x+y=a\\ x^4+y^4=a^4\end{cases}$;

21) $\begin{cases}x^4+y^4=a^4\\ x+y=b\end{cases}$;

22) $\begin{cases}x+y=a\\ x^4+y^4=14x^2y^2\end{cases}$;

23) $\begin{cases} x+y=0 \\ x^2+y^2+x^3+y^3+x^4+y^4+x^5+y^5=b \end{cases}$;

24) $\begin{cases} x+y=a \\ x^5+y^5=b^5 \end{cases}$;

25) $\begin{cases} (x^3+y^3)(x^2+y^2)=2b^5 \\ x+y=b \end{cases}$;

26) $\begin{cases} x^3+y^3=9 \\ x^2+y^2=5 \end{cases}$;

27) $\begin{cases} x^2+y^2=7+xy \\ x^3+y^3=6xy-1 \end{cases}$;

28) $\begin{cases} x^4+x^2y^2+y^4=133 \\ x^2-xy+y^2=7 \end{cases}$;

29) $\begin{cases} x^4+x^2y^2+y^4=a^2 \\ x^2+xy+y^2=1 \end{cases}$;

30) $\begin{cases} x^2+xy+y^2=49 \\ x^4+x^2y^2+y^4=931 \end{cases}$;

31) $\begin{cases} x^2+xy+y^2=39 \\ x^4-x^2+y^4-y^2=612 \end{cases}$;

32) $\begin{cases} x^4-x^2+y^4-y^2=84 \\ x^2+x^2y^2+y^2=49 \end{cases}$;

33) $\begin{cases} x^3+y^3+xy(x+y)=13 \\ x^2y^2(x^2+y^2)=468 \end{cases}$;

34) $\begin{cases} (x-y)(x^2-y^2)=16 \\ (x+y)(x^2+y^2)=40 \end{cases}$;

35) $\begin{cases} xy(x+y)=30 \\ x^3+y^3=35 \end{cases}$;

36) $\begin{cases} x^3+y^3=(x+y)^2 \\ x^2+y^2=x+y+a \end{cases}$;

37) $\begin{cases} xy = a^2 - b^2 \\ x^4 + y^4 = 2(a^4 + 6a^2b^2 + b^4) \end{cases}$;

38) $\begin{cases} x^3 + y^3 = a \\ x^2y + xy^2 = b \end{cases}$;

39) $\begin{cases} x + y = a \\ x^7 + y^7 = a^7 \end{cases}$;

40) $\begin{cases} x + y - z = 7 \\ x^2 + y^2 - z^2 = 37 \\ x^3 + y^3 - z^3 = 1 \end{cases}$;

41) $\begin{cases} x^4 + 6x^2y^2 + y^4 = 353 \\ xy(x^2 + y^2) = 68 \end{cases}$;

42) $x^2 + y^2 = x^3 + y^3 = x^5 + y^5$;

43) $\begin{cases} x^4 = ax^2 + by^2 \\ y^4 = bx^2 + ay^2 \end{cases}$;

44) $\begin{cases} 16(x^4 + y^4 + z^4 + u^4) = 289 \\ xy - zu = z + u = \dfrac{3}{2} \\ x + y = 3 \end{cases}$.

## 13.2　引用辅助未知量

有时候，两个未知量构成的两个方程所组成的方程组由不对称的方程构成，可以引入辅助未知量转化为对称方程组，例如方程组

$$\begin{cases} x^3 - y^3 = 5 \\ xy^2 - x^2y = 1 \end{cases}$$

用新的未知量 $z = -y$ 代替未知量 $y$，则得到方程组

$$\begin{cases} x^3 + z^3 = 5 \\ xz^2 + x^2z = 1 \end{cases}$$

它的左边是对称的.

常常是这样,引入辅助未知量可以将含有两个未知量的两个方程的对称方程组化为含一个未知量的方程.看下面的例题.

**例 4**　解无理方程

$$\sqrt[4]{97-x}+\sqrt[4]{x}=5$$

**解**　设 $\sqrt[4]{x}=y,\sqrt[4]{97-x}=z$.于是研究的方程变为 $y+z=5$.除了这些我们有

$$z^4+y^4=x+(97-x)=97$$

这就是说我们得到方程组

$$\begin{cases}y+z=5\\y^4+z^4=97\end{cases}$$

引入未知量 $\sigma_1=x+y$ 和 $\sigma_2=xy$,则归结为求方程组

$$\begin{cases}\sigma_1=5\\\sigma_1^4-4\sigma_1^2\sigma_2+2\sigma_2^2=97\end{cases}$$

于是,得到关于 $\sigma_2$ 的二次方程

$$\sigma_2^2-50\sigma_2+264=0$$

解这个二次方程得到

$$\sigma_2=6 \text{ 或 } \sigma_2=44$$

这样,原题就化为解下面这两个方程组

$$\begin{cases}y+z=5\\yz=6\end{cases},\begin{cases}y+z=5\\yz=44\end{cases}$$

第一个方程组的解为

$$\begin{cases}y_1=2\\z_1=3\end{cases},\begin{cases}y_2=3\\z_2=2\end{cases}$$

因为 $\sqrt[4]{x}=y$,对于最初的未知量 $x$ 有两个解:$x_1=$

16，$x_2=81$. 第二个方程组是关于 $y,z$ 的方程组，这意味着对于 $x$ 还有两个解(它们是复数，而对于无理方程，未知量的值只有一个实数).

## 练　习　题

1. 解下列方程组：

1) $\begin{cases}\dfrac{x}{a}+\dfrac{y}{b}=1\\ \dfrac{a}{x}+\dfrac{b}{y}=4\end{cases}$；

2) $\begin{cases}x^2+y^2=\dfrac{5}{2}xy\\ x-y=\dfrac{1}{4}xy\end{cases}$；

3) $\begin{cases}x-y=2\\ x^3-y^3=8\end{cases}$；

4) $\begin{cases}x^5-y^5=3\ 093\\ x-y=3\end{cases}$；

5) $\begin{cases}x^5-y^5=b^5\\ x-y=a\end{cases}$；

6) $\begin{cases}x^2+y=5\\ x^6+y^3=65\end{cases}$；

7) $\begin{cases}\sqrt{x}+\sqrt{y}=\dfrac{5}{6}\sqrt{xy}\\ x+y=13\end{cases}$；

8) $\begin{cases}x\sqrt{y}+y\sqrt{x}=a\\ \dfrac{x^2}{\sqrt{y}}+\dfrac{y^2}{\sqrt{x}}=b\end{cases}$；

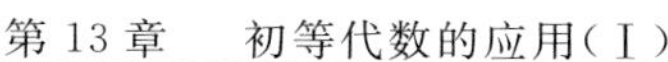



9) $\begin{cases}\sqrt{x}-\sqrt{y}=2\sqrt{xy}\\x+y=20\end{cases}$;

10) $\begin{cases}\sqrt{\dfrac{x}{y}}+\sqrt{\dfrac{y}{x}}=\dfrac{7}{\sqrt{xy}}+1\\\sqrt{x^3y}+\sqrt{y^3x}=78\end{cases}$;

11) $\begin{cases}x+y=10\\\sqrt{\dfrac{x}{y}}+\sqrt{\dfrac{y}{x}}=\dfrac{5}{2}\end{cases}$;

12) $\begin{cases}x+\sqrt{xy}+y=a\\x^3+2xy\sqrt{xy}+y^3=a^3\end{cases}$;

13) $\begin{cases}x+y-\sqrt{xy}=7\\x^2+y^2+xy=133\end{cases}$;

14) $\begin{cases}x+y+\sqrt{xy}=14\\x^2+y^2+xy=84\end{cases}$;

15) $\begin{cases}x^{\frac{3}{4}}+y^{\frac{3}{5}}=35\\x^{\frac{1}{4}}+y^{\frac{1}{5}}=5\end{cases}$;

16) $\begin{cases}\sqrt{\dfrac{x}{y}}+\sqrt{\dfrac{y}{x}}=\dfrac{61}{\sqrt{xy}}+1\\\sqrt[4]{x^3y}+\sqrt[4]{xy^3}=78\end{cases}$;

17) $\begin{cases}x+y=72\\\sqrt[3]{x}+\sqrt[3]{y}=6\end{cases}$;

18) $\begin{cases}x+xy+y=12\\\sqrt[3]{x}+\sqrt[3]{xy}+\sqrt[3]{y}=0\end{cases}$;

19) $\begin{cases}\sqrt[3]{x}+\sqrt[3]{y}=\dfrac{5}{2}\sqrt[6]{xy}\\x+y=10\end{cases}$;

20) $\begin{cases} \sqrt[3]{\dfrac{x}{y}} + \sqrt[3]{\dfrac{y}{x}} = a \\ x + y = b \end{cases}$.

2. 解下列方程：

1) $\left(\dfrac{x+a}{2}\right)^6 + \left(\dfrac{x-a}{2}\right)^6 = a^6$；

2) $(ax^2 + bx + c)^5 - (ax^2 + bx + d)^5 = e$；

3) $(z^2 + 1)^7 - (z^2 - 1)^7 = 2^7$；

4) $z^4 + (1 - z)^4 = 1$；

5) $(x + a + b)^5 = x^5 + a^5 + b^5$；

6) $\sqrt{1 - x^2} = (a - \sqrt{x})^2$；

7) $\sqrt[5]{\dfrac{1}{2} + x} + \sqrt[5]{\dfrac{1}{2} - x} = 1$；

8) $x + \sqrt{17 - x^2} + x\sqrt{17 - x^2} = 9$；

9) $x\sqrt[3]{35 - x^3}(x + \sqrt[3]{35 - x^3}) = 30$；

10) $x\,\dfrac{19 - x}{x + 1}\left(x + \dfrac{19 - x}{x + 1}\right) = 84$；

11) $(a - y)^2 = \sqrt[3]{a^6 - y^6}$；

12) $\sin^3 x + \cos^3 x = 1$；

13) $\sqrt[4]{629 - x} + \sqrt[4]{77 + x} = 8$；

14) $\sqrt[3]{1 + \sqrt{x}} = 2 - \sqrt[3]{1 - \sqrt{x}}$；

15) $\sqrt[3]{8 + x} + \sqrt[3]{8 - x} = 1$；

16) $\dfrac{1}{x} + \dfrac{1}{\sqrt{1 - x^2}} = \dfrac{35}{12}$；

17) $x + \dfrac{x}{\sqrt{x^2 - 1}} = \dfrac{35}{12}$；

18) $\sqrt[3]{54 + \sqrt{x}} + \sqrt[3]{54 - \sqrt{x}} = \sqrt[3]{18}$；

19) $\sqrt[4]{78+\sqrt[3]{24+\sqrt{x}}}-\sqrt[4]{84-\sqrt[3]{30-\sqrt{x}}}=0$;

20) $\sqrt[3]{10-x}-\sqrt[3]{3-x}=1$;

21) $\sqrt[4]{41+x}+\sqrt[4]{41-x}=2$;

22) $\sqrt[5]{a+x}+\sqrt[5]{a-x}=\sqrt[5]{2a}$;

23) $\sqrt[7]{a-x}+\sqrt[7]{x}=\sqrt[7]{a}$;

24) $\sqrt[4]{x}+\sqrt[4]{a-x}=\sqrt[4]{b}$;

25) $\sqrt[4]{8-x}+\sqrt[4]{89+x}=5$;

26) $(x+a)^4+(x+b)^4=c^4$.

## 13.3　关于二次方程的问题

在整系数问题中,要求计算题中含有二次方程解的某些表达式,如借助于对称多项式很容易解决.

为了解这些题,用 $x_1$,$x_2$ 表示已知方程的根.下面研究两个例题.

**例 5**　已知二次方程 $x^2+6x+10=0$,构造一个新的二次方程,使它的两个根是已知方程的两个根.

**解**　用 $x_1$,$x_2$ 表示已知方程的根,用 $y_1$,$y_2$ 表示未知方程的根,而未知方程的系数用 $p$ 和 $q$ 表示.根据韦达定理

$$\sigma_1=x_1+x_2=-6,\ \sigma_2=x_1x_2=10$$

正是这样

$$y_1+y_2=-p,\ y_1y_2=q$$

按题中的条件有

$$y_1=x_1^2,\ y_2=x_2^2$$

然后

$$p=-(y_1+y_2)=-(x_1^2+x_2^2)=-s_2=$$
$$-(\sigma_1^2-2\sigma_2)=-16$$
$$q=y_1y_2=x_1^2x_2^2=\sigma_2^2=100$$

这样,未知的二次方程的表达式为

$$y^2-16y+100=0$$

此方法可以解决更复杂的问题,我们观察下面的例题.

**例 6** 构造二次方程 $z^2+pz+q=0$,它的根是

$$z_1=x_1^6-2x_2^2,\ z_2=x_2^6-2x_1^2$$

其中 $x_1,x_2$ 是二次方程 $x^2-x-3=0$ 的根.

**解** 我们再次利用韦达定理,由此得

$$\sigma_1=x_1+x_2=1,\ \sigma_2=x_1x_2=-3$$

另一方面,有公式

$$-p=z_1+z_2=(x_1^6-2x_2^2)+(x_2^6-2x_1^2)$$
$$q=z_1z_2=(x_1^6-2x_2^2)(x_2^6-2x_1^2)$$

利用12.3中的式② 很容易导出用$\sigma_1$和$\sigma_2$表示的对称多项式 $p$ 和$q$,代入值$\sigma_1=1$,$\sigma_2=-3$,计算我们所求的系数 $p$ 和$q$,有

$$-p=(x_1^6+x_2^6)-2(x_1^2+x_2^2)=s_6-2s_2=$$
$$(\sigma_1^6-6\sigma_1^4\sigma_2+9\sigma_1^2\sigma_2^2-2\sigma_2^3)-2(\sigma_1^2-2\sigma_2)=$$
$$[1^6-6\times1^4\times(-3)+9\times1^2\times(-3)^2-$$
$$2\times(-3)^3]-2[1^2-2\times(-3)]=140$$

$$q=(x_1^6-2x_2^2)(x_2^6-2x_1^2)=$$
$$x_1^6x_2^6-2(x_1^8+x_2^8)+4x_1^2x_2^2=$$
$$\sigma_2^6-2s_8+4\sigma_2^2=$$
$$\sigma_2^6-2(\sigma_1^8-8\sigma_1^6\sigma_2+$$
$$20\sigma_1^4\sigma_2^2-16\sigma_1^2\sigma_2^3+2\sigma_2^4)+4\sigma_2^2=$$
$$(-3)^6-2\times[1^8-8\times1^6\times(-3)+$$

$$20\times 1^4\times(-3)^2-16\times 1^2\times(-3)^3+$$
$$2\times(-3)^4]+4\times(-3)^2=-833$$

这样，$p=-140$，$q=-833$，所求的二次方程为 $z^2-140z-833=0$.

## 练　习　题

1. 构造二次方程，使它的根是二次方程 $x^2+6x+10=0$ 的根的立方.

2. 构造二次方程，使它的根是二次方程 $x^2+x-3=0$ 的根的十次方.

3. 令 $x_1,x_2$ 是二次方程 $x^2+px+q=0$ 的根，在 $k=\pm1,\pm2,\pm3,\pm4,\pm5$ 时计算表达式 $x_1^k+x_2^k$ 的值.

4. 构造根为 $x_1,x_2$ 的二次方程，如果 $x_1^5+x_2^5=31$，$x_1+x_2=1$.

5. 证明：若 $x_1,x_2$ 是具有整系数 $p$ 和 $q$ 的二次方程 $x^2+px+q=0$ 的根，则在 $n$ 为任意自然数的情况下，$x_1^n+x_2^n$ 为整数.

6. 任意实数 $a$ 取何值时，使二次方程 $x^2-(a-2)x-a-1=0$ 的所有根的和值最小？

7. 证明：若 $x_1,x_2$ 是二次方程 $x^2-6x+1=0$ 的根，则在 $n$ 为任意自然数的情况下 $x_1^n+x_2^n$ 是整数，且 $n$ 不能被5整除.

8. $\alpha,\beta$ 为二次方程 $x^2+px+q=0$ 的正根，通过方程的系数表示 $\sqrt[4]{\alpha}+\sqrt[4]{\beta}$.

## 13.4 不　等　式

对称多项式可以很容易应用到许多不等式的证明中.

**定理 2**　令 $\sigma_1, \sigma_2$ 是实数,由方程组

$$\begin{cases} y+z=\sigma_1 \\ yz=\sigma_2 \end{cases}$$

确定两个数 $x, y$ 是实数的充要条件是 $\sigma_1, \sigma_2$ 满足不等式 $\sigma_1^2-4\sigma_2 \geqslant 0$. 若 $\sigma_1^2=4\sigma_2$,则取得 $x=y$ 的唯一情况. 两个数 $x, y$ 是非负实数的充要条件是 $\sigma_1, \sigma_2$ 满足不等式

$$\sigma_1^2-4\sigma_2 \geqslant 0, \sigma_1 \geqslant 0, \sigma_2 \geqslant 0$$

**证明**　数 $x, y$ 是二次方程

$$z^2-\sigma_1 z+\sigma_2=0$$

的解,即与数 $z_{1,2}=\dfrac{\sigma_1 \pm \sqrt{\sigma_1^2-4\sigma_2}}{2}$ 完全一样. 因此 $x$, $y$ 是实数的充要条件是被开方数非负,即满足不等式 $\sigma_1^2-4\sigma_2 \geqslant 0$. 等式 $\sigma_1^2-4\sigma_2=0$ 意味着二次方程的根符合 $x=y$.

如果 $x, y$ 是非负的,那么除满足不等式 $\sigma_1^2-4\sigma_2 \geqslant 0$ 以外,还满足不等式 $\sigma_1 \geqslant 0, \sigma_2 \geqslant 0$. 现在设与不等式 $\sigma_1^2-4\sigma_2 \geqslant 0, \sigma_1 \geqslant 0, \sigma_2 \geqslant 0$ 的情况相反. 上面表明由第一个不等式得出数 $x, y$ 是实数,因为 $\sigma_2 \geqslant 0$, $x$, $y$ 有相同的符号. 最终由关系式 $\sigma_1 \geqslant 0$ 推断出 $x, y$ 非负.

定理得证.

建议也可用其他的证明方法:数 $x, y$ 是实系数二次方程 $z^2-\sigma_1 z+\sigma_2=0$ 的两个根. 如果两个根是实数,

那么它们的差也是实数.如果两个根是共轭复数,那么它们的差是虚数.这样,第一种情况下$(x-y)^2\geqslant 0$,而第二种情况下$(x-y)^2<0$.因而,如果$\sigma_1$,$\sigma_2$是实数,那么实数$x$,$y$满足不等式$(x-y)^2\geqslant 0$是充要条件.余下发现

$$(x-y)^2=x^2+y^2-2xy=\sigma_1^2-4\sigma_2$$

这样,不等式$(x-y)^2\geqslant 0$重写成$\sigma_1^2-4\sigma_2\geqslant 0$.证明的后部分与前面的乘积不同.

以上定理的应用是为了证明下面形式的不等式.假设给定某一对称多项式$f(x,y)$.证明:对于任意的实数值$x$,$y$(或者任意的非负值,或者$x+y\geqslant a$与题中条件相关),这个多项式取非负值$f(x,y)\geqslant 0$.为了证明,需要更早地发现对称多项式$f(x,y)$,它的表达式用$\sigma_1$,$\sigma_2$表示.因为在得到的多项式中发现$\sigma_2$用$\sigma_1$表示,非负值$z=\sigma_1^2-4\sigma_2$即变成$\sigma_2=\frac{1}{4}(\sigma_1^2-z)$.在结论中,我们得到关于$\sigma_2$,$z$的多项式,需要证明在题中$z$非负的情况下$\sigma_1$这个多项式只能取非负值.按定律,这样的做法比证明最初不等式更简单些,有时用$\sigma_2$,$z$表示$\sigma_1^2$(即$\sigma_1^2=z+4\sigma_2$).

下面我们引入两道例题.

**例 7**　证明:若$a$和$b$是实数,满足条件$a+b\geqslant c$,则下列不等式成立

$$a^2+b^2\geqslant\frac{c^2}{2},\ a^4+b^4\geqslant\frac{c^4}{8},\ a^8+b^8\geqslant\frac{c^8}{128}$$

**证明**　为了证明,引入初等对称多项式$\sigma_1=a+b$和$\sigma_2=ab$,我们有

$$s_2=a^2+b^2=\sigma_1^2-2\sigma_2=$$

$$\sigma_1^2 - 2 \times \frac{1}{4}(\sigma_1^2 - z) = \frac{1}{2}\sigma_1^2 + \frac{1}{2}z$$

因为 $z \geqslant 0$，而按题中条件 $\sigma_1 \geqslant c$，则 $s_2 \geqslant \frac{1}{2}c^2$，即

$$a^2 + b^2 \geqslant \frac{c^2}{2}$$

应用得到的不等式的结论，我们有

$$a^4 + b^4 \geqslant \frac{1}{2}\left(\frac{c^2}{2}\right)^2 = \frac{1}{8}c^4$$

类似的，我们得到

$$a^8 + b^8 \geqslant \frac{c^8}{128}$$

利用数学归纳法可以证明：若 $a + b \geqslant c$ 且 $n$ 为任意自然数，则

$$a^{2^n} + b^{2^n} \geqslant \frac{1}{2^{2^n - 1}} \cdot c^{2^n}$$

**例 8** 证明：若 $a$ 和 $b$ 是实数，满足条件 $a+b \geqslant 1$，则 $a^4 + b^4 \geqslant \frac{1}{8}$.

**证明** 所要证明的不等式是例 7 的一般情况. 我们为了得到这个不等式两次应用上题的方法：利用不等式 $a^2 + b^2 \geqslant \frac{c^2}{2}$. 但是如果我们猜测不到用这个方法，可以直接建立所求不等式，有

$$\begin{aligned} a^4 + b^4 = s_4 &= \sigma_1^4 - 4\sigma_1^2\sigma_2 + 2\sigma_2^2 = \\ &\sigma_1^4 - 4\sigma_1^2 \cdot \frac{1}{4}(\sigma_1^2 - z) + 2\left[\frac{1}{4}(\sigma_1^2 - z)\right]^2 = \\ &\frac{1}{8}\sigma_1^4 + \frac{3}{4}\sigma_1^2 z + \frac{1}{8}z^2 \geqslant \frac{1}{8}\sigma_1^4 \quad (\text{因为 } z \geqslant 0) \end{aligned}$$

由于题中条件 $\sigma_1 \geqslant 1$，故不等式 $a^4 + b^4 \geqslant \frac{1}{8}$ 成立.

## 练　习　题

1. 证明:在 $a$ 和 $b$ 是任意实数的情况下,下列不等式成立:

1) $5a^2-6ab+5b^2\geqslant 0$;

2) $8(a^4+b^4)\geqslant (a+b)^4$;

3) $a^4+b^4\geqslant a^3b+ab^3$;

4) $a^2+b^2+1\geqslant ab+a+b$;

5) $a^6+b^6\geqslant a^5b+ab^5$.

2. 证明:在 $a$ 和 $b$ 是任意非负数的情况下,下列不等式成立:

1) $\sqrt{\dfrac{a^2}{b}}+\sqrt{\dfrac{b^2}{a}}\geqslant\sqrt{a}+\sqrt{b}$;

2) $(\sqrt{a}+\sqrt{b})^8\geqslant 64ab(a+b)^2$;

3) $a^4+2a^3b+2b^3a+b^4\geqslant 6a^2b^2$;

4) $\dfrac{a^3+b^3}{2}\geqslant\left(\dfrac{a+b}{2}\right)^3$.

3. 在 $x+y=a$ 的条件下,表达式 $xy(x-y)^2$ 的极大值是多少?

4. 证明:若正数 $a$ 和 $b$ 满足关系式 $a+b=1$,则

$$\left(a+\frac{1}{a}\right)^2+\left(b+\frac{1}{b}\right)^2\geqslant\frac{25}{2}$$

5. 证明:对于任意正数 $x,y$,不等式 $\dfrac{x}{y}+\dfrac{y}{x}\geqslant 2$ 成立.

6. 证明:对于正数 $x_1,x_2,\cdots,x_n$,不等式

$$(x_1+x_2+\cdots+x_n)\left(\frac{1}{x_1}+\frac{1}{x_2}+\cdots+\frac{1}{x_n}\right)\geqslant n^2$$

成立.

## 13.5 递推方程

对称多项式可以成功地解某些高次方程，在这一节我们研究递推方程.

称多项式

$$f(z)=a_0z^n+a_1z^{n-1}+\cdots+a_n \quad (a_0\neq 0)\ (*)$$

为递推的，如果 $a_0=a_n, a_1=a_{n-1}, a_2=a_{n-2}, \cdots$.

例如，下列多项式是递推的

$$z^5-3z^4+2z^3+2z^2-3z+1$$

$$2z^8+z^7-6z^5-6z^3+z+2$$

$$z^n+1$$

若方程 $f(z)=0$，它的左边表示递推多项式，则称为递推方程.

解递推方程的基本原理是下面的定理.

**定理 3** 任意一个递推多项式

$$f(z)=a_0z^{2k}+a_1z^{2k-1}+\cdots+a_{2k-1}z+a_{2k}$$

的偶次幂($2k$ 次幂) 的表达式为

$$f(z)=z^kh(\sigma)$$

这里 $\sigma=z+\dfrac{1}{z}$，$h(\sigma)$ 是任意的关于 $\sigma$ 的 $k$ 次多项式. 所有的递推多项式 $f(z)$ 的奇数次幂($2k+1$ 次幂) 整除 $z+1$，偶数次幂仍是递推多项式.

**证明** 我们研究多项式 $f(z)$ 的偶数次幂($2k$ 次幂). 把 $z^k$ 提到这个多项式的括号外，我们得到

$$f(z)=z^k\left(a_0z^k+a_1z^{k-1}+\cdots+a_{2k-1}\frac{1}{z^{k-1}}+a_{2k}\frac{1}{z^k}\right)$$

注意到等式 $a_0=a_{2k}, a_1=a_{2k-1}, \cdots$，则

$$f(z)=z^k\left[a_0\left(z^k+\frac{1}{z^k}\right)+a_1\left(z^{k-1}+\frac{1}{z^{k-1}}\right)+\cdots+a_k\right]$$

接下来证明的是,二项式 $z^k+\frac{1}{z^k}$,$z^{k-1}+\frac{1}{z^{k-1}}$,… 可以用 $\sigma=z+\frac{1}{z}$ 表示.此题归结为研究高次的等次之和的表达式 $s_k=x^k+y^k$ 用基本对称多项式 $\sigma_1=x+y$,$\sigma_2=xy$ 表示.事实上,若令 $x=z$,$y=\frac{1}{z}$,则等次之和 $s_k=x^k+y^k$ 的表达式变为 $s_k=z^k+\frac{1}{z^k}$,基本对称多项式 $\sigma_1=x+y$ 变为 $\sigma=z+\frac{1}{z}$,而基本对称多项式 $\sigma_2=xy$ 变为 $\sigma_2=1$.因此,用 $\sigma_1$,$\sigma_2$ 表示将等次之和 $s_k$ 的表达式代入值 $\sigma_1=\sigma=z+\frac{1}{z}$,$\sigma_2=1$,我们得到用 $\sigma$ 表示的未知的二项式 $z^k+\frac{1}{z^k}$ 的表达式.对于这个问题最实用的就是 12.3 中的式 ②.假设在这些公式中 $\sigma_1=\sigma$,$\sigma_2=1$,我们得到

$$z^2+\frac{1}{z^2}=\sigma^2-2$$

$$z^3+\frac{1}{z^3}=\sigma^3-3\sigma$$

$$z^4+\frac{1}{z^4}=\sigma^4-4\sigma^2+2$$

$$z^5+\frac{1}{z^5}=\sigma^5-5\sigma^3+5\sigma$$

$$z^6+\frac{1}{z^6}=\sigma^6-6\sigma^4+9\sigma^2-2$$

$$z^7+\frac{1}{z^7}=\sigma^7-7\sigma^5+14\sigma^3-7\sigma$$

$$z^8+\frac{1}{z^8}=\sigma^8-8\sigma^6+20\sigma^4-16\sigma^2+2$$

$$z^9+\frac{1}{z^9}=\sigma^9-9\sigma^7+27\sigma^5-30\sigma^3+9\sigma$$

$$z^{10}+\frac{1}{z^{10}}=\sigma^{10}-10\sigma^8+35\sigma^6-50\sigma^4+25\sigma^2-2$$

$$\vdots$$

于是,定理的第一个结论(涉及偶数次幂的递推多项式)得以证明.

现在研究奇数次幂的递推多项式

$$f(z)=a_0z^{2k+1}+a_1z^{2k}+\cdots+a_{2k}z+a_{2k+1}$$

因为这个多项式是递推的,即满足等式

$$a_0=a_{2k+1},\ a_1=a_{2k},\ a_2=a_{2k-1},\cdots$$

所以它可以写成下面的形式

$$\begin{aligned}f(z)=&a_0(z^{2k+1}+1)+a_1(z^{2k}+z)+\\&a_2(z^{2k-1}+z^2)+\cdots+a_k(z^{k+1}+z^k)=\\&a_0(z^{2k+1}+1)+a_1z(z^{2k-1}+1)+\\&a_2z^2(z^{2k-3}+1)+\cdots+a_kz^k(z+1)\end{aligned}$$

括号里每个二项式的值都可以整除因式 $z+1$. 利用下面已知的等式

$$\begin{aligned}&z^{2m+1}+1=\\&(z+1)(z^{2m}-z^{2m-1}+z^{2m-2}-\cdots+z^2-z+1)\end{aligned}$$

我们得到

$$\begin{aligned}&a_0(z^{2k+1}+1)=\\&a_0(z+1)(z^{2k}-z^{2k-1}+z^{2k-2}-\cdots+z^2-z+1)\\&a_1z(z^{2k-1}+1)=\\&a_1z(z+1)(z^{2k-2}-z^{2k-3}+\cdots-z+1)=\\&a_1(z+1)(z^{2k-1}-z^{2k-2}+\cdots-z^2+z)\\&a_2z^2(z^{2k-3}+1)=\end{aligned}$$

$$a_2z^2(z+1)(z^{2k-4}-z^{2k-5}+\cdots+1)=$$
$$a_2(z+1)(z^{2k-2}-z^{2k-3}+\cdots+z^2)$$
$$\vdots$$
$$a_kz^k(z+1)=a_k(z+1)z^k$$

把得到的表达式逐项相加,右边提取因式 $z+1$,我们得出

$$f(z)=(z+1)g(z)$$

这里多项式 $g(z)$ 是下列多项式之和

$$a_0(z^{2k}-z^{2k-1}+z^{2k-2}-\cdots+z^2-z+1)$$
$$a_1(z^{2k-1}-z^{2k-2}+\cdots-z^2+z)$$
$$a_2(z^{2k-2}-z^{2k-3}+\cdots+z^2)$$
$$\vdots$$
$$a_kz^k$$

容易看出,所有这些多项式的系数等距离相等,因此它们的和 $g(z)$ 是递推多项式(偶次幂 $2k$).

下面我们应用定理3解递推方程.

**例9**　应用定理3解方程

$$12z^4-16z^3-11z^2-16z+12=0$$

**解**　研究的方程是四次递推的.这个方程的左边可以化成下面的形式

$$12z^4-16z^3-11z^2-16z+12=$$
$$z^2\left(12z^2-16z-11-16\frac{1}{z}+12\frac{1}{z^2}\right)=$$
$$z^2\left[12\left(z^2+\frac{1}{z^2}\right)-16\left(z+\frac{1}{z}\right)-11\right]=$$
$$z^2[12(\sigma^2-2)-16\sigma-11]=$$
$$z^2(12\sigma^2-16\sigma-35)$$

因为 $z=0$ 不是未知方程的解,所以我们解关于 $\sigma$ 的一元二次方程

$$12\sigma^2 - 16\sigma - 35 = 0$$

得到两个解：$\sigma = -\frac{7}{6}$ 和 $\sigma = \frac{5}{2}$. 换言之，为了求得最初方程的根我们得到两个方程

$$z + \frac{1}{z} = -\frac{7}{6},\ z + \frac{1}{z} = \frac{5}{2}$$

解上面的两个方程得到最初方程的 4 个根

$$z_{1,2} = \frac{-7 \pm \mathrm{i}\sqrt{95}}{12},\ z_3 = 2,\ z_4 = \frac{1}{2}$$

**例 10** 解方程 $4z^{11} + 4z^{10} - 21z^9 - 21z^8 + 17z^7 + 17z^6 + 17z^5 + 17z^4 - 21z^3 - 21z^2 + 4z + 4 = 0$.

**解** 递推方程的次数是(奇次幂)11 次幂. 依据定理，它的左边能整除 $z + 1$. 实行整除，我们求出

$$\begin{aligned}&4z^{11} + 4z^{10} - 21z^9 - 21z^8 + 17z^7 + 17z^6 + \\ &17z^5 + 17z^4 - 21z^3 - 21z^2 + 4z + 4 = \\ &(z + 1)(4z^{10} - 21z^8 + 17z^6 + 17z^4 - 21z^2 + 4)\end{aligned}$$

这样，我们的方程可以分解成两个

$$z + 1 = 0$$

$$4z^{10} - 21z^8 + 17z^6 + 17z^4 - 21z^2 + 4 = 0$$

由此得出第一个解 $z_1 = -1$，第二个方程是偶次递推方程，变化它的左边得

$$\begin{aligned}&4z^{10} - 21z^8 + 17z^6 + 17z^4 - 21z^2 + 4 = \\ &z^5\left(4z^5 - 21z^3 + 17z + 17 \cdot \frac{1}{z} - 21 \cdot \frac{1}{z^3} + 4 \cdot \frac{1}{z^5}\right) = \\ &z^5\left[4\left(z^5 + \frac{1}{z^5}\right) - 21\left(z^3 + \frac{1}{z^3}\right) + 17\left(z + \frac{1}{z}\right)\right] = \\ &z^5[4(\sigma^5 - 5\sigma^3 + 5\sigma) - 21(\sigma^3 - 3\sigma) + 17\sigma] = \\ &z^5(4\sigma^5 - 41\sigma^3 + 100\sigma)\end{aligned}$$

因为 $z = 0$ 不是未知方程的解，所以我们解关于 $\sigma$ 的一

元五次方程

$$\sigma(4\sigma^4-41\sigma^2+100)=0$$

因此除解 $\sigma=0$ 以外还有 4 个解,解五次方程

$$4\sigma^5-41\sigma^3+100\sigma=0$$

很容易求出它们,结果我们求出关于 $\sigma$ 的 5 个值

$$\sigma=0,\sigma=-\frac{5}{2},\sigma=\frac{5}{2},\sigma=2,\sigma=-2$$

这意味着,为了求最初方程的根,我们有 5 个方程

$$z+\frac{1}{z}=0,z+\frac{1}{z}=-\frac{5}{2},z+\frac{1}{z}=\frac{5}{2}$$

$$z+\frac{1}{z}=2,z+\frac{1}{z}=-2$$

解这些方程还有前面求出的根 $z_1=-1$,一共得到最初方程的 11 个根

$$z_1=-1,z_2=\mathrm{i},z_3=-\mathrm{i},z_4=-2,z_5=-\frac{1}{2}$$

$$z_6=2,z_7=\frac{1}{2},z_8=z_9=-1,z_{10}=z_{11}=1$$

## 练　习　题

1. 解下列方程:

1) $9z^6-18z^5-73z^4+164z^3-73z^2-18z+9=0$;

2) $z^8+4z^6-10z^4+4z^2+1=0$;

3) $10z^6+z^5-47z^4-47z^3+z^2+10z=0$;

4) $10z^6+19z^5-19z^4-20z^3-19z^2+19z+10=0$;

5) $2z^{11}+7z^{10}+15z^9+14z^8-16z^7-22z^6-22z^5-16z^4+14z^3+15z^2+7z+2=0$.

2. 证明:四次递推方程

$$az^4+bz^3+cz^2+bz+a=0 \quad (a\neq 0)$$

的所有解能够借助于 4 个算术平方根求得.

3. 证明:如果 $f(z)$ 和 $g(z)$ 是递推多项式,$f(z)$ 除 $g(z)$ 没有余项,那么 $h(z)=\dfrac{f(z)}{g(z)}$ 是递推多项式.

## 13.6 对称多项式因式分解

这一节我们研究分解齐次对称多项式的两种方法. 我们以四次对称多项式为例子研究这些方法.

第一种方法是,研究用 $\sigma_1,\sigma_2$ 表示的对称多项式得到因式分解的表达式. 在用 $\sigma_1,\sigma_2$ 表示的四次对称多项式的情况下能得到关于 $\sigma_2$ 的二次多项式. 对于分解的因式足以求出得到的二次多项式的解.

下面我们引进例题.

**例 11** 把下面的多项式因式分解

$$f(x,y)=10x^4-27x^3y-110x^2y^2-27xy^3+10y^4$$

**解** 我们有

$$f(x,y)=10(x^4+y^4)-27xy(x^2+y^2)-110x^2y^2=$$
$$10s_4-27\sigma_2 s_2-110\sigma_2^2$$

应用 12.3 中的式 ② 我们求得

$$f(x,y)=10\sigma_1^4-67\sigma_1^2\sigma_2-36\sigma_2^2$$

这个关于 $\sigma_2$ 的二次多项式很容易因式分解,因为它有根 $\sigma_2=-2\sigma_1^2$ 和 $\sigma_2=\dfrac{5}{36}\sigma_1^2$,则

$$f(x,y)=-36(\sigma_2+2\sigma_1^2)\left(\sigma_2-\frac{5}{36}\sigma_1^2\right)=$$
$$(2\sigma_1^2+\sigma_2)(5\sigma_1^2-36\sigma_2)$$

用 $\sigma_1=x+y,\ \sigma_2=xy$ 代换 $\sigma_1,\sigma_2$,我们得到

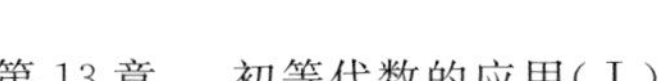



$$f(x,y)=[2(x+y)^2+xy][5(x+y)^2-36xy]=$$
$$(2x^2+5xy+2y^2)(5x^2-26xy+5y^2)$$

这个二次三项式的每一部分又可以因式分解.例如,它们的第一部分,即 $2x^2+5xy+2y^2$ 可以看成关于 $x$ 的二次多项式,且有根 $x=-\frac{1}{2}y$,$x=-2y$,然后

$$2x^2+5xy+2y^2=2\left(x+\frac{1}{2}y\right)(x+2y)=$$
$$(2x+y)(x+2y)$$

类似的,我们求出

$$5x^2-26xy+5y^2=(x-5y)(5x-y)$$

这样,最后得到

$$f(x,y)=10x^4-27x^3y-110x^2y^2-27xy^3+10y^4=$$
$$(2x+y)(x+2y)(x-5y)(5x-y)$$

**例 12**　把下面的多项式因式分解

$$f(x,y)=6x^4-11x^3y-18x^2y^2-11xy^3+6y^4$$

**解**　将对称多项式用 $\sigma_1,\sigma_2$ 表示,我们求出

$$f(x,y)=6\sigma_1^4-35\sigma_1^2\sigma_2+16\sigma_2^2$$

并且关于 $\sigma_2$ 的二次多项式有根 $\sigma_2=2\sigma_1^2$ 和 $\sigma_2=\frac{3}{16}\sigma_1^2$,然后用下面的方式因式分解

$$f(x,y)=16(\sigma_2-2\sigma_1^2)\left(\sigma_2-\frac{3}{16}\sigma_1^2\right)=$$
$$(2\sigma_1^2-\sigma_2)(3\sigma_1^2-16\sigma_2)$$

这里回到最初变量 $x,y$,我们得到

$$f(x,y)=[2(x+y)^2-xy][3(x+y)^2-16xy]=$$
$$(2x^2+3xy+2y^2)(3x^2-10xy+3y^2)$$

这样,最后我们求得

$$f(x,y)=6x^4-11x^3y-18x^2y^2-11xy^3+6y^4=$$

$$(2x^2+3xy+2y^2)(x-3y)(3x-y)$$

**例 13** 把下面的多项式因式分解

$$f(x,y)=2x^4-x^3y+3x^2y^2-xy^3+2y^4$$

**解** 我们有

$$f(x,y)=2\sigma_1^4-9\sigma_1^2\sigma_2+9\sigma_2^2=$$
$$(\sigma_1^2-3\sigma_2)(2\sigma_1^2-3\sigma_2)$$

上式中用 $\sigma_1=x+y,\sigma_2=xy$ 代换,我们得到

$$f(x,y)=[(x+y)^2-3xy][2(x+y)^2-3xy]=$$
$$(x^2-xy+y^2)(2x^2+xy+2y^2)$$

两个因式的第一部分有复数解,不能更进一步分解成实系数的因式.

若用 $\sigma_1,\sigma_2$ 表示的对称多项式 $f(x,y)$ 的表达式得到关于 $\sigma_2$ 的二次多项式有复数解,则应用分解复系数多项式因式的方法来证明.可以证明(我们不引入证明)同样在这种情况下可以采用另一种方法:把多项式 $f(x,y)$ 分解成两个实系数因式.这种方法推断出,所研究的四次对称多项式设法变为两个非对称因式的乘积,其中的每一个都能表示成另一个因式,即由它得到变量 $x,y$ 的变换.

换言之,给定的四次对称多项式设法表示为

$$(Ax^2+Bxy+Cy^2)(Cx^2+Bxy+Ay^2)$$

其中 $A,B,C$ 是未知(或者说待定的)系数.这种方法可以用给出的多项式的值代入,这种预先确定未知系数的方法叫待定系数法.

怎样才能确定未知系数 $A,B,C$ 的值?我们研究下面的例题.

**例 14** 把下面的多项式因式分解

$$f(x,y)=2x^4+3x^3y+6x^2y^2+3xy^3+2y^4$$

**解**　这个表达式由初等的对称多项式$\sigma_1$,$\sigma_2$表示为下面的形式

$$f(x,y)=2\sigma_1^4-5\sigma_1^2\sigma_2+4\sigma_2^2$$

这个关于$\sigma_2$的二次多项式有复数解,因此采用第二种方法.设给定的多项式可表示为

$$2x^4+3x^3y+6x^2y^2+3xy^3+2y^4=$$
$$(Ax^2+Bxy+Cy^2)(Cx^2+Bxy+Ay^2)\quad(*)$$

为了求出系数$A$,$B$,$C$,我们发现,关系式(*)自身应该是一个恒等式,即变量$x$,$y$取任何值都是成立的.因此我们采用特殊值方法,即为了求出系数$A$,$B$,$C$,把$x$,$y$的任一常数值代入关系式(*).设$x=y=1$,我们求出

$$16=(A+B+C)^2$$

即$A+B+C=\pm4$.现在确定系数$A$,$B$,$C$精确到符号,因为如果三个数$A$,$B$,$C$的符号都取负数,则关系式(*)仍然是正确的.因此不失一般性,我们认为

$$A+B+C=4$$

更进一步假设$x=1$,$y=-1$,由等式(*)得到

$$4=(A-B+C)^2$$

有

$$A-B+C=\pm2$$

最后设$x=0$,$y=1$,得到$AC=2$.

于是,为了确定系数$A$,$B$,$C$,我们得到下面的方程组

$$\begin{cases}A+B+C=4\\A-B+C=\pm2\\AC=2\end{cases}$$

如果第二个方程的右边取正号,我们很容易由第一、第二个方程得到:$B=1$,$A+C=3$.现在由第三个方程得

出 $A=1,C=2$(或者 $C=1,A=2$).结果我们得到

$$2x^4+3x^3y+6x^2y^2+3xy^3+2y^4=$$
$$(x^2+xy+2y^2)(2x^2+xy+y^2)$$

在假设下得到的这个等式就是所求的式(*)的表达式.打开右边的括号确认得到等式的正确性.

若第二个方程的右边取负号,则得到的方程组有复数解.因此我们得不到可分解的实系数因式(即给出的多项式可以用其他的方式因式分解,但是它们将有复数系数).

**练　　习　　题**

1.将下列多项式因式分解:

1) $2x^4+7x^3y+9x^2y^2+7xy^3+2y^4$;

2) $2x^4-x^3y+x^2y^2-xy^3+2y^4$;

3) $18a^4-21a^3b-94a^2b^2-21ab^3+18b^4$;

4) $3x^4-8x^3y+14x^2y^2-8xy^3+3y^4$.

## 13.7　不同的题型

对称多项式可以很容易地用来解其他形式的各种不同的题型.观察下面的例子

$$\begin{cases}x+y=a\\x^2+y^2=b\\x^3+y^3=c\end{cases}$$

这个题应该用下面的方式来理解.因为关于两个未知量 $x,y$ 有三个方程,所以研究的方程组在 $a,b,c$ 不是任意值的情况下有解.需要求出 $a,b,c$ 之间的关

系式,那么就需要解这个方程组.

为了解此题,可以从第一、第二个方程中解出未知量 $x$,$y$(即用 $a$,$b$ 表示它们),再把所求得的值代入第三个方程,这种方法计算起来比较麻烦.另一种方法相对简单,方程的左边都是关于 $x$,$y$ 对称的,因此可以把它们用基本初等对称多项式 $\sigma_1=x+y$, $\sigma_2=xy$ 表示成下面的方程组

$$\begin{cases}\sigma_1=a\\ \sigma_1^2-2\sigma_2=b\\ \sigma_1^3-3\sigma_1\sigma_2=c\end{cases}$$

由前面的两个方程我们得到:$\sigma_1=a$,$\sigma_2=\frac{1}{2}(a^2-b)$.

因此代入第三个方程

$$a^3-\frac{3}{2}a(a^2-b)=c$$

或

$$a^3-3ab+2c=0$$

这是 $a$,$b$,$c$ 之间的未知的关系式,即由已知方程消去 $x$ 得到的结果.

## 练　习　题

1. 化简下面的式子:

1) $\dfrac{(x+y)^7-x^7-y^7}{(x+y)^5-x^5-y^5}$;

2) $\dfrac{1}{(a+b)^2}\left(\dfrac{1}{a^2}+\dfrac{1}{b^2}\right)+\dfrac{2}{(a+b)^3}\left(\dfrac{1}{a}+\dfrac{1}{b}\right)$;

3) $\dfrac{1}{(p+q)^3}\left(\dfrac{1}{p^3}+\dfrac{1}{q^3}\right)+\dfrac{3}{(p+q)^4}\left(\dfrac{1}{p^2}+\dfrac{1}{q^2}\right)+$

$\frac{6}{(p+q)^5}\left(\frac{1}{p}+\frac{1}{q}\right)$.

2. 证明恒等式：

1) $(x+y)^3+3xy(1-x-y)-1=(x+y-1)\cdot(x^2+y^2-xy+x+y+1)$；

2) $(x+y)^4+x^4+y^4=2(x^2+xy+y^2)^2$；

3) $(x+y)^5-x^5-y^5=5xy(x+y)(x^2+xy+y^2)$；

4) $(x+y)^7-x^7-y^7=7xy(x+y)(x^2+xy+y^2)^2$.

3. 求下面方程的正整数解

$$x^3+y^3+1=3xy$$

4. 证明：关于 $x,y$ 的齐次对称多项式能整除 $x^2+xy+y^2$，如果它的表达式通过 $\sigma_1,\sigma_2$ 表示，那么得到的多项式的系数等于零.

5. 证明：当 $n=6k\pm1$ 时，多项式 $(x+y)^n-x^n-y^n$ 整除 $x^2+xy+y^2$.

6. 在什么条件下多项式 $x^{2n}+x^n+1$ 能够整除 $x^2+x+1$?

7. 在什么条件下多项式 $(x+1)^n+x^n+1$ 能够整除 $x^2+x+1$?

8. 在什么条件下多项式 $(x+1)^n-x^n-1$ 能够整除 $x^2+x+1$?

9. 证明：如果 $u,v,x,y$ 满足关系式 $u+v=x+y$，$u^2+v^2=x^2+y^2$，那么在 $n$ 为任意自然数的情况下等式 $u^n+v^n=x^n+y^n$ 成立.

10. 解整数方程 $x+y=x^2-xy+y^2$.

11. 证明：如果 $n$ 为奇数且是 3 的倍数，那么表达式

$$(a+b)^n-a^n-b^n-3(ab)^{\frac{n-1}{2}}(a+b)$$

能够整除 $a^2+ab+b^2$.

# 关于3个变量的对称多项式

# 第14章

## 14.1 定义和例题

在第12章中，我们研究了含有两个变量 $x, y$ 的对称多项式，即多项式在改变 $x, y$ 的位置时不变. 在含有3个变量 $x, y, z$ 的多项式中，那样的变换不止1个，而是3个：可以改变 $x, y$ 或者 $x, z$ 或者 $y, z$ 的位置. 含有3个变量 $x, y, z$ 的多项式 $f(x, y, z)$ 被称为是对称的，如果在这3个变换中的任意一种情况下它都不变. 对称多项式的条件可以写成下列形式

$$f(x,y,z)=f(y,x,z)=f(z,y,x)=f(x,z,y)$$

含 3 个变量的对称多项式的例子可以仿照含两个变量的对称多项式来构造. 例如,由加法交换律导出多项式 $x+y+z$ 是对称的,由乘法交换律导出多项式 $xyz$ 是对称的.

对称的等次之和即多项式的表达式为

$$s_k=x^k+y^k+z^k$$

以下是含 3 个变量的对称多项式的例子

$$xy+yz+xz$$

$$x^3+y^3+z^3-3xyz$$

$$(x+y)(x+z)(y+z)$$

$$x(y^4+z^4)+y(x^4+z^4)+z(x^4+y^4)$$

相反,多项式 $x^2z+y^2z$ 不是对称的. 事实上,在交换变量 $x,y$ 的位置时它不发生变化

$$x^2z+y^2z=y^2z+x^2z$$

但是在交换 $x,z$ 时这个多项式发生改变,多项式变为

$$z^2x+y^2x\neq x^2z+y^2z$$

最简单的对称多项式表示为

$$x+y+z,\ xy+xz+yz,\ xyz$$

称它们为含 3 个变量的初等对称多项式,用 $\sigma_1,\sigma_2,\sigma_3$ 表示为

$$\sigma_1=x+y+z$$

$$\sigma_2=xy+xz+yz$$

$$\sigma_3=xyz$$

我们发现,$\sigma_1$ 是一次多项式,$\sigma_2$ 是二次多项式,$\sigma_3$ 是三次多项式.

## 14.2　关于含 3 个变量的初等对称多项式的基本定理

怎样在只有两个变量的情况下简单地构造含 3 个变量的对称多项式？对于含有 3 个变量的情况需要取任意的(通常来说是不对称的)含有变量 $\sigma_1,\sigma_2,\sigma_3$ 的多项式，以 $\sigma_1$ 替换 $x+y+z$，$\sigma_2$ 替换 $xy+xz+yz$，$\sigma_3$ 替换 $xyz$. 结果我们得到含 $x,y,z$ 的对称多项式.

例如，由多项式

$$\sigma_1^3-3\sigma_1\sigma_2-\sigma_3$$

得到下面的多项式

$$f(x,y,z)=(x+y+z)^3-3(x+y+z)\cdot(xy+xz+yz)-xyz$$

打开括号合并同类项得到对称多项式

$$f(x,y,z)=x^3+y^3+z^3-4xyz$$

这样在两个变量的基础上，可以得到由 3 个变量构成的所有对称多项式，这意味着有下面的结论.

**定理**　任意一个关于 $x,y,z$ 的对称多项式都可以由 $\sigma_1=x+y+z$，$\sigma_2=xy+xz+yz$，$\sigma_3=xyz$ 的多项式写出.

这个定理我们将在后面证明.

第 13 章中几乎都是关于两个变量的情况，当然，增加变量的个数会引起某些问题复杂化.

证明的思路是这样的，最初(两个变量的时候)我们表明，任意等次之和 $s_k$ 可以用初等对称多项式 $\sigma_1$，$\sigma_2$，$\sigma_3$ 表示. 因此我们研究更复杂的对称多项式，它们中的每一个都可以通过某一单项式经过变量的各种变换得出总和的结果. 这些对称多项式称为符合单项式的轨道. 我们表明,每个轨道用等次之和表示,最终意味着用 $\sigma_1, \sigma_2, \sigma_3$ 表示. 最后,将确定所有的对称多项式表示为轨道和. 由此推断所概括定理的正确性.

**用 $\sigma_1, \sigma_2, \sigma_3$ 表示等次之和的表达式** 首先我们证明,每一个等次之和 $s_k = x^k + y^k + z^k$ 都可以变成含 $\sigma_1, \sigma_2, \sigma_3$ 的多项式. 对于含两个变量 $x, y$ 的多项式的证明,我们利用了类似于第 12 章公式 ① 的表达式,用以前的方式表示每个等次之和. 对于含有 3 个变量 $x$, $y, z$ 的多项式存在类似的公式

$$s_k = \sigma_1 s_{k-1} - \sigma_2 s_{k-2} + \sigma_3 s_{k-3} \tag{①}$$

我们不推导这个公式,直接验证.

用 $x, y, z$ 代入关系式 ① 的右边代替 $s_{k-1}, s_{k-2}, s_{k-3}$ 与 $\sigma_1, \sigma_2, \sigma_3$,有

$$\begin{aligned}
&\sigma_1 s_{k-1} - \sigma_2 s_{k-2} + \sigma_3 s_{k-3} = \\
&(x + y + z)(x^{k-1} + y^{k-1} + z^{k-1}) - \\
&(xy + xz + yz)(x^{k-2} + y^{k-2} + z^{k-2}) + \\
&xyz(x^{k-3} + y^{k-3} + z^{k-3}) = \\
&(x^k + y^k + z^k + xy^{k-1} + x^{k-1}y + xz^{k-1} + \\
&x^{k-1}z + yz^{k-1} + y^{k-1}z) - \\
&(xy^{k-1} + x^{k-1}y + xz^{k-1} + x^{k-1}z + yz^{k-1} + \\
&y^{k-1}z + xyz^{k-2} + xy^{k-2}z + x^{k-2}yz) + \\
&(xyz^{k-2} + xy^{k-2}z + x^{k-2}yz) = x^k + y^k + z^k = s_k
\end{aligned}$$

这样,公式 ① 是正确的.

由这个公式推导出我们的表达式是正确的.

事实上,很容易看出,用 $\sigma_1, \sigma_2, \sigma_3$ 表示等次之和 $s_0, s_1, s_2$,有

$$s_0 = x^0 + y^0 + z^0 = 1 + 1 + 1 = 3$$

$$s_1 = x + y + z = \sigma_1$$

$$s_2 = x^2 + y^2 + z^2 = (x+y+z)^2 - 2(xy + xz + yz) = \sigma_1^2 - 2\sigma_2$$

利用公式 ① 使 $\sigma_1, \sigma_2, \sigma_3$ 顺次表示下面等次之和的表达式：$s_3, s_4, s_5, \cdots$. 我们借助数学归纳法（以公式 ① 为基础）推出：任意一个等次之和 $s_k$ 都可以用 $\sigma_1$，$\sigma_2, \sigma_3$ 表示. 这样，我们的表达式得证.

如果存在两个变量，公式 ① 不只证明用 $\sigma_1, \sigma_2, \sigma_3$ 表示等次之和的可能性，事实上还能求出这些表达式.

换句话说，可以推出更高次的情形，即它证明完全确定的数列运算（或者说类似），得到用 $\sigma_1, \sigma_2, \sigma_3$ 表示任意的等次之和 $s_k$ 的步骤.

以下公式表示等次之和（到 $s_{10}$）用 $\sigma_1, \sigma_2, \sigma_3$ 表示的表达式（读者很容易独立建立式 ②）：

用 $\sigma_1 = x + y$ 和 $\sigma_2 = xy$ 表示等次之和 $s_n = x^n + y^n$，则

$$s_0 = 3$$

$$s_1 = \sigma_1$$

$$s_2 = \sigma_1^2 - 2\sigma_2$$

$$s_3 = \sigma_1^3 - 3\sigma_1\sigma_2 + 3\sigma_3$$

$$s_4 = \sigma_1^4 - 4\sigma_1^2\sigma_2 + 2\sigma_2^2 + 4\sigma_1\sigma_3$$

$$s_5 = \sigma_1^5 - 5\sigma_1^3\sigma_2 + 5\sigma_1\sigma_2^2 + 5\sigma_1^2\sigma_3 - 5\sigma_2\sigma_3$$

$$s_6 = \sigma_1^6 - 6\sigma_1^4\sigma_2 + 9\sigma_1^2\sigma_2^2 - 2\sigma_2^3 + 6\sigma_1^3\sigma_3 - 12\sigma_1\sigma_2\sigma_3 + 3\sigma_3^2$$

$$s_7 = \sigma_1^7 - 7\sigma_1^5\sigma_2 + 14\sigma_1^3\sigma_2^2 - 7\sigma_1\sigma_2^3 + 7\sigma_1^4\sigma_3 - 21\sigma_1^2\sigma_2\sigma_3 + 7\sigma_1\sigma_3^2 + 7\sigma_2^2\sigma_3 \quad ②$$

$$s_8 = \sigma_1^8 - 8\sigma_1^6\sigma_2 + 20\sigma_1^4\sigma_2^2 - 16\sigma_1^2\sigma_2^3 + 2\sigma_2^4 + 8\sigma_1^5\sigma_3 - 32\sigma_1^3\sigma_2\sigma_3 + 12\sigma_1^2\sigma_3^2 + 24\sigma_1\sigma_2^2\sigma_3 - 8\sigma_2\sigma_3^2$$

$$s_9=\sigma_1^9-9\sigma_1^7\sigma_2+27\sigma_1^5\sigma_2^2-30\sigma_1^3\sigma_2^3+9\sigma_1\sigma_2^4+9\sigma_1^6\sigma_3-45\sigma_1^4\sigma_2\sigma_3+54\sigma_1^2\sigma_2^2\sigma_3+18\sigma_1^3\sigma_3^2-9\sigma_2^3\sigma_3-27\sigma_1\sigma_2\sigma_3^2+3\sigma_3^3$$

$$s_{10}=\sigma_1^{10}-10\sigma_1^8\sigma_2+35\sigma_1^6\sigma_2^2-50\sigma_1^4\sigma_2^3+25\sigma_1^2\sigma_2^4-2\sigma_2^5+10\sigma_1^7\sigma_3-60\sigma_1^5\sigma_2\sigma_3+100\sigma_1^3\sigma_2^2\sigma_3+25\sigma_1^4\sigma_3^2-40\sigma_1\sigma_2^3\sigma_3-60\sigma_1^2\sigma_2\sigma_3^2+10\sigma_1\sigma_3^3+15\sigma_2^2\sigma_3^2$$

$$\vdots$$

## 14.3 单项式轨道

我们很容易用初等对称多项式 $\sigma_1,\sigma_2,\sigma_3$ 表示等次之和 $s_n$. 现在我们表明，对称多项式有更多的组——我们称为单项式轨道——用等次之和表示，这意味着在最后用 $\sigma_1,\sigma_2,\sigma_3$ 来表示.

单项式在变换变量位置的情况下不发生改变，即是对称的. 很容易看出，那样的单项式的所有变量应该有相同的指数，即这个单项式应该符合乘积 $x^ky^kz^k$（系数为某一实数）的形式.

如果单项式 $x^ky^lz^m$ 的指数不同，那么这个单项式不是对称的. 为了得到对称多项式，它的被加项之一是单项式 $x^ky^lz^m$，应该向它增加其他的单项式. 有着最少项数的多项式的被加项之一是单项式 $x^ky^lz^m$，则我们称它为这个单项式的轨道，用 $O(x^ky^lz^m)$ 来表示.

显然，为了得到单项式 $x^ky^lz^m$ 的轨道应该向它增加交换 $x,y,z$ 位置所得到的单项式，若 3 个指数 $k,l,m$ 都不相等，则轨道 $O(x^ky^lz^m)$ 包含 6 项，由交换单项式 $x^ky^lz^m$ 中变量 $x,y,z$ 的位置得到. 例如

$$O(x^5y^2z)=x^5y^2z+x^5yz^2+x^2y^5z+x^2yz^5+xy^5z^2+xy^2z^5$$

$$O(x^3y)=O(x^3yz^0)=x^3y+xy^3+x^3z+xz^3+y^3z+yz^3$$

若在单项式 $x^ky^lz^m$ 中两个指数相等，而第三个和它们不等，表示为 $k=l(k\neq m)$，则交换 $x,y$ 的位置不改变单项式 $x^ky^lz^m$. 在这种情况下轨道只包含 3 项

$$O(x^ky^kz^m)=x^ky^kz^m+x^ky^mz^k+x^my^kz^k\quad(k\neq m)$$

例如

$$O(xyz^5)=xyz^5+xy^5z+x^5yz$$

$$O(xy)=xy+xz+yz$$

$$O(x^3y^3)=x^3y^3+x^3z^3+y^3z^3$$

等次之和用那些轨道的通常情况表示出

$$O(x_k)=O(x^ky^0z^0)=x^k+y^k+z^k=s_k$$

最后，若 $k=l=m$，则轨道表现为单项式

$$O(x^ky^kz^k)=x^ky^kz^k$$

我们现在表明，任何一个单项式的轨道都可以用 $\sigma_3$ 和等次之和表示. 而由于任意一个等次之和都可以用 $\sigma_1,\sigma_2,\sigma_3$ 表示，则这里将得出，任意单项式的轨道都可以用 $\sigma_1,\sigma_2,\sigma_3$ 表示.

如果单项式只含有一个变量 $x$（即 $l=m=0$），我们的表达式显然有轨道 $O(x^k)=s_k$ 自身就是等次之和.

转到单项式含两个变量的情况，即表达式为 $x^ky^l$. 若 $k\neq l$，则有下面的公式

$$O(x^ky^l)=O(x^k)O(x^l)-O(x^{k+l})\quad(k\neq l)\qquad ③$$

$$O(x^k)O(x^l)-O(x^{k+l})=$$
$$(x^k+y^k+z^k)(x^l+y^l+z^l)-(x^{k+l}+y^{k+l}+z^{k+l})=$$
$$(x^{k+l}+y^{k+l}+z^{k+l}+x^ky^l+x^ly^k+x^kz^l+x^lz^k+$$

$y^kz^l+y^lz^k)-(x^{k+l}+y^{k+l}+z^{k+l})=$

$x^ky^l+x^ly^k+x^kz^l+x^lz^k+y^kz^l+y^lz^k=O(x^ky^l)$

若 $k=l$,则公式 ③ 变为下面的形式

$$O(x^ky^k)=\frac{1}{2}[(O(x^k))^2-O(x^{2k})] \qquad ④$$

(换言之,在公式 ③ 中设 $k=l$ 且右边除以 2). 最后说明,轨道 $O(x^ky^k)$ 不是由 6 个而是由 3 个被加项构成. 公式 ④ 的正确性可以直接检验.

最后,如果单项式含有 3 个变量 $x,y,z$(即 3 个指数 $k,l,m$ 都不相等且非零),则该单项式能整除单项式 $xyz$. 因此,多项式 $O(x^ky^lz^m)$ 可以提取单项式 $xyz$ 到括号外,之后括号里剩余为某些含有少于 3 个变量 $x$,$y,z$ 的单项式的轨道. 例如

$$\begin{aligned}O(x^2y^3z^4)=&x^2y^3z^4+x^2y^4z^3+x^3y^2z^4+\\&x^3y^4z^2+x^4y^2z^3+x^4y^3z^2=\\&(xyz)^2(yz^2+y^2z+xz^2+x^2z+\\&xy^2+x^2y)=(xyz)^2O(x^2y)\end{aligned}$$

$$\begin{aligned}O(x^3y^5z^5)=&x^3y^5z^5+x^5y^3z^5+x^5y^5z^3=\\&(xyz)^3(y^2z^2+x^2z^2+x^2y^2)=\\&(xyz)^3O(x^2y^2)\end{aligned}$$

一般情况下,如果 $k\geqslant m,l\geqslant m$(即 $m$ 是 $k,l,m$ 中最小的),则

$$\begin{aligned}O(x^ky^lz^m)=&(xyz)^mO(x^{k-m}y^{l-m})=\\&\sigma_3^m\cdot O(x^{k-m}y^{l-m})\end{aligned} \qquad ⑤$$

于是,如果单项式 $x^ky^lz^m$ 只有一个变量,那么轨道 $O(x^ky^lz^m)$ 是等次之和;如果它有两个变量,那么轨道$O(x^ky^lz^m)$ 用等次之和表示(参考公式 ③④);最后,若这个单项式含有 3 个变量 $x,y,z$,则归结为前面所

述的多项式 $O(x^ky^lz^m)$，可以提取所有项的公因式到括号外(自身表示为 $\sigma_3$ 的某一幂指数值). 我们明白，事实上任意单项式的轨道都可以用 $\sigma_3$ 和等次之和表示.

在推导证明的过程中，详细的过程有些麻烦，关于轨道 $O(x^ky^l)$ 在 $k\neq l$ 和 $k=l$ 的情况下用等次之和表示有两个不同的公式 ③④. 如果把轨道的定义经过稍微变化就可以很容易消去这些区别.

如果 3 个指数 $k,l,m$ 都不相同，那么轨道 $O(x^ky^lz^m)$ 可表示为 6 项之和

$$O(x^ky^lz^m)=x^ky^lz^m+x^ky^mz^l+x^ly^kz^m+x^ly^mz^k+x^my^kz^l+x^my^lz^k\quad(k\neq l\neq m)\tag{$*$}$$

我们称公式($*$)的右边为完全的单项式 $x^ky^lz^m$ 的轨道，表示为 $O_{\text{II}}(x^ky^lz^m)$，即

$$O_{\text{II}}(x^ky^lz^m)=x^ky^lz^m+x^ky^mz^l+x^ly^kz^m+x^ly^mz^k+x^my^kz^l+x^my^lz^k\tag{$**$}$$

这样，如果 3 个指数 $k,l,m$ 都不相同，那么完全轨道和前面定义的普通轨道重合.

当 $k=l\neq m$ 时，完全轨道采用以下形式

$$O_{\text{II}}(x^ky^kz^m)=x^ky^kz^m+x^ky^mz^k+x^ky^kz^m+x^ky^mz^k+x^my^kz^k+x^my^kz^k=2(x^ky^kz^m+x^ky^mz^k+x^my^kz^k)$$

括号里的表达式就是普通的轨道 $O(x^ky^kz^m)$，这样，$O_{\text{II}}(x^ky^kz^m)=2O(x^ky^kz^m)$，$k\neq m$. 最后，当 $k=l=m$ 时，显然有

$$O_{\text{II}}(x^ky^kz^k)=6x^ky^kz^k=6O(x^ky^kz^k)$$

我们看到,在任何情况下完全轨道转化为普通轨道是因为实数因子

$$O_{\mathrm{II}}(x^k y^l z^m)=O(x^k y^l z^m) \quad (k\neq m\neq l)$$
$$O_{\mathrm{II}}(x^k y^l z^m)=2O(x^k y^k z^m) \quad (k=l\neq m)$$
$$O_{\mathrm{II}}(x^k y^l z^m)=6O(x^k y^k z^k) \quad (k=l=m)$$

具备共同的公式(* *),故

$$O_{\mathrm{II}}(x^k y^l)=s_k s_l-s_{k+l} \qquad ③'$$

在研究 3 个变量时,利用完全轨道不是特别可信,用公式 ③④ 代替公式 ③′ 叙述不是很复杂.如果是关于变量 $n$ 的对称多项式,利用不完全轨道会使叙述过于复杂.

下面我们将利用一般轨道进行研究.

我们不只是证明用 $\sigma_1,\sigma_2,\sigma_3$ 表示每一个单项式轨道的可能性,还得到了让每一个具体给出的轨道都求出用 $\sigma_1,\sigma_2,\sigma_3$ 表示的表达式的正确算法.公式 ③⑤ 是这种算法的基础,于是我们找到用 $\sigma_1,\sigma_2,\sigma_3$ 表示的等次之和.

例如

$$O(x^2y^2)=\frac{1}{2}[O(x^2)^2-O(x^4)]=\frac{1}{2}(s_2^2-s_4)=$$
$$\frac{1}{2}[(\sigma_1^2-2\sigma_2)^2-(\sigma_1^4-4\sigma_1^2\sigma_2+$$
$$2\sigma_2^2+4\sigma_1\sigma_3)]=\sigma_2^2-2\sigma_1\sigma_3$$

这里我们应用公式 ③ 和公式 ⑤,有

$$O(x^4y^2z)=\sigma_3 O(x^3y)=$$
$$\sigma_3[O(x^3)O(x)-O(x^4)]=$$
$$\sigma_3(s_3s_1-s_4)=$$
$$\sigma_3[\sigma_1(\sigma_1^3-3\sigma_1\sigma_2+3\sigma_3)-$$
$$(\sigma_1^4-4\sigma_1^2\sigma_2+2\sigma_2^2+4\sigma_1\sigma_3)]=$$

$$\sigma_3(\sigma_1^2\sigma_2-2\sigma_2^2-\sigma_1\sigma_3)$$

在下面的公式中引入用 $\sigma_1,\sigma_2,\sigma_3$ 表示的某个轨道 $O(x^ky^l)$ 的表达式(读者很容易用公式③和公式④建立下面的公式).

用 $\sigma_1,\sigma_2,\sigma_3$ 表示轨道 $O(x^ky^l)$

$$O(xy)=\sigma_2$$
$$O(x^2y)=\sigma_1\sigma_2-3\sigma_3$$
$$O(x^3y)=\sigma_1^2\sigma_2-2\sigma_2^2-\sigma_1\sigma_3$$
$$O(x^2y^2)=\sigma_2^2-2\sigma_1\sigma_3$$
$$O(x^4y)=\sigma_1^3\sigma_2-3\sigma_1\sigma_2^2-\sigma_1^2\sigma_3+5\sigma_2\sigma_3 \qquad ⑥$$
$$O(x^3y^2)=\sigma_1\sigma_2^2-2\sigma_1^2\sigma_3-\sigma_2\sigma_3$$
$$O(x^5y)=\sigma_1^4\sigma_2-4\sigma_1^2\sigma_2^2-\sigma_1^3\sigma_3+7\sigma_1\sigma_2\sigma_3+2\sigma_2^3-3\sigma_3^2$$
$$O(x^4y^2)=\sigma_1^2\sigma_2^2-2\sigma_2^3-2\sigma_1^3\sigma_3+4\sigma_1\sigma_2\sigma_3-3\sigma_3^2$$
$$O(x^3y^3)=\sigma_2^3+3\sigma_3^2-3\sigma_1\sigma_2\sigma_3$$
$$\vdots$$

## 14.4　基本定理的证明

这里不难完成 14.2 中所阐述的定理的证明.

**14.2 中定理的证明**　令 $f(x,y,z)$ 是对称多项式,于是 $ax^ky^lz^m$ 是被加项之一. 因为对称多项式 $f(x,y,z)$ 包含了这些被加项的所有轨道 $O(x^ky^lz^m)$,其系数为 $a$,由此可见

$$f(x,y,z)=aO(x^ky^lz^m)+f_1(x,y,z)$$

这里 $f_1(x,y,z)$ 是某一多项式,很显然它是对称的且包含比 $f(x,y,z)$ 小的项. $f_1(x,y,z)$ 也可以分解成由它的项构成的轨道. 经过有限步,我们可以把多项式 $f(x,y,z)$ 展开成独立的单项式轨道之和.

于是，任意对称多项式 $f(x,y,z)$ 由有穷个单项式轨道和构成. 而因为每一个轨道由以上的证明都可以用 $\sigma_1,\sigma_2,\sigma_3$ 表示，所以任一个对称多项式都能用 $\sigma_1,\sigma_2,\sigma_3$ 表示. 这样最后得到基本定理的完整证明.

所有证明整体说来都表现为：它包含了一个比较简单的算法，能够让任一对称多项式用 $\sigma_1,\sigma_2,\sigma_3$ 表示.

最后，我们得到对称多项式的表达式

$$f(x,y,z)=x^3+y^3+z^3-4xyz+2x^2y+2xy^2+2x^2z+2xz^2+2y^2z+2yz^2$$

用 $\sigma_1,\sigma_2,\sigma_3$ 表示，我们有

$$\begin{aligned}f(x,y,z)=&O(x^3)-4O(xyz)+2O(x^2y)=\\&(\sigma_1^3-3\sigma_1\sigma_2+3\sigma_3)-4\sigma_3+2(\sigma_1\sigma_2-3\sigma_3)=\\&\sigma_1^3-\sigma_1\sigma_2-7\sigma_3\end{aligned}$$

## 练　习　题

1. 用 $\sigma_1,\sigma_2,\sigma_3$ 表示下列对称多项式：

1) $x^4+y^4+z^4-2x^2y^2-2x^2z^2-2y^2z^2$；

2) $x^5y^2+x^5z^2+x^2z^5+x^2z^5+y^5z^2+y^2z^5$；

3) $(x+y)(x+z)(y+z)$；

4) $(x^2+y^2)(x^2+z^2)(y^2+z^2)$；

5) $(x-y)^2(x-z)^2(y-z)^2$；

6) $x^6+y^6+z^6+2x^5y+2x^5z+2xy^5+2xz^5+2y^5z+2yz^5-3x^4y^2-3x^4z^2-3x^2y^4-3x^2z^4-3y^4z^2-3y^2z^4+x^3y^3+x^3z^3+y^3z^3$.

2. 已知一个三角形的周长与它的边的平方和以及边的立方之和，求这个三角形的面积.

## 14.5　华林公式(Ⅱ)

公式 ① 的证明表现为递推的关系式，我们要得到用 $\sigma_1, \sigma_2, \sigma_3$ 表示等次之和 $s_k$ 的表达式，唯预先得到前面等次之和的表达式. 但在它的帮助下可以得到清晰的用 $\sigma_1, \sigma_2, \sigma_3$ 表示等次之和 $s_k$ 的表达式. 这个表达式（华林公式）有下面的形式

$$\frac{1}{k}s_k = \sum_{m=0}^{p} \frac{(-1)^{k-\lambda_1-\lambda_2-\lambda_3}(\lambda_1+\lambda_2+\lambda_3-1)!}{\lambda_1!\ \lambda_2!\ \lambda_3!}\sigma_1^{\lambda_1}\sigma_2^{\lambda_2}\sigma_3^{\lambda_3}$$

这个公式由非负整数 $\lambda_1, \lambda_2, \lambda_3$ 构成，$\lambda_1 + 2\lambda_2 + 3\lambda_3 = k$. 如果取特殊值 1，那么这种情况记为 0!. 关系式

$$\lambda_1 + 2\lambda_2 + 3\lambda_3 = k$$

是把华林公式中的指数 $\lambda_1, \lambda_2, \lambda_3$ 叠加、化简.

# 初等代数的应用(Ⅱ)

# 第15章

## 15.1 解三元方程组

利用前一章的结果能够解三元方程组.若方程的左边对称地含有未知量 $x$,$y$,$z$,则方便利用 $\sigma_1$,$\sigma_2$,$\sigma_3$ 得到新的未知量(因为左边利用基本定理可以用 $\sigma_1$,$\sigma_2$,$\sigma_3$ 表示).这样替换未知量的好处在于替换以后降低了方程组的次数(因为 $\sigma_2 = xy + xz + yz$ 是二次多项式,而 $\sigma_3 = xyz$ 是三次多项式),也就是说关于新变量 $\sigma_1$,$\sigma_2$,$\sigma_3$ 的法则比原方程组简单.

得出 $\sigma_1$,$\sigma_2$,$\sigma_3$ 的值之后,还需要解出最初变量 $x$,$y$,$z$ 的值,这可以借助于下面的定理.

**定理**　令 $\sigma_1,\sigma_2,\sigma_3$ 为 3 个任意值，三次方程

$$u^3-\sigma_1u^2+\sigma_2u-\sigma_3=0 \qquad (*)$$

与方程组

$$\begin{cases}x+y+z=\sigma_1\\xy+yz+xz=\sigma_2\\xyz=\sigma_3\end{cases} \qquad (**)$$

用下面的方法联立：若 $u_1,u_2,u_3$ 为三次方程(*)的根，则方程组(**)有 6 组根

$$\begin{cases}x_1=u_1\\y_1=u_2\\z_1=u_3\end{cases},\begin{cases}x_2=u_1\\y_2=u_3\\z_2=u_2\end{cases},\begin{cases}x_3=u_2\\y_3=u_1\\z_3=u_3\end{cases}$$

$$\begin{cases}x_4=u_2\\y_4=u_3\\z_4=u_1\end{cases},\begin{cases}x_5=u_3\\y_5=u_1\\z_5=u_2\end{cases},\begin{cases}x_6=u_3\\y_6=u_2\\z_6=u_1\end{cases}$$

方程(*)的所有的三次方程有 3 个根，它们中间同样可以有 2 个或 3 个等根(由另一种置换得到其他形式)，或者没有其他的解. 相反，若 $x=a,y=b,z=c$ 为方程组(**)的解，则 $a,b,c$ 为三次方程(*)的解.

为了证明这个定理，我们需要借助下面的引理：

**引理**　如果 $u_1,u_2,u_3$ 为三次方程 $u^3+pu^2+qu+r=0$ 的解，则有下面的等式

$$u_1+u_2+u_3=-p$$

$$u_1u_2+u_1u_3+u_2u_3=q$$

$$u_1u_2u_3=-r$$

**证明**　这个等量关系被称为三次方程的韦达定理. 在后面将证明任意次方程的韦达定理，但这里我们只需要证明三次方程的. 我们给出这些公式的推导：令

$u_1,u_2,u_3$ 为三次方程 $u^3+pu^2+qu+r=0$ 的根，$u_1$，$u_2,u_3$ 为实数或者复数. 多项式 $u^3+pu^2+qu+r$ 可以用下面的方式因式分解

$$u^3+pu^2+qu+r=(u-u_1)(u-u_2)(u-u_3) \tag{***}$$

打开右边的括号，我们得到

$$u^3+pu^2+qu+r=u^3-(u_1+u_2+u_3)u^2+(u_1u_2+u_1u_3+u_2u_3)u-u_1u_2u_3$$

所描述的等式意味着左边和右边表示同一个多项式，即左右两边的系数完全相等，也就是说

$$-(u_1+u_2+u_3)=p$$

$$u_1u_2+u_1u_3+u_2u_3=q$$

$$-u_1u_2u_3=r$$

引理得证.

**定理的证明**　如果 $u_1,u_2,u_3$ 为三次方程(*)的根，根据引理有下面的等量关系

$$u_1+u_2+u_3=\sigma_1$$

$$u_1u_2+u_1u_3+u_2u_3=\sigma_2$$

$$u_1u_2u_3=\sigma_3$$

这就意味着 $x=u_1,y=u_2,z=u_3$ 构成方程组(**)的解. 用这些排列可能得到未知量的 5 组解，则由定理的最后结论推断方程组(**)不存在其他解.

令 $\begin{cases}x=a\\y=b\\z=c\end{cases}$ 为方程组(**)的解，则

$$a+b+c=\sigma_1$$

$$ab+ac+bc=\sigma_2$$

$$abc=\sigma_3$$

于是我们有

$$\begin{aligned}z^3-\sigma_1 z^2+\sigma_2 z-\sigma_3 = {} & z^2-(a+b+c)z^2+\\ & (ab+ac+bc)z-abc=\\ & (z-a)(z-b)(z-c)\end{aligned}$$

这说明实数 $a,b,c$ 为三次方程(*)的解.

定理得证.

**注**　证明的定理表明,如果已经得到量 $\sigma_1,\sigma_2,\sigma_3$ 的值,为了求得最初变量 $x,y,z$ 的值(即为了解方程组(**)),组成三次方程(*),于是得到它的解.

在高等数学教科书中可以找到解三次方程的公式.但是这些复杂的公式在实际中很少应用,我们常常试图找到三次方程的一个解,利用贝祖定理指出:利用三次方程的解,我们马上得到原始未知量 $x,y,z$ 的 6 组解.于是在方程组(**)中,未知量 $x,y,z$ 是对称的,则可以在解中置换它们.

我们观察下面的例题.

**例 1**　解方程组

$$\begin{cases}x+y+z=a\\ x^2+y^2+z^2=b^2\\ x^3+y^3+z^3=a^3\end{cases}$$

**解**　引入新的未知量 $\sigma_1,\sigma_2,\sigma_3$,得出

$$\begin{cases}x+y+z=\sigma_1\\ xy+xz+yz=\sigma_2\\ xyz=\sigma_3\end{cases}$$

参考前面的公式,我们对于新的未知量有方程组

$$\begin{cases}\sigma_1=a\\ \sigma_1^2-2\sigma_2=b^2\\ \sigma_1^3-3\sigma_1\sigma_2+3\sigma_3=a^3\end{cases}$$

由这个方程组得到

$$\begin{cases}\sigma_1=a\\ \sigma_2=\dfrac{1}{2}(a^2-b^2)\\ \sigma_3=\dfrac{1}{2}a(a^2-b^2)\end{cases}$$

在展开式中，这个方程组可以写成

$$\begin{cases}x+y+z=a\\ xy+xz+yz=\dfrac{1}{2}(a^2-b^2)\\ xyz=\dfrac{1}{2}a(a^2-b^2)\end{cases}$$

为了解以上的方程组，我们构造三次方程

$$u^3-au^2+\frac{1}{2}(a^2-b^2)u-\frac{1}{2}a(a^2-b^2)=0$$

对方程的左边因式分解，有

$$u^3-au^2+\frac{1}{2}(a^2-b^2)u-\frac{1}{2}a(a^2-b^2)=$$

$$(u-a)\left[u^2+\frac{1}{2}(a^2-b^2)\right]$$

就是说这个方程的解为

$$u_1=a,\ u_2=\sqrt{\frac{b^2-a^2}{2}},\ u_3=-\sqrt{\frac{b^2-a^2}{2}}$$

因为原方程组有 6 组解，由解进行置换得到

$$x=a,\ y=\sqrt{\frac{b^2-a^2}{2}},\ z=-\sqrt{\frac{b^2-a^2}{2}}$$

我们还发现，在某些情况下，简单的代换能把不对称方程组转化为对称方程组. 我们观察下面的例题.

**例 2**　解方程组

$$\begin{cases}x+2y-3z=a\\x^2+4y^2+9z^2=b^2\\x^3+8y^3-27z^3=a^3\end{cases}$$

**解**　令 $x=u,2y=v,-3z=w$,于是方程组变为对称形式

$$\begin{cases}u+v+w=a\\u^2+v^2+w^2=b^2\\u^3+v^3+w^3=a^3\end{cases}$$

这样的方程组我们已经解过(例 1),得出其中一组解的表示式为

$$u=a,\ v=\sqrt{\frac{b^2-a^2}{2}},\ w=-\sqrt{\frac{b^2-a^2}{2}}$$

而剩下的 5 组解都可以通过代换未知量 $u,v,w$ 的值得到,因此对于最初的未知量我们得到 6 组解

$$\begin{cases}x_1=a\\y_1=\frac{1}{2}\sqrt{\frac{b^2-a^2}{2}}\\z_1=\frac{1}{3}\sqrt{\frac{b^2-a^2}{2}}\end{cases},\quad\begin{cases}x_2=a\\y_2=-\frac{1}{2}\sqrt{\frac{b^2-a^2}{2}}\\z_2=-\frac{1}{3}\sqrt{\frac{b^2-a^2}{2}}\end{cases}$$

$$\begin{cases}x_3=\sqrt{\frac{b^2-a^2}{2}}\\y_3=\frac{a}{2}\\z_3=\frac{1}{3}\sqrt{\frac{b^2-a^2}{2}}\end{cases},\quad\begin{cases}x_4=\sqrt{\frac{b^2-a^2}{2}}\\y_4=-\frac{1}{2}\sqrt{\frac{b^2-a^2}{2}}\\z_4=-\frac{a}{3}\end{cases}$$

$$\begin{cases}x_5=-\sqrt{\dfrac{b^2-a^2}{2}}\\ y_5=\dfrac{a}{2}\\ z_5=-\dfrac{1}{3}\sqrt{\dfrac{b^2-a^2}{2}}\end{cases},\quad \begin{cases}x_6=-\sqrt{\dfrac{b^2-a^2}{2}}\\ y_6=\dfrac{1}{2}\sqrt{\dfrac{b^2-a^2}{2}}\\ z_6=-\dfrac{a}{3}\end{cases}$$

有时将方程组中的一个方程略微复杂化（例如进行乘方）的目的是使方程变为对称的形式．下面的例子可以说明．

**例 3** 解方程组

$$\begin{cases}x+y+z=6\\ xy+xz+yz=11\\ (x-y)(x-z)(y-z)=-2\end{cases}$$

**解** 这里我们利用代换 $\sigma_1,\sigma_2,\sigma_3$，由方程组的前两个方程可以得到 $\sigma_1=6,\sigma_2=11$．若第三个方程左边是对称多项式，则用 $\sigma_1,\sigma_2,\sigma_3$ 表示，并且代入我们所知的值 $\sigma_1,\sigma_2$，这样我们得到只含有一个未知量 $\sigma_3$ 的方程，若解出 $\sigma_3$，则可得出 $x,y,z$．但是第三个方程左边不是对称多项式，为了使方程变为对称多项式，则把方程的两边同时平方，我们得到

$$(x-y)^2(x-z)^2(y-z)^2=4$$

现在方程左边为对称多项式

$$\begin{aligned}&(x-y)^2(x-z)^2(y-z)^2=\\&(x^2+y^2-2xy)(x^2+z^2-2xz)(y^2+z^2-2yz)=\\&O(x^4y^2)+2x^2y^2z^2-2O(x^4yz)-2O(x^3y^2z)-\\&2O(x^3y^3)+4O(x^3y^2z)-8x^2y^2z^2=\\&O(x^4y^2)-6x^2y^2z^2-2xyz\times O(x^3)-\\&2O(x^3y^3)+2xyz\times O(x^2y)=\end{aligned}$$

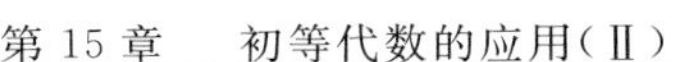

$$(\sigma_1^2\sigma_2^2 - 2\sigma_2^3 - 2\sigma_1^3\sigma_3 + 4\sigma_1\sigma_2\sigma_3 - 3\sigma_3^2) - 6\sigma_3^2 -$$
$$2\sigma_3(\sigma_1^3 - 3\sigma_1\sigma_2 + 3\sigma_3) - 2(\sigma_2^3 + 3\sigma_3^2 - 3\sigma_1\sigma_2\sigma_3) +$$
$$2\sigma_3(\sigma_1\sigma_2 - 3\sigma_3) =$$
$$\sigma_1^2\sigma_2^2 - 4\sigma_2^3 - 4\sigma_1^3\sigma_3 + 18\sigma_1\sigma_2\sigma_3 - 27\sigma_3^2$$

换句话说,第三个方程可以变形为

$$-4\sigma_1^3\sigma_3 + \sigma_1^2\sigma_2^2 + 18\sigma_1\sigma_2\sigma_3 - 4\sigma_2^3 - 27\sigma_3^2 = 4$$

代入值 $\sigma_1 = 6, \sigma_2 = 11$,我们得到关于 $\sigma_3$ 的二次方程

$$\sigma_3^2 - 12\sigma_3 + 36 = 0$$

由这个方程我们可以得到 $\sigma_3 = 6$. 于是 $\sigma_1 = 6, \sigma_2 = 11, \sigma_3 = 6$. 三次方程

$$u^3 - 6u^2 + 11u - 6 = 0$$

的定解为 $u_1 = 1, u_2 = 2, u_3 = 3$.

用我们求得的 $u_1, u_2, u_3$ 可以得出 6 组符合 $x, y, z$ 的值. 通过置换它们可以得到一组值:$x = 1, y = 2, z = 3$. 但不是所有的解都满足原方程组. 在第三个方程两边同时平方的情况下可以得到无关解,经检验,原方程组的解为

$$\begin{cases} x_1 = 1 \\ y_1 = 2 \\ z_1 = 3 \end{cases}, \begin{cases} x_2 = 2 \\ y_2 = 3 \\ z_2 = 1 \end{cases}, \begin{cases} x_3 = 3 \\ y_3 = 1 \\ z_3 = 2 \end{cases}$$

## 练　习　题

1. 解下列方程组:

1) $\begin{cases} x + y + z = 2 \\ x^2 + y^2 + z^2 = 6 \\ x^3 + y^3 + z^3 = 8 \end{cases}$;

2) $\begin{cases} x+y+z=a \\ x^2+y^2+z^2=a^2 \\ x^3+y^3+z^3=a^3 \end{cases}$;

3) $\begin{cases} x+y+z=9 \\ \dfrac{1}{x}+\dfrac{1}{y}+\dfrac{1}{z}=1 \\ xy+xz+yz=27 \end{cases}$;

4) $\begin{cases} x+y+z=a \\ xy+xz+yz=a^2 \\ xyz=a^3 \end{cases}$;

5) $\begin{cases} x+y+z=2 \\ (x+y)(y+z)+(y+z)(z+x)+(z+x)(x+y)=1 \\ x^2(y+z)+y^2(z+x)+z^2(x+y)=-6 \end{cases}$;

6) $\begin{cases} xy+xz+yz=11 \\ xy(x+y)+yz(y+z)+zx(z+x)=48 \\ xy(x^2+y^2)+yz(y^2+z^2)+zx(z^2+x^2)=118 \end{cases}$;

7) $\begin{cases} x^3+y^3+z^3=\dfrac{73}{8} \\ xy+xz+yz=x+y+z \\ xyz=1 \end{cases}$;

8) $\begin{cases} x+y+z=\dfrac{13}{3} \\ \dfrac{1}{x}+\dfrac{1}{y}+\dfrac{1}{z}=\dfrac{13}{3} \\ xyz=1 \end{cases}$;

9) $\begin{cases} x+y+z=0 \\ x^2+y^2+z^2=x^3+y^3+z^3 \\ xyz=2 \end{cases}$;

10) $\begin{cases} x^5+y^5+z^5-u^5=210 \\ x^3+y^3+z^3-u^3=18 \\ x^2+y^2+z^2-u^2=6 \\ x+y+z-u=0 \end{cases}$;

11) $\begin{cases} 3xyz-x^3-y^3-z^3=b^2 \\ x+y+z=2b \\ x^2+y^2-z^2=b^2 \end{cases}$.

2. 构造三次方程,使它的根为方程 $u^3-2u^2+u-12=0$ 的二次根.

3. 构造三次方程,使它的根为方程 $u^3-2u^2+u-12=0$ 的立方根.

4. 证明:若 $a^3+pa+q=b^3+bp+q=c^3+pc+q=0$,并且实数 $a,b,c$ 两两不等,则

$$a+b+c=0$$

## 15.2　因式分解

将方程组适当地转化为关于 $\sigma_1,\sigma_2,\sigma_3$ 的初等对称多项式不只是为了解代数方程组,还可以解决其他代数问题.

令 $f(x,y,z)$ 是含 3 个变量的对称多项式,为了对这个对称多项式因式分解,可以把它用 $\sigma_1,\sigma_2,\sigma_3$ 表示,再设法分解含 $\sigma_1,\sigma_2,\sigma_3$ 的多项式的因式.

如果这些得以完成,那么代入值

$$\sigma_1=x+y+z,\sigma_2=xy+xz+yz,\sigma_3=xyz$$

进而我们得到原始多项式 $f(x,y,z)$ 的因式分解.

**例 4**　把下面的多项式因式分解

$$x^3+y^3+z^3-3xyz$$

**解** 我们有

$$x^3+y^3+z^3-3xyz=s_3-3\sigma_3=$$
$$(\sigma_1^3-3\sigma_1\sigma_2+3\sigma_3)-3\sigma_3=$$
$$\sigma_1^3-3\sigma_1\sigma_2=\sigma_1(\sigma_1^2-3\sigma_2)=$$
$$(x+y+z)[(x+y+z)^2-3(xy+xz+yz)]=$$
$$(x+y+z)(x^2+y^2+z^2-xy-xz-yz)$$

**例 5** 把下面的多项式因式分解

$$2x^2y^2+2x^2z^2+2y^2z^2-x^4-y^4-z^4$$

**解** 我们可以把多项式写成下面的形式

$$2x^2y^2+2x^2z^2+2y^2z^2-x^4-y^4-z^4=$$
$$2O(x^2y^2)-s_4=$$
$$2(\sigma_2^2-2\sigma_1\sigma_3)-(\sigma_1^4-4\sigma_1^2\sigma_2+2\sigma_2^2+4\sigma_1\sigma_3)=$$
$$-\sigma_1^4+4\sigma_1^2\sigma_2-8\sigma_1\sigma_3=\sigma_1(4\sigma_1\sigma_2-\sigma_1^3-8\sigma_3)$$

也就是说,我们的多项式可以整除 $\sigma_1=x+y+z$,但是因为最初多项式只含有变量 $x,y,z$ 的偶次幂,所以它还能作 $x$ 代替 $-x$ 的变换(或者 $y$ 代替 $-y$,$z$ 代替 $-z$),因此它不只整除 $x+y+z$,还应该整除 $-x+y+z$,$x-y+z$,$x+y-z$. 这里我们得到

$$2x^2y^2+2x^2z^2+2y^2z^2-x^4-y^4-z^4=$$
$$(x+y+z)(-x+y+z)(x-y+z)(x+y-z)\cdot P \qquad (*)$$

其中 $P$ 为任意多项式. 比较左右两边的多项式的次数我们发现,$P$ 是零次幂多项式,即 $P$ 为某一数值(常数项). 为了找到这一数值,我们利用数值法,要知道,关系式$(*)$自身变化为恒等式,即在 $x,y,z$ 为任意值的情况下它都是正确的. 假设在这个恒等式中,$x=y=z=1$,我们得到 $3=3P$,即 $P=1$. 也就是说,关系式$(*)$可以变换成下面最原始的形式

$$2x^2y^2+2x^2z^2+2y^2z^2-x^4-y^4-z^4=$$
$$(x+y+z)(-x+y+z)(x-y+z)(x+y-z)$$

有时,在分解用含 $\sigma_1,\sigma_2,\sigma_3$ 的基础对称多项式表示的关于 $x,y,z$ 的对称多项式之前,应打开括号,合并同类项和其他的恒等变换.在这种情况下,常常是在打开括号之前,化简原表达式中关于 $\sigma_1,\sigma_2,\sigma_3$ 的对称多项式.也就是说,在一定条件下,原解析式中的某一部分含有 $\sigma_1,\sigma_2,\sigma_3$,另外在解关系式的其他部分时还保持着最初的变量 $x,y,z$.

观察下面的例题.

**例 6**　将多项式进行因式分解

$$a(b+c-a)^2+b(c+a-b)^2+c(a+b-c)^2+$$
$$(b+c-a)(c+a-b)(a+b-c)$$

**解**　最初的多项式变为下列形式

$$a(\sigma_1-2a)^2+b(\sigma_1-2b)^2+c(\sigma_1-2c)^2+$$
$$(\sigma_1-2a)(\sigma_1-2b)(\sigma_1-2c)=$$
$$(a+b+c)\sigma_1^2-4\sigma_1(a^2+b^2+c^2)+$$
$$4(a^3+b^3+c^3)+\sigma_1^3-2\sigma_1^2(a+b+c)+$$
$$4\sigma_1(ab+ac+bc)-8abc=$$
$$\sigma_1^3-4\sigma_1(\sigma_1^2-2\sigma_2)+4(\sigma_1^3-3\sigma_1\sigma_2+3\sigma_3)+$$
$$\sigma_1^3-2\sigma_1^3+4\sigma_1\sigma_2-8\sigma_3=4\sigma_3=4abc$$

给出的例题适用于这样的情况:对称多项式容易分解为对称因式.通常共性的问题是关于分解对称多项式为任意的(在那些数中不对称)因式.

## 练　习　题

1.将下列多项式因式分解:

1) $(x+y)(x+z)(y+z)+xyz$;

2) $2(a^3+b^3+c^3)+a^2b+a^2c+ab^2+ac^2+b^2c+bc^2-3abc$;

3) $a^3(b+c)+b^3(c+a)+c^3(a+b)+abc(a+b+c)$;

4) $a^2(b+c)^2+b^2(c+a)^2+c^2(a+b)^2+2abc(a+b+c)+(a^2+b^2+c^2)(ab+ac+bc)$;

5) $(a+b+c)^3-(b+c-a)^3-(c+a-b)^3-(a+b-c)^3$;

6) $(x+y+z)^4-(y+z)^4-(z+x)^4-(x+y)^4+x^4+y^4+z^4$;

7) $(a+b+c)^5-(-a+b+c)^5-(a-b+c)^5-(a+b-c)^5$;

8) $(a^2+b^2+c^2+ab+ac+bc)^2-(a+b+c)^2(a^2+b^2+c^2)$.

2. 化简下列表达式：

1) $\dfrac{a^3+b^3+c^3-3abc}{(a-b)^2+(b-c)^2+(c-a)^2}$;

2) $\dfrac{bc-a^2+ca-b^2+ab-c^2}{a(bc-a^2)+b(ca-b^2)+c(ab-c^2)}$.

3. 证明：多项式

$$(x+y+z)^{2n}-(y+z)^{2n}-(x+z)^{2n}-(x+y)^{2n}+x^{2n}+y^{2n}+z^{2n}$$

能整除

$$(x+y+z)^4-(y+z)^4-(x+z)^4-(x+y)^4+x^4+y^4+z^4$$

4. 证明：若 $a,b,c$ 是整数，且 $a+b+c$ 能整除 6，则 $a^3+b^3+c^3$ 也能整除 6.

## 15.3 恒等式的证明

在整数级数的题中通过对初等对称多项式的变换很容易证明恒等式. 观察下面的例题.

**例 7** 证明:恒等式

$$(x+y+z)(xy+xz+yz)-xyz=$$
$$(x+y)(x+z)(y+z)$$

成立.

**证明** 恒等式左边正好是 $\sigma_1\sigma_2-\sigma_3$,而右边打开括号后得到

$$(x+y)(x+z)(y+z)=$$
$$x^2y+x^2z+y^2x+xz^2+y^2z+yz^2+2xyz=$$
$$O(x^2y)+2\sigma_3=$$
$$(\sigma_1\sigma_2-3\sigma_3)+2\sigma_3=\sigma_1\sigma_2-\sigma_3$$

**例 8** 证明:若 $x+y+z=0$,则

$$x^4+y^4+z^4=2(xy+xz+yz)^2$$

**证明** 我们有

$$x^4+y^4+z^4=s_4=\sigma_1^4-4\sigma_1^2\sigma_2+2\sigma_2^2+4\sigma_1\sigma_3$$

由条件 $\sigma_1=x+y+z=0$,得

$$x^4+y^4+z^4=2\sigma_2^2=2(xy+xz+yz)^2$$

**例 9** 证明:若 $x+y+z=x^2+y^2+z^2=x^3+y^3+z^3=1$,则 $xyz=0$.

**证明** 题中的条件可以写成

$$\begin{cases}\sigma_1=1\\ \sigma_1^2-2\sigma_2=1\\ \sigma_1^3-3\sigma_1\sigma_2+3\sigma_3=1\end{cases}$$

由这个方程组我们得到 $\sigma_2=0$ 和 $\sigma_3=0$,等式 $\sigma_3=0$ 意

味着 $xyz=0$.

**例 10** 证明:若数值 $x,y,z,u,v,w$ 满足关系式

$$x+y+z=u+v+w$$
$$x^2+y^2+z^2=u^2+v^2+w^2$$
$$x^3+y^3+z^3=u^3+v^3+w^3$$

则在任意自然数 $n$ 的情况下

$$x^n+y^n+z^n=u^n+v^n+w^n$$

**证明** 这意味着关于 $x,y,z$ 的基础对称多项式可以用 $\sigma_1,\sigma_2,\sigma_3$ 表示,而关于 $u,v,w$ 的基础对称多项式则可以用 $\tau_1,\tau_2,\tau_3$ 表示,此时原来的关系式组变形为

$$\sigma_1=\tau_1$$
$$\sigma_1^2-2\sigma_2=\tau_1^2-2\tau_2$$
$$\sigma_1^3-3\sigma_1\sigma_2+3\sigma_3=\tau_1^3-3\tau_1\tau_2+3\tau_3$$

这里推出

$$\sigma_1=\tau_1,\sigma_2=\tau_2,\sigma_3=\tau_3$$

于是对任意的多项式 $\varphi(\tau_1,\tau_2,\tau_3)$ 有

$$\varphi(\sigma_1,\sigma_2,\sigma_3)=\varphi(\tau_1,\tau_2,\tau_3)$$

因此可以导出,若 $f(x,y,z)$ 为任意对称多项式,则 $f(x,y,z)=f(u,v,w)$,其中在 $n$ 为任意实数的情况下

$$x^n+y^n+z^n=u^n+v^n+w^n$$

在例 8 中,我们需要计算等次之和 $s_4=x^4+y^4+z^4$ 在 $\sigma_1=x+y+z=0$ 的条件下的值.在以下引用的练习中有级数为 1 的其他例子,在此需要知道,在 $\sigma_1=0$ 的条件下,用 $\sigma_1,\sigma_3$ 表示的等次之和的表达式.这些表达式推导出下面的公式:

在 $\sigma_1=0$ 的条件下,用 $\sigma_2,\sigma_3$ 表示的等次之和 $s_k=x^k+y^k+z^k$,有

$$s_1=0$$

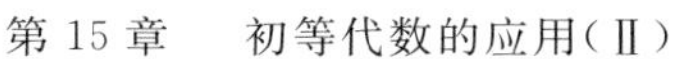



$$
\begin{aligned}
s_2 &= -2\sigma_2 \\
s_3 &= 3\sigma_3 \\
s_4 &= 2\sigma_2^2 \\
s_5 &= -5\sigma_2\sigma_3 \\
s_6 &= 3\sigma_3^2 - 2\sigma_2^3 \\
s_7 &= 7\sigma_2^2\sigma_3 \qquad ① \\
s_8 &= 2\sigma_2^4 - 8\sigma_2\sigma_3^2 \\
s_9 &= 3\sigma_3^3 - 9\sigma_2^3\sigma_3 \\
s_{10} &= -2\sigma_2^5 + 15\sigma_2^2\sigma_3^2 \\
&\vdots
\end{aligned}
$$

借助于 14.3 中的关系式 ③④，由这些公式容易得到在 $\sigma_1 = 0$ 的条件下，用 $\sigma_2, \sigma_3$ 表示的轨道 $O(x^k y^l)$ 的表达式. 例如

$$
\begin{aligned}
O(x^5 y^2) &= O(x^5) \cdot O(x^2) - O(x^7) = s_5 s_2 - s_7 = \\
&(-5\sigma_2\sigma_3) \cdot (-2\sigma_2) - 7\sigma_2^2\sigma_3 = \\
&3\sigma_2^2\sigma_3 \quad (\sigma_1 = 0)
\end{aligned}
$$

这些公式适用于我们下面引用的例子.

**例 11**　证明：若 $x + y + z = 0$，且 $xy + xz + yz = 0$，则下面的等式成立

$$3(x^3y^3 + x^3z^3 + y^3z^3) = (x^3 + y^3 + z^3)^2$$

**证明**　容易得到(当 $\sigma_1 = 0, \sigma_2 = 0$ 时)

$$x^3y^3 + x^3z^3 + y^3z^3 = O(x^3y^3) = 3\sigma_3^2$$

除此之外，根据式 ① 有

$$x^3 + y^3 + z^3 = s_3 = 3\sigma_3 \quad (\sigma_1 = 0)$$

**例 12**　证明：恒等式

$$\frac{(a+b)^7 - a^7 - b^7}{(a+b)^3 - a^3 - b^3} = \frac{7}{6}[(a+b)^4 + a^4 + b^4]$$

成立.

**证明** 为了证明，我们把数 $-a-b$ 用 $c$ 表示，即

$$c=-a-b$$

于是 $a+b+c=0$，可以将恒等式左边变换为下面的形式

$$\frac{(a+b)^7-a^7-b^7}{(a+b)^3-a^3-b^3}=\frac{(-c)^7-a^7-b^7}{(-c)^3-a^3-b^3}=$$
$$\frac{c^7+a^7+b^7}{c^3+a^3+b^3}=\frac{s_7}{s_3}=$$
$$\frac{7\sigma_2^2\sigma_3}{3\sigma_3}=\frac{7}{3}\sigma_2^2$$

而右边是下面的形式

$$\frac{7}{6}[(a+b)^4+a^4+b^4]=\frac{7}{6}[(-c)^4+a^4+b^4]=$$
$$\frac{7}{6}[a^4+b^4+c^4]=\frac{7}{6}s_4=$$
$$\frac{7}{6}\times 2\sigma_2^2=\frac{7}{3}\sigma_2^2$$

也就是说所证明的等式成立.

若证明恒等式的两部分都用差 $a-b,b-c,c-a$ 表示，则适当地作下列代换

$$x=a-b,y=b-c,z=c-a$$

于是

$$x+y+z=(a-b)+(b-c)+(c-a)=0$$

因此可以将式 ① 中的方法在由差 $a-b,b-c,c-a$ 表示的多项式因式分解的情况下应用.

观察下列两个例题.

**例 13** 证明：恒等式

$$(a-b)^6+(b-c)^6+(c-a)^6-9(a-b)^2(b-c)^2(c-a)^2=$$
$$2(a-b)^3(a-c)^3+2(b-c)^3(b-a)^3+$$
$$2(c-a)^3(c-b)^3$$

成立.

**证明**　作代换 $x=a-b, y=b-c, z=c-a$,把证明的恒等式转化为下面的形式

$$x^6+y^6+z^6-9x^2y^2z^2=-2x^3z^3-2x^3y^3-2y^3z^3$$

或者按另一个形式

$$s_6-9\sigma_3^2=-2O(x^3y^3) \quad (*)$$

因为 $\sigma_1=x+y+z=0$,所以利用式 ①,其中

$$s_6=3\sigma_3^2-2\sigma_2^3,\ O(x^3y^3)=\sigma_2^3+3\sigma_3^2$$

直接代入,恒等式(*)成立.

**例 14**　将下列多项式因式分解

$$(a-b)^3+(b-c)^3+(c-a)^3$$

**解**　设 $x=a-b, y=b-c, z=c-a$,我们得到

$$(a-b)^3+(b-c)^3+(c-a)^3=x^3+y^3+z^3=s_3=3\sigma_3=3xyz=3(a-b)(b-c)(c-a)$$

(我们引用式 ① 中的公式 $s_3=3\sigma_3$).

## 练　习　题

1. 证明下列恒等式:

1)$(a+b+c)^3-(-a+b+c)^3-(a-b+c)^3-(a+b-c)^3=24abc$;

2)$a(-a+b+c)^2+b(a-b+c)^2+c(a+b-c)^2+(-a+b+c)(a-b+c)(a+b-c)=4abc$;

3)$(a+b+c)^4-(b+c)^4-(c+a)^4-(a+b)^4+a^4+b^4+c^4=12abc(a+b+c)$;

4)$(a+b+c)^4+(-a-b+c)^4+(a-b+c)^4+(a+b-c)^4=4(a^4+b^4+c^4)+24(a^2b^2+b^2c^2+$

$a^2c^2)$；

5) $a(b+c)^2+b(c+a)^2+c(a+b)^2-4abc=(b+c)(c+a)(a+b)$；

6) $(b+c)^3+(c+a)^3+(a+b)^3-(b+c)(c+a)(a+b)=2(a^3+b^3+c^3-3abc)$；

7) $(ab+ac+bc)^2+(a^2-bc)^2+(b^2-ac)^2+(c^2-ab)^2=(a^2+b^2+c^2)^2$；

8) $(-a+b+c)^3+(a-b+c)^3+(a+b-c)^3-3(-a+b+c)(a-b+c)(a+b-c)=4(a^3+b^3+c^3-3abc)$；

9) $(a+b)^2(b+c)^2(a+c)^2+2a^2b^2c^2-a^4(b+c)^2-b^4(a+c)^2-c^4(a+b)^2=2(ab+ac+bc)^3$；

10) $(x^2-1)(y^2-1)(z^2-1)+(x+yz)(y+zx)\cdot(z+xy)=(xyz+1)(x^2+y^2+z^2+2xyz-1)$；

11) $xyz(x+y+z)^3-(yz+zx+xy)^3=(x^2-yz)\cdot(y^2-zx)(z^2-xy)$；

12) $(x+y+z)^5-(-x+y+z)^5-(x-y+z)^5-(x+y-z)^5=80xyz(x^2+y^2+z^2)$；

13) $(x-y)^4+(y-z)^4+(z-x)^4=2(x^2+y^2+z^2-xy-xz-yz)^2$；

14) $[(x-y)^2+(y-z)^2+(z-x)^2]^2=4[(x-y)^2(y-z)^2+(y-z)^2(z-x)^2+(z-x)^2(x-y)^2]$.

2. 当 $a+b+c=0$ 时，证明下列恒等式：

1) $a^3+b^3+c^3=3abc$；

2) $a^3+b^3+c^3+3(a+b)(b+c)(c+a)=0$；

3) $a^2(b+c)^2+b^2(c+a)^2+c^2(a+b)^2+(a^2+b^2+c^2)(ab+ac+bc)=0$；

4) $a^4+b^4+c^4=2(a^2b^2+b^2c^2+c^2a^2)$；

5) $2(a^4+b^4+c^4)=(a^2+b^2+c^2)^2$;

6) $2(a^5+b^5+c^5)=5abc(a^2+b^2+c^2)$;

7) $\dfrac{a^5+b^5+c^5}{5}=\dfrac{a^3+b^3+c^3}{3}\cdot\dfrac{a^2+b^2+c^2}{2}$;

8) $\dfrac{a^7+b^7+c^7}{7}=\dfrac{a^5+b^5+c^5}{5}\cdot\dfrac{a^2+b^2+c^2}{2}$;

9) $\dfrac{a^7+b^7+c^7}{7}=\dfrac{a^3+b^3+c^3}{3}\cdot\dfrac{a^4+b^4+c^4}{2}$;

10) $\dfrac{a^7+b^7+c^7}{7}\cdot\dfrac{a^3+b^3+c^3}{3}=\left(\dfrac{a^5+b^5+c^5}{5}\right)^2$;

11) $\left(\dfrac{a^7+b^7+c^7}{7}\right)^2=\left(\dfrac{a^5+b^5+c^5}{5}\right)^2\cdot\dfrac{a^4+b^4+c^4}{2}$.

3. 证明

$$(b-c)^3+(c-a)^3+(a-b)^3-3(b-c)(c-a)(a-b)=0$$

成立.

4. 证明

$$25[(b-c)^7+(c-a)^7+(a-b)^7]\cdot[(b-c)^3+(c-a)^3+(a-b)^3]=21[(b-c)^5+(c-a)^5+(a-b)^5]^2$$

成立.

5. 证明

$$(y-z)^4+(z-x)^4+(x-y)^4=2[(y-z)^2(z-x)^2+(z-x)^2(x-y)^2+(x-y)^2(y-z)^2]$$

成立.

6. 将下面的多项式因式分解

$$(y-z)^5+(z-x)^5+(x-y)^5$$

7. 证明:在 $s=\dfrac{a+b+c}{2}$ 的条件下,恒等式

$$a(s-b)(s-c)+b(s-a)(s-c)+c(s-a)(s-b)+2(s-a)(s-b)(s-c)=abc=s^3$$

成立.

8. 证明:在 $s=\dfrac{a+b+c}{2}$ 的条件下,恒等式

$$(s-a)^3+(s-b)^3+(s-c)^3+3abc=s^3$$

成立.

9. 证明:若 $xy+xz+yz=0$,则

$$(x+y)^2(x+z)^2(y+z)^2+2x^2y^2z^2=x^4(z+y)^2+y^4(x+z)^2+z^4(y+x)^2$$

10. 证明:若 $xy+xz+yz=1$,则

$$\frac{x}{1-x^2}+\frac{y}{1-y^2}+\frac{z}{1-z^2}=\frac{4xyz}{(1-x^2)(1-y^2)(1-z^2)}$$

成立.

11. 证明:若 $\dfrac{x}{a}+\dfrac{y}{b}+\dfrac{z}{c}=1$,$\dfrac{a}{x}+\dfrac{b}{y}+\dfrac{c}{z}=0$,则

$$\frac{x^2}{a^2}+\frac{y^2}{b^2}+\frac{z^2}{c^2}=1$$

12. 若已知 $a+b+c=0$,且 $a^2+b^2+c^2=1$,求和 $a^4+b^4+c^4$.

13. 证明:若 $\dfrac{1}{a}+\dfrac{1}{b}+\dfrac{1}{c}=\dfrac{1}{a+b+c}$,则对于任意奇数 $n$,恒等式

$$\left(\frac{1}{a}+\frac{1}{b}+\frac{1}{c}\right)^n=\frac{1}{a^n+b^n+c^n}=\frac{1}{(a+b+c)^n}$$

成立.

14. 证明:当 $n=6k\pm1$ 时,多项式 $(x+y)^n-x^n-y^n$ 整除 $x^2+xy+y^2$,而当 $n=6k+1$ 时,它整除 $(x^2+$

$xy+y^2)^2$.

15. 证明:若 $u=x+y+z+a(y+z-2x)$,$v=x+y+z+a(x+z-2y)$,$w=x+y+z+a(x+y-2z)$,则关系式

$$u^3+v^3+w^3-3uvw=27a^2(x^3+y^3+z^3-3xyz)$$

成立.

16. 证明:若 $y^2+yz+z^2=a^2$,$z^2+zx+x^2=b^2$,$x^2+xy+y^2=c^2$,$yz+zx+xy=0$,则下面的恒等式成立

$$(a+b+c)(a+b-c)(a-b+c)(a-b-c)=0$$

17. 证明:若 $x,y,z$ 为实数,则由等式

$$(y-z)^2+(z-x)^2+(x-y)^2=$$
$$(y+z-2x)^2+(z+x-2y)^2+(x+y-2z)^2$$

可推出 $x=y=z$.

18. 证明:若 $a+b+c+d=0$,则下面的恒等式成立

$$ad(a+d)^2+bc(a-d)^2+ab(a+b)^2+$$
$$cd(a-d)^2+ac(a+c)^2+$$
$$bd(a-c)^2+4abdc=0$$

## 15.4　不　等　式

很显然,对于任意实数 $x,y,z$,不等式

$$(x-y)^2+(y-z)^2+(z-x)^2\geqslant 0$$

成立,并且当且仅当 $x=y=z$ 时取等号. 不等式的左边可表示为关于 $x,y,z$ 的对称多项式. 打开括号,我们很容易把这个不等式改写成 $2s_2-2\sigma_2\geqslant 0$,或者

$$\sigma_1^2\geqslant 3\sigma_2 \quad ②$$

于是,对于任意实数 $x,y,z$,不等式 ② 成立,当且仅当

$x=y=z$ 时取等号.

由关系式 ② 可以得到其他不等式的整数级数. 我们看下面的例题.

**例 15** 证明: 对于任意正数 $x,y,z$, 不等式 $\sigma_1\sigma_2 \geqslant 9\sigma_3$ 成立.

**证明** 因为 $x,y,z$ 是正数,所以

$$\sigma_1>0,\sigma_2>0,\sigma_3>0$$

因此不等式 $\sigma_1^2 \geqslant 3\sigma_2,\sigma_2^2 \geqslant 3\sigma_1\sigma_3$.

将上面的两个不等式相乘, 我们得到 $\sigma_1^2\sigma_2^2 \geqslant 9\sigma_1\sigma_2\sigma_3$,消去正数项,我们得到所要求证的不等式

$$\sigma_1\sigma_2 \geqslant 9\sigma_3$$

等式 $\sigma_1\sigma_2=9\sigma_3$ 成立的条件是当且仅当 $x=y=z$.

所需证明的不等式可以建立另一种情况. 当 $n=3$ 时我们有

$$(x+y+z)\left(\frac{1}{x}+\frac{1}{y}+\frac{1}{z}\right) \geqslant 9$$

化简约去公分母得 $\sigma_1 \cdot \dfrac{\sigma_2}{\sigma_3} \geqslant 9$,即为所求.

**例 16** 证明:对于任意正数 $x,y,z$,不等式 $\sigma_1^3 \geqslant 27\sigma_3$ 成立.

**证明** 利用不等式 ② 和例 15 的不等式,我们得到

$$\begin{aligned}\sigma_1^4=\sigma_1^2 \cdot \sigma_1^2 \geqslant \sigma_1^2 \cdot 3\sigma_2=3\sigma_1(\sigma_1\sigma_2) \geqslant \\ 3\sigma_1 \cdot 9\sigma_3=27\sigma_1\sigma_3\end{aligned}$$

即 $\sigma_1^4 \geqslant 27\sigma_1\sigma_3$,约去正数 $\sigma_1$,我们得到所求不等式(等式 $\sigma_1^3=27\sigma_3$ 成立的条件是当且仅当 $x=y=z$).

**例 17** 证明:对任意的正数 $x,y,z$,不等式 $\sigma_2^3 \geqslant 27\sigma_3^2$ 成立.

**证明** 我们有

$$\sigma_2^3 = \sigma_2 \cdot \sigma_2^2 \geqslant \sigma_2 \cdot 3\sigma_1\sigma_3 = 3\sigma_3(\sigma_1\sigma_2) \geqslant 3\sigma_3 \cdot 9\sigma_3 = 27\sigma_3^2$$

即 $\sigma_2^3 \geqslant 27\sigma_3^2$.

## 练　习　题

1. 证明:对任意实数 $a,b,c,x,y,z$,下列不等式成立:

1) $x^2+y^2+z^2 \geqslant xy+xz+yz$;

2) $x^2+y^2+z^2 \geqslant \frac{1}{3}(x+y+z)^2$;

3) $3(ab+ac+bc) \leqslant (a+b+c)^2$;

4) $a^2b^2+a^2c^2+b^2c^2 \geqslant abc(a+b+c)$;

5) $(ab+ac+bc)^2 \geqslant 3abc(a+b+c)$;

6) $a^2+b^2+1 \geqslant ab+a+b$.

2. 证明:对任意实数 $a,b,c,x,y,z$,下列不等式成立:

1) $(a+b+c)\left(\frac{1}{a}+\frac{1}{b}+\frac{1}{c}\right) \geqslant 9$;

2) $a^3+b^3+c^3 \geqslant 3abc$;

3) $(a+b+c)(a^2+b^2+c^2) \geqslant 9abc$;

4) $\frac{a+b+c}{3} \geqslant \sqrt[3]{abc}$;

5) $\frac{1}{a}+\frac{1}{b}+\frac{1}{c} \geqslant \frac{1}{\sqrt{bc}}+\frac{1}{\sqrt{ac}}+\frac{1}{\sqrt{ab}}$;

6) $ab(a+b-2c)+bc(b+c-2a)+ac(a+c-2b) \geqslant 0$;

7) $ab(a+b)+bc(b+c)+ac(a+c) \geqslant 6abc$;

8) $(a+b)(b+c)(a+c) \geqslant 8abc$;

9) $xyz \geqslant (x+y-z)(x+z-y)(y+z-x)$;

10) $\sigma_1^3 - 4\sigma_1\sigma_2 + 9\sigma_3 \geqslant 0$,这里 $\sigma_1 = x+y+z$,$\sigma_2 =$

$xy+xz+yz,\sigma_3=xyz$；

11) $2(a^3+b^3+c^3)\geqslant ab(a+b)+bc(b+c)+ac(a+c)$；

12) $\frac{a}{b+c}+\frac{b}{c+a}+\frac{c}{a+b}\geqslant\frac{3}{2}$；

13) $\frac{2}{b+c}+\frac{2}{c+a}+\frac{2}{a+b}\geqslant\frac{9}{a+b+c}$；

14) $3(a^3+b^3+c^3)\geqslant(a+b+c)(ab+ac+bc)$；

15) $(x+y+z)^3\leqslant 9(x^3+y^3+z^3)$；

16) $8(a^3+b^3+c^3)\geqslant 3(a+b)(a+c)(b+c)$；

17) $a^4+b^4+c^4\geqslant abc(a+b+c)$.

3. 证明：当 $x,y,z\geqslant-\frac{1}{4}$ 且 $x+y+z=1$ 时，不等式 $\sqrt{4x+1}+\sqrt{4y+1}+\sqrt{4z+1}<5$ 成立.

4. 证明：若两两不相等的实数 $a,b,c$ 满足关系式

$$\frac{a}{b-c}+\frac{b}{c-a}+\frac{c}{a-b}=0$$

则 $\frac{a}{(b-c)^2}+\frac{b}{(c-a)^2}+\frac{c}{(a-b)^2}=0$ 是否正确？

5. 证明：若 $a,b,c$ 为三角形的三条边，则下列不等式成立：

1) $2(ab+ac+bc)>a^2+b^2+c^2$；

2) $(a^2+b^2+c^2)(a+b+c)>2(a^3+b^3+c^3)$.

6. 证明：若 $a+b+c=0$，则 $ab+ac+bc\leqslant 0$.

7. 解整数方程 $\frac{xy}{z}+\frac{xz}{y}+\frac{yz}{x}=3$.

8. 证明：在所有周长为 $\sigma_1$ 的三角形中，等边三角形有最大面积.

9. 若 $u+v+w=1$ 且 $0\leqslant u,v,w\leqslant\frac{7}{16}$，求表达式

$(1+u)(1+v)(1+w)$ 的最大可能值.

10. 证明:若正数 $a,b,c$ 满足 $a+b+c=1$,则 $(1-a)(1-b)(1-c)\geqslant 8abc$.

## 15.5　分母有理化

对称多项式能解关于去无理分母(分母有理化)方面的许多难题.

一般情况下,分母的形式为 $a\pm\sqrt[n]{b}$ 或者 $\sqrt[n]{a}\pm\sqrt[n]{b}$,不用对称多项式也可以解这些问题.对于这类题可以利用公式

$$(x+y)(x-y)=x^2-y^2$$

$$x^n-y^n=(x-y)(x^{n-1}+x^{n-2}y+x^{n-3}y^2+\cdots+y^{n-1})$$

$$x^{2k+1}+y^{2k+1}=(x+y)(x^{2k}-x^{2k-1}y+x^{2k-2}y^2-\cdots+y^{2k})$$

例如,如果在下面表达式的分母上去掉无理项 $\dfrac{\sqrt{7}}{\sqrt[12]{5}+\sqrt[12]{3}}$,那么分子、分母同时乘以共轭表达式 $\sqrt[12]{5}-\sqrt[12]{3}$(分母化为 $\sqrt[6]{5}-\sqrt[6]{3}$ 的形式),然后再乘以 $\sqrt[6]{5}+\sqrt[6]{3}$,我们得到

$$\frac{\sqrt{7}}{\sqrt[12]{5}+\sqrt[12]{3}}=\frac{\sqrt{7}(\sqrt[12]{5}-\sqrt[12]{3})(\sqrt[6]{5}+\sqrt[6]{3})}{(\sqrt[12]{5}+\sqrt[12]{3})(\sqrt[12]{5}-\sqrt[12]{3})(\sqrt[6]{5}+\sqrt[6]{3})}=$$

$$\frac{\sqrt{7}(\sqrt[12]{5}-\sqrt[12]{3})(\sqrt[6]{5}+\sqrt[6]{3})}{\sqrt[3]{5}-\sqrt[3]{3}}$$

现在可以利用由前面得出的第二个公式,其中设 $x=\sqrt[3]{5}$,$y=\sqrt[3]{3}$,显然这时分子、分母应该同时乘关系式

$$x^2+xy+y^2=\sqrt[3]{25}+\sqrt[3]{15}+\sqrt[3]{9}$$

乘后我们得到

$$\frac{\sqrt{7}}{\sqrt[12]{5}+\sqrt[12]{3}}=\frac{\sqrt{7}(\sqrt[12]{5}-\sqrt[12]{3})(\sqrt[6]{5}+\sqrt[6]{3})(\sqrt[3]{25}+\sqrt[3]{15}+\sqrt[3]{9})}{(\sqrt[3]{5}-\sqrt[3]{3})(\sqrt[3]{25}+\sqrt[3]{15}+\sqrt[3]{9})}=$$

$$\frac{\sqrt{7}(\sqrt[12]{5}-\sqrt[12]{3})(\sqrt[6]{5}+\sqrt[6]{3})(\sqrt[3]{25}+\sqrt[3]{15}+\sqrt[3]{9})}{(\sqrt[3]{5})^3-(\sqrt[3]{3})^3}=$$

$$\frac{\sqrt{7}(\sqrt[12]{5}-\sqrt[12]{3})(\sqrt[6]{5}+\sqrt[6]{3})(\sqrt[3]{25}+\sqrt[3]{15}+\sqrt[3]{9})}{2}$$

如果分母由 3 个或更多的无理项构成，情况更复杂，那么可以借助对称多项式. 参考下面的例子.

**例 18** 消去分母中的无理式

$$\frac{q}{\sqrt{a}+\sqrt{b}+\sqrt{c}}$$

**解** 设$\sqrt{a}=x$，$\sqrt{b}=y$，$\sqrt{c}=z$. 此时分母是一种类似初等对称多项式的形式. 因$\sigma_1=x+y+z$，我们试着探索，在乘以某一项之后，分母可以用等次之和 $s_2$ 和 $s_4$ 表示. 因为等次之和有如下形式

$$s_2=x^2+y^2+z^2=a+b+c$$

$$s_4=x^4+y^4+z^4=a^2+b^2+c^2$$

为了找出这些因式，利用公式

$$s_2=\sigma_1^2-2\sigma_2,\quad s_4=\sigma_1^4-4\sigma_1^2\sigma_2+4\sigma_1\sigma_3+2\sigma_2^2$$

我们看出，在两个等次之和中只有最后的加项（在右边）不能整除 $\sigma_1$，但非常容易联立等次之和，使最后的项相互抵消. 我们将 $s_2$ 平方得

$$s_2^2=\sigma_1^4-4\sigma_1^2\sigma_2+4\sigma_2^2$$

用这个平方减去等次之和的 2 倍，我们得到

$$s_2^2-2s_4=-\sigma_1^4+4\sigma_1^2\sigma_2-8\sigma_1\sigma_3=\sigma_1(4\sigma_1\sigma_2-\sigma_1^3-8\sigma_3)$$

即

$$\frac{1}{\sigma_1}=\frac{4\sigma_1\sigma_2-\sigma_1^3-8\sigma_3}{s_2^2-2s_4}\qquad (*)$$

在这个公式中设 $x=\sqrt{a}$，$y=\sqrt{b}$，$z=\sqrt{c}$，我们得到（利用高次关系式 $s_2=x^2+y^2+z^2=a+b+c$，$s_4=x^4+$

$y^4+z^4=a^2+b^2+c^2$)

$$\frac{1}{\sqrt{a}+\sqrt{b}+\sqrt{c}}=\frac{4(\sqrt{a}+\sqrt{b}+\sqrt{c})(\sqrt{ab}+\sqrt{ac}+\sqrt{bc})}{(a+b+c)^2-2(a^2+b^2+c^2)}+$$

$$\frac{-(\sqrt{a}+\sqrt{b}+\sqrt{c})^3-8\sqrt{abc}}{(a+b+c)^2-2(a^2+b^2+c^2)}$$

余下的等式两边同时乘以 $q$ 得到此题的解.

**注**　为了避免一些复杂的(在计算中要打开括号)关系式$(\sqrt{a}+\sqrt{b}+\sqrt{c})^3$,可以在公式(*)的第一部分变换分子,并利用关系式 $s_3=\sigma_1^3-3\sigma_1\sigma_2+3\sigma_3$.

我们可以重写公式(*)的表达式为

$$\frac{1}{\sigma_1}=\frac{\sigma_1\sigma_2-s_3-5\sigma_3}{s_2^2-2s_4}$$

这里(如前面一样设 $x=\sqrt{a}$, $y=\sqrt{b}$, $z=\sqrt{c}$),我们得到题解更恰当的形式

$$\frac{1}{\sqrt{a}+\sqrt{b}+\sqrt{c}}=\frac{(\sqrt{a}+\sqrt{b}+\sqrt{c})(\sqrt{ab}+\sqrt{ac}+\sqrt{bc})}{2(ab+ac+bc)-(a^2+b^2+c^2)}+$$

$$\frac{-(a\sqrt{a}+b\sqrt{b}+c\sqrt{c})^3-5\sqrt{abc}}{2(ab+ac+bc)-(a^2+b^2+c^2)}$$

**例 19**　在表达式的分母中消去无理式

$$\frac{1}{\sqrt[3]{a}+\sqrt[3]{b}+\sqrt[3]{c}}$$

**解**　我们写出等次之和 $s_3$ 的表达式

$$s_3=\sigma_1^3-3\sigma_1\sigma_2+3\sigma_3$$

上式右边只有最后一项 $3\sigma_3$ 不能整除 $\sigma_1$,把它移到左边我们得到

$$s_3-3\sigma_3=\sigma_1^3-3\sigma_1\sigma_2=\sigma_1(\sigma_1^2-3\sigma_2)$$

这里$\frac{1}{\sigma_1}=\frac{\sigma_1^2-3\sigma_2}{s_3-3\sigma_3}=\frac{s_2-\sigma_2}{s_3-3\sigma_3}$.

设 $x=\sqrt[3]{a}$，$y=\sqrt[3]{b}$，$z=\sqrt[3]{c}$，我们求出

$$\frac{1}{\sqrt[3]{a}+\sqrt[3]{b}+\sqrt[3]{c}}=$$

$$\frac{\sqrt[3]{a^2}+\sqrt[3]{b^2}+\sqrt[3]{c^2}-\sqrt[3]{ab}-\sqrt[3]{ac}-\sqrt[3]{bc}}{(a+b+c)-3\sqrt[3]{abc}}$$

我们看到，也就是说，若分式的分母含有项 $\sqrt[3]{a}+\sqrt[3]{b}+\sqrt[3]{c}$，则分子、分母同时乘以关系式

$$\sqrt[3]{a^2}+\sqrt[3]{b^2}+\sqrt[3]{c^2}-\sqrt[3]{ab}-\sqrt[3]{ac}-\sqrt[3]{bc}$$

在分母中得到关系式

$$a+b+c-3\sqrt[3]{abc}$$

利用公式

$$x^3-y^3=(x-y)(x^2+xy+y^2)$$

去掉无理式，分子、分母同时乘以关系式

$$(a+b+c)^2+3(a+b+c)\sqrt[3]{abc}+9\sqrt[3]{(abc)^2}$$

结果我们得出

$$\frac{1}{\sqrt[3]{a}+\sqrt[3]{b}+\sqrt[3]{c}}=$$

$$\frac{(\sqrt[3]{a^2}+\sqrt[3]{b^2}+\sqrt[3]{c^2}-\sqrt[3]{ab}-\sqrt[3]{ac}-\sqrt[3]{bc})\cdot\left[(a+b+c)^2+3(a+b+c)\sqrt[3]{abc}+9\sqrt[3]{(abc)^2}\right]}{(a+b+c)^3-27abc}$$

考察的例题是下面问题的特殊情况，需要去掉表达式的分母中的无理式 $\frac{1}{\sqrt[n]{a}+\sqrt[n]{b}+\sqrt[n]{c}}$，也就是说我们应该把给出的表达式写成

$$\frac{1}{\sqrt[n]{a}+\sqrt[n]{b}+\sqrt[n]{c}}=\frac{A}{B}$$

的形式，这里 $A$ 可以是任意的复杂的无理式，但分母 $B$

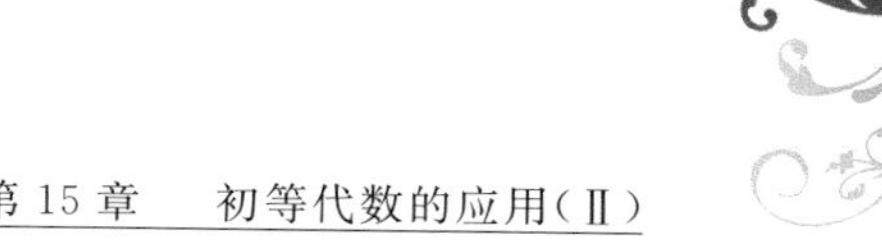



是有理式. 显然,若分母不包含根$\sqrt[n]{a}$,$\sqrt[n]{b}$,$\sqrt[n]{c}$,则是有理的,而包含的只能是它们的 $n$ 次幂.

也就是说,对于数值$\sqrt[n]{a}=x$,$\sqrt[n]{b}=y$,$\sqrt[n]{c}=z$,我们寻求恒等式

$$\frac{1}{x+y+z}=\frac{f(x,y,z)}{g(x^n,y^n,z^n)}$$

这里 $f$ 和 $g$ 为任意多项式,这个等式可以变形为

$$g(x^n,y^n,z^n)=\sigma_1 f(x,y,z)$$

于是我们应该求出含三个未知量的多项式 $g(x^n,y^n,z^n)$ 整除 $\sigma_1=x+y+z$.

怎样找到多项式 $g$? 我们利用对称多项式来求解. 举一个变量为 $x,y,z$ 的 $n$ 次对称多项式的最简单的例子,可以得到等次之和

$$s_n=x^n+y^n+z^n$$

$$s_{2n}=x^{2n}+y^{2n}+z^{2n}$$

$$s_{3n}=x^{3n}+y^{3n}+z^{3n}$$

若我们可以做到联立这些等次之和,并求出它们当中最简单的多项式 $g$ 能整除 $\sigma_1$,则此题可解.

有时候,我们联立等次之和 $s_n,s_{2n},s_{3n},\cdots$ 是非常困难的,目的是从它们当中得到整除 $\sigma_1$ 的多项式. 事实上,我们可以借助下面的例子. 我们试图利用的(为了得到能整除 $\sigma_1$ 的多项式)不只是等次之和 $s_n,s_{2n}$,$s_{3n},\cdots$,甚至是 $\sigma_3$. 要知道在$\sqrt[n]{a}=x$,$\sqrt[n]{b}=y$,$\sqrt[n]{c}=z$ 的情况下我们有 $\sigma_3=xyz=\sqrt[n]{abc}$. 为了消去这个多出的无理式,可以利用在这章开始的方法(解例 2 的等式).

作为这种通用方法的应用,我们有下面的例题.

**例 20**　消去表达式分母中的无理式

$$\frac{1}{\sqrt[4]{a}+\sqrt[4]{b}+\sqrt[4]{c}}$$

**解** 这里我们只给出基本的解题思路，细节留给读者完成. 我们发现等次之和 $s_4$ 和 $s_8$ 的表达式有如下形式(没写出的多项式的项表示可以整除 $\sigma_1$)

$$s_4=\cdots+2\sigma_2^2,\ s_8=\cdots+2\sigma_2^4-8\sigma_2\sigma_3^2$$

于是 $2s_8-s_4^2=\cdots-16\sigma_2\sigma_3^2$. 把含有 $\sigma_1$ 的项从等式右边移到左边，且两边平方，我们得到

$$(2s_8-s_4^2-\cdots)^2=256\sigma_2^2\sigma_3^4$$

打开括号，我们得到

$$(2s_8-s_4^2)^2+\cdots=256\sigma_2^2\sigma_3^4$$

由于 $s_4=\cdots+2\sigma_2^2$，故 $256\sigma_2^2\sigma_3^4=128s_4\sigma_3^4+\cdots$(多项式省略部分的项可以整除 $\sigma_1$)，然后变换到右边的所有项除以 $\sigma_1$，我们得到

$$(2s_8-s_4^2)^2-128s_4\sigma_3^4=\cdots$$

换句话说，表达式 $(2s_8-s_4^2)^2-128s_4\sigma_3^4$ 能整除 $\sigma_1$

$$(2s_8-s_4^2)^2-128s_4\sigma_3^4=\sigma_1 A \qquad (**)$$

这里 $A$ 为任意对称多项式(如果读者有兴趣可以求出多项式 $A$ 的表达式，不必详细推出所有较高次的表示形式. 在得到公式( * * )后代入 14.2 中式 ② 的等次之和 $s_4$ 和 $s_8$ 的值). 最后设 $x=\sqrt[4]{a}$，$y=\sqrt[4]{b}$，$z=\sqrt[4]{c}$(这样 $s_4=a+b+c$，$s_8=a^2+b^2+c^2$，$\sigma_3=\sqrt[4]{abc}$)，我们求得

$$\frac{1}{\sqrt[4]{a}+\sqrt[4]{b}+\sqrt[4]{c}}=\frac{1}{\sigma_1}=\frac{A}{(2s_8-s_4^2)^2-128s_4\sigma_3^4}=$$

$$\frac{A}{(a^2+b^2+c^2-2ab-2ac-2bc)^2-128(a+b+c)abc}$$

遗憾的是写出所有表达式的可能性是非常低的，因为增加根的等次之和 $s_n$，$s_{2n}$，$\cdots$ 用 $\sigma_1$，$\sigma_2$，$\sigma_3$ 表示很

复杂,且获得这些等次之和的联立很困难.

在这一小节的推断中,我们仅考察了消去无理式的一类结论以及同类型的相关题型.这里所谈的问题是关于题型的一般表达式,也可以用下面的方式进行简单叙述.去掉关系式中的无理式

$$\sqrt[n]{a}+\sqrt[n]{b}+\sqrt[n]{c}=0$$

也就是说要求出含有常量 $a,b,c$ 的有理关系式.若等式 $\sqrt[n]{a}+\sqrt[n]{b}+\sqrt[n]{c}=0$ 成立,则不难理解.联系这道题观察更高次幂的情形.设 $x=\sqrt[n]{a}$,$y=\sqrt[n]{b}$,$z=\sqrt[n]{c}$,当条件为

$$\sigma_1=x+y+z=\sqrt[n]{a}+\sqrt[n]{b}+\sqrt[n]{c}=0$$

时,如果我们容易(例如联立等次之和 $s_n,s_{2n},\cdots$ 的关系式)求出满足

$$g(x^n,y^n,z^n)=\sigma_1 f(x,y,z)$$

的多项式 $g$,那么由关系式 $\sigma_1=0$,我们得到 $g(x^n,y^n,z^n)=0$.这里由未知有理关系式($x^n=a,y^n=b,z^n=c$)可以发现,当 $\sigma_1=0$ 时,为了计算等次之和 $s_n,s_{2n},\cdots$,可以利用式 ① 实现计算的简化.观察下面的例题.

**例 21**　在下面的关系式中去掉无理项

$$\sqrt[4]{a}+\sqrt{b}+c=0$$

**解**　为了解题,设 $\sqrt[4]{a}=x$,$\sqrt{b}=y$,$c=z$,这样已知给定的关系式变形为

$$\sigma_1=x+y+z=\sqrt[4]{a}+\sqrt{b}+c=0$$

由于 $\sigma_1=0$,故关系式(* *)归结为

$$(2s_8-s_4^2)^2-128s_4\sigma_3^4=0$$

因为

$$s_4=x^4+y^4+z^4=a+b^2+c^4$$

$$s_8=a^2+b^4+c^8,\sigma_3^4=ab^2c^4$$

我们得到

$$(a^2+b^4+c^8-2ab^2-2ac^4-2b^2c^4)^2-$$
$$128(a+b^2+c^4)ab^2c^4=0$$

这里未知的有理关系式由 $a,b,c$ 构成.

## 练　习　题

1. 消去下面关系式分母中的无理项：

1）$\dfrac{1}{1+\sqrt{2}-\sqrt{3}}$；

2）$\dfrac{1}{1+\sqrt[3]{2}+2\sqrt[3]{4}}$.

2. 在下列关系式中去掉无理式：

1）$\sqrt{a}+\sqrt{b}+1=0$；

2）$\sqrt[3]{a}+\sqrt[3]{a^2}+b=0$；

3）$p\sqrt[3]{a^2}+q\sqrt[3]{a}+r=0$；

4）$\sqrt[3]{a}+\sqrt{b}+c=0$；

5）$(ax)^{\frac{2}{3}}+(by)^{\frac{2}{3}}=c^{\frac{4}{3}}$；

6）$\sqrt{a}+\sqrt{b}-\sqrt[4]{a^2+b^2}=0$.

# 第16章 含有3个变量的反对称多项式

## 16.1 定义和例题

在这之前，我们研究了初等对称多项式，即在交换任意两个变量的时候多项式不发生改变. 现在，我们观察另一组非常相近的多项式 —— 反对称多项式，这样定义的多项式在交换任意两个变量时，符号发生改变.

首先观察由两个变量构成的反对称多项式，这种多项式的表现形式为 $x-y$，$x^3-y^3$，$x^4y-xy^4$. 事实上，如果在多项式 $x^3-y^3$ 中改变 $x$，$y$ 的位置，则它变为多项式 $y^3-x^3$，因为

$$y^3-x^3=-(x^3-y^3)$$

所以多项式 $x^3-y^3$ 称为反对称多项式.

同样也可以证明 $x-y$ 和 $x^4y-xy^4$ 是反对称多项式.

**例 1** 含 3 个变量的反对称多项式可以设为

$$(x-y)(x-z)(y-z)$$

的形式. 事实上,若交换 $x$ 和 $y$ 的位置,则它变成多项式

$$(y-x)(y-z)(x-z)=-(x-y)(x-z)(y-z)$$

正是这样,在交换任意两个变量的时候它改变符号.

我们发现,研究反对称多项式的更深一层特性非常重要:反对称多项式的平方是对称多项式. 事实上,在交换任意两个变量以后,反对称多项式变号. 多项式平方后留下的是不变化项,这意味着反对称多项式平方后在交换任意两个变量后不发生变化,即表现为对称多项式.

但不只是反对称多项式平方就能变为对称多项式. 如果我们把任意两个反对称多项式相乘,那么我们得到的乘积是对称多项式. 要知道,在交换任意两个变量的位置时,两个因式同时变号,然而乘积是不变的.

最后,当反对称多项式乘以对称多项式时得到反对称多项式. 事实上,在交换任意两个变量时,一个因式变号,另一个不变号.

## 16.2 关于反对称多项式的基本定理

借助上一节最后的结论可以建立若干反对称多项式,其充分条件是取任意一个多项式,用各类对称多项式乘以它,最后的乘积得到反对称多项式.

这里产生一个自然的问题:是否可以找到这样的反对称多项式,用各类对称多项式乘以它时,我们得到

的都是反对称多项式(由于给定数值变量)? 我们看到,这个问题的答案是肯定的.

现在开始着手于两个变量的多项式. 我们表示,在这种情况下,多项式中 $x$ 和 $y$ 表示的是未知的反对称多项式,也就是说下面的定理是正确的.

**定理1**　任意的由两个未知量表示的反对称多项式有下面的形式

$$f(x,y)=(x-y)g(x,y) \tag{①}$$

这里 $g(x,y)$ 是由 $x$ 和 $y$ 构成的对称多项式.

在证明这个定理之前,我们确立下面的引理.

**引理**　若 $f(x,y)$ 是反对称多项式,则 $f(x,y)=0$,也就是说,在变量 $x$ 和 $y$ 相等的情况下反对称多项式的值等于0.

**证明**　证明充分性发现,满足反对称多项式的条件可以写成

$$f(x,y)=-f(y,x)$$

在这个等式中令 $x=y$,我们得到关系式 $f(x,x)=-f(x,x)$,$f(x,x)=0$ 当且仅当这个关系式是唯一的.

所证明的引理可以简明地陈述为另一种形式,我们的目的是在多项式 $f(x,y)$ 中把 $x$ 的幂看成变量,而把变量 $y$ 看成系数. 比如:

若反对称多项式有如下形式

$$f(x,y)=x^4y^2-y^4x^2+x^4y-y^4x+x^3y^2-x^2y^3$$

则它可以改写成

$$f(x,y)=(y^2+y)x^4+y^2x^3-(y^4+y^3)x^2-y^4x$$

从引理的证明推导出,若在多项式中设 $x=y$,则它的值为0. 也就是说,值 $x=y$ 表现为把反对称多项式 $f(x,y)$ 看成关于 $x$ 的方程的根.

此时，由贝祖定理，多项式 $f(x,y)$ 整除 $x-y$，即

$$f(x,y)=(x-y)g(x,y)$$

这里 $g(x,y)$ 为任意多项式.

现在为了完成定理的证明，我们要表明多项式 $g(x,y)$ 的对称性. 为此，交换关系式 ① 中的 $x$ 与 $y$ 的位置

$$f(y,x)=(y-x)g(y,x)$$

这样的交换是允许的，因为关系式 ① 是恒等式，即当变量 $x$ 与 $y$ 取任何值时都成立. 由于条件

$$f(x,y)=-f(y,x) \text{ 和 } (x-y)=-(y-x)$$

故推导出

$$f(x,y)=(x-y)g(y,x)$$

比较这个关系式和等式 ①，得出

$$(x-y)g(x,y)=(x-y)g(y,x)$$

当 $x\neq y$ 时，$g(y,x)=g(x,y)$ 成立，当 $x=y$ 时，上面的等式表示为 $g(x,x)=g(x,x)$，这样显然成立. 于是，当任意的 $x,y$ 满足 $g(y,x)=g(x,y)$ 时，$g(x,y)$ 为对称多项式.

定理得证.

因此，构造含有两个变量的反对称多项式完全清楚的是：它们当中的每一项能整除 $x-y$，并且局部能得到对称多项式. 正是如此，观察由 3 个变量构成的多项式，若任意两个变量相等，则最初建立了能化为 0 的反对称多项式，也就是说

$$f(x,x,z)=f(x,y,x)=f(x,y,y)=0$$

对于任意反对称多项式 $f(x,y,z)$ 成立.

这之后应用贝祖定理，我们推出，每一个由 3 个变量构成的反对称多项式能整除关系式 $x-y$，$x-z$，

$y-z$. 有时它应该整除这些表达式的乘积，即反对称多项式为

$$T=(x-y)(x-z)(y-z)$$

也就是说，每一个反对称多项式可以写成

$$f(x,y,z)=(x-y)(x-z)(y-z)g(x,y,z) \quad ②$$

的形式，这里 $g(x,y,z)$ 为任意多项式. 对于含两个变量的多项式，我们接下来确认对称多项式 $g(x,y,z)$. 这个论证的详细过程我们留给读者完成.

这样，对于含 3 个变量 $x,y,z$ 的反对称多项式表示为多项式

$$T=(x-y)(x-z)(y-z)$$

与任意的含 3 个变量 $x,y,z$ 的对称多项式 $g(x,y,z)$ 的乘积(见式 ②).

### 练　习　题

1. 证明：若对称多项式 $f(x,y)$ 能整除 $x-y$，则它能整除 $(x-y)^2$.

2. 证明：若对称多项式 $f(x,y,z)$ 能整除 $x-y$，则它能整除多项式 $\Delta(x,y,z)=(x-y)^2(x-z)^2\cdot(y-z)^2$.

## 16.3　判别式及讨论方程根的应用

我们发现，在反对称多项式定理中起重要作用的是最简单的反对称多项式. 对于两个变量来说是多项式 $x-y$，对于 3 个变量来说是 $T=(x-y)(x-z)\cdot$

$(y-z)$. 最简单的反对称多项式的平方被称为判别式. 也就是说，若是两个变量，则判别式为 $\Delta=(x-y)^2$，若是 3 个变量，则判别式为

$$\Delta=(x-y)^2(x-z)^2(y-z)^2$$

我们已经讨论过更高次的判别式是对称多项式，并且得到用基础对称多项式表示的表达式，若这个表达式含两个变量，则判别式有如下形式

$$\Delta=\sigma_1^2-4\sigma_2$$

若是 3 个变量，则判别式的形式为

$$\Delta=-4\sigma_1^3\sigma_3+\sigma_1^2\sigma_2^2+18\sigma_1\sigma_2\sigma_3-4\sigma_2^3-27\sigma_3^2 \quad ③$$

为了证明，我们引用公式 ③ 借助于特殊值法的另一个结论. 判别式 $\Delta(x,y,z)$ 是六次齐次多项式，因此，在它的表达式中用 $\sigma_1,\sigma_2,\sigma_3$ 可以表示(系数任意)这样的齐次式 $\sigma_1^m\sigma_2^n\sigma_3^p$，其中 $m+2n+3p=6$(由于 $\sigma_1$ 为一次多项式，$\sigma_2$ 为二次多项式，$\sigma_3$ 为三次多项式). 方程 $m+2n+3p=6$ 有如表 1 所示的 7 组非负整数解.

**表 1**

| $m$ | $n$ | $p$ | $m$ | $n$ | $p$ |
|---|---|---|---|---|---|
| 6 | 0 | 0 | 1 | 1 | 1 |
| 4 | 1 | 0 | 0 | 3 | 0 |
| 3 | 0 | 1 | 0 | 0 | 2 |
| 2 | 2 | 0 | | | |

也就是说，用 $\sigma_1,\sigma_2,\sigma_3$ 表示的判别式有下面的形式

$$\Delta(x,y,z)=A\sigma_1^6+B\sigma_1^4\sigma_2+C\sigma_1^3\sigma_3+D\sigma_1^2\sigma_2^2+E\sigma_1\sigma_2\sigma_3+F\sigma_2^3+G\sigma_3^2 \quad (*)$$

这里 $A,B,C,D,E,F,G$ 为任意系数. 由于关系式(*)本身是恒等式，故我们可以交换这个关系式中的任意

$x,y,z$ 的值. 设 $x=1,y=z=0$,此时 $\sigma_1=1,\sigma_2=\sigma_3=0$,且

$$\Delta(1,0,0)=(1-0)^2(0-0)^2(0-1)^2=0$$

因此等式(*)具有形式 $0=A$. 于是求得系数 $A$.

现在设 $x=0,y=1,z=-1$;此时 $\sigma_1=0,\sigma_2=-1,\sigma_3=0,\Delta=4$,关系式(*)具有形式 $4=F(-1)^3$,即 $F=-4$.

当 $x=2,y=z=-1$ 时(即 $\sigma_1=0,\sigma_2=-3,\sigma_3=2$),我们由关系式(*)得到

$$(-4)\times(-3)^3+4G=0$$

这时我们求出 $G=-27$.

接下来设 $x=0,y=z=1$(即 $\sigma_1=2,\sigma_2=1,\sigma_3=0$),这些使我们($A=0,F=-4$ 已算出)得出下面的两个关系式

$$\begin{cases}16B+4D-4=0\\162B+36D-32=4\end{cases}$$

观察关于未知量 $B$ 和 $D$ 的方程组,很容易得到

$$B=0,D=1$$

最后,增加给出 $x,y,z$ 的两组值:1)$x=y=z=1$;2)$x=y=1,z=-1$. 我们得到(通过计算,系数 $A,B,C,D,F,G$ 我们已知道)下面的关系

$$27C+81+9E-108-27=0$$

$$-C+1+E+4-27=0$$

这里不难得出 $C=-4,E=18$.

于是所有系数 $A,B,C,D,E,F,G$ 得以确定. 把得到的系数值代入关系式(*)得到公式③.

判别式在数学方程理论中起着重要作用,借助于判别式可以知道符合方程的根,进而研究实数根.

我们开始让读者很好地了解了二次方程. 令 $x_1$ 和 $x_2$ 是下面二次方程的根

$$x^2+px+q=0$$

$p$ 和 $q$ 为实系数. 根据韦达定理有

$$\sigma_1=x_1+x_2=-p \text{ 和 } \sigma_2=x_1x_2=q$$

因此

$$\Delta=(x_1-x_2)^2=\sigma_1^2-4\sigma_2=p^2-4q \tag{4}$$

我们仅限于研究实系数方程,此时可以有 3 种可能性:

1) 方程的根是两个不等实根;

2) 方程有两个相等实根;

3) 方程的两个根是共轭复数.

判别式能解答同样类型的问题,最简单地阐明方程是否有相同根,要知道如果它们相等,即如果 $x_1=x_2$,那么 $\Delta=(x_1-x_2)^2=0$,否则相反. 利用公式④,我们得到下面的答案:二次方程 $x^2+px+q=0$ 的两根相等当且仅当 $p^2-4q=0$. 显然,如果根相等,那么它们为实数(因为 $x_1+x_2=-p$). 现在令 $x_1$ 和 $x_2$ 不相等,即 $\Delta\neq 0$. 我们阐明,有时根为实数 $m$,有时根为共轭复数. 如果 $x_1$ 和 $x_2$ 是实数,那么 $x_1-x_2$ 也是实数,$\Delta=(x_1-x_2)^2$ 是正数. 如果根 $x_1$ 和 $x_2$ 是共轭复数,即

$$x_1=\alpha+\beta\mathrm{i}, x_2=\alpha-\beta\mathrm{i}$$

$x_1-x_2=2\beta\mathrm{i}$,因此 $\Delta=(x_1-x_2)^2=-4\beta^2$ 是负数. 回想一下 $\Delta=p^2-4q$(见式④),我们能得到下列结果:

令 $x^2+px+q=0$ 为实系数二次方程:

1) 当 $\Delta=p^2-4q>0$ 时,方程有两个不同的实根;

2) 当 $\Delta=p^2-4q=0$ 时,方程有两个相等的实根;

3) 当 $\Delta=p^2-4q<0$ 时,方程有两个共轭复数根.

也就是说，当二次方程的判别式满足各种情况时，实系数方程 $x^2+px+q=0$ 有两个不同的实根、两个相等的实根或两个复数根. 由此联系到判别式的来源(拉丁文叫作区差别).

观察下面的三次方程

$$x^3+nx^2+px+q=0$$

系数 $n,p,q$ 为实数，这里可以发现这些情况：

1）方程有 3 个互不相等的实根；

2）方程的 3 个实数根有两个相等，而第三个和它们不等；

3）方程的 3 个根相等(都是实数)；

4）方程的一个根是实数，而另两个根是共轭复数；

5）无解.

为了区别这些情况，重新构造方程的 3 个根 $x_1$，$x_2$，$x_3$ 的判别式，即表达式

$$\Delta=(x_1-x_2)^2(x_1-x_3)^2(x_2-x_3)^2 \quad (**)$$

由二次方程的韦达公式有

$$\sigma_1=x_1+x_2+x_3=-n$$

$$\sigma_2=x_1x_2+x_1x_3+x_2x_3=p$$

$$\sigma_3=x_1x_2x_3=-q$$

因此类似于公式 ③ 有

$$\Delta=-4n^3q+n^2p^2+18npq-4p^3-27q^2$$

显然，如果任意两个根相等，那么表达式(**)的一个括号变为 0，此时判别式等于 0. 如果所有根两两不同(即它们中的任何一对不相等)，那么表达式(**)中所有的括号都不等于 0，因此判别式不等于 0. 于是方程

$$x^3+nx^2+px+q=0$$

有两个相等的根的充要条件是 $\Delta=0$.

现在让二次方程的所有根为不相等的实数，此时

$$T=(x_1-x_2)(x_1-x_3)(x_2-x_3)$$

是不等于 0 的实数，这意味着

$$\Delta=(x_1-x_2)^2(x_1-x_3)^2(x_2-x_3)^2$$

是正数.

最后，令根 $x_1$ 为实数，而根 $x_2=\alpha+\beta\mathrm{i}$ 和 $x_3=\alpha-\beta\mathrm{i}$ 为共轭复数，表示为

$$T=(x_1-\alpha-\beta\mathrm{i})(x_1-\alpha+\beta\mathrm{i})\cdot 2\beta\mathrm{i}=2[(x_1-\alpha)^2+\beta^2]\beta\mathrm{i}$$

因此

$$\Delta=T^2=-4[(x_1-\alpha)^2+\beta^2]^2\beta^2<0$$

于是我们证明了下列结论：

令 $x^3+nx^2+px+q=0$ 是实系数三次方程，且

$$\Delta=-4n^3q+n^2p^2+18npq-4p^3-27q^2$$

为这个方程的判别式，此时：

1）若 $\Delta>0$，则 3 个根 $x_1,x_2,x_3$ 为互不相等的实根；

2）若 $\Delta=0$，则方程的根中有两个相等；

3）若 $\Delta<0$，则方程的一个根是实数，而其他两个根是共轭复数.

有时方程的两个根相等而第三个根与它们不等，有时 3 个根彼此相等. 以上情况，判别式已经无法给出，应该找其他的对称多项式. 最简单的是在这种情况下借助于判别式取对称多项式

$$\Delta_1=(x_1-x_2)^2+(x_2-x_3)^2+(x_3-x_1)^2=2(\sigma_1^2-3\sigma_2)=2(n^2-3p)$$

显然,若根 $x_1,x_2,x_3$ 是实数,则表达式在 3 个根 $x_1,x_2,x_3$ 相等的时候化为 0. 也就是说,若三次方程

$$x^3+nx^2+px+q=0$$

的判别式为 0,则当 $n^2-3p\neq 0$ 时,这个方程的两个根相等,而第三个根和它们不等. 当 $n^2-3p=0$ 时,方程的 3 个根两两相等.

在结论中我们发现:若将新的变量 $y$ 按公式 $x=y-\frac{n}{3}$ 代入任意的三次多项式 $x^3+nx^2+px+q$ 中,则这个三次多项式变形为 $y^3+Py+Q$,即在它中消去了含有未知量平方的项(我们没有写出用 $n,p,q$ 表示新系数 $P$ 和 $Q$ 的公式,并不代表得到这些公式很难),也就是说任何一个三次方程都可以通过代换推导出形式 $y^3+Py+Q$.

若方程已知推导出这样的形式,则对于 $\Delta$ 和 $\Delta_1$ 的表达式化成最简形式为

$$\Delta=-4P^3-27Q^2$$
$$\Delta_1=-6P$$

### 练　习　题

1. 证明:若三次方程 $x^3-px-2q=0$ 的根(这里 $p,q$ 为整数)为整数,则 $p^3-27q^2$ 是完全平方式.

## 16.4　应用判别式证明不等式

用前面几点结论可以立刻推导出下面的定理:

**定理 2**　令 $\sigma_1,\sigma_2,\sigma_3$ 为实数,对于那些由下列方

程组确定

$$\begin{cases}x+y+z=\sigma_1\\xy+xz+yz=\sigma_2\\xyz=\sigma_3\end{cases}$$

的 $x,y,z$，其根为实数的充要条件是判别式 $\Delta(x,y,z)$（参考式 ③）是非负数（若 $x,y,z$ 当中有两个相等，则在这种情况下只有唯一的等式 $\Delta(x,y,z)=0$）.

**证明**　$x,y,z$ 是三次方程

$$u^3-\sigma_1u^2+\sigma_2u-\sigma_3=0$$

的根，方程的所有系数为实数. 因此根是实数当且仅当 $\Delta(x,y,z)\geqslant 0$.

**推论**　对于 3 个数 $x,y,z$ 不只是实数且是非负数的充要条件是除了 $\Delta(x,y,z)\geqslant 0$ 还要满足关系式

$$\sigma_1\geqslant 0,\sigma_2\geqslant 0,\sigma_3\geqslant 0 \tag{⑤}$$

事实上，很显然，若数 $x,y,z$ 是非负的，则关系式 ⑤ 正确. 相反，若对于实数 $x,y,z$ 使式 ③ 成立，我们指出，在这种情况下，它们是非负的，数 $x,y,z$ 是方程

$$u^3-\sigma_1u^2+\sigma_2u-\sigma_3=0 \tag{*}$$

的根. 因而足以证明，这些方程没有负根. 设 $u=-v$，我们得到三次方程

$$v^3+\sigma_1v^2+\sigma_2v+\sigma_3=0$$

因为 $\sigma_1\geqslant 0,\sigma_2\geqslant 0,\sigma_3\geqslant 0$，所以当 $v$ 为任意的正数时，这个方程的左边也是正的. 这意味着它没有正根. 由于 $u=-v$，故得出方程（*）没有负根，结论得证.

我们发现，因为不等式 $\Delta(x,y,z)\geqslant 0$ 的充要条件是 3 个数 $x,y,z$ 都是实数，所以任何涉及量 $\sigma_1,\sigma_2,\sigma_3$ 的实数，当 $x,y,z$ 为任意实数时应该推导出不等式 $\Delta(x,y,z)\geqslant 0$.

局部成立的不等式涉及量 $\sigma_1,\sigma_2,\sigma_3$ 时，当 $x,y,z$ 为任意实数时可以推导出 $\Delta(x,y,z)\geqslant 0$. 正是这样绑定值 $\sigma_1,\sigma_2,\sigma_3$ 的任意不等式，当 $x,y,z$ 为任意非负数时是正确的，可以由关系式 $\Delta(x,y,z)\geqslant 0$ 和不等式⑤得出证明不等式的一般方法.

但是证明的这种方法就如法则的推导一样非常复杂和预先非显而易见. 这就是为什么我们在 15.4 中不介绍这种方法而是利用其他的更多的普通方法.

对于例题我们指出，由关系式 $\Delta(x,y,z)\geqslant 0$ 可推导出 15.3 中的不等式 ①(我们发现，所有的余下的不等式，都引用 15.3 中的不等式 ① 推出).

利用关系式③时重写不等式 $\Delta(x,y,z)\geqslant 0$，对于任意实数 $x,y,z$ 在下面的形式中都是正确的

$$\sigma_1^2\sigma_2^2-4\sigma_2^3-4\sigma_1^3\sigma_3+18\sigma_1\sigma_2\sigma_3-27\sigma_3^2\geqslant 0$$

其次，在这个不等式的左边观察关于 $\sigma_3$ 的二次多项式，将 $-27$ 提到括号外，分离出完全平方式

$$\begin{aligned}\Delta(x,y,z)=&\sigma_1^2\sigma_2^2-4\sigma_2^3-4\sigma_1^3\sigma_3+18\sigma_1\sigma_2\sigma_3-27\sigma_3^2=\\&-27\Big[\sigma_3^2+\Big(\frac{4}{27}\sigma_1^3-\frac{2}{3}\sigma_1\sigma_2\Big)\sigma_3+\\&\Big(\frac{4}{27}\sigma_2^3-\frac{1}{27}\sigma_1^2\sigma_2^2\Big)\Big]=\\&-27\Big\{\Big[\sigma_3+\Big(\frac{2}{27}\sigma_1^3-\frac{1}{3}\sigma_1\sigma_2\Big)\Big]^2+\\&\Big(\frac{4}{27}\sigma_2^3-\frac{1}{27}\sigma_1^2\sigma_2^2\Big)-\Big(\frac{2}{27}\sigma_1^3-\frac{1}{3}\sigma_1\sigma_2\Big)^2\Big\}=\\&-27\Big[\sigma_3+\frac{2}{27}\sigma_1^3-\frac{1}{3}\sigma_1\sigma_2\Big]^2+\\&\Big(\frac{4}{27}\sigma_1^6-\frac{4}{3}\sigma_1^4\sigma_2+4\sigma_1^2\sigma_2^2-4\sigma_2^3\Big)=\end{aligned}$$

$$-27\left(\sigma_3+\frac{2}{27}\sigma_1^3-\frac{1}{3}\sigma_1\sigma_2\right)^2+\frac{4}{27}(\sigma_1^2-3\sigma_2)^3$$

因为 $\Delta(x,y,z)\geqslant 0$,所以我们有

$$-27\left(\sigma_3+\frac{2}{27}\sigma_1^3-\frac{1}{3}\sigma_1\sigma_2\right)^2+\frac{4}{27}(\sigma_1^2-3\sigma_2)^3\geqslant 0$$

或者

$$\frac{4}{27}(\sigma_1^2-3\sigma_2)^3\geqslant 27\left(\sigma_3+\frac{2}{27}\sigma_1^3-\frac{1}{3}\sigma_1\sigma_2\right)^2$$

上式右边最后的等式明显是非负的,因此

$$\frac{4}{27}(\sigma_1^2-3\sigma_2)^3\geqslant 0$$

即

$$(\sigma_1^2-3\sigma_2)^3\geqslant 0$$

最后,开三次方根(这个运算不改变不等式的符号),我们得到所求的关系式 $\sigma_1^2-3\sigma_2\geqslant 0$.

### 练　习　题

1. 证明:若实数 $a,b,c$ 满足条件 $abc>0,a+b+c>0$,则 $a^n+b^n+c^n>0$($n$ 为任意自然数).

## 16.5　偶置换和奇置换

给出的含 3 个变量 $x,y,z$ 的对称多项式,可以简述为其他几种形式.我们观察变量 $x,y,z$ 的任意排列.

6 个这样的变换表现为:$x$ 可以换到 $x,y,z$ 的任意一个位置,以便在这 3 种情况的任一个中,$y$ 可以转换为剩下两个变量的任何一个(在这种情况下,若已经清楚交换 $x$ 和 $y$,则对于 $z$ 剩下的只有一种可能,它应该

换到剩下变量的第三个位置). 变量 $x,y,z$ 的所有这 6 种可能的变换如图 4 所示.

| | | | | | | | | |
|---|---|---|---|---|---|---|---|---|
| $x$ | $y$ | $z$ | $x$ | $y$ | $z$ | $x$ | $y$ | $z$ |
| $\updownarrow$ | $\updownarrow$ | $\updownarrow$ | $\updownarrow$ | $\updownarrow$ | $\updownarrow$ | $\updownarrow$ | $\updownarrow$ | $\updownarrow$ |
| $x$ | $z$ | $y$ | $z$ | $y$ | $x$ | $y$ | $x$ | $z$ |
| | | | | | | | | |
| $x$ | $y$ | $z$ | $x$ | $y$ | $z$ | $x$ | $y$ | $z$ |
| $\updownarrow$ | $\updownarrow$ | $\updownarrow$ | $\updownarrow$ | $\updownarrow$ | $\updownarrow$ | $\updownarrow$ | $\updownarrow$ | $\updownarrow$ |
| $x$ | $y$ | $z$ | $y$ | $z$ | $x$ | $z$ | $x$ | $y$ |

**图 4**

第一行的三个排列的任一组对于任意两个变量交换位置而第三个变量不变. 也就是说,第一行给我们两个变量变换的所有可能性. 第一种变换在第二行表现为恒等的,即说明变量逐次地由一个变成另一个(比如,在第二行第二个置换中 $x$ 换成 $y$,$y$ 换成 $z$,而 $z$ 又换成 $x$),即这些置换可以用图表的形式表示成环(见图 5),或者叫作数学周期性. 也就是说,在循环置换的情况下,每一个变量都按圆形变换到下一个.

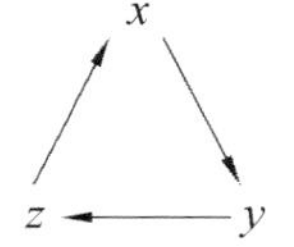


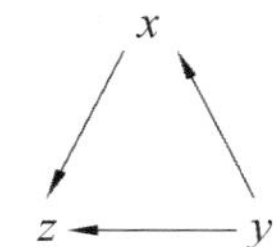


**图 5**

由定义,若多项式 $f(x,y,z)$ 在置换两个未知量的情况下不发生变化,则称为对称的,即如果再引入更高次的一组,在第一行所描述的置换下它不发生变化.

当然,对称多项式(或者一般的任意多项式)在恒等置换下不发生变化,任何变量 $x,y,z$ 都不改变自己的值.

引出一个问题,余下的对称多项式在周期置换下是否发生变化?这是可以判断的,问题在于,若完成一个到另一个的两次置换,则由周期置换可以逐个得出.例如,若开始交换 $x$ 和 $y$ 的位置,而这之后交换 $x$ 和 $z$ 的位置,则结果 $x$ 到 $y$,$y$ 到 $z$,$z$ 到 $x$,即得到周期变换.在两个变量的任一个置换中,对称多项式都是不变的.因此,若实现两个变量的两次变换,它不发生变化,则意味着在周期变换的情况下不发生变化

$$f(x,y,z)=f(y,z,x)=f(z,x,y)$$

于是,关于 3 个变量的对称多项式的定义可以简述为下列形式:

含 3 个变量的多项式称为对称多项式,如果在变量的任何变换下它都不发生变化.

图 4 中第一行的表达式的置换称为奇置换.为了得到第二行的置换,两个变量需要进行偶数次交换(对于周期变换需要两次,而对于恒等变换需要 0 次),如果把两个变量交换奇数次(可以是 1 次),那么得到第一行的置换(可以说明,我们不需要这些,一般情况下,如果我们将任意两个变量置换偶数次,那么在结果中我们得到下一行的一个变换,而如果变换奇数次,那么得到第一行的一个变换).

如何能表示在不同置换下的反对称多项式?按定义,它们在奇数次变换下变号(即在任意两个变量的置换下都可以得到图 4 的第一行),在偶数次变换下,反对称多项式不发生变化:要知道如果将两个变量进行偶数次置换,那么反对称多项式要变换偶数次符号,即在结果中它自身没有发生变化.

于是对称和反对称多项式在变量 $x,y,z$ 进行偶数次变换下不发生改变(在这种情况下,对称多项式在奇数次变换时也不发生变化).

## 16.6　偶对称多项式

联立对称和反对称多项式自然想到多项式组. 我们称多项式为偶对称多项式,如果它在变量 $x,y,z$ 的任意偶次变换下都不发生改变. 正如我们所看到的,对称多项式和反对称多项式都属于偶对称多项式.

这里产生一个问题,如果有更多的多项式组可以得到多少偶对称多项式? 可以表明,解不出最大的量.

任意一个偶对称多项式都是一个对称多项式和一个反对称多项式的和.

为了证明,我们取偶对称多项式 $P(x,y,z)$ 且交换它的变量 $x$ 和 $y$,在这种情况下得出普通多项式 $Q(x,y,z)$,但如果将多项式 $Q(x,y,z)$ 中的任意两个变量置换,那么由条件又得到多项式 $P(x,y,z)$(因为种种原因,两次完成两个变量,一个到另一个的置换相当于变量 $x,y,z$ 的偶置换,而在偶置换下的多项式 $P(x,y,z)$ 不变). 从另一方面,在多项式 $P(x,y,z)$ 中置换其他两个变量时,可以得到多项式 $Q(x,y,z)$.

于是,任意转换两个变量可以将多项式 $P$ 转化为 $Q$,多项式 $Q$ 可以转化为 $P$. 则当多项式

$$F(x,y,z)=P(x,y,z)+Q(x,y,z)$$

时,任意置换两个变量,多项式不变(项可以改变位置),因此它是对称的. 多项式

$$H(x,y,z)=P(x,y,z)-Q(x,y,z)$$

为反对称多项式，显然

$$P(x,y,z)=\frac{1}{2}F(x,y,z)+\frac{1}{2}H(x,y,z)$$

于是可以证明出任意一个偶对称多项式是一个对称多项式和一个反对称多项式的和.

我们了解了对称和反对称多项式的构造后得出下面的结果：

任意一个由 3 个变量 $x,y,z$ 构成的偶对称多项式都可以写成由 $\sigma_1,\sigma_2,\sigma_3$ 构成的某一多项式，且

$$T=(x-y)(x-z)(y-z)$$

多项式 $T$ 的表达式不高于一次，因此多项式 $T^2=\Delta$ 是对称的，且表达式可以用 $\sigma_1,\sigma_2,\sigma_3$ 表示.

我们发现，对于含两个变量 $x,y$ 的多项式，所有说法都是正确的，变量 $x,y$ 存在图 6 中的变换. 它们中的第一个变换（变换 $x$ 与 $y$ 的位置）是奇变换，而第二个（恒等变换）是偶变换. 因此恒等变换是偶次的. 多项式是偶对称时在恒等变换的情况下不改变，也就是说任何含两个变量的多项式都可以认为是偶对称的. 由此可见，两个变量有下面的形式：任意一个含有两个变量的多项式 $P(x,y)$ 是一个对称多项式和一个反对称多项式的和. 也就是说 $P(x,y)=f(x,y)+(x-y)g(x,y)$，这里 $f$ 和 $g$ 是对称多项式. 对于 3 个变量的情况也可类似得出.

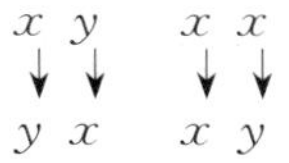


**图 6**

# 基础代数的应用

# 第17章

## 17.1 因式分解

在 16.2 中所证明的关于反对称多项式的基本定理是忽略了基础代数的整数题,因为任意一个含 3 个变量 $x,y,z$ 的反对称多项式整除多项式

$$T(x,y,z)=(x-y)(x-z)(y-z)$$

所以我们立刻得到任意反对称多项式 $f(x,y,z)$ 的可能的因式分解

$$f(x,y,z)=T(x,y,z)\cdot g(x,y,z)$$

这里 $g(x,y,z)$ 是对称多项式.按自身顺序,对称多项式 $g(x,y,z)$ 有时可能分解为 15.2 中的多项式.我们发现,求商

$$g(x,y,z)=\frac{f(x,y,z)}{T(x,y,z)}$$

不适用于反对称多项式 $f(x,y,z)$ 除以三次多项式 $T(x,y,z)$，最多适用于(当多项式 $f(x,y,z)$ 不是最高次的时候)商值的表示方式，即如果反对称多项式 $f(x,y,z)$ 是三次的，商

$$\frac{f(x,y,z)}{T(x,y,z)} \qquad (**)$$

是零次幂多项式，即存在常数 $k$，使

$$f(x,y,z)=kT(x,y,z)$$

这个关系式是恒等的，即当 $x,y,z$ 为任何值时都是正确的. 因此，对于确定实数 $k$ 的充要条件是在最后的等式中给出 $x,y,z$ 的任何值(两两不同)，因此实数 $k$ 是定值.

如果反对称多项式 $f(x,y,z)$ 是四次的齐次多项式，那么商(* *)是一次的齐次多项式，即有 $k\sigma_1$ 的形式

$$f(x,y,z)=kT(x,y,z)\cdot\sigma_1 \quad (k \text{ 是实数})$$

这里对于确定未知系数 $k$ 的充要条件是给出 $x,y,z$ 的任何数值.

类似的，如果 $f(x,y,z)$ 是五次的齐次反对称多项式，那么商(* *)是二次的齐次对称多项式，即有表达式 $k\sigma_1^2+l\sigma_2$，这里 $k$ 和 $l$ 是未知系数，即

$$f(x,y,z)=T(x,y,z)\cdot(k\sigma_1^2+l\sigma_2)$$

为了求得两个未知系数 $k$ 和 $l$，我们应该给出 $x,y,z$ 的几组数值.

如果 $f(x,y,z)$ 是六次的齐次反对称多项式，那么

$$f(x,y,z)=T(x,y,z)\cdot(k\sigma_1^3+l\sigma_1\sigma_2+m\sigma_3)$$

等等.

观察下面的例题.

**例 1**　将下面的多项式因式分解

$f(x,y,z)=(x-y)^3+(y-z)^3+(z-x)^3$

**解**　显然这个多项式是反对称的,它是三次幂的,则

$$f(x,y,z)=kT(x,y,z)$$

为了求出系数 $k$,令 $x=0,y=1,z=2$,我们得到 $6=-2k$,则 $k=-3$. 也就是说

$$(x-y)^3+(y-z)^3+(z-x)^3=$$
$$-3(x-y)(x-z)(y-z)=$$
$$3(x-y)(y-z)(z-x)$$

**例 2**　将下面的多项式因式分解

$f(x,y,z)=yz(y^2-z^2)+xz(z^2-x^2)+xy(x^2-y^2)$

**解**　根据前面所述,我们有

$$f(x,y,z)=kT(x,y,z)\cdot\sigma_1$$

即

$$yz(y^2-z^2)+xz(z^2-x^2)+xy(x^2-y^2)=$$
$$k(x+y+z)(x-y)(x-z)(y-z)$$

为了求出系数 $k$,令 $x=0,y=1,z=2$,我们得到$k=1$,然后

$$yz(y^2-z^2)+xz(z^2-x^2)+xy(x^2-y^2)=$$
$$(x+y+z)(x-y)(x-z)(y-z)$$

**例 3**　将下面的多项式因式分解

$$f(x,y,z)=$$
$$x^3(y^2-z^2)+y^3(x^2-z^2)+z^3(x^2-y^2)$$

**解**　这个反对称多项式是五次幂多项式,因此

$$f(x,y,z)=T(x,y,z)\cdot(k\sigma_1^2+l\sigma_2)$$

在这个等式中先令 $x=-1,y=1,z=2$,就有

$$\sigma_1=0,\sigma_2=-1,f(x,y,z)=2,T(x,y,z)=-2$$

因此

$$2=-2(-l),l=1$$

正是如此,我们再令 $x=0,y=1,z=2$,我们求出

$$-4=-2(9k+2l)$$

由于 $l=1$,这里我们得到 $k=0$. 也就是说

$$f(x,y,z)=x^3(y^2-z^2)+y^3(z^2-x^2)+z^3(x^2-y^2)=\\(x-y)(x-z)(y-z)(xy+xz+yz)$$

## 练　习　题

1. 将下列反对称多项式因式分解:

1) $x(y^2-z^2)+y(z^2-x^2)+z(x^2-y^2)$;

2) $(b-c)(a-b+c)(a+b-c)+(c-a)(a+b-c)(-a+b+c)+(a-b)(-a+b+c)(a-b+c)$;

3) $(b-c)(b+c)^2+(c-a)(c+a)^2+(a-b)\cdot(a+b)^2$;

4) $ab(a-b)+bc(b-c)+ca(c-a)$;

5) $a(b-c)^3+b(c-a)^3+c(a-b)^3$;

6) $x^3(y-z)+y^3(z-x)+z^3(x-y)$;

7) $x(y+z)(y^2-z^2)+y(z+x)(z^2-x^2)+z(x+y)(x^2-y^2)$;

8) $(b-c)(b+c)^3+(c-a)(c+a)^3+(a-b)\cdot(a+b)^3$;

9) $(y-z)^5+(z-x)^5+(x-y)^5$;

10) $(b-c)(b+c)^4+(c-a)(c+a)^4+(a-b)\cdot(a+b)^4$;

11) $a^4(b-c)+b^4(c-a)+c^4(a-b)$;

12) $a^2(a+b)(a+c)(b-c)+b^2(b+c)(b+a)\cdot(c-a)+c^2(c+a)(c+b)(a-b)$;

13) $x^4(y^2-z^2)+y^4(z^2-x^2)+z^4(x^2-y^2)$;

14) $a^2(b-c)(a-b+c)(a+b-c)+b^2(c-a)\cdot(a+b-c)(b+c-a)+c^2(a-b)(b+c-a)(c+a-b)$.

2. 证明：当 $q$ 和 $r$ 为任意自然数时，多项式

$$x^q y^r + y^q z^r + z^q x^r - x^r y^q - y^r z^q - z^r x^q$$

能整除 $(x-y)(x-z)(y-z)$.

3. 证明：当 $q$ 和 $r$ 为任意自然数时，多项式

$$x^p y^q z^r + y^p z^q x^r + z^p x^q y^r - x^r y^q z^p - y^r z^q x^p - z^r x^q y^p$$

能整除 $(x-y)(x-z)(y-z)$.

4. 证明：若两两互不相等的有理数 $x,y,z$ 满足关系式

$$(y-z)\sqrt[3]{1-x^3}+(z-x)\sqrt[3]{1-y^3}+(x-y)\sqrt[3]{1-z^3}=0$$

则

$$(1-x^3)(1-y^3)(1-z^3)=(1-xyz)^3$$

## 17.2　证明恒等式和化简代数式

在前一节中考察的因式分解也适用于其他代数题. 例如，这些方法可以成功地应用到恒等式的证明中，它的左右两部分由反对称多项式构成，正是这样，如果分式的分子和分母由含 3 个变量的多项式构成，那么分式显然可以化简为 $T(x,y,z)$ 的形式. 观察下面的例题.

**例 4** 证明恒等式

$$a^4(b^2-c^2)+b^4(c^2-a^2)+c^4(a^2-b^2)=$$
$$[a^2(b-c)+b^2(c-a)+c^2(a-b)]\cdot$$
$$(a+b)(b+c)(c+a)$$

**证明** 上式两边由六次反对称多项式构成，左边可以表示成

$$a^4(b^2-c^2)+b^4(c^2-a^2)+c^4(a^2-b^2)=$$
$$T(a,b,c)(k\sigma_1^3+l\sigma_1\sigma_2+m\sigma_3)$$

其中 $T(a,b,c)=(a-b)(a-c)(b-c)$，而 $k,l,m$ 是整系数. 令 $a=-1,b=-2,c=3$，我们将求出等式 $-120=20\times6m$，得出 $m=-1$. 继续令 $a=1,b=2,c=-\frac{2}{3}$（这些值的取法是为了使 $\sigma_2=0$），我们得到

$$-\frac{160}{27}=-\frac{40}{9}\left(\frac{343}{27}k-\frac{4}{3}m\right)$$

通过计算得到 $m=-1$，我们有 $k=0$. 最后令 $a=0,b=1,c=2$，我们很容易得出最后的未知系数 $l=1$，于是等式左边为

$$T(a,b,c)\cdot(\sigma_1\sigma_2-\sigma_3)$$

现在转移到证明恒等式的右边. 把含二次幂的括号里的表达式变换为三次的反对称多项式，因此它等于 $p\cdot T(a,b,c)$，这里 $p$ 为任意系数. 给出量 $a,b,c$ 的任意值（例如 $a=0,b=1,c=2$）很容易求得 $p=1$，也就是说，含二次幂的括号里的表达式等于 $T(a,b,c)$. 对于证明恒等式只剩下化简右边的第二个因式等于 $\sigma_1\sigma_2-\sigma_3$，即

$$(a+b)(b+c)(c+a)=\sigma_1\sigma_2-\sigma_3$$

这些已经非常简单，请读者自证.

**例 5** 化简表达式

$$\frac{a-b}{a+b}+\frac{b-c}{b+c}+\frac{c-a}{c+a}$$

**解**　将分母通分得到

$$\frac{a-b}{a+b}+\frac{b-c}{b+c}+\frac{c-a}{c+a}=$$
$$\frac{(a-b)(b+c)(c+a)+(b-c)(a+b)(c+a)+(c-a)(a+b)(b+c)}{(a+b)(b+c)(c+a)}$$

等式右边的分子是三次反对称多项式，因为多项式 $T(a,b,c)=(a-b)(a-c)(b-c)$ 是成比例的，即

$$\begin{aligned}&(a-b)(b+c)(c+a)+\\&(b-c)(c+a)(a+b)+\\&(c-a)(a+b)(b+c)=\\&k(a-b)(a-c)(b-c)\end{aligned}$$

如前面，我们求得 $k=1$，因而

$$\frac{a-b}{a+b}+\frac{b-c}{b+c}+\frac{c-a}{c+a}=\frac{(a-b)(b-c)(a-c)}{(a+b)(b+c)(c+a)}$$

## 练　习　题

1. 证明：当 $a+b+c=0$ 时，下列恒等式成立

$$\left(\frac{a^2}{b-c}+\frac{b^2}{c-a}+\frac{c^2}{a-b}\right)\left(\frac{b-c}{a^2}+\frac{c-a}{b^2}+\frac{a-b}{c^2}\right)=$$
$$4abc\left(\frac{1}{a}+\frac{1}{b}+\frac{1}{c}\right)^3$$

2. 化简下列表达式：

1) $\dfrac{a-b}{a+b}+\dfrac{b-c}{b+c}+\dfrac{c-a}{c+a}+\dfrac{(a-b)(b-c)(c-a)}{(a+b)(b+c)(c+a)}$；

2) $\dfrac{x^3(y^2-z^2)+y^3(z^2-x^2)+z^3(x^2-y^2)}{x^3(y-z)+y^3(z-x)+z^3(x-y)}$；

3) $\dfrac{(a^2-b^2)^3+(b^2-c^2)^3+(c^2-a^2)^3}{(a-b)^3+(b-c)^3+(c-a)^3}$；

4) $\dfrac{x^4(y-z)+y^4(z-x)+z^4(x-y)}{(y+z)^2+(z+x)^2+(x+y)^2}$;

5) $\dfrac{x^3(y-z)+y^3(z-x)+z^3(x-y)}{x^2(y-z)+y^2(z-x)+z^2(x-y)}$;

6) $\dfrac{x^4(y^2-z^2)+y^4(z^2-x^2)+z^4(x^2-y^2)}{x^2(y-z)+y^2(z-x)+z^2(x-y)}$;

7) $\dfrac{1}{a(a-b)(a-c)}+\dfrac{1}{b(b-a)(b-c)}+\dfrac{1}{c(c-a)(c-b)}$;

8) $\dfrac{1}{a^2(a-b)(a-c)}+\dfrac{1}{b^2(b-a)(b-c)}+\dfrac{1}{c^2(c-a)(c-b)}$;

9) $\dfrac{a^3}{(a-b)(a-c)}+\dfrac{b^3}{(b-a)(b-c)}+\dfrac{c^3}{(c-a)(c-b)}$;

10) $\dfrac{a^4}{(a-b)(a-c)}+\dfrac{b^4}{(b-a)(b-c)}+\dfrac{c^4}{(c-a)(c-b)}$;

11) $\dfrac{a^2(a+b)(a+c)}{(a-b)(a-c)}+\dfrac{b^2(b+a)(b+c)}{(b-a)(b-c)}+\dfrac{c^2(c+a)(c+b)}{(c-a)(c-b)}$;

12) $\dfrac{\dfrac{b^2-c^2}{a}+\dfrac{c^2-a^2}{b}+\dfrac{a^2-b^2}{c}}{\dfrac{b-c}{a}+\dfrac{c-a}{b}+\dfrac{a-b}{c}}$.

3. 如果 $x+y+z=0$,计算下面多项式的值

$$\left(\frac{y-z}{x}+\frac{z-x}{y}+\frac{x-y}{z}\right)\left(\frac{x}{y-z}+\frac{y}{z-x}+\frac{z}{x-y}\right)$$

4. 解下面的方程组

$$\begin{cases}yz(y^2-z^2)+xz(x^2-z^2)+xy(x^2-y^2)=-12\\x^3(y^2-z^2)+y^3(z^2-x^2)+z^3(x^2-y^2)=-22\\(x-y)^3+(y-z)^3+(z-x)^3=6\end{cases}$$

## 17.3　含 3 个变量的对称多项式的因式分解

若含 3 个变量的多项式是对称的，则很容易求出它的因式分解. 两个未知量的对称和反对称因式可能含于这个分解中，在这种情况下，若反对称因式 $h(x,y,z)$ 含于分解中，则由于分解多项式的对称性，应该可以用 6 种不同方式重排. 按此，一般来说，和反对称因式 $h(x,y,z)$ 一起应该还包含五次因式. 但是，若因式 $h(x,y,z)$ 自身有部分对称，则补充因式的数量会降低对称性. 若因式 $h(x,y,z)$ 是关于 $x,y$ 对称的，即满足条件

$$h(x,y,z)=h(y,x,z)$$

则当置换变量 $x,y,z$ 时，还可以得到两个区别于它的因式 $h(y,z,x)$ 和 $h(z,x,y)$（它们借助于周期置换得到）. 若多项式 $h(x,y,z)$ 是偶对称的，即具有那些自身变形的等式

$$h(x,y,z)=h(y,z,x)=h(z,x,y)$$

则在分解式中和它们关联的只有一个因式 $h(y,x,z)$.

于是对称多项式 $f(x,y,z)$ 的因式分解可能包含下列因式的形式：

1）对称多项式 $h(x,y,z)$；

2）乘积形式 $h(x,y,z)\cdot h(y,x,z)$，这里 $h(x,y,z)$ 是偶对称的置换变量；

3）乘积形式 $h(x,y,z)\cdot h(y,z,x)\cdot h(z,x,y)$，这里 $h(x,y,z)$ 是关于 $x$ 和 $y$ 的对称多项式；

4）乘积形式 $h(x,y,z)\cdot h(y,x,z)\cdot h(x,z,y)\cdot h(z,x,y)\cdot h(y,z,x)\cdot h(z,y,x)$，这里 $h(x,y,z)$ 是具有对称性的多项式.

我们现在表明，上面的标注表示分解对称多项式

的因式,分解对称多项式已经在 15.2 中研究过.观察下面的例题.

**例 6** 将下面的多项式因式分解

$$f(x,y,z)=2x^3+2y^3+2z^3+7x^2y+7xy^2+7x^2z+7xz^2+7y^2z+7yz^2+16xyz$$

**解** 这里容易转化为 $\sigma_1,\sigma_2,\sigma_3$ 的基础对称多项式.事实上,借助第 14 章中的式 ② 和式 ⑥,我们容易求出

$$f(x,y,z)=2\sigma_1^3+\sigma_1\sigma_2+\sigma_3$$

而这个多项式不能因式分解.也就是说,所研究的多项式没有对称因子,因此,我们的多项式的幂等于 3,则它可以分解成 3 个一次因式乘积的形式,没有余数,这些因式应该是关于两个变量对称的(在相反的情况下,我们得到的不是 3 个而是 6 个因式,多项式的次数等于 6).含 $x,y,z$ 的一次多项式关于 $x$ 和 $y$ 对称,有形式 $ax+ay+bz$,因此未知的因式分解应该在下列形式中找到

$$\begin{aligned}&2x^3+2y^3+2z^3+7x^2y+7xy^2+7x^2z+\\&7xz^2+7y^2z+7yz^2+16xyz=\\&(ax+ay+bz)(ax+by+az)(bx+ay+az)\end{aligned}\qquad(*)$$

接下来应该求出系数 $a$ 和 $b$.首先,我们在构造的等式 $(*)$ 中令 $x=1,y=1,z=1$,得到 $64=(2a+b)^3$,推出 $2a+b=4$;其次,令 $x=y=1,z=-1$,我们求出 $(2a-b)b^2=0$;最后,令 $x=1,y=z=0$,我们求出关系式 $a^2b=2$,这里显然 $b\neq 0$,因而由关系式 $(2a-b)b^2=0$ 我们得到 $2a-b=0$,也就是说为了求出系数 $a$ 和 $b$,我们有两个关系式 $\begin{cases}2a+b=4\\2a-b=0\end{cases}$,由此很容易得出 $a=1,b=2$.

现在得到构造的式( * )的形式

$$2x^3+2y^3+2z^3+7x^2y+7xy^2+7x^2z+7xz^2+7y^2z+7yz^2+16xyz=(x+y+2z)(x+2y+z)(2x+y+z)$$

打开右边的括号确认得到的解析式的正确性.

在下列两个例题中研究关于不可因式分解的问题.

**例 7**　证明：多项式 $x^4+y^4+z^4+3x^2y^2+3x^2z^2+3y^2z^2+8x^2yz+8xy^2z+8xyz^2$ 不能因式分解.

**证明**　因为给出的多项式是四次幂的，它不能分解成 3 个或 6 个相同次数的因式，所以，如果它因式分解或者这些因式之间有对称的或者这些因式是二次多项式，那么它在周期置换变量的情况下不变，但是在第二种情况下，因式至少应该是对称的，因为容易证明二次多项式在变量的周期变换下不发生改变时是对称的.

于是，我们只剩下证明多项式 $f(x,y,z)$ 没有对称因式. 对于这个证明，我们用基础对称多项式

$$f(x,y,z)=\sigma_1^4-4\sigma_1^2\sigma_2+6\sigma_1\sigma_2+5\sigma_2^2$$

表示，容易看到所得到的关于 $\sigma_1,\sigma_2,\sigma_3$ 的多项式不能因式分解(显然 $\sigma_3$ 只含在一项中)，因此题中的多项式 $f(x,y,z)$ 没有对称因式.

**例 8**　证明：多项式 $x^3+y^3+z^3-nxyz$ 只有当 $n=3$ 时可以分解成实数因式.

**证明**　最初我们求出对称因式，有

$$x^3+y^3+z^3-nxyz=\sigma_1^3-3\sigma_1\sigma_2+(3-n)\sigma_3$$

则多项式 $\sigma_1^3-3\sigma_1\sigma_2+(3-n)\sigma_3$ 只有当 $3-n=0$，即 $n=3$ 时能因式分解.

我们接下来要证明的是多项式 $x^3+y^3+z^3-nxyz$ 不只能分解成 3 个一次因式的积. 由于这些因式是关于两个变量对称的,故未知分解式应该有下面的形式

$$x^3+y^3+z^3-nxyz=$$
$$(ax+ay+bz)(ax+by+az)(bx+ay+az)$$

比较 $x^2y$ 的系数,我们求出 $a^3+a^2b+ab^2=0$,由于 $a\neq 0$(因为比较 $x^3$ 的系数求出 $a^2b=1$),这里我们得到$a^2+ab+b^2=0$,显然这个方程没有非零实数解,因此多项式 $x^3+y^3+z^3-nxyz$ 不能分解成实系数的一次因式.

## 练　习　题

1. 将多项式$(a+b+c)^3-a^3-b^3-c^3$ 因式分解.

2. 将多项式$(x+y+z)^5-x^5-y^5-z^5$ 因式分解.

3. 化简表达式$\frac{bc}{(a+b)(a+c)}+\frac{ac}{(b+c)(b+a)}+\frac{ab}{(c+a)(c+b)}+\frac{2abc}{(b+c)(c+a)(a+b)}$.

4. 证明:若实数 $a,b,c$ 满足关系式

$$\frac{b^2+c^2-a^2}{2bc}+\frac{c^2+a^2-b^2}{2ca}+\frac{a^2+b^2-c^2}{2ab}=1$$

则这个关系式的左边 3 个分式中两个等于 1,而第三个等于 $-1$.

5. 证明:若实数 $a,b,c$ 满足关系式

$$\frac{b^2+c^2-a^2}{2bc}+\frac{c^2+a^2-b^2}{2ca}+\frac{a^2+b^2-c^2}{2ab}=1$$

则

$$\left(\frac{b^2+c^2-a^2}{2bc}\right)^{2n+1}+\left(\frac{c^2+a^2-b^2}{2ca}\right)^{2n+1}+\left(\frac{a^2+b^2-c^2}{2ab}\right)^{2n+1}=1$$

($n$ 为自然数).

# 关于含任意个变量的对称多项式

# 第18章

## 18.1 关于含任意个变量的基本对称多项式

现在我们转到研究含任意个变量的对称多项式.它们的基本性质已经在前面分析过了,通常情况下是含2个或3个变量的对称多项式,但是当扩展到多个变量时,某些复杂的问题就产生了.

若任意个变量的对称多项式的定义可以陈述成:若含$n$个变量$x_1,x_2,\cdots,x_n$的多项式$f(x_1,x_2,\cdots,x_n)$在置换任意两个变量时不改变,则称为是对称的.这个定义可以按另一种形式来叙述:多项式$f(x_1,x_2,\cdots,x_n)$若在置换任何变量$x_1,x_2,\cdots,x_n$时不改变,则称其是对称的,

也就是说

$$f(x_1,x_2,\cdots,x_n)=f(x_{i_1},x_{i_2},\cdots,x_{i_n})$$

这里 $x_{i_1},x_{i_2},\cdots,x_{i_n}$ 取 $1,2,\cdots,n$,但按另外的顺序排列.

大多数情况很清楚,如果引入含 2 个或 3 个变量的对称多项式,在一般情况下都是用这样的方式确定的,比如,含 $n$ 个变量 $x_1,x_2,\cdots,x_n$ 的 $k$ 次幂的等次之和的关系式为

$$s_k=x_1^k+x_2^k+\cdots+x_n^k$$

轨道单项式 $x_1^{a_1}\cdot x_2^{a_2}\cdot\cdots\cdot x_n^{a_n}$ 称为由 $x_1^{a_1}\cdot x_2^{a_2}\cdot\cdots\cdot x_n^{a_n}$ 置换变量所得到的所有单项式之和.

如果 $n=4$,即如果含 4 个变量 $x_1,x_2,x_3,x_4$,有

$$\begin{aligned}O(x_1^2x_2^3)=&x_1^2x_2^3+x_1^2x_3^3+x_1^2x_4^3+x_2^2x_1^3+\\&x_2^2x_3^3+x_2^2x_4^3+x_3^2x_1^3+x_3^2x_2^3+\\&x_3^2x_4^3+x_4^2x_1^3+x_4^2x_2^3+x_4^2x_3^3\end{aligned}$$

局部

$$s_k=O(x_1^k)$$

进一步利用前面的发现:为了得到单项式轨道 $x_1^{a_1}\cdot x_2^{a_2}\cdot\cdots\cdot x_n^{a_n}$,可以不置换 $x_1,x_2,\cdots,x_n$,而是置换指数 $a_1,a_2,\cdots,a_n$. 当然在这种情况下,单项式 $x_1^{a_1}\cdot x_2^{a_2}\cdot\cdots\cdot x_n^{a_n}$ 的表达式表示不能消去它的底数(即带零指数). 例如,含 4 个变量的单项式,根据我们上面所写的轨道,应该写成 $x_1^2x_2^3x_3^0x_4^0$ 的形式,因为已经进行指数的所有可能性置换. 除此,我们还发现单项式的轨道能由消去单项式的任意一项产生

$$O(x_1^4x_2^2x_3^0)=O(x_1^0x_2^4x_3^2)=O(x_1^2x_2^0x_3^2)=\cdots$$

基础对称多项式的定义稍微复杂些,为了引入适当的定义,我们回想如果有 3 个变量怎样确定这些多项式? 在这种情况下,我们有 3 个多项式

$$\begin{cases}\sigma_1=x_1+x_2+x_3\\\sigma_2=x_1x_2+x_1x_3+x_2x_3\\\sigma_3=x_1x_2x_3\end{cases}$$

它们中的第一个表示所有变量 $x_1,x_2,x_3$ 之和，即 $x_1$ 的单项式轨道 $\sigma_1=O(x_1)$. 第二个多项式是由单项式 $x_1x_2$ 借助于所有可能的置换变量且求和得出的结果，也就是说它表现为单项式 $x_1x_2$ 的轨道

$$\sigma_2=O(x_1x_2)$$

最后，$\sigma_3$ 表示为单项式 $x_1x_2x_3$ 的轨道(在给出的情况中，这个轨道由一项构成).

按相似情况，我们设某些变量的形式为

$$\sigma_1=O(x_1)$$
$$\sigma_2=O(x_1x_2)$$
$$\vdots$$
$$\sigma_k=O(x_1\cdot x_2\cdot\cdots\cdot x_k)$$
$$\vdots$$
$$\sigma_n=O(x_1\cdot x_2\cdot\cdots\cdot x_n)$$

由这些表达式看出，基本对称多项式的数量等于变量的数量.

在多项式 $\sigma_1,\sigma_2,\cdots,\sigma_n$ 的展开式中，可以看出，它们中的第一个是所有 $n$ 个变量的简单和

$$\sigma_1=x_1+x_2+\cdots+x_n$$

第二个多项式 $\sigma_2$ 是所有变量乘积的和(此时，在这个乘积中因式的顺序按由低到高标记)，也就是说

$$\sigma_2=x_1x_2+x_1x_3+\cdots+x_1x_n+\\x_2x_3+\cdots+x_2x_n+\cdots+x_{n-1}x_n$$

或者简而言之，$\sigma_2=\sum\limits_{\substack{i,j=1\\i<j}}^{n}x_ix_j$(符号“$\sum$”为求和符号，

和号下面表明记号 $i$ 和 $j$ 的变化从 1 到 $n$,并且每一个乘积的第一个标号都小于第二个).如此说来得到第三个多项式 $\sigma_3$,如果所得到的乘积是 3 个变量连乘(每一个乘积的记号都递增),也就是说

$$\sigma_3=\sum_{\substack{i,j,l=1\\ i<j<l}}^{n} x_i x_j x_l$$

一般情况下有表达式

$$\sigma_k=\sum_{\substack{i_1,i_2,\cdots,i_k=1\\ i_1<i_2<\cdots<i_k}}^{n} x_{i_1}\cdot x_{i_2}\cdot\cdots\cdot x_{i_k}$$

最终,最后的 $k$ 次多项式等于

$$\sigma_n=x_1\cdot x_2\cdot\cdots\cdot x_n$$

显然 $k$ 次多项式是关于变量 $x_1,x_2,\cdots,x_n$ 的 $k$ 次单项式.

**例 1** 若 $n=4$,则简单的对称多项式有下面的形式

$$\sigma_1=x_1+x_2+x_3+x_4$$

$$\sigma_2=x_1x_2+x_1x_3+x_1x_4+x_2x_3+x_2x_4+x_3x_4$$

$$\sigma_3=x_1x_2x_3+x_1x_2x_4+x_1x_3x_4+x_2x_3x_4$$

$$\sigma_4=x_1x_2x_3x_4$$

**解** 对于知道组合数的读者来说,在基本对称多项式中,变量的次数从 $k$ 到 $n$ 的项的值等于从 $k$ 到 $n$ 的组合数,即等于

$$C_n^k=\frac{n!}{k!\ (n-k)!}$$

## 18.2　关于含任意个变量的对称多项式的基本定理

若含 $n$ 个变量的对称多项式在表达式中可以变化成用基础对称多项式 $\sigma_1,\sigma_2,\cdots,\sigma_n$ 表示的多项式，则此多项式是恒等式. 进一步说有下面的定理.

**定理 1**　令 $f(x_1,x_2,\cdots,x_n)$ 是含 $n$ 个变量的对称多项式，于是存在多项式 $\varphi(\sigma_1,\sigma_2,\cdots,\sigma_n)$. 若用 $x_1,x_2,\cdots,x_n$ 代换 $\varphi(\sigma_1,\sigma_2,\cdots,\sigma_n)$ 的表达式中的 $\sigma_1,\sigma_2,\cdots,\sigma_n$，即

$$\sigma_1=x_1+x_2+\cdots+x_n$$

$$\vdots$$

$$\sigma_n=x_1\cdot x_2\cdot\cdots\cdot x_n$$

则多项式 $f(x_1,x_2,\cdots,x_n)$ 为恒等式，多项式 $\varphi(\sigma_1,\sigma_2,\cdots,\sigma_n)$ 存在唯一性.

**证明**　将含 3 个变量的多项式推广到增加变量数的复杂情形.

首先证明，任意的等次之和可以用基础对称多项式表示. 其次证明，任意含有 $k$ 个变量的单项式的轨道，由少数变量的单项式轨道表示，然后用等次之和表示. 最后证明，任意含 $n$ 个变量的对称多项式可分解为单项式轨道. 但是在证明的乘积下，不方便利用那些在前面确定的轨道，而是应用完整轨道. 如果在单项式 $x_1^{k_1}\cdot x_2^{k_2}\cdot\cdots\cdot x_n^{k_n}$ 中，所有指数 $k_1,k_2,\cdots,k_n$ 不相同，那么轨道 $O(x_1^{k_1}\cdot x_2^{k_2}\cdot\cdots\cdot x_n^{k_n})$ 含有由单项式用变量 $x_1,x_2,\cdots,x_n$ 的所有可能置换得到的 $n!$ 项(很显然，存在由 $n$ 个变量 $x_1,x_2,\cdots,x_n$ 构成的 $n!$ 个变换). 我们表达出轨道 $O(x_1^{k_1}\cdot x_2^{k_2}\cdot\cdots\cdot x_n^{k_n})$ 的表达式，且定义

它为完整的轨道多项式. 在 $x_1^{k_1}\cdot x_2^{k_2}\cdot\cdots\cdot x_n^{k_n}$ 中如果指数 $k_1,k_2,\cdots,k_n$ 互不相等, 我们观察完整轨道 $O_{\text{II}}(x_1^{k_1}\cdot x_2^{k_2}\cdot\cdots\cdot x_n^{k_n})$(当它符合轨道定义时),或任意的指数在任何情况下的完整轨道 $O_{\text{II}}(x_1^{k_1}\cdot x_2^{k_2}\cdot\cdots\cdot x_n^{k_n})$ 区别于普通轨道 $O(x_1^{k_1}\cdot x_2^{k_2}\cdot\cdots\cdot x_n^{k_n})$ 的数值因子. 我们很容易求出在指数 $k_1,k_2,\cdots,k_n$ 任意的情况下,完整轨道中系数和等于 $n!$. 如果 $k_1,k_2,\cdots,k_n$ 之间有 $n_1$ 自身符合,我们发现符合的指数 $n_2$ 区别于第一个,…… 直到最后的组 $n_l$ 等于自身的指数,则

$$O_{\text{II}}(x_1^{k_1}\cdot x_2^{k_2}\cdot\cdots\cdot x_n^{k_n})=$$
$$n_1!\ \cdot n_2!\ \cdot\cdots\cdot n_l!\ \cdot O(x_1^{k_1}\cdot x_2^{k_2}\cdot\cdots\cdot x_n^{k_n})$$

我们给出定理的详细证明,即那些按图给出的 3 个变量乘积的证明,这对读者来说是个很好的练习. 对于我们指出的那些基本公式,它们在这个证明中得以应用

$$s_k=\sigma_1 s_{k-1}-\sigma_2 s_{k-2}+\sigma_3 s_{k-3}-\cdots+(-1)^{k-1}k\sigma_k \text{①}$$

(在这个公式中,我们认为项 $(-1)^{i-1}s_{k-1}\sigma_i(i>n)$ 等于零)

$$O_{\text{II}}(x_1^k x_2^l)=(n-2)!\ (s_k s_l-s_{k+l})$$
$$(n-2)O_{\text{II}}(x_1^k x_2^l x_3^m)=$$
$$O_{\text{II}}(x_1^k x_2^l)s_m-O_{\text{II}}(x_1^{k+m}x_2^l)-O_{\text{II}}(x_1^k x_2^{l+m})$$
$$\vdots$$

通常,对于任意指数 $k_1,k_2,\cdots,k_{r+1}$ 满足关系式

$$(n-r)O_{\text{II}}(x_1^{k_1}\cdot x_2^{k_2}\cdot\cdots\cdot x_r^{k_r}\cdot x_{r+1}^{k_{r+1}})=$$
$$O_{\text{II}}(x_1^{k_1}\cdot x_2^{k_2}\cdot\cdots\cdot x_r^{k_r})s_{k_{r+1}}-$$
$$O_{\text{II}}(x_1^{k_1+k_{r+1}}\cdot x_2^{k_2}\cdot\cdots\cdot x_r^{k_r})-$$
$$O_{\text{II}}(x_1^{k_1}\cdot x_2^{k_2+k_{r+1}}\cdot\cdots\cdot x_r^{k_r})-\cdots-$$
$$O_{\text{II}}(x_1^{k_1}\cdot x_2^{k_2}\cdot\cdots\cdot x_r^{k_r+k_{r+1}})$$

下一节中,我们有另一种证明基本定理的方法.

## 18.3　用基本对称多项式表示的等次之和的表达式

公式 ① 给出依次计算等次之和 $s_k$ 的可能性，如此说来，如果多项式含 2 个或 3 个变量，那么这个公式对任意个变量都是正确的. 应该明白，如果研究含 $n$ 个变量的多项式，那么在公式 ① 中应该删除含有 $\sigma_i$ 的下标从 $i$ 增加到 $n$ 的表达式的所有的项. 由于这些规定，我们可以明确计算等次之和 $s_k$，且得到适用于含任意个变量的多项式的公式. 对于取值 $k=1,2,\cdots$，我们重写关系式 ① 为

$$
\begin{gathered}
s_1=1\cdot\sigma_1\\
s_2=\sigma_1 s_1-2\sigma_2\\
s_3=\sigma_1 s_2-\sigma_2 s_1+3\sigma_3\\
s_4=\sigma_1 s_3-\sigma_2 s_2+\sigma_3 s_1-4\sigma_4\\
s_5=\sigma_1 s_4-\sigma_2 s_3+\sigma_3 s_2-\sigma_4 s_1+5\sigma_5\\
s_6=\sigma_1 s_5-\sigma_2 s_4+\sigma_3 s_3-\sigma_4 s_2+\sigma_5 s_1-6\sigma_6\\
\vdots
\end{gathered}
$$

由这些公式，我们依次求出等次之和的值为

$$
\begin{gathered}
s_1=\sigma_1\\
s_2=\sigma_1^2-2\sigma_2\\
s_3=\sigma_1^3-3\sigma_1\sigma_2+3\sigma_3\\
s_4=\sigma_1^4-4\sigma_1^2\sigma_2+2\sigma_2^2+4\sigma_1\sigma_3-4\sigma_4\\
s_5=\sigma_1^5-5\sigma_1^3\sigma_2+5\sigma_1\sigma_2^2+5\sigma_1^2\sigma_3-5\sigma_2\sigma_3-5\sigma_1\sigma_4+5\sigma_5\\
s_6=\sigma_1^6-6\sigma_1^4\sigma_2+9\sigma_1^2\sigma_2^2-2\sigma_2^3+6\sigma_1^3\sigma_3-12\sigma_1\sigma_2\sigma_3+\\
3\sigma_3^2-6\sigma_1^2\sigma_4+6\sigma_2\sigma_4+6\sigma_1\sigma_5-6\sigma_6\\
\vdots
\end{gathered}
$$

如公式 ①，对于任意个变量的等次之和，这些表

达式是正确的. 应该明白,如果观察 $n$ 个变量的多项式,那么在这些关系式中应该删除所有含 $\sigma_i$ 的下标从 $i$ 增加到 $n$ 的表达式的所有项,例如在这些公式中计算所有含 $\sigma_4,\sigma_5,\sigma_6,\cdots$ 的项,则我们得到含 3 个变量的等次之和的表达式. 如果我们还计算包含 $\sigma_3$ 的项,那么我们得到含两个变量的等次之和的表达式.

更进一步,对于 4 个变量 $x_1,x_2,x_3,x_4$,我们有公式

$$s_1=\sigma_1$$

$$s_2=\sigma_1^2-2\sigma_2$$

$$s_3=\sigma_1^3-3\sigma_1\sigma_2+3\sigma_3$$

$$s_4=\sigma_1^4-4\sigma_1^2\sigma_2+2\sigma_2^2+4\sigma_1\sigma_3-4\sigma_4$$

$$s_5=\sigma_1^5-5\sigma_1^3\sigma_2+5\sigma_1\sigma_2^2+5\sigma_1^2\sigma_3-5\sigma_2\sigma_3-5\sigma_1\sigma_4$$

$$s_6=\sigma_1^6-6\sigma_1^4\sigma_2+9\sigma_1^2\sigma_2^2-2\sigma_2^3+6\sigma_1^3\sigma_3-$$
$$12\sigma_1\sigma_2\sigma_3+3\sigma_3^2-6\sigma_1^2\sigma_4+6\sigma_2\sigma_4$$
$$\vdots$$

(它们由前面的一般公式得到).

利用华林公式可以写出对于含任意个变量的等次之和的表达式,它有如下形式

$$\frac{1}{k}s_k=$$

$$\sum(-1)^{k-\lambda_1-\lambda_2-\cdots-\lambda_k}\frac{(\lambda_1+\lambda_2+\cdots+\lambda_k-1)!}{\lambda_1!\cdot\lambda_2!\cdot\cdots\cdot\lambda_k!}\sigma_1^{\lambda_1}\cdot\sigma_2^{\lambda_2}\cdot\cdots\cdot\sigma_k^{\lambda_k}$$

这个等式可以推广到所有满足如下条件的非负整数

$$\lambda_1+2\lambda_2+\cdots+k\lambda_k=k$$

中,若遇到标记 0!,则它的值为 1. 华林公式的证明是在表达式 ① 的基础上应用高等数学的方法.

## 练　习　题

1. 计算乘积

$$(a+b+c+d)(a^2+b^2+c^2+d^2-ab-ac-ad-bc-bd-cd)$$

2. 证明：若 $a+b+c+d=0$，则恒等式

$$(a^3+b^3+c^3+d^3)^2=9(bcd+acd+abd+abc)^2$$

成立.

3. 证明：若 $a+b+c+d=0$，则恒等式

$$a^4+b^4+c^4+d^4=2(ab-cd)^2+2(ac-bd)^2+2(ad-bc)^2+4abcd$$

成立.

4. 分解关于变量 $x_1,x_2,\cdots,x_n$ 构成的对称多项式

$$\sum_{i<j}(x_i-x_j)^2=(x_1-x_2)^2+(x_1-x_3)^2+\cdots+(x_{n-1}-x_n)^2$$

为初等对称多项式.

5. 证明：变量 $n$ 的初等对称多项式的不等式 $(n-1)\sigma_1^2\geqslant 2n\sigma_2$ 成立（变量为实数）.

6. 证明：不等式

$$x_1^2+x_2^2+\cdots+x_n^2\geqslant\frac{1}{n}(x_1+x_2+\cdots+x_n)^2$$

成立.

7. 证明：对于因式 $a_1,a_2,\cdots,a_n$，不等式

$$\sum_{i<j}\sqrt{a_ia_j}\leqslant\frac{n-1}{2}\sum_{i=1}^{n}a_i$$

成立.

8. 证明：若 $a_1+a_2+\cdots+a_n=0$，则不等式

$$\sum_{i=1}^{n}a_ia_j\leqslant 0$$

成立.

9. 将多项式

$$x^3+y^3+z^3+t^3-3xyz-3xyt-3xzt-3yzt$$

因式分解.

10. 证明:在 $n$ 为任意自然数的情况下,多项式

$$(x+y+z)^{2n+1}-x^{2n+1}-y^{2n+1}-z^{2n+1}$$

整除 $(x+y+z)^3-x^3-y^3-z^3$.

11. 解方程

$$(x+b+c)(x+a+c)(x+a+b)(a+b+c)-abcx=0$$

12. 证明:对于任意的正数 $x_1,x_2,\cdots,x_n$,不等式 $\sigma_1\sigma_{n-1}\geqslant n^2\sigma_n$ 成立.

13. 证明:对于任意的正数 $x_1,x_2,\cdots,x_n$,不等式

$$\frac{\sigma_1}{\sigma_1-x_1}+\frac{\sigma_1}{\sigma_1-x_2}+\cdots+\frac{\sigma_1}{\sigma_1-x_n}\geqslant\frac{n^2}{n-1}$$

成立.

14. 证明:对于任意正数 $x_1,x_2,\cdots,x_n$,不等式 $\sigma_k\sigma_{n-k}\geqslant(\mathrm{C}_n^k)^2\sigma_n$ 成立(这里 $k=1,2,\cdots,n-1$).

## 18.4 含 $n$ 个变量的初等对称多项式和 $n$ 次代数方程的韦达定理

我们观察 13.1 和 15.1 中的关于两个变量的初等对称多项式联立二次方程组,而关于 3 个变量的初等对称多项式联立三次方程组.这个联立存在于含 $n$ 个变量的初等对称多项式和 $n$ 次方程中.由此下面的定理成立.

**定理 2** 设 $\sigma_1,\sigma_2,\cdots,\sigma_n$ 为任意实数,$n$ 次代数方程

$$u^n-\sigma_1u^{n-1}+\sigma_2u^{n-2}-\cdots+(-1)^n\sigma_n=0 \quad (*)$$

和方程组

$$\begin{cases}x_1+x_2+\cdots+x_n=\sigma_1\\x_1x_2+x_1x_3+\cdots+x_{n-1}x_n=\sigma_2\\\quad\vdots\\x_1\cdot x_2\cdot\cdots\cdot x_n=\sigma_n\end{cases}\qquad(**)$$

互相联合.若 $u_1,u_2,\cdots,u_n$ 是方程(*)的根,则方程组(**)有 $n!$ 个解,且由

$$x_1=u_1,x_2=u_2,\cdots,x_n=u_n$$

得到的所有的解是 $u_1,u_2,\cdots,u_n$ 的变换.方程组(**)没有其他的解.显然,若 $x_1=u_1,x_2=u_2,\cdots,x_n=u_n$ 是方程组(**)的解,则 $u_1,u_2,\cdots,u_n$ 是方程(*)的解.

**证明**　设 $u_1,u_2,\cdots,u_n$ 是方程(*)的解.当多项式

$$f(u)=u^n-\sigma_1u^{n-1}+\sigma_2u^{n-2}-\cdots+(-1)^n\sigma_n$$

用下面的方式因式分解时

$$f(u)=(u-u_1)\cdot(u-u_2)\cdot\cdots\cdot(u-u_n)$$

打开等式右边的括号,显然,首项是 $u^n$.为了求出 $u^{n-1}$ 的系数,用下面的方法可以得到:由于有 $n-1$ 个括号,我们将除第 $k$ 个括号以外的项展开,得到含 $u$ 的项和剩下第 $k$ 个括号里的项 $u_k$.结果我们得到乘积 $u_k\cdot u^{n-1}$.利用这些展开式的总和我们得到表达式

$$-(u_1+u_2+\cdots+u_n)u^{n-1}$$

也就是说 $u^{n-1}$ 的系数等于

$$-(u_1+u_2+\cdots+u_n)$$

于是得到 $u^{n-2}$ 的系数是

$$u_1u_2+u_1u_3+\cdots+u_{n-1}u_n$$

依此类推,常数项等于

$$(-1)^nu_1\cdot u_2\cdot\cdots\cdot u_n$$

在 $n$ 和因式 $-u_k$ 互乘的情况下它可以得到.

回顾多项式 $f(u)$ 的表达式,我们得到

$u^n-\sigma_1u^{n-1}+\sigma_2u^{n-2}-\cdots+(-1)^n\sigma_n=$

$u^n-(u_1+u_2+\cdots+u_n)u^{n-1}+(u_1u_2+u_1u_3+\cdots+$

$u_{n-1}u_n)u^{n-2}+\cdots+(-1)^nu_1\cdot u_2\cdot\cdots\cdot u_n$

由于这个等式是恒等的(即在所有的问题中变量是 $u$ 的情况下完成的),故在左右两边含 $u$ 的次数相同的单项式的系数相等,即

$$u_1+u_2+\cdots+u_n=\sigma_1$$

$$u_1u_2+u_1u_3+\cdots+u_{n-1}u_n=\sigma_2$$

$$\vdots$$

$$u_1\cdot u_2\cdot\cdots\cdot u_n=\sigma_n$$

这意味着,数值 $x_1=u_1,x_2=u_2,\cdots,x_n=u_n$ 组成了方程组( * * )的解. 任意变换值 $u_1,u_2,\cdots,u_n$ 重新给出解. 由于未知量 $x_1,x_2,\cdots,x_n$ 组成的方程组( * * )是对称的,故由前面定理的结论可以导出方程组没有其他的解.

正是这样,它的证明类似于 3 个未知量的情况.

证明的定理要求把解方程组( * * )归结为解 $n$ 次方程. 若变换题中的量 $\sigma_1,\sigma_2,\cdots,\sigma_n$,则为了求得最初的未知量 $x_1,x_2,\cdots,x_n$(即为了解方程组( * * )),重构方程( * )并求出它的解. 解这个方程,我们求出 $n$ 个解 $u_1$, $u_2,\cdots,u_n$. 这里给出方程组( * * )的一个解

$$x_1=u_1,x_2=u_2,\cdots,x_n=u_n$$

变换数值 $u_1,u_2,\cdots,u_n$ 的所有可能情况,我们得到这个方程组剩下的解.

**推论** 若 $u_1,u_2,\cdots,u_n$ 是 $n$ 次方程

$$u^n+a_1u^{n-1}+a_2u^{n-2}+\cdots+a_n=0$$

的解，则有

$$u_1+u_2+\cdots+u_n=a_1$$
$$u_1u_2+u_1u_3+\cdots+u_{n-1}u_n=a_2$$
$$\vdots$$
$$u_1\cdot u_2\cdot\cdots\cdot u_n=(-1)^n a_n$$

（关于 $n$ 次代数方程的 $\Delta$ 公式）.

变化关于基础对称多项式的基本定理，我们得到下面的重要结论：令 $u_1,u_2,\cdots,u_n$ 是多项式 $g(u)=u^n+a_1u^{n-1}+a_2u^{n-2}+\cdots+a_n$ 的根，而 $f(x_1,x_2,\cdots,x_n)$ 是任意的对称多项式．当这些多项式的值在 $x_1=u_1,x_2=u_2,\cdots,x_n=u_n$ 时表现出含多项式 $g(a)$ 的系数 $a_1,a_2,\cdots,a_n$ 的多项式．事实上，利用基础对称多项式的基本定理，我们能分解 $f(x_1,x_2,\cdots,x_n)$ 为对称多项式 $\sigma_1,\sigma_2,\cdots,\sigma_n$ 的形式．但是这些多项式的值在 $x_1=u_1,x_2=u_2,\cdots,x_n=u_n$ 时因为 $\Delta$ 公式，只有符号区别于多项式 $g(a)$ 的系数.

## 练　习　题

1. 解下列方程组：

1) $\begin{cases}x+y+z+t=a\\x^2+y^2+z^2+t^2=a^2\\x^3+y^3+z^3+t^3=a^3\\x^4+y^4+z^4+t^4=a^4\end{cases}$；

2) $\begin{cases}x_1+x_2+\cdots+x_n=a\\x_1^2+x_2^2+\cdots+x_n^2=a^2\\x_1^2+x_2^3+\cdots+x_n^3=a^3\\\vdots\\x_1^n+x_2^n+\cdots+x_n^n=a^n\end{cases}$；

$$
3)\begin{cases}x+y+z+t=1\\x^2+y^2+z^2+t^2=9\\x^3+y^3+z^3+t^3=1\\x^4+y^4+z^4+t^4=33\end{cases}.
$$

## 18.5　待定系数法

给出 18.2 中对称多项式的基本定理的证明是为了求得多项式 $\varphi(\sigma_1,\sigma_2,\cdots,\sigma_n)$. 但是如果关于某个变量的多项式变化极大,那么几次代入单项式轨道表现的是最小数值变量. 如果数值变量高于三次时,为了求得多项式 $\varphi(\sigma_1,\sigma_2,\cdots,\sigma_n)$,我们利用另一种方法,叫作待定系数法. 很自然,这个方法可以应用于 3 个或者 2 个变量的情形,但事实上,它不能给出优先的情形. 但是,在 17.2 中我们已经应用待定系数法,它最大限度地化简了计算(因为我们没有明确对称多项式 $g(x,y,z)$ 的表达式).

待定系数法的一般方式是用 $\sigma_1,\sigma_2,\cdots,\sigma_n$ 表示的表达式,即多项式 $\varphi(\sigma_1,\sigma_2,\cdots,\sigma_n)$ 代入对称多项式 $f(x_1,x_2,\cdots,x_n)$ 能导出唯一的单项式 $\sigma_1^{\lambda_1}\cdot\sigma_2^{\lambda_2}\cdot\cdots\cdot\sigma_n^{\lambda_n}$. 因为任意一个对称多项式都不难分解为单项式轨道,我们能轻松地计算出多项式 $f(x_1,x_2,\cdots,x_n)$ 表示为几个单项式轨道

$$f(x_1,x_2,\cdots,x_n)=O(x_1^{k_1}\cdot x_2^{k_2}\cdot\cdots\cdot x_n^{k_n})$$

把轨道的项 $\sigma_1^{\lambda_1}\cdot\sigma_2^{\lambda_2}\cdot\cdots\cdot\sigma_n^{\lambda_n}$ 代入多项式 $\varphi(\sigma_1,\sigma_2,\cdots,\sigma_n)$ 中,我们通过普通方法算出的只是单项式 $x_1^{k_1}\cdot x_2^{k_2}\cdot\cdots\cdot x_n^{k_n}$ 的幂. 让这些幂等于 $n$,即

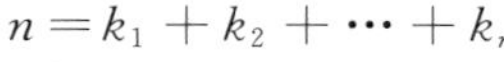

$$n=k_1+k_2+\cdots+k_n$$

显然，在多项式 $f(x_1,x_2,\cdots,x_n)$ 的表达式中用 $\sigma_1$，$\sigma_2,\cdots,\sigma_n$ 表示导出的唯一单项式，它的关于 $x_1,x_2,\cdots,x_n$ 的次数等于 $n$.

因此我们发现，可以得到这样的多项式的幂，如果用它们的表达式

$$\sigma_1=x_1+x_2+\cdots+x_n$$

$$\sigma_2=x_1x_2+x_1x_3+\cdots+x_{n-1}x_n$$

$$\vdots$$

代替 $\sigma_1,\sigma_2,\cdots,\sigma_n$ 代入单项式 $\sigma_1^{\lambda_1}\cdot\sigma_2^{\lambda_2}\cdot\cdots\cdot\sigma_n^{\lambda_n}$ 中，那么多项式 $\sigma_k$ 关于 $x_1,x_2,\cdots,x_n$ 的幂等于 $k$. 很明显，单项式 $\sigma_1^{\lambda_1}\cdot\sigma_2^{\lambda_2}\cdot\cdots\cdot\sigma_n^{\lambda_n}$ 关于 $x_1,x_2,\cdots,x_n$ 的幂等于

$$\lambda_1+2\lambda_2+\cdots+n\lambda_n$$

因此，从另一个角度，这些幂应该等于 $N$，则数 $\lambda_1$，$\lambda_2,\cdots,\lambda_n$ 应该满足关系式

$$\lambda_1+2\lambda_2+\cdots+n\lambda_n=N$$

这个方程有无限的可能解. 我们不需要完全解出这些解，因为 $\lambda_1,\lambda_2,\cdots,\lambda_n$ 是非负整数，而方程的非负整数解只有有限个值.

于是，用 $\sigma_1,\sigma_2,\cdots,\sigma_n$ 表示的表达式 $\varphi(\sigma_1,\sigma_2,\cdots,\sigma_n)$ 代入基本对称多项式 $\theta(x_1^{k_1}\cdot x_2^{k_2}\cdot\cdots\cdot x_n^{k_n})$ 中能得到唯一的单项式 $\sigma_1^{\lambda_1}\cdot\sigma_2^{\lambda_2}\cdot\cdots\cdot\sigma_n^{\lambda_n}$. 这里 $\lambda_1,\lambda_2,\cdots,\lambda_n$ 是方程的整数解

$$\lambda_1+2\lambda_2+\cdots+n\lambda_n=N$$

（这里 $N=k_1+k_2+\cdots+k_n$ 是多项式 $O(x_1^{k_1}\cdot x_2^{k_2}\cdot\cdots\cdot x_n^{k_n})$ 的幂）.

例如，为了求出能用 $\sigma_1,\sigma_2,\sigma_3,\sigma_4$ 代入含 4 个变量的多项式表达式 $O(x_1^4x_2^3x_3)$，应该求出方程 $\lambda_1+2\lambda_2+3\lambda_3+4\lambda_4=8$ 的非负整数解.

这些解如表 2 所示.

**表 2**

| $\lambda_1$ | $\lambda_2$ | $\lambda_3$ | $\lambda_4$ | $\lambda_1$ | $\lambda_2$ | $\lambda_3$ | $\lambda_4$ | $\lambda_1$ | $\lambda_2$ | $\lambda_3$ | $\lambda_4$ |
|---|---|---|---|---|---|---|---|---|---|---|---|
| 8 | 0 | 0 | 0 | 3 | 1 | 1 | 0 | 1 | 0 | 1 | 1 |
| 6 | 1 | 0 | 0 | 2 | 3 | 0 | 0 | 0 | 4 | 0 | 0 |
| 5 | 0 | 1 | 0 | 2 | 1 | 0 | 1 | 0 | 2 | 0 | 1 |
| 4 | 2 | 0 | 0 | 2 | 0 | 2 | 0 | 0 | 1 | 2 | 0 |
| 4 | 0 | 0 | 1 | 1 | 2 | 1 | 0 | 0 | 0 | 0 | 2 |

因此,在多项式 $O(x_1^4x_2^3x_3)$ 的表达式中,用 $\sigma_1,\sigma_2,\sigma_3,\sigma_4$ 代入只有下面的项

$$\sigma_1^8;\sigma_1^6\sigma_2;\sigma_1^5\sigma_3;\sigma_1^4\sigma_2^2;\sigma_1^4\sigma_4;\sigma_1^3\sigma_2\sigma_3;\sigma_1^2\sigma_2^3;$$

$$\sigma_1^2\sigma_2\sigma_4;\sigma_1^2\sigma_3^2;\sigma_1\sigma_2^2\sigma_3;\sigma_1\sigma_3\sigma_4;\sigma_2^4;\sigma_2^2\sigma_4;\sigma_2\sigma_3^2;\sigma_4^2$$

也就是说,这些表达式可以写成

$$\begin{aligned}O(x_1^4x_2^3x_3)=&A_1\sigma_1^8+A_2\sigma_1^6\sigma_2+A_3\sigma_1^5\sigma_3+A_4\sigma_1^4\sigma_2^2+\\&A_5\sigma_1^4\sigma_4+A_6\sigma_1^3\sigma_2\sigma_3+A_7\sigma_1^2\sigma_2^3+A_8\sigma_1^2\sigma_2\sigma_4+\\&A_9\sigma_1^2\sigma_3^2+A_{10}\sigma_1\sigma_2^2\sigma_3+A_{11}\sigma_1\sigma_3\sigma_4+\\&A_{12}\sigma_2^4+A_{13}\sigma_2^2\sigma_4+A_{14}\sigma_2\sigma_3^2+A_{15}\sigma_4^2\end{aligned}$$

由此可见,它应该由多项式 $\varphi(\sigma_1,\sigma_2,\sigma_3,\sigma_4)$ 求出.但是我们还不知道系数 $A_1,A_2,\cdots,A_{15}$.因此求解方式被称为待定系数法.

为了最终解所提出的问题,即求多项式 $\varphi(\sigma_1,\sigma_2,\cdots,\sigma_n)$,再用 $x_1,x_2,\cdots,x_n$ 代替多项式 $\sigma_1,\sigma_2,\cdots,\sigma_n$ 变换为 $f(x_1,x_2,\cdots,x_n)$,求出待定系数.这需要借助于数值计算进行化简,我们在下面的例子中会很清楚.

**例 2** 关于 3 个变量 $x_1,x_2,x_3$ 的多项式 $O(x_1^4x_2^2x_3^0)$ 用 $\sigma_1,\sigma_2,\sigma_3$ 表示.

**解** 借助于高次的待定系数法,我们求得这个表

达式应该写成下面的形式

$$O(x_1^4x_2^2x_3^0)=A_1\sigma_1^6+A_2\sigma_1^4\sigma_2+A_3\sigma_1^3\sigma_3+A_4\sigma_1^2\sigma_2^2+A_5\sigma_1\sigma_2\sigma_3+A_6\sigma_2^3+A_7\sigma_3^2 \quad (*)$$

这个等式在 $x_1,x_2,x_3$ 为任意值的情况下成立. 因此，如果再求出在 $x_1,x_2,x_3$ 的情况下，基础对称多项式 $\sigma_1,\sigma_2,\sigma_3$ 代换在等式(*)中得到的结果，得到系数 $A_1,A_2,A_3,A_4,A_5,A_6,A_7$. 选出几组常数值，我们能得到几个方程，从而可以求得这些系数.

变量的常数值比较容易选择，其目的是为了一些基础对称多项式在取这些值时化为零. 例如，令 $x_1=1,x_2=0,x_3=0$. 在取这些值时，我们有

$$\sigma_1=x_1+x_2+x_3=1$$

$$\sigma_2=x_1x_2+x_1x_3+x_2x_3=0$$

$$\sigma_3=x_1x_2x_3=0$$

除了这些，轨道 $O(x_1^4x_2^2)$ 的所有值化为零，因此用 $x_2$ 减 $x_3$ 代入每一项，结果我们得到 $A_1=0$.

现在设 $x_1=1,x_2=-1,x_3=0$，在这种情况下我们有 $\sigma_1=0,\sigma_2=-1,\sigma_3=0$ 和 $O(x_1^4x_2^2)=2$. 这里推导出等式$A_6=-2$. 正是这样，设 $x_1=1,x_2=1,x_3=0$，我们有

$$16A_2+4A_4+A_6=2$$

由于 $A_6=-2$，我们得到 $4A_2+A_4=1$.

若设 $x_1=2,x_2=1,x_3=0$，则得到方程

$$9A_2+2A_4=2$$

由这些二元方程得到 $A_2=0,A_4=1$.

现在设 $x_1=1,x_2=1,x_3=-2$，这些数值的选择是为了使多项式 $\sigma_1$ 的值化为零. 我们得到方程

$$-27A_6+4A_7=42$$

因此 $A_7=-3$.

系数 $A_3,A_5$ 也可以这样求得. 为了方便求出它们, 设 $x_1=2,x_2=2,x_3=-1$,然后设 $x_1=1,x_2=1,x_3=1$,我们得到 $A_3=-2,A_5=4$.

我们求出所有的系数 $A_1,A_2,A_3,A_4,A_5,A_6,A_7$,代换它们的数值,求出轨道 $O(x_1^4x_2^2)$ 用基础对称多项式 $\sigma_1,\sigma_2,\sigma_3$ 表示的表达式

$$O(x_1^4x_2^2)=\sigma_1^2\sigma_2^2-2\sigma_1^3\sigma_3+4\sigma_1\sigma_2\sigma_3-2\sigma_2^3-3\sigma_3^2$$

完整的关系式参见 14.3 中式 ⑥.

# 关于高次代数方程的一些资料

附录

在这里，我们以一些没有证明的论点为依据解决三次方程和更高次的方程. 我们将举例证明这些论点，并说明如何寻找整系数多项式的整根.

## 1. 余数定理

在解决高次方程时，下面的定理是有用的，把这个定理称为余数定理.

**余数定理**　用 $x-\alpha$ 去除多项式

$$f(x)=a_0x^n+a_1x^{n-1}+\cdots+a_n$$

所得的余式等于这个多项式在 $x=\alpha$ 处的值，即等于

$$f(\alpha)=a_0\alpha^n+a_1\alpha^{n-1}+\cdots+a_n$$

**证明**　为了证明这个定理，我们用 $x-\alpha$ 去除多项式 $f(x)$，得到商 $q(x)$ 和余式 $r(x)$. 这个余式是次数低于除数 $x-\alpha$ 的多项式，即是零次的. 因此 $r(x)=r$ 是一个常数. 于是

$$f(x)=(x-\alpha)q(x)+r$$

为了得到常数 $r$，把 $x=\alpha$ 带入这个等式，得到 $f(\alpha)=r$.

余数定理证毕.

**推论**　如果数 $\alpha$ 是多项式 $f(x)$ 的根(即 $f(\alpha)=0$)，那么用 $x-\alpha$ 去除这个多项式没有余数.

例如，从这个定理可以知道，用 $x-\alpha$ 去除多项式 $x^n-\alpha^n$ 没有余数. 事实上，用 $\alpha$ 代替 $x$ 得到 $f(\alpha)=\alpha^n-\alpha^n=0$. 建议读者证明：多项式 $x^{2n}-\alpha^{2n}$ 和 $x^{2n+1}+\alpha^{2n+1}$ 能被 $x+\alpha$ 除尽.

### 练　习　题

1. 写出用 $x+\alpha$ 去除多项式 $x^{2n}+\alpha^{2n}$ 的余数.
2. 证明：对于任意的自然数 $n$，多项式

$$(x+y+z)^{2n+1}-x^{2n+1}-y^{2n+1}-z^{2n+1}$$

都能被 $(x+y+z)^3-x^3-y^3-z^3$ 整除.

## 2. 寻找整系数多项式的整根

**定理 1**　令多项式

$$f(x)=a_0x^n+a_1x^{n-1}+\cdots+a_n$$

的所有系数都是整数，设 $\alpha$ 是这个多项式的整根，那么 $\alpha$ 是常数项 $a_n$ 的除数.

**证明**　事实上，按照条件得到

$$f(\alpha)=a_0\alpha^n+a_1\alpha^{n-1}+\cdots+a_n=0$$

也就是说

$$a_n=-\alpha(a_0\alpha^{n-1}+a_1\alpha^{n-2}+\cdots+a_{n-1})$$

因为括号里的表达式是整数(所有的系数 $a_k$ 和数 $\alpha$ 是整数)，所以 $a_n$ 能被 $\alpha$ 整除.

证明的结果在很大程度上简化了寻找整系数多项式的整根的过程，即应该取多项式的常数项并计算它的所有除数(无论是正数还是负数)，然后把找到的除数带入多项式，可以看到，每一个数都能使它变成零. 如果常数项的每个除数都不能使多项式变为零，那么多项式没有整根.

如果常数项 $a_n$ 有很多除数，那么上述方法能够导致很大的计算量. 在这种情况下，借助下面的方法可以简化计算量. 我们用 $y+k$ 代替多项式

$$f(x)=a_0x^n+a_1x^{n-1}+\cdots+a_n$$

中的 $x$，得到新的关于 $y$ 的多项式

$$F(y)=a_0(y+k)^n+a_1(y+k)^{n-1}+\cdots+a_{n-1}(y+k)+a_n$$

打开括号，找到新的多项式的常数项等于 $f(k)$，形式为

$$a_0k^n+a_1k^{n-1}+\cdots+a_{n-1}k+a_n$$

(实际上由余数定理容易得到).

因为 $y=x-k$，所以如果多项式 $f(x)$ 有根 $\alpha$，那么多项式 $F(y)$ 有根 $\alpha-k$. 那么根据之前的证明，多项式 $F(y)$ 的常数项是数 $f(k)$，它能够被 $\alpha-k$ 整除.

因此我们可以证明下面的论点：

令

$$f(x)=a_0x^n+a_1x^{n-1}+\cdots+a_n$$

是一个整系数多项式,$\alpha$ 是它的整根. 那么对于任意的整数 $k$,数 $\alpha-k$ 是数 $f(k)$ 的除数.

这个论点能够简化计算量,即如果找到多项式 $f(x)$ 的常数项的除数 $b_1,b_2,\cdots,b_s$,那么取任意一个常数 $k$,对于由这些除数组成的数 $b_j-k$ 是数 $f(k)$ 的除数. 仅有这些数就能够成为多项式 $f(x)$ 的根. 事实上,随便取不大的数作为 $k$ 值即可,比如说 $k=\pm1,\pm2,\cdots$.

看下面的例子.

**例 1** 求解多项式

$$f(x)=x^4+3x^3-15x^2-37x-60$$

的根.

**解** 首先我们取常数项 $-60$ 并写出它的除数:1, $-1$,2,$-2$,3,$-3$,4,$-4$,5,$-5$,6,$-6$,10,$-10$,12, $-12$,15,$-15$,20,$-20$,30,$-30$,60,$-60$. 继续,取 $k=1$ 并组成数 $b_j-1$:0,$-2$,1,$-3$,2,$-4$,3,$-5$,4, $-6$,5,$-7$,9,$-11$,11,$-13$,14,$-16$,19,$-21$,29, $-31$,59,$-61$.

因为 $f(1)=-108$,而数 108 不能被 0,$-5$,5, $-7$,$-11$,11,$-13$,14,$-16$,19,$-21$,29,$-31$,59, $-61$ 整除,所以最初选择的除数只剩下数 $-1$,2,$-2$, 3,$-3$,4,5,$-5$,10. 为了减少可能的整根的数量,我们再取 $k=2$ 并组成数 $b_j-2$,这些数为:$-3$,0,$-4$,1, $-5$,2,3,$-7$,8. 但是 $f(2)=-154$,而 154 不能被 $-3$, 0,$-4$,$-5$,3,8 整除. 只剩下常数项的 3 个除数:3,4, $-5$ 可能是多项式的整根.

代入说明数 4,$-5$ 是指定多项式的根. 按照余数定理,它能被 $(x-4)(x+5)$ 整除. 将 $f(x)$ 进行分解,

得到

$$x^4+3x^3-15x^2-37x-60=(x-4)(x+5)(x^2+2x+3)$$

也就是说，多项式的另外两个根是通过解二次方程 $x^2+2x+3=0$ 得到的，它的两个根为

$$x_{3,4}=-1\pm\sqrt{-2}=-1\pm i\sqrt{2}$$

对于使用的寻找多项式整根的方法适用于求解整系数多项式

$$f(x)=a_0x^n+a_1x^{n-1}+\cdots+a_n$$

的有理根.

假设有整根，我们可以证明下面的论点：整系数多项式 $f(x)$ 的有理根的形式仅为 $\frac{p}{q}$，这里 $p$ 是常数项 $a_n$ 的除数，而 $q$ 是最高次项系数 $a_0$ 的除数. 此时，如果 $\frac{p}{q}$ 是多项式 $f(x)$ 的根，那么对于任何的数 $k$，数 $p-kq$ 是数 $f(k)$ 的除数.

特别的，如果多项式的最高次项系数 $a_0=1$，那么多项式的有理根都是整根.

然而，有时很容易由多项式 $f(x)$ 的有理根导出另一个整系数多项式的整根. 这就是下面的形式. 我们用 $a_0^{n-1}$ 乘以多项式 $f(x)$（因为不改变它的根），然后令 $a_0x=y$，得到整系数多项式

$$F(y)=y^n+a_1y^{n-1}+a_2a_0y^{n-2}+\cdots+a_na_0^{n-1}$$

## 练　习　题

1. 求解下列多项式的根：

1) $x^4-4x^3-13x^2+28x+12$；

2) $x^4+4x^3-x^2-16x-12$；

3) $x^5+2x^4-10x^3-20x^2+9x+18$；

4) $x^5+3x^4-2x^3-9x^2-11x-6$；

5) $x^6-x^5-8x^4+14x^3+x^2-13x+6$；

6) $4x^4+8x^3-x^2-8x-3$.

## 3. 寻找复整根

用类似上述方法求解复根，复根的形式为 $\alpha+\beta\mathrm{i}$，$\alpha$ 和 $\beta$ 是整数. 同时下面的论点是正确的：

令

$$f(x)=a_0x^n+a_1x^{n-1}+\cdots+a_n$$

是整实系数多项式，$\alpha+\beta\mathrm{i}$ 是它的复整根($\beta\neq 0$)，则常数项 $a_n$ 能被 $\alpha^2+\beta^2$ 整除.

实际上，因为多项式 $f(x)$ 的系数是实数，所以它除了根 $\alpha+\beta\mathrm{i}$，还有一个和它共轭的根 $\alpha-\beta\mathrm{i}$. 因此，由余数定理，多项式 $f(x)$ 能被二次三项式

$$(x-\alpha-\beta\mathrm{i})(x-\alpha+\beta\mathrm{i})=(x-\alpha)^2+\beta^2=x^2-2\alpha x+\alpha^2+\beta^2$$

整除，因此

$$f(x)=(x^2-2\alpha x+\alpha^2+\beta^2)q(x)$$

这里商 $q(x)$ 是 $n-2$ 次多项式. 此时，按照定理，继续分解多项式，多项式 $q(x)$ 的所有系数都是实整数. 但是乘积的常数项等于除数的常数项的乘积，即

$$a_n=(\alpha^2+\beta^2)b_{n-2}$$

这里 $b_{n-2}$ 是除数 $q(x)$ 的常数项.

寻找复整根比寻找实整根稍微复杂一些. 所以，首先应该计算常数项的所有正除数，然后弄明白所有这

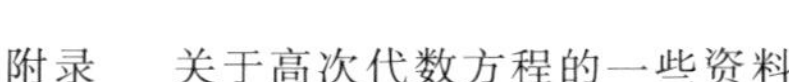



些除数是两个数的平方和 $\alpha^2+\beta^2$ 的形式，因此复数 $\pm\alpha\pm\beta\mathrm{i}$（求得的值 $\alpha$ 和 $\beta$）是多项式的根.

现在的任务是用下面的定理进行简化.

**定理 2**　如果 $\alpha+\beta\mathrm{i}(\beta\neq 0)$ 是整系数多项式

$$f(x)=a_0x^n+a_1x^{n-1}+\cdots+a_n$$

的复整根，那么对于任意的整数 $k$，数 $f(k)$ 能被 $(\alpha-k)^2+\beta^2$ 整除.

这个定理对于实整根的情况也是成立的. 利用这个结论能够筛选出很多可能值. 看下面的例子.

**例 2**　求解多项式

$$f(x)=x^4-8x^3+27x^2-50x+50$$

的复整根.

**解**　常数项是 50，它有下列正的整除数：1，2，5，10，25，50. 分解这些除数，写成两个数的平方和 $\alpha^2+\beta^2$ 的形式，这里 $\beta\neq 0$，有

$$1=0^2+1^2$$

$$2=1^2+1^2$$

$$5=2^2+1^2=1^2+2^2$$

$$10=3^2+1^2=1^2+3^2$$

$$25=3^2+4^2=4^2+3^2=0^2+5^2$$

$$50=7^2+1^2=5^2+5^2=1^2+7^2$$

也就是说，方程只能有下列整根（既有实根又有复根）：$1;-1;2;-2;5;-5;10;-10;25;-25;50;-50;\mathrm{i};-\mathrm{i};1+\mathrm{i};1-\mathrm{i};-1+\mathrm{i};-1-\mathrm{i};2+\mathrm{i};2-\mathrm{i};-2+\mathrm{i};-2-\mathrm{i};1+2\mathrm{i};1-2\mathrm{i};-1+2\mathrm{i};-1-2\mathrm{i};3+\mathrm{i};3-\mathrm{i};-3+\mathrm{i};-3-\mathrm{i};1+3\mathrm{i};1-3\mathrm{i};-1+3\mathrm{i};-1-3\mathrm{i};4+3\mathrm{i};4-3\mathrm{i};-4+3\mathrm{i};-4-3\mathrm{i};3+4\mathrm{i};3-4\mathrm{i};-3+4\mathrm{i};-3-4\mathrm{i};5\mathrm{i};-5\mathrm{i};7+\mathrm{i};7-\mathrm{i};-7+\mathrm{i};-7-\mathrm{i};1+7\mathrm{i};$

$1-7i$；$-1+7i$；$-1-7i$；$5+5i$；$5-5i$；$-5+5i$；$-5-5i$.

我们得到的 56 个数可能是多项式的根. 为了从它们中筛选出来，令 $k=1$，因为 $f(1)=20$，所以对于复根 $\alpha+\beta i$ 来说，$(\alpha-1)^2+\beta^2$ 是 20 的除数（对于实根 $\alpha$，$\alpha-1$ 是 20 的除数）. 检验表明只剩下 20 个可能的根：$-1$；$2$；$5$；$i$；$-i$；$1+i$；$1-i$；$-1+i$；$-1-i$；$2+i$；$2-i$；$-2+i$；$-2-i$；$1+2i$；$1-2i$；$3+i$；$3-i$；$5$；$3+4i$；$3-4i$.

现在令 $k=-1$，从这些数中挑选出 $f(-1)$，即数 136 为 $(\alpha+1)^2+\beta^2$ 的除数，现在只剩下 10 个数：$i$；$-i$；$-1+i$；$-1-i$；$-2+i$；$-2-i$；$1+2i$；$1-2i$；$3+i$；$3-i$.

最后，令 $k=3$，从这些数中挑选出 $f(3)=8$ 的形式为 $(\alpha-3)^2+\beta^2$ 的除数，这些数为：$1+2i$；$1-2i$；$3+i$；$3-i$（如果取 $k=2$ 和 $k=-2$，剩下的根寻找的要慢一些）.

检查结果说明，我们找到的 4 个数是多项式的根.

## 练　习　题

1. 求解下列多项式的根：

1) $x^4+2x^3-6x^2-22x+65$；

2) $x^6+2x^5+11x^4-4x^3+75x^2-6x+65$；

3) $x^4-7x^3+10x^2+26x-60$；

4) $x^5+5x^3+20x^2-6x-20$；

5) $x^5-3x^4+12x^3-34x^2+104x-80$.

## 4. 代数基本定理和分解多项式成一次因式乘积定理

在 15.1 中,我们看到把三次多项式分解成了一次因式的乘积. 一般说来,每个因式的次数大于零多项式的因式都有这样的分解,即有下面的定理:

**定理 3**　任意一个次数大于零的多项式

$$f(x)=a_0x^n+a_1x^{n-1}+\cdots+a_n$$

都能分解成下面乘积的形式

$$f(x)=a_0\cdot(x-\alpha_1)\cdot(x-\alpha_2)\cdot\cdots\cdot(x-\alpha_n) \quad (*)$$

且这个分解形式唯一.

证明建立在下面的定理的基础上,把下面的定理叫作代数基本定理.

**代数基本定理**　每个次数大于零的多项式都至少有一个根(这里系数和多项式的根可以是实数,也可以是复数).

虽然代数基本定理按照定义有纯代数特点,但是按照证明方法来说,它是非代数定理. 代数基本定理的证明以数学分析方法、拓扑学方法和其他数学分支方法著称. 在这些证明方法中,无论是哪种方法都使用的是非代数的连续概念. 在代数基本定理的证明中,尚无证明的过程完全是代数多项式的术语,即无纯代数方法的证明. 这就是为什么在没有超出代数多项式范围的这本书中不能证明代数基本定理. 读者可以在 P. Куранта 和 Г. Роббинса 的书《数学是什么》(1954 年出版) 中找到它的证明方法,而详细的证明过程可以在《高等代数》(或 A. Г. Курошб 的《高等代数教程》, Л. Я. Окунев 的《高等代数》)中找到.

**证明** 这里应用没有给出证明的代数基本定理.现在我们证明定理分解成一次多项式的部分.就 $n$ 次多项式我们利用归纳法证明:每个一次多项式有下面的形式

$$f(x)=a_0x+a_1 \quad (a_0\neq 0)$$

因此有

$$f(x)=a_0\left(x+\frac{a_1}{a_0}\right)$$

在这种情况下分解的唯一性显然成立.因此对于一次多项式定理成立.

现在我们假设,这个定理对于次数低于 $n$ 的多项式都是成立的.拿来任意一个 $n$ 次多项式

$$f(x)=a_0x^n+a_1x^{n-1}+\cdots+a_n$$

根据代数基本定理,多项式至少有一个根 $\alpha_1$.但是根据余数定理,多项式 $f(x)$ 能被余数 $x-\alpha_1$ 整除,即

$$f(x)=(x-\alpha_1)q(x)$$

这里 $q(x)$ 是 $n-1$ 次多项式.显然,多项式 $q(x)$ 的最高次项等于 $a_0x^{n-1}$,但是按照归纳假设,多项式 $q(x)$ 可以分解成下列乘积的形式

$$q(x)=a_0\cdot(x-\alpha_2)\cdot\cdots\cdot(x-\alpha_n)$$

(这里 $\alpha_2,\cdots,\alpha_n$ 是一些数).因此

$$f(x)=(x-\alpha_1)q(x)=$$
$$a_0\cdot(x-\alpha_1)\cdot(x-\alpha_2)\cdot\cdots\cdot(x-\alpha_n)$$

我们证明了多项式 $f(x)$ 可以分解成一次多项式的乘积,还要证明这个分解是唯一的(精确到交换乘数).

假设

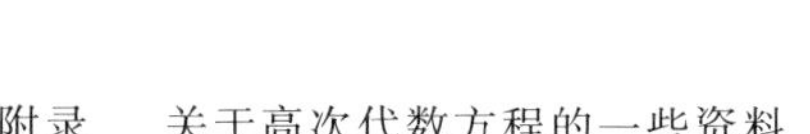



$$a_0 \cdot (x-\alpha_1) \cdot (x-\alpha_2) \cdot \cdots \cdot (x-\alpha_n) = b_0 \cdot (x-\beta_1) \cdot (x-\beta_2) \cdot \cdots \cdot (x-\beta_n) \quad (**)$$

比较左右两端 $x^n$ 的系数，得到 $a_0=b_0$.

继续下去，注意到在 $x=\alpha_1$ 时，等式（$**$）的左边等于 0. 因此这个等式的右边一定为 0，此时 $\beta_1,\beta_2,\cdots,\beta_n$ 中一定有一个等于 $\alpha_1$；反过来说，右边部分我们得到 $n$ 个不为零的差值 $\alpha_1-\beta_k(k=1,2,\cdots,n)$ 的乘积. 例如，让 $\beta_1=\alpha_1$，这时等式（$**$）的两端可以约去 $x-\alpha_1$，我们得到

$$(x-\alpha_2) \cdot \cdots \cdot (x-\alpha_n) = (x-\beta_2) \cdot \cdots \cdot (x-\beta_n)$$

但是现在等式的两端是 $n-1$ 次多项式，按照归纳假设，左边和右边的因式的乘积只是顺序不同. 因此证明了在等式（$**$）中左右两侧的乘积只是顺序不同.

定理证毕.

因此，对于每个 $n$ 次多项式 $f(x)$ 确定 $n$ 个单值数 $\alpha_1,\alpha_2,\cdots,\alpha_n$ 的集合，可以把多项式记成式（$*$）的形式（即定理的表达式）. 我们注意到，数 $\alpha_1,\alpha_2,\cdots,\alpha_n$ 可能是两两互不相同的，也可能它们中间存在相同的数，从这里立刻可以看出，数 $\alpha_1,\alpha_2,\cdots,\alpha_n$ 是多项式 $f(x)$ 的根. 多项式 $f(x)$ 没有其他的根，因为如果用与 $\alpha_1,\alpha_2,\cdots,\alpha_n$ 中任意一个不相同的数代替关系式（$*$）中的 $x$，那么等式右边乘积的每一项都不为零，因此，得到 $f(x)\neq 0$.

现在我们给出术语多项式 $f(x)$ 的所有根的集合的精确的定义. 按照定义，所有根的集合我们约定记号为 $\alpha_1,\alpha_2,\cdots,\alpha_n$. 如果它们中间有重复的，那么我们说多项式有重根，即如果数 $\alpha_1,\alpha_2,\cdots,\alpha_n$ 中数 $\alpha$ 出现了 $k$

次，而这些数中所有剩下的数都与 $\alpha$ 不同，那么 $\alpha$ 称为多项式 $f(x)$ 的 $k$ 重根. 这样理解可以确定出根的重数，每个根只看作是单根，那么每个 $n$ 次方程恰好有 $n$ 个根. 这个定义使代数基本定理更明确.

## 5. 答　　案

**13.1 练习题**

1. 1）代入新的未知数 $\sigma_1=x+y,\sigma_2=xy$，使原来的方程组变成下面的辅助方程组

$$\begin{cases}\sigma_1=5\\ \sigma_1^2-3\sigma_2=7\end{cases}$$

它的解为 $\sigma_1=5,\sigma_2=6$. 这样解得的原方程组的两组解为

$$\begin{cases}x_1=2\\ y_1=3\end{cases},\ \begin{cases}x_2=3\\ y_2=2\end{cases}$$

2）第二个方程乘以 $xy$ 之后，代入新的未知数 $\sigma_1$，$\sigma_2$，得到下面的辅助方程组

$$\begin{cases}\sigma_1=7\\ \sigma_1^2-2\sigma_2=\dfrac{25}{12}\sigma_2\end{cases}$$

它的解为 $\sigma_1=7,\sigma_2=12$. 原方程组有两组解

$$\begin{cases}x_1=3\\ y_1=4\end{cases},\ \begin{cases}x_2=4\\ y_2=3\end{cases}$$

3）辅助方程组为

$$\begin{cases}\sigma_1=1\\ \sigma_1^2-2\sigma_2=0\end{cases}$$

它的解为 $\sigma_1=1,\sigma_2=\dfrac{1}{2}$. 原方程组的解为

$$\begin{cases}x_1=\dfrac{1}{2}+\dfrac{\mathrm{i}}{2}\\ y_1=\dfrac{1}{2}-\dfrac{\mathrm{i}}{2}\end{cases},\ \begin{cases}x_2=\dfrac{1}{2}-\dfrac{\mathrm{i}}{2}\\ y_2=\dfrac{1}{2}+\dfrac{\mathrm{i}}{2}\end{cases}$$

4）辅助方程组为

$$\begin{cases}\sigma_1=5\\ \sigma_1^3-3\sigma_1\sigma_2=65\end{cases}$$

它的解为 $\sigma_1=5,\sigma_2=4$. 原方程组的解为

$$\begin{cases}x_1=1\\ y_1=4\end{cases},\quad\begin{cases}x_2=4\\ y_2=1\end{cases}$$

5）辅助方程组为

$$\begin{cases}4\sigma_1=3\sigma_2\\ \sigma_1+\sigma_1^2-2\sigma_2=26\end{cases}$$

消去 $\sigma_2$，得到二次方程

$$3\sigma_1^2-5\sigma_1-78=0$$

解得辅助方程组的两组解

$$\begin{cases}\sigma_1=6\\ \sigma_2=8\end{cases},\quad\begin{cases}\sigma_1=-\dfrac{13}{3}\\ \sigma_2=-\dfrac{52}{9}\end{cases}$$

每组解都能解得原方程组的两组解，于是原方程组的解为

$$\begin{cases}x_1=2\\ y_1=4\end{cases},\quad\begin{cases}x_2=4\\ y_2=2\end{cases}$$

$$\begin{cases}x_3=\dfrac{-13+\sqrt{377}}{6}\\ y_3=\dfrac{-13-\sqrt{377}}{6}\end{cases},\quad\begin{cases}x_4=\dfrac{-13-\sqrt{377}}{6}\\ y_4=\dfrac{-13+\sqrt{377}}{6}\end{cases}$$

6）辅助方程组为

$$\begin{cases}\sigma_1^2-2\sigma_2+\sigma_1=32\\ 12\sigma_1=7\sigma_2\end{cases}$$

消去 $\sigma_2$，得到二次方程

$$7\sigma_1^2-17\sigma_1-224=0$$

从这里解得辅助方程组的两组解

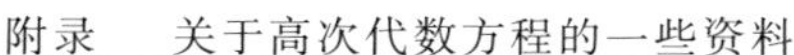


$$\begin{cases}\sigma_1=7\\ \sigma_2=12\end{cases},\quad\begin{cases}\sigma_1=-\dfrac{32}{7}\\ \sigma_2=-\dfrac{384}{49}\end{cases}$$

每组解都能解得原方程组的两组解，于是原方程组的解为

$$\begin{cases}x_1=3\\ y_1=4\end{cases},\quad\begin{cases}x_2=4\\ y_2=3\end{cases}$$

$$\begin{cases}x_3=\dfrac{-16+8\sqrt{10}}{7}\\ y_3=\dfrac{-16-8\sqrt{10}}{7}\end{cases},\quad\begin{cases}x_4=\dfrac{-16-8\sqrt{10}}{7}\\ y_4=\dfrac{-16+8\sqrt{10}}{7}\end{cases}$$

7）辅助方程组为

$$\begin{cases}\sigma_2=15\\ \sigma_1+\sigma_1^2-2\sigma_2=42\end{cases}$$

消去 $\sigma_2$，得到二次方程

$$\sigma_1^2+\sigma_1-72=0$$

从这里解得辅助方程组的两组解

$$\begin{cases}\sigma_1=8\\ \sigma_2=15\end{cases},\quad\begin{cases}\sigma_1=-9\\ \sigma_2=15\end{cases}$$

每组解都能解得原方程组的两组解，于是原方程组的解为

$$\begin{cases}x_1=3\\ y_1=5\end{cases},\quad\begin{cases}x_2=5\\ y_2=3\end{cases}$$

$$\begin{cases}x_3=\dfrac{-9+\sqrt{21}}{2}\\ y_3=\dfrac{-9-\sqrt{21}}{2}\end{cases},\quad\begin{cases}x_4=\dfrac{-9-\sqrt{21}}{2}\\ y_4=\dfrac{-9+\sqrt{21}}{2}\end{cases}$$

8）辅助方程组为

$$\begin{cases}\sigma_1+\sigma_2=7\\\sigma_1^2-\sigma_2=13\end{cases}$$

两式相加，得到二次方程

$$\sigma_1^2+\sigma_1-20=0$$

从这里解得辅助方程组的两组解

$$\begin{cases}\sigma_1=4\\\sigma_2=3\end{cases},\begin{cases}\sigma_1=-5\\\sigma_2=12\end{cases}$$

每组解都能解得原方程组的两组解，于是原方程组的解为

$$\begin{cases}x_1=1\\y_1=3\end{cases},\begin{cases}x_2=3\\y_2=1\end{cases}$$

$$\begin{cases}x_3=\dfrac{-5+\mathrm{i}\sqrt{23}}{2}\\y_3=\dfrac{-5-\mathrm{i}\sqrt{23}}{2}\end{cases},\begin{cases}x_4=\dfrac{-5-\mathrm{i}\sqrt{23}}{2}\\y_4=\dfrac{-5+\mathrm{i}\sqrt{23}}{2}\end{cases}$$

9）辅助方程组为

$$\begin{cases}\sigma_1^2-3\sigma_2=19\\\sigma_1-\sigma_2=7\end{cases}$$

消去 $\sigma_2$，得到二次方程

$$\sigma_1^2-3\sigma_1+2=0$$

解得辅助方程组的两组解

$$\begin{cases}\sigma_1=1\\\sigma_2=-6\end{cases},\begin{cases}\sigma_1=2\\\sigma_2=-5\end{cases}$$

每组解都能解得原方程组的两组解，于是原方程组的解为

$$\begin{cases}x_1=3\\y_1=-2\end{cases},\begin{cases}x_2=-2\\y_2=3\end{cases}$$

$$\begin{cases}x_3=1+\sqrt{6}\\y_3=1-\sqrt{6}\end{cases},\begin{cases}x_4=1-\sqrt{6}\\y_4=1+\sqrt{6}\end{cases}$$

10）如果 $x=y$，那么第一个方程满足恒等式，而第二个方程的形式为

$$2x^3=14x$$

从这里可以容易解得原方程组的三组解

$$\begin{cases}x_1=0\\y_1=0\end{cases},\begin{cases}x_2=\sqrt{7}\\y_2=\sqrt{7}\end{cases},\begin{cases}x_3=-\sqrt{7}\\y_3=-\sqrt{7}\end{cases}$$

类似的，如果 $x=-y$，那么第二个方程满足恒等式，而第一个方程的形式为

$$2x^3=38x$$

这里得到两组解

$$\begin{cases}x_4=\sqrt{19}\\y_4=-\sqrt{19}\end{cases},\begin{cases}x_5=-\sqrt{19}\\y_5=\sqrt{19}\end{cases}$$

如果 $x\neq\pm y$，那么第一个方程的两边能约去 $x-y$，而第二个方程的两边能约去 $x+y$，得到方程组

$$\begin{cases}x^2+xy+y^2=19\\x^2-xy+y^2=7\end{cases}$$

辅助方程组为下列形式

$$\begin{cases}\sigma_1^2-\sigma_2=19\\\sigma_1^2-3\sigma_2=7\end{cases}$$

从这里可以解得 $\sigma_1^2=25$，$\sigma_2=6$，因此辅助方程组的两组解为

$$\begin{cases}\sigma_1=5\\\sigma_2=6\end{cases},\begin{cases}\sigma_1=-5\\\sigma_2=6\end{cases}$$

每组解都能解得原方程组的两组解，于是原方程组的解为

$$\begin{cases}x_6=2\\y_6=3\end{cases},\begin{cases}x_7=3\\y_7=2\end{cases},\begin{cases}x_8=-2\\y_8=-3\end{cases},\begin{cases}x_9=-3\\y_9=-2\end{cases}$$

11）通分并代入辅助未知数 $\sigma_1,\sigma_2$，得到的辅助方程组为

$$\begin{cases}\sigma_1^3-3\sigma_1\sigma_2=12\sigma_2\\3\sigma_1=\sigma_2\end{cases}$$

消去 $\sigma_2$，得到二次方程

$$\sigma_1^3-9\sigma_1^2-36\sigma_1=0$$

从这里容易解得辅助方程组的 3 组解

$$\begin{cases}\sigma_1=0\\\sigma_2=0\end{cases},\begin{cases}\sigma_1=12\\\sigma_2=36\end{cases},\begin{cases}\sigma_1=-3\\\sigma_2=-9\end{cases}$$

从第一组解得到 $x=y=0$，显然它不是原方程组的解．从第二组解得到两组相同的解

$$\begin{cases}x_1=6\\y_1=6\end{cases},\begin{cases}x_2=6\\y_2=6\end{cases}$$

最后，从第三组解得到两组解

$$\begin{cases}x_3=\dfrac{-3+3\sqrt{5}}{2}\\y_3=\dfrac{-3-3\sqrt{5}}{2}\end{cases},\begin{cases}x_4=\dfrac{-3-3\sqrt{5}}{2}\\y_4=\dfrac{-3+3\sqrt{5}}{2}\end{cases}$$

12）通分并代入辅助未知数 $\sigma_1,\sigma_2$，得到方程组

$$\begin{cases}\sigma_1^3-3\sigma_1\sigma_2=18\sigma_2\\\sigma_1=12\end{cases}$$

从这里容易解得 $\sigma_1=12,\sigma_2=32$．解得原方程组的两组解为

$$\begin{cases}x_1=4\\y_1=8\end{cases},\begin{cases}x_2=8\\y_2=4\end{cases}$$

13）辅助方程组的形式为

$$\begin{cases}\sigma_1=a\\ \sigma_1^3-3\sigma_1\sigma_2=b(\sigma_1^2-2\sigma_2)\end{cases}$$

从这里得到关系式

$$(3a-2b)\sigma_2=a^3-a^2b$$

如果数 $3a-2b\neq 0$,那么我们得到 $\sigma_2$ 的唯一解

$$\sigma_2=\frac{a^3-a^2b}{3a-2b}$$

这种情况下原方程组有两组解

$$\begin{cases}x_1=\dfrac{a}{2}+\sqrt{\dfrac{-a^3+2a^2b}{4(3a-2b)}}\\ y_1=\dfrac{a}{2}-\sqrt{\dfrac{-a^3+2a^2b}{4(3a-2b)}}\end{cases}$$

$$\begin{cases}x_2=\dfrac{a}{2}-\sqrt{\dfrac{-a^3+2a^2b}{4(3a-2b)}}\\ y_2=\dfrac{a}{2}+\sqrt{\dfrac{-a^3+2a^2b}{4(3a-2b)}}\end{cases}$$

如果 $3a-2b=0$ 且 $a^3-a^2b\neq 0$,这时辅助方程组没有解(亦即原方程组无解). 最后,如果 $3a-2b=0$ 且 $a^3-a^2b=0$,即 $a=b=0$,那么 $\sigma_1=0$,$\sigma_2$ 为任意数时我们得到辅助方程组的解. 所以,在这种情况下,任何满足条件 $x+y=0$ 的数 $x$,$y$ 都是原方程组的解.

14) 通分之后代入新的未知数得到的辅助方程组为

$$\begin{cases}\sigma_1\sigma_2=30\\ 6\sigma_1=5\sigma_2\end{cases}$$

这个方程组有两组解

$$\begin{cases}\sigma_1=5\\ \sigma_2=6\end{cases},\quad\begin{cases}\sigma_1=-5\\ \sigma_2=-6\end{cases}$$

每组解都能得到原方程组的两组解,于是原方程组的解为

$$\begin{cases}x_1=2\\y_1=3\end{cases},\begin{cases}x_2=3\\y_2=2\end{cases},\begin{cases}x_3=-6\\y_3=1\end{cases},\begin{cases}x_4=1\\y_4=-6\end{cases}$$

15）辅助方程组为

$$\begin{cases}\sigma_1\sigma_2=20\\4\sigma_1=5\sigma_2\end{cases}$$

有两组解

$$\begin{cases}\sigma_1=5\\\sigma_2=4\end{cases},\begin{cases}\sigma_1=-5\\\sigma_2=-4\end{cases}$$

每组解都能得到原方程组的两组解，于是原方程组的解为

$$\begin{cases}x_1=1\\y_1=4\end{cases},\begin{cases}x_2=4\\y_2=1\end{cases}$$

$$\begin{cases}x_3=\dfrac{-5+\sqrt{41}}{2}\\y_3=\dfrac{-5-\sqrt{41}}{2}\end{cases},\begin{cases}x_4=\dfrac{-5-\sqrt{41}}{2}\\y_4=\dfrac{-5+\sqrt{41}}{2}\end{cases}$$

16）辅助方程组为

$$\begin{cases}\sigma_1^2-2\sigma_2+2\sigma_1=23\\\sigma_1^2-\sigma_2=19\end{cases}$$

消去 $\sigma_2$，得到二次方程

$$\sigma_1^2-2\sigma_1-15=0$$

从这里得到辅助方程组的两组解

$$\begin{cases}\sigma_1=-3\\\sigma_2=-10\end{cases},\begin{cases}\sigma_1=5\\\sigma_2=6\end{cases}$$

每组解都能得到原方程组的两组解，于是原方程组的解为

$$\begin{cases}x_1=-5\\y_1=2\end{cases},\begin{cases}x_2=2\\y_2=-5\end{cases},\begin{cases}x_3=2\\y_3=3\end{cases},\begin{cases}x_4=3\\y_4=2\end{cases}$$

17）辅助方程组为

$$\begin{cases}\sigma_1^4-4\sigma_1^2\sigma_2+\sigma_2^2=1\ 153\\ \sigma_1^2-3\sigma_2=33\end{cases}$$

消去 $\sigma_1$，得到二次方程

$$\sigma_2^2-33\sigma_2+32=0$$

从这里解得辅助方程组的 4 组解

$$\begin{cases}\sigma_1=\pm 6\\ \sigma_2=1\end{cases},\begin{cases}\sigma_1=\pm\sqrt{129}\\ \sigma_2=32\end{cases}$$

每组解可解得原方程组的两组解，于是原方程组的解为

$$\begin{cases}x_1=3+\sqrt{8}\\ y_1=3-\sqrt{8}\end{cases},\begin{cases}x_2=3-\sqrt{8}\\ y_2=3+\sqrt{8}\end{cases}$$

$$\begin{cases}x_3=-3+\sqrt{8}\\ y_3=-3-\sqrt{8}\end{cases},\begin{cases}x_4=-3-\sqrt{8}\\ y_4=-3+\sqrt{8}\end{cases}$$

$$\begin{cases}x_5=\dfrac{\sqrt{129}+1}{2}\\ y_5=\dfrac{\sqrt{129}-1}{2}\end{cases},\begin{cases}x_6=\dfrac{\sqrt{129}-1}{2}\\ y_6=\dfrac{\sqrt{129}+1}{2}\end{cases}$$

$$\begin{cases}x_7=\dfrac{-\sqrt{129}+1}{2}\\ y_7=\dfrac{-\sqrt{129}-1}{2}\end{cases},\begin{cases}x_8=\dfrac{-\sqrt{129}-1}{2}\\ y_8=\dfrac{-\sqrt{129}+1}{2}\end{cases}$$

18）通分并代入新的辅助未知数 $\sigma_1,\sigma_2$，得到辅助方程组

$$\begin{cases}7(\sigma_1^5-5\sigma_1^3\sigma_2+5\sigma_1\sigma_2^2)=31(\sigma_1^3-3\sigma_1\sigma_2)\\ \sigma_1^2-\sigma_2=3\end{cases}$$

第一个方程约去 $\sigma_1$（易看出不丢解）并且从第二个方

程解出 $\sigma_2$ 代入其中，得到四次方程

$$7\sigma_1^4 - 43\sigma_1^2 + 36 = 0$$

从这里解得辅助方程组的 4 组解

$$\begin{cases}\sigma_1 = \pm 1 \\ \sigma_2 = -2\end{cases}, \begin{cases}\sigma_1 = \pm \dfrac{6}{\sqrt{7}} \\ \sigma_2 = \dfrac{15}{7}\end{cases}$$

每组解对应于原方程组的两组解，于是原方程组的解为

$$\begin{cases}x_1 = 2 \\ y_1 = -1\end{cases}, \begin{cases}x_2 = -1 \\ y_2 = 2\end{cases}, \begin{cases}x_3 = -2 \\ y_3 = 1\end{cases}, \begin{cases}x_4 = 1 \\ y_4 = -2\end{cases}$$

$$\begin{cases}x_5 = \dfrac{3 + \mathrm{i}\sqrt{6}}{\sqrt{7}} \\ y_5 = \dfrac{3 - \mathrm{i}\sqrt{6}}{\sqrt{7}}\end{cases}, \begin{cases}x_6 = \dfrac{3 - \mathrm{i}\sqrt{6}}{\sqrt{7}} \\ y_6 = \dfrac{3 + \mathrm{i}\sqrt{6}}{\sqrt{7}}\end{cases}$$

$$\begin{cases}x_7 = \dfrac{-3 + \mathrm{i}\sqrt{6}}{\sqrt{7}} \\ y_7 = \dfrac{-3 - \mathrm{i}\sqrt{6}}{\sqrt{7}}\end{cases}, \begin{cases}x_8 = \dfrac{-3 - \mathrm{i}\sqrt{6}}{\sqrt{7}} \\ y_8 = \dfrac{-3 + \mathrm{i}\sqrt{6}}{\sqrt{7}}\end{cases}$$

19）辅助方程组为

$$\begin{cases}\sigma_1 = 4 \\ \sigma_1^4 - 4\sigma_1^2\sigma_2 + 2\sigma_2^2 = 82\end{cases}$$

它的解为

$$\begin{cases}\sigma_1 = 4 \\ \sigma_2 = 3\end{cases}, \begin{cases}\sigma_1 = 4 \\ \sigma_2 = 29\end{cases}$$

每组解对应于原方程组的两组解，于是原方程组的解为

$$\begin{cases}x_1 = 3 \\ y_1 = 1\end{cases}, \begin{cases}x_2 = 1 \\ y_2 = 3\end{cases}, \begin{cases}x_3 = 2 + 5\mathrm{i} \\ y_3 = 2 - 5\mathrm{i}\end{cases}, \begin{cases}x_4 = 2 - 5\mathrm{i} \\ y_4 = 2 + 5\mathrm{i}\end{cases}$$

20）辅助方程组为

$$\begin{cases}\sigma_1=a\\ \sigma_1^4-4\sigma_1^2\sigma_2+2\sigma_2^2=a^4\end{cases}$$

它的解为

$$\begin{cases}\sigma_1=a\\ \sigma_2=0\end{cases},\begin{cases}\sigma_1=a\\ \sigma_2=2a^2\end{cases}$$

每组解对应于原方程组的两组解，于是原方程组的解为

$$\begin{cases}x_1=a\\ y_1=0\end{cases},\begin{cases}x_2=0\\ y_2=a\end{cases}$$

$$\begin{cases}x_3=\dfrac{a}{2}(1+\mathrm{i}\sqrt{7})\\ y_3=\dfrac{a}{2}(1-\mathrm{i}\sqrt{7})\end{cases},\begin{cases}x_4=\dfrac{a}{2}(1-\mathrm{i}\sqrt{7})\\ y_4=\dfrac{a}{2}(1+\mathrm{i}\sqrt{7})\end{cases}$$

21）辅助方程组为

$$\begin{cases}\sigma_1^4-4\sigma_1^2\sigma_2+2\sigma_2^2=a^4\\ \sigma_1=b\end{cases}$$

它的解为

$$\begin{cases}\sigma_1=b\\ \sigma_2=b^2\pm\sqrt{\dfrac{a^4+b^4}{2}}\end{cases}$$

每组解对应于原方程组的两组解，于是原方程组的解为

$$\begin{cases}x_1=\dfrac{b}{2}+\sqrt{-\dfrac{3}{4}b^2+\sqrt{\dfrac{a^4+b^4}{2}}}\\ y_1=\dfrac{b}{2}-\sqrt{-\dfrac{3}{4}b^2+\sqrt{\dfrac{a^4+b^4}{2}}}\end{cases}$$

$$\begin{cases}x_2=\dfrac{b}{2}-\sqrt{-\dfrac{3}{4}b^2+\sqrt{\dfrac{a^4+b^4}{2}}}\\ y_2=\dfrac{b}{2}+\sqrt{-\dfrac{3}{4}b^2+\sqrt{\dfrac{a^4+b^4}{2}}}\end{cases}$$

$$\begin{cases}x_3=\dfrac{b}{2}+\sqrt{-\dfrac{3}{4}b^2-\sqrt{\dfrac{a^4+b^4}{2}}}\\ y_3=\dfrac{b}{2}-\sqrt{-\dfrac{3}{4}b^2-\sqrt{\dfrac{a^4+b^4}{2}}}\end{cases}$$

$$\begin{cases}x_4=\dfrac{b}{2}-\sqrt{-\dfrac{3}{4}b^2-\sqrt{\dfrac{a^4+b^4}{2}}}\\ y_4=\dfrac{b}{2}+\sqrt{-\dfrac{3}{4}b^2-\sqrt{\dfrac{a^4+b^4}{2}}}\end{cases}$$

22）辅助方程组为

$$\begin{cases}\sigma_1=a\\ \sigma_1^4-4\sigma_1^2\sigma_2-12\sigma_2^2=0\end{cases}$$

它的解为

$$\begin{cases}\sigma_1=a\\ \sigma_2=\dfrac{a^2}{6}\end{cases},\quad\begin{cases}\sigma_1=a\\ \sigma_2=-\dfrac{a^2}{2}\end{cases}$$

每组解对应于原方程组的两组解，于是原方程组的解为

$$\begin{cases}x_1=\dfrac{a}{2}\left(1+\dfrac{1}{\sqrt{3}}\right)\\ y_1=\dfrac{a}{2}\left(1-\dfrac{1}{\sqrt{3}}\right)\end{cases},\quad\begin{cases}x_2=\dfrac{a}{2}\left(1-\dfrac{1}{\sqrt{3}}\right)\\ y_2=\dfrac{a}{2}\left(1+\dfrac{1}{\sqrt{3}}\right)\end{cases}$$

$$\begin{cases}x_3=\dfrac{a}{2}(1+\sqrt{3})\\ y_3=\dfrac{a}{2}(1-\sqrt{3})\end{cases},\quad\begin{cases}x_4=\dfrac{a}{2}(1-\sqrt{3})\\ y_4=\dfrac{a}{2}(1+\sqrt{3})\end{cases}$$

23）辅助方程组为

$$\begin{cases}\sigma_1=0\\ \sigma_1^2-2\sigma_2+\sigma_1^3-3\sigma_1\sigma_2+\sigma_1^4-4\sigma_1^2\sigma_2+2\sigma_2^2+\\ \sigma_1^5-5\sigma_1^3\sigma_2+5\sigma_1\sigma_2^2=b\end{cases}$$

它的解为

$$\begin{cases}\sigma_1=0\\ \sigma_2=\dfrac{1}{2}\pm\sqrt{\dfrac{1}{4}+\dfrac{b}{2}}\end{cases}$$

每组解对应于原方程组的两组解，于是原方程组的解为

$$\begin{cases}x_1=\sqrt{\dfrac{-1+\sqrt{1+2b}}{2}}\\ y_1=-\sqrt{\dfrac{-1+\sqrt{1+2b}}{2}}\end{cases},\begin{cases}x_2=-\sqrt{\dfrac{-1+\sqrt{1+2b}}{2}}\\ y_2=\sqrt{\dfrac{-1+\sqrt{1+2b}}{2}}\end{cases}$$

$$\begin{cases}x_3=\sqrt{\dfrac{-1-\sqrt{1+2b}}{2}}\\ y_3=-\sqrt{\dfrac{-1-\sqrt{1+2b}}{2}}\end{cases},\begin{cases}x_4=-\sqrt{\dfrac{-1-\sqrt{1+2b}}{2}}\\ y_4=\sqrt{\dfrac{-1-\sqrt{1+2b}}{2}}\end{cases}$$

24）辅助方程组为

$$\begin{cases}\sigma_1=a\\ \sigma_1^5-5\sigma_1^3\sigma_2+5\sigma_1\sigma_2^2=b^5\end{cases}$$

它的解为

$$\begin{cases}\sigma_1=a\\ \sigma_2=\dfrac{a^2}{2}\pm\dfrac{1}{2}\sqrt{\dfrac{a^5+4b^5}{5a}}\end{cases}$$

每组解对应于原方程组的两组解，于是原方程组的解为

$$\begin{cases} x_1 = \dfrac{a}{2} + \sqrt{-\dfrac{a^2}{4} + \dfrac{1}{2}\sqrt{\dfrac{a^5+4b^5}{5a}}} \\ y_1 = \dfrac{a}{2} - \sqrt{-\dfrac{a^2}{4} + \dfrac{1}{2}\sqrt{\dfrac{a^5+4b^5}{5a}}} \end{cases}$$

$$\begin{cases} x_2 = \dfrac{a}{2} - \sqrt{-\dfrac{a^2}{4} + \dfrac{1}{2}\sqrt{\dfrac{a^5+4b^5}{5a}}} \\ y_2 = \dfrac{a}{2} + \sqrt{-\dfrac{a^2}{4} + \dfrac{1}{2}\sqrt{\dfrac{a^5+4b^5}{5a}}} \end{cases}$$

$$\begin{cases} x_3 = \dfrac{a}{2} + \sqrt{-\dfrac{a^2}{4} - \dfrac{1}{2}\sqrt{\dfrac{a^5+4b^5}{5a}}} \\ y_3 = \dfrac{a}{2} - \sqrt{-\dfrac{a^2}{4} - \dfrac{1}{2}\sqrt{\dfrac{a^5+4b^5}{5a}}} \end{cases}$$

$$\begin{cases} x_4 = \dfrac{a}{2} - \sqrt{-\dfrac{a^2}{4} - \dfrac{1}{2}\sqrt{\dfrac{a^5+4b^5}{5a}}} \\ y_4 = \dfrac{a}{2} + \sqrt{-\dfrac{a^2}{4} - \dfrac{1}{2}\sqrt{\dfrac{a^5+4b^5}{5a}}} \end{cases}$$

25）辅助方程组为

$$\begin{cases} (\sigma_1^3 - 3\sigma_1\sigma_2)(\sigma_1^2 - 2\sigma_2) = 2b^5 \\ \sigma_1 = b \end{cases}$$

把值 $\sigma_1 = b$ 代入第一个方程，得到二次方程

$$6\sigma_2^2 - 5b^2\sigma_2 - b^4 = 0$$

从这里解得两组解

$$\begin{cases} \sigma_1 = b \\ \sigma_2 = b^2 \end{cases}, \begin{cases} \sigma_1 = b \\ \sigma_2 = -\dfrac{1}{6}b^2 \end{cases}$$

每组解都对应于原方程组的两组解，于是原方程组的解为

$$\begin{cases}x_1=\dfrac{b}{2}(1+\mathrm{i}\sqrt{3})\\ y_1=\dfrac{b}{2}(1-\mathrm{i}\sqrt{3})\end{cases},\begin{cases}x_2=\dfrac{b}{2}(1-\mathrm{i}\sqrt{3})\\ y_2=\dfrac{b}{2}(1+\mathrm{i}\sqrt{3})\end{cases}$$

$$\begin{cases}x_3=\dfrac{b}{2}\left(1+\sqrt{\dfrac{5}{3}}\right)\\ y_3=\dfrac{b}{2}\left(1-\sqrt{\dfrac{5}{3}}\right)\end{cases},\begin{cases}x_4=\dfrac{b}{2}\left(1-\sqrt{\dfrac{5}{3}}\right)\\ y_4=\dfrac{b}{2}\left(1+\sqrt{\dfrac{5}{3}}\right)\end{cases}$$

26）辅助方程组为

$$\begin{cases}\sigma_1^3-3\sigma_1\sigma_2=9\\ \sigma_1^2-2\sigma_2=5\end{cases}$$

消去 $\sigma_2$，得到三次方程

$$\sigma_1^3-15\sigma_1+18=0$$

注意到，$\sigma_1=3$ 是这个方程的根，应用余数定理，找到另外的两个根：$\sigma_1=-\frac{3}{2}\pm\frac{1}{2}\sqrt{33}$，因此辅助方程组有 3 组解

$$\begin{cases}\sigma_1=3\\ \sigma_2=2\end{cases},\begin{cases}\sigma_1=-\dfrac{3}{2}+\dfrac{1}{2}\sqrt{33}\\ \sigma_2=\dfrac{11}{4}-\dfrac{3}{4}\sqrt{33}\end{cases},\begin{cases}\sigma_1=-\dfrac{3}{2}-\dfrac{1}{2}\sqrt{33}\\ \sigma_2=\dfrac{11}{4}+\dfrac{3}{4}\sqrt{33}\end{cases}$$

每组解对应于原方程组的两组解，于是原方程组的解为

$$\begin{cases}x_1=1\\ y_1=2\end{cases},\begin{cases}x_2=2\\ y_2=1\end{cases}$$

$$\begin{cases}x_3=-\dfrac{3}{4}+\dfrac{\sqrt{33}}{4}+\sqrt{\dfrac{3}{8}\sqrt{33}-\dfrac{1}{8}}\\ y_3=-\dfrac{3}{4}+\dfrac{\sqrt{33}}{4}-\sqrt{\dfrac{3}{8}\sqrt{33}-\dfrac{1}{8}}\end{cases}$$

$$\begin{cases}x_4=-\dfrac{3}{4}+\dfrac{\sqrt{33}}{4}-\sqrt{\dfrac{3}{8}\sqrt{33}-\dfrac{1}{8}}\\[2ex] y_4=-\dfrac{3}{4}+\dfrac{\sqrt{33}}{4}+\sqrt{\dfrac{3}{8}\sqrt{33}-\dfrac{1}{8}}\end{cases}$$

$$\begin{cases}x_5=-\dfrac{3}{4}-\dfrac{\sqrt{33}}{4}+\mathrm{i}\sqrt{\dfrac{3}{8}\sqrt{33}+\dfrac{1}{8}}\\[2ex] y_5=-\dfrac{3}{4}-\dfrac{\sqrt{33}}{4}-\mathrm{i}\sqrt{\dfrac{3}{8}\sqrt{33}+\dfrac{1}{8}}\end{cases}$$

$$\begin{cases}x_6=-\dfrac{3}{4}-\dfrac{\sqrt{33}}{4}-\mathrm{i}\sqrt{\dfrac{3}{8}\sqrt{33}+\dfrac{1}{8}}\\[2ex] y_6=-\dfrac{3}{4}-\dfrac{\sqrt{33}}{4}+\mathrm{i}\sqrt{\dfrac{3}{8}\sqrt{33}+\dfrac{1}{8}}\end{cases}$$

27）辅助方程组为

$$\begin{cases}\sigma_1^2-2\sigma_2=7+\sigma_2\\ \sigma_1^3-3\sigma_1\sigma_2=6\sigma_2-1\end{cases}$$

从第一个方程解出 $\sigma_2$ 并把它代入第二个方程，得到二次方程

$$2\sigma_1^2-7\sigma_1-15=0$$

从这里易求得辅助方程组的两组解

$$\begin{cases}\sigma_1=5\\ \sigma_2=6\end{cases},\quad \begin{cases}\sigma_1=-\dfrac{3}{2}\\[2ex] \sigma_2=-\dfrac{19}{12}\end{cases}$$

每组解对应于原方程组的两组解，于是原方程组的解为

$$\begin{cases}x_1=2\\ y_1=3\end{cases},\quad \begin{cases}x_2=3\\ y_2=2\end{cases}$$

$$\begin{cases}x_3=-\dfrac{3}{4}+\dfrac{1}{4}\sqrt{\dfrac{103}{3}}\\[2ex] y_3=-\dfrac{3}{4}-\dfrac{1}{4}\sqrt{\dfrac{103}{3}}\end{cases},\quad \begin{cases}x_4=-\dfrac{3}{4}-\dfrac{1}{4}\sqrt{\dfrac{103}{3}}\\[2ex] y_4=-\dfrac{3}{4}+\dfrac{1}{4}\sqrt{\dfrac{103}{3}}\end{cases}$$

28）辅助方程组为

$$\begin{cases}\sigma_1^4-4\sigma_1^2\sigma_2+3\sigma_2^2=133\\ \sigma_1^2-3\sigma_2=7\end{cases}$$

从第二个方程解出 $\sigma_2$ 并把它代入第一个方程，得到 $\sigma_1^2=25$. 解得两组解

$$\begin{cases}\sigma_1=\pm 5\\ \sigma_2=6\end{cases}$$

每组解对应于原方程组的两组解，于是原方程组的解为

$$\begin{cases}x_1=2\\ y_1=3\end{cases},\ \begin{cases}x_2=3\\ y_2=2\end{cases},\ \begin{cases}x_3=-2\\ y_3=-3\end{cases},\ \begin{cases}x_4=-3\\ y_4=-2\end{cases}$$

29）辅助方程组为

$$\begin{cases}\sigma_1^4-4\sigma_1^2\sigma_2+3\sigma_2^2=a^2\\ \sigma_1^2-\sigma_2=1\end{cases}$$

从第二个方程解出 $\sigma_2$ 并把它代入第一个方程，得到 $2\sigma_1^2=3-a^2$. 解得两组解

$$\begin{cases}\sigma_1=\pm\sqrt{\dfrac{3-a^2}{2}}\\ \sigma_2=\dfrac{1-a^2}{2}\end{cases}$$

每组解对应于原方程组的两组解，于是原方程组的解为

$$\begin{cases}x_1=\dfrac{1}{2}\sqrt{\dfrac{3-a^2}{2}}+\dfrac{1}{2}\sqrt{\dfrac{3a^2-1}{2}}\\ y_1=\dfrac{1}{2}\sqrt{\dfrac{3-a^2}{2}}-\dfrac{1}{2}\sqrt{\dfrac{3a^2-1}{2}}\end{cases}$$

$$\begin{cases}x_2=\dfrac{1}{2}\sqrt{\dfrac{3-a^2}{2}}-\dfrac{1}{2}\sqrt{\dfrac{3a^2-1}{2}}\\ y_2=\dfrac{1}{2}\sqrt{\dfrac{3-a^2}{2}}+\dfrac{1}{2}\sqrt{\dfrac{3a^2-1}{2}}\end{cases}$$

$$\begin{cases}x_3=-\frac{1}{2}\sqrt{\frac{3-a^2}{2}}+\frac{1}{2}\sqrt{\frac{3a^2-1}{2}}\\ y_3=-\frac{1}{2}\sqrt{\frac{3-a^2}{2}}-\frac{1}{2}\sqrt{\frac{3a^2-1}{2}}\end{cases}$$

$$\begin{cases}x_4=-\frac{1}{2}\sqrt{\frac{3-a^2}{2}}-\frac{1}{2}\sqrt{\frac{3a^2-1}{2}}\\ y_4=-\frac{1}{2}\sqrt{\frac{3-a^2}{2}}+\frac{1}{2}\sqrt{\frac{3a^2-1}{2}}\end{cases}$$

30）辅助方程组为

$$\begin{cases}\sigma_1^2-\sigma_2=49\\ \sigma_1^4-4\sigma_1^2\sigma_2+3\sigma_2^2=931\end{cases}$$

从第一个方程解出 $\sigma_2$ 并把它代入第二个方程，得到 $\sigma_1^2=64$. 解得两组解

$$\begin{cases}\sigma_1=\pm 8\\ \sigma_2=15\end{cases}$$

每组解对应于原方程组的两组解，于是原方程组的解为

$$\begin{cases}x_1=3\\ y_1=5\end{cases},\begin{cases}x_2=5\\ y_2=3\end{cases},\begin{cases}x_3=-3\\ y_3=-5\end{cases},\begin{cases}x_4=-5\\ y_4=-3\end{cases}$$

31）辅助方程组为

$$\begin{cases}\sigma_1^2-\sigma_2=39\\ \sigma_1^4-4\sigma_1^2\sigma_2+2\sigma_2^2-\sigma_1^2+2\sigma_2=612\end{cases}$$

消去 $\sigma_2$，得到四次方程

$$\sigma_1^4-\sigma_1^2-2\ 352=0$$

从这里解得辅助方程组的 4 组解

$$\begin{cases}\sigma_1=\pm 7\\ \sigma_2=10\end{cases},\begin{cases}\sigma_1=\pm\mathrm{i}\sqrt{48}\\ \sigma_2=-87\end{cases}$$

每组解对应于原方程组的两组解，于是原方程组的解为

$$\begin{cases}x_1=2\\y_1=5\end{cases},\begin{cases}x_2=5\\y_2=2\end{cases},\begin{cases}x_3=-2\\y_3=-5\end{cases},\begin{cases}x_4=-5\\y_4=-2\end{cases}$$

$$\begin{cases}x_5=\sqrt{3}(2\mathrm{i}+5)\\y_5=\sqrt{3}(2\mathrm{i}-5)\end{cases},\begin{cases}x_6=\sqrt{3}(2\mathrm{i}-5)\\y_6=\sqrt{3}(2\mathrm{i}+5)\end{cases}$$

$$\begin{cases}x_7=\sqrt{3}(-2\mathrm{i}+5)\\y_7=\sqrt{3}(-2\mathrm{i}-5)\end{cases},\begin{cases}x_8=\sqrt{3}(-2\mathrm{i}-5)\\y_8=\sqrt{3}(-2\mathrm{i}+5)\end{cases}$$

32）辅助方程组为

$$\begin{cases}\sigma_1^4-4\sigma_1^2\sigma_2+2\sigma_2^2-\sigma_1^2+2\sigma_2=84\\\sigma_1^2-2\sigma_2+\sigma_2^2=49\end{cases}$$

从第二个方程解出 $\sigma_1^2$ 并把它代入第一个方程，得到一个四次方程

$$\sigma_2^4-99\sigma_2^2+2\ 268=0$$

现在很容易找到辅助方程组的所有 8 组解

$$\begin{cases}\sigma_1=\pm5\\\sigma_2=6\end{cases},\begin{cases}\sigma_1=\pm1\\\sigma_2=-6\end{cases}$$

$$\begin{cases}\sigma_1=\pm\mathrm{i}\sqrt{2\sqrt{63}-14}\\\sigma_2=\sqrt{63}\end{cases},\begin{cases}\sigma_1=\pm\mathrm{i}\sqrt{2\sqrt{63}+14}\\\sigma_2=-\sqrt{63}\end{cases}$$

每组解对应于原方程组的两组解，于是原方程组的解为

$$\begin{cases}x_1=2\\y_1=3\end{cases},\begin{cases}x_2=3\\y_2=2\end{cases},\begin{cases}x_3=-2\\y_3=-3\end{cases},\begin{cases}x_4=-3\\y_4=-2\end{cases}$$

$$\begin{cases}x_5=3\\y_5=-2\end{cases},\begin{cases}x_6=-2\\y_6=3\end{cases},\begin{cases}x_7=-3\\y_7=2\end{cases},\begin{cases}x_8=2\\y_8=-3\end{cases}$$

$$\begin{cases}x_9=\sqrt{\dfrac{\sqrt{63}-7}{2}}+\mathrm{i}\sqrt{\dfrac{\sqrt{63}+7}{2}}\\y_9=\sqrt{\dfrac{\sqrt{63}-7}{2}}-\mathrm{i}\sqrt{\dfrac{\sqrt{63}+7}{2}}\end{cases}$$

$$\begin{cases} x_{10}=\sqrt{\dfrac{\sqrt{63}-7}{2}}-\mathrm{i}\sqrt{\dfrac{\sqrt{63}+7}{2}} \\ y_{10}=\sqrt{\dfrac{\sqrt{63}-7}{2}}+\mathrm{i}\sqrt{\dfrac{\sqrt{63}+7}{2}} \end{cases}$$

$$\begin{cases} x_{11}=-\sqrt{\dfrac{\sqrt{63}-7}{2}}+\mathrm{i}\sqrt{\dfrac{\sqrt{63}+7}{2}} \\ y_{11}=-\sqrt{\dfrac{\sqrt{63}-7}{2}}-\mathrm{i}\sqrt{\dfrac{\sqrt{63}+7}{2}} \end{cases}$$

$$\begin{cases} x_{12}=-\sqrt{\dfrac{\sqrt{63}-7}{2}}-\mathrm{i}\sqrt{\dfrac{\sqrt{63}+7}{2}} \\ y_{12}=-\sqrt{\dfrac{\sqrt{63}-7}{2}}+\mathrm{i}\sqrt{\dfrac{\sqrt{63}+7}{2}} \end{cases}$$

$$\begin{cases} x_{13}=\sqrt{\dfrac{\sqrt{63}-7}{2}}+\mathrm{i}\sqrt{\dfrac{\sqrt{63}+7}{2}} \\ y_{13}=-\sqrt{\dfrac{\sqrt{63}-7}{2}}+\mathrm{i}\sqrt{\dfrac{\sqrt{63}+7}{2}} \end{cases}$$

$$\begin{cases} x_{14}=-\sqrt{\dfrac{\sqrt{63}-7}{2}}+\mathrm{i}\sqrt{\dfrac{\sqrt{63}+7}{2}} \\ y_{14}=\sqrt{\dfrac{\sqrt{63}-7}{2}}+\mathrm{i}\sqrt{\dfrac{\sqrt{63}+7}{2}} \end{cases}$$

$$\begin{cases} x_{15}=\sqrt{\dfrac{\sqrt{63}-7}{2}}-\mathrm{i}\sqrt{\dfrac{\sqrt{63}+7}{2}} \\ y_{15}=-\sqrt{\dfrac{\sqrt{63}-7}{2}}-\mathrm{i}\sqrt{\dfrac{\sqrt{63}+7}{2}} \end{cases}$$

$$\begin{cases} x_{16}=-\sqrt{\dfrac{\sqrt{63}-7}{2}}-\mathrm{i}\sqrt{\dfrac{\sqrt{63}+7}{2}} \\ y_{16}=\sqrt{\dfrac{\sqrt{63}-7}{2}}-\mathrm{i}\sqrt{\dfrac{\sqrt{63}+7}{2}} \end{cases}$$

33）辅助方程组为

$$\begin{cases} \sigma_1^3-2\sigma_1\sigma_2=13 \\ \sigma_2^2(\sigma_1^2-2\sigma_2)=468 \end{cases}$$

第二个方程逐项除第一个方程，约去值 $\sigma_1^2-2\sigma_2$，得 $\sigma_2^2=36\sigma_1$. 解出 $\sigma_1$ 的值并代入第一个方程，得到

$$\sigma_2^6-2\times 36^2\sigma_2^3-13\times 36^3=0$$

这是一个关于 $\sigma_2^3$ 的二次方程. 解得辅助方程组的 6 组解

$$\begin{cases} \sigma_1=1 \\ \sigma_2=-6 \end{cases},\quad \begin{cases} \sigma_1=\dfrac{-1+\mathrm{i}\sqrt{3}}{2} \\ \sigma_2=3(1+\mathrm{i}\sqrt{3}) \end{cases}$$

$$\begin{cases} \sigma_1=\dfrac{-1-\mathrm{i}\sqrt{3}}{2} \\ \sigma_2=3(1-\mathrm{i}\sqrt{3}) \end{cases},\quad \begin{cases} \sigma_1=\sqrt[3]{169} \\ \sigma_2=6\sqrt[3]{13} \end{cases}$$

$$\begin{cases} \sigma_1=\sqrt[3]{169}\cdot\dfrac{-1+\mathrm{i}\sqrt{3}}{2} \\ \sigma_2=-3\sqrt[3]{13}(1+\mathrm{i}\sqrt{3}) \end{cases}$$

$$\begin{cases} \sigma_1=\sqrt[3]{169}\cdot\dfrac{-1-\mathrm{i}\sqrt{3}}{2} \\ \sigma_2=-3\sqrt[3]{13}(1-\mathrm{i}\sqrt{3}) \end{cases}$$

每组解对应于原方程组的两组解，于是原方程组的解为

$$\begin{cases} x_1=3 \\ y_1=-2 \end{cases},\quad \begin{cases} x_2=-2 \\ y_2=3 \end{cases}$$

$$\begin{cases} x_3 = \dfrac{3}{2}(-1 + \mathrm{i}\sqrt{3}) \\ y_3 = 1 - \mathrm{i}\sqrt{3} \end{cases},\quad \begin{cases} x_4 = 1 - \mathrm{i}\sqrt{3} \\ y_4 = \dfrac{3}{2}(-1 + \mathrm{i}\sqrt{3}) \end{cases}$$

$$\begin{cases} x_5 = \dfrac{3}{2}(-1 - \mathrm{i}\sqrt{3}) \\ y_5 = 1 + \mathrm{i}\sqrt{3} \end{cases},\quad \begin{cases} x_6 = 1 + \mathrm{i}\sqrt{3} \\ y_6 = \dfrac{3}{2}(-1 - \mathrm{i}\sqrt{3}) \end{cases}$$

$$\begin{cases} x_7 = \dfrac{1}{2}\sqrt[3]{169} + \dfrac{\mathrm{i}}{2}\sqrt{11\sqrt[3]{13}} \\ y_7 = \dfrac{1}{2}\sqrt[3]{169} - \dfrac{\mathrm{i}}{2}\sqrt{11\sqrt[3]{13}} \end{cases}$$

$$\begin{cases} x_8 = \dfrac{1}{2}\sqrt[3]{169} - \dfrac{\mathrm{i}}{2}\sqrt{11\sqrt[3]{13}} \\ y_8 = \dfrac{1}{2}\sqrt[3]{169} + \dfrac{\mathrm{i}}{2}\sqrt{11\sqrt[3]{13}} \end{cases}$$

$$\begin{cases} x_9 = -\dfrac{1}{4}(\sqrt[3]{169} + \sqrt{33\sqrt[3]{13}}) - \dfrac{\mathrm{i}}{4}(\sqrt{11\sqrt[3]{13}} - \sqrt{3}\sqrt[3]{169}) \\ y_9 = -\dfrac{1}{4}(\sqrt[3]{169} - \sqrt{33\sqrt[3]{13}}) + \dfrac{\mathrm{i}}{4}(\sqrt{11\sqrt[3]{13}} - \sqrt{3}\sqrt[3]{169}) \end{cases}$$

$$\begin{cases} x_{10} = -\dfrac{1}{4}(\sqrt[3]{169} - \sqrt{33\sqrt[3]{13}}) + \dfrac{\mathrm{i}}{4}(\sqrt{11\sqrt[3]{13}} + \sqrt{3}\sqrt[3]{169}) \\ y_{10} = -\dfrac{1}{4}(\sqrt[3]{169} + \sqrt{33\sqrt[3]{13}}) - \dfrac{\mathrm{i}}{4}(\sqrt{11\sqrt[3]{13}} - \sqrt{3}\sqrt[3]{169}) \end{cases}$$

$$\begin{cases} x_{11} = -\dfrac{1}{4}(\sqrt[3]{169} + \sqrt{33\sqrt[3]{13}}) - \dfrac{\mathrm{i}}{4}(\sqrt{3}\sqrt[3]{169} - \sqrt{11\sqrt[3]{13}}) \\ y_{11} = -\dfrac{1}{4}(\sqrt[3]{169} - \sqrt{33\sqrt[3]{13}}) - \dfrac{\mathrm{i}}{4}(\sqrt{3}\sqrt[3]{169} + \sqrt{11\sqrt[3]{13}}) \end{cases}$$

$$\begin{cases} x_{12} = -\dfrac{1}{4}(\sqrt[3]{169} - \sqrt{33\sqrt[3]{13}}) - \dfrac{\mathrm{i}}{4}(\sqrt{3}\sqrt[3]{169} + \sqrt{11\sqrt[3]{13}}) \\ y_{12} = -\dfrac{1}{4}(\sqrt[3]{169} + \sqrt{33\sqrt[3]{13}}) - \dfrac{\mathrm{i}}{4}(\sqrt{3}\sqrt[3]{169} - \sqrt{11\sqrt[3]{13}}) \end{cases}$$

34）辅助方程组为

$$\begin{cases}\sigma_1^3-4\sigma_1\sigma_2=16\\ \sigma_1^3-2\sigma_1\sigma_2=40\end{cases}$$

消去 $\sigma_2$，得到 $\sigma_1^3=64$. 从而解得辅助方程组的 3 组解

$$\begin{cases}\sigma_1=4\\ \sigma_2=3\end{cases},\begin{cases}\sigma_1=2(-1+\mathrm{i}\sqrt{3})\\ \sigma_2=\dfrac{3}{2}(-1-\mathrm{i}\sqrt{3})\end{cases},\begin{cases}\sigma_1=2(-1-\mathrm{i}\sqrt{3})\\ \sigma_2=\dfrac{3}{2}(-1+\mathrm{i}\sqrt{3})\end{cases}$$

每组解对应于原方程组的两组解，于是原方程组的解为

$$\begin{cases}x_1=3\\ y_1=1\end{cases},\begin{cases}x_2=1\\ y_2=3\end{cases}$$

$$\begin{cases}x_3=\dfrac{3}{2}(-1+\mathrm{i}\sqrt{3})\\ y_3=\dfrac{1}{2}(-1+\mathrm{i}\sqrt{3})\end{cases},\begin{cases}x_4=\dfrac{1}{2}(-1+\mathrm{i}\sqrt{3})\\ y_4=\dfrac{3}{2}(-1+\mathrm{i}\sqrt{3})\end{cases}$$

$$\begin{cases}x_5=\dfrac{3}{2}(-1-\mathrm{i}\sqrt{3})\\ y_5=\dfrac{1}{2}(-1-\mathrm{i}\sqrt{3})\end{cases},\begin{cases}x_6=\dfrac{1}{2}(-1-\mathrm{i}\sqrt{3})\\ y_6=\dfrac{3}{2}(-1-\mathrm{i}\sqrt{3})\end{cases}$$

35）辅助方程组为

$$\begin{cases}\sigma_1\sigma_2=30\\ \sigma_1^3-3\sigma_1\sigma_2=35\end{cases}$$

消去 $\sigma_2$，得到 $\sigma_1^3=125$. 从而解得辅助方程组的 3 组解

$$\begin{cases}\sigma_1=5\\ \sigma_2=6\end{cases},\begin{cases}\sigma_1=\dfrac{5}{2}(-1+\mathrm{i}\sqrt{3})\\ \sigma_2=3(-1-\mathrm{i}\sqrt{3})\end{cases},\begin{cases}\sigma_1=\dfrac{5}{2}(-1-\mathrm{i}\sqrt{3})\\ \sigma_2=3(-1+\mathrm{i}\sqrt{3})\end{cases}$$

每组解对应于原方程组的两组解，于是原方程组的解为

$$\begin{cases}x_1=2\\ y_1=3\end{cases},\begin{cases}x_2=3\\ y_2=2\end{cases}$$

$$\begin{cases}x_3=-1+\mathrm{i}\sqrt{3}\\ y_3=\dfrac{3}{2}(-1+\mathrm{i}\sqrt{3})\end{cases},\begin{cases}x_4=\dfrac{3}{2}(-1+\mathrm{i}\sqrt{3})\\ y_4=-1+\mathrm{i}\sqrt{3}\end{cases}$$

$$\begin{cases}x_5=-1-\mathrm{i}\sqrt{3}\\ y_5=\dfrac{3}{2}(-1-\mathrm{i}\sqrt{3})\end{cases},\begin{cases}x_6=\dfrac{3}{2}(-1-\mathrm{i}\sqrt{3})\\ y_6=-1-\mathrm{i}\sqrt{3}\end{cases}$$

36）辅助方程组为

$$\begin{cases}\sigma_1^3-3\sigma_1\sigma_2=\sigma_1^2\\ \sigma_1^2-2\sigma_2=\sigma_1+a\end{cases}$$

从第二个方程解出 $\sigma_2$，并把它代入第一个方程得到

$$\sigma_1^3-\sigma_1^2-3\sigma_1 a=0$$

从这里解得辅助方程组的 3 组解

$$\begin{cases}\sigma_1=0\\ \sigma_2=-\dfrac{a}{2}\end{cases},\begin{cases}\sigma_1=\dfrac{1}{2}+\sqrt{\dfrac{1}{4}+3a}\\ \sigma_2=a\end{cases},\begin{cases}\sigma_1=\dfrac{1}{2}-\sqrt{\dfrac{1}{4}+3a}\\ \sigma_2=a\end{cases}$$

每组解对应于原方程组的两组解，于是原方程组的解为

$$\begin{cases}x_1=\sqrt{\dfrac{a}{2}}\\ y_1=-\sqrt{\dfrac{a}{2}}\end{cases},\begin{cases}x_2=-\sqrt{\dfrac{a}{2}}\\ y_2=\sqrt{\dfrac{a}{2}}\end{cases}$$

$$\begin{cases}x_3=\dfrac{1}{4}+\dfrac{1}{4}\sqrt{12a+1}+\dfrac{1}{4}\sqrt{2-4a+2\sqrt{12a+1}}\\ y_3=\dfrac{1}{4}+\dfrac{1}{4}\sqrt{12a+1}-\dfrac{1}{4}\sqrt{2-4a+2\sqrt{12a+1}}\end{cases}$$

$$\begin{cases}x_4=\dfrac{1}{4}+\dfrac{1}{4}\sqrt{12a+1}-\dfrac{1}{4}\sqrt{2-4a+2\sqrt{12a+1}}\\ y_4=\dfrac{1}{4}+\dfrac{1}{4}\sqrt{12a+1}+\dfrac{1}{4}\sqrt{2-4a+2\sqrt{12a+1}}\end{cases}$$

$$\begin{cases}x_5=\dfrac{1}{4}-\dfrac{1}{4}\sqrt{12a+1}+\dfrac{1}{4}\sqrt{2-4a-2\sqrt{12a+1}}\\ y_5=\dfrac{1}{4}-\dfrac{1}{4}\sqrt{12a+1}-\dfrac{1}{4}\sqrt{2-4a-2\sqrt{12a+1}}\end{cases}$$

$$\begin{cases} x_6=\frac{1}{4}-\frac{1}{4}\sqrt{12a+1}-\frac{1}{4}\sqrt{2-4a-2\sqrt{12a+1}} \\ y_6=\frac{1}{4}-\frac{1}{4}\sqrt{12a+1}+\frac{1}{4}\sqrt{2-4a-2\sqrt{12a+1}} \end{cases}$$

37）辅助方程组为

$$\begin{cases} \sigma_2=a^2-b^2 \\ \sigma_1^4-4\sigma_1^2\sigma_2+2\sigma_2^2=2(a^4+6a^2b^2+b^4) \end{cases}$$

把 $\sigma_2$ 代入第二个方程，得到一个四次方程

$$\sigma_1^4-4(a^2-b^2)\sigma_1^2-16a^2b^2=0$$

从这里解得辅助方程组的 4 组解

$$\begin{cases} \sigma_1=\pm 2a \\ \sigma_2=a^2-b^2 \end{cases},\begin{cases} \sigma_1=\pm 2b\mathrm{i} \\ \sigma_2=a^2-b^2 \end{cases}$$

每组解对应于原方程组的两组解，于是原方程组的解为

$$\begin{cases} x_1=-a+b \\ y_1=-a-b \end{cases},\begin{cases} x_2=-a-b \\ y_2=-a+b \end{cases},\begin{cases} x_3=a+b \\ y_3=a-b \end{cases}$$

$$\begin{cases} x_4=a-b \\ y_4=a+b \end{cases},\begin{cases} x_5=-b\mathrm{i}+a\mathrm{i} \\ y_5=-b\mathrm{i}-a\mathrm{i} \end{cases},\begin{cases} x_6=-b\mathrm{i}-a\mathrm{i} \\ y_6=-b\mathrm{i}+a\mathrm{i} \end{cases}$$

$$\begin{cases} x_7=b\mathrm{i}+a\mathrm{i} \\ y_7=b\mathrm{i}-a\mathrm{i} \end{cases},\begin{cases} x_8=b\mathrm{i}-a\mathrm{i} \\ y_8=b\mathrm{i}+a\mathrm{i} \end{cases}$$

38）辅助方程组为

$$\begin{cases} \sigma_1^3-3\sigma_1\sigma_2=a \\ \sigma_1\sigma_2=b \end{cases}$$

它的解为

$$\begin{cases} \sigma_1=\sqrt[3]{a+3b} \\ \sigma_2=\frac{b}{\sqrt[3]{a+3b}} \end{cases}$$

$$\begin{cases}\sigma_1=\sqrt[3]{a+3b}\cdot\dfrac{-1+\mathrm{i}\sqrt{3}}{2}\\ \sigma_2=\dfrac{b}{\sqrt[3]{a+3b}}\cdot\dfrac{-1-\mathrm{i}\sqrt{3}}{2}\end{cases}$$

$$\begin{cases}\sigma_1=\sqrt[3]{a+3b}\cdot\dfrac{-1-\mathrm{i}\sqrt{3}}{2}\\ \sigma_2=\dfrac{b}{\sqrt[3]{a+3b}}\cdot\dfrac{-1+\mathrm{i}\sqrt{3}}{2}\end{cases}$$

每组解对应于原方程组的两组解，于是原方程组的解为

$$\begin{cases}x_1=\dfrac{1}{2}\sqrt[3]{a+3b}+\dfrac{1}{2}\sqrt{\dfrac{a-b}{\sqrt[3]{a+3b}}}\\ y_1=\dfrac{1}{2}\sqrt[3]{a+3b}-\dfrac{1}{2}\sqrt{\dfrac{a-b}{\sqrt[3]{a+3b}}}\end{cases}$$

$$\begin{cases}x_2=\dfrac{1}{2}\sqrt[3]{a+3b}-\dfrac{1}{2}\sqrt{\dfrac{a-b}{\sqrt[3]{a+3b}}}\\ y_2=\dfrac{1}{2}\sqrt[3]{a+3b}+\dfrac{1}{2}\sqrt{\dfrac{a-b}{\sqrt[3]{a+3b}}}\end{cases}$$

$$\begin{cases}x_3=x_1\ \dfrac{-1+\mathrm{i}\sqrt{3}}{2}\\ y_3=y_1\ \dfrac{-1+\mathrm{i}\sqrt{3}}{2}\end{cases},\begin{cases}x_4=x_2\ \dfrac{-1+\mathrm{i}\sqrt{3}}{2}\\ y_4=y_2\ \dfrac{-1+\mathrm{i}\sqrt{3}}{2}\end{cases}$$

$$\begin{cases}x_5=x_1\ \dfrac{-1-\mathrm{i}\sqrt{3}}{2}\\ y_5=y_1\ \dfrac{-1-\mathrm{i}\sqrt{3}}{2}\end{cases},\begin{cases}x_6=x_2\ \dfrac{-1-\mathrm{i}\sqrt{3}}{2}\\ y_6=y_2\ \dfrac{-1-\mathrm{i}\sqrt{3}}{2}\end{cases}$$

39）辅助方程组为

$$\begin{cases}\sigma_1=a\\ \sigma_1^7-7\sigma_1^5\sigma_2+14\sigma_1^3\sigma_2^2-7\sigma_1\sigma_2^3=a^7\end{cases}$$

把 $\sigma_1$ 的值代入第二个方程得到一个三次方程

$$a\sigma_2^3-2a^3\sigma_2^2+a^5\sigma_2=0$$

如果 $a\neq 0$，我们得到辅助方程组的 3 组解

$$\begin{cases}\sigma_1=a\\ \sigma_2=0\end{cases},\begin{cases}\sigma_1=a\\ \sigma_2=a^2\end{cases},\begin{cases}\sigma_1=a\\ \sigma_2=a^2\end{cases}$$

每组解对应于原方程组的两组解，于是原方程组的解为

$$\begin{cases}x_1=a\\ y_1=0\end{cases},\begin{cases}x_2=0\\ y_2=a\end{cases},\begin{cases}x_3=\dfrac{a}{2}(1+\mathrm{i}\sqrt{3})\\ y_3=\dfrac{a}{2}(1-\mathrm{i}\sqrt{3})\end{cases}$$

$$\begin{cases}x_4=y_3\\ y_4=x_3\end{cases},\begin{cases}x_5=x_3\\ y_5=y_3\end{cases},\begin{cases}x_6=x_4\\ y_6=y_4\end{cases}$$

如果 $a=0$，那么对于任意满足方程 $x+y=0$ 的两个数 $x,y$ 都是原方程组的解.

40）代入新的未知数 $\sigma_1=x+y,\sigma_2=xy$，得到辅助方程组

$$\begin{cases}\sigma_1-z=7\\ \sigma_1^2-2\sigma_2-z^2=37\\ \sigma_1^3-3\sigma_1\sigma_2-z^3=1\end{cases}$$

从第二个方程解出 $\sigma_2$，然后从第一个方程解出 $z$，把它们代入第三个方程，得到 $18\sigma_1=342$. 现在很容易解得辅助方程组的解为

$$\begin{cases}\sigma_1=19\\ \sigma_2=90\\ z=12\end{cases}$$

从这里解得原方程组的两组解

$$\begin{cases}x_1=9\\ y_1=10\\ z_1=12\end{cases},\begin{cases}x_2=10\\ y_2=9\\ z_2=12\end{cases}$$

41）辅助方程组为

$$\begin{cases}\sigma_1^4-4\sigma_1^2\sigma_2+8\sigma_2^2=353\\ \sigma_1^2\sigma_2-2\sigma_2^2=68\end{cases}$$

第二个方程两边乘以 4，然后和第一个方程相加，得到 $\sigma_1^4=625$. 从这里解得辅助方程组的 8 组解

$$\begin{cases}\sigma_1=\pm 5\\ \sigma_2=4\end{cases},\begin{cases}\sigma_1=\pm 5\\ \sigma_2=\dfrac{17}{2}\end{cases}$$

$$\begin{cases}\sigma_1=\pm 5\mathrm{i}\\ \sigma_2=-4\end{cases},\begin{cases}\sigma_1=\pm 5\mathrm{i}\\ \sigma_2=-\dfrac{17}{2}\end{cases}$$

每组解对应于原方程组的两组解，于是原方程组的解为

$$\begin{cases}x_1=4\\ y_1=1\end{cases},\begin{cases}x_2=1\\ y_2=4\end{cases},\begin{cases}x_3=-4\\ y_3=-1\end{cases},\begin{cases}x_4=-1\\ y_4=-4\end{cases}$$

$$\begin{cases}x_5=\dfrac{5}{2}+\dfrac{3}{2}\mathrm{i}\\ y_5=\dfrac{5}{2}-\dfrac{3}{2}\mathrm{i}\end{cases},\begin{cases}x_6=\dfrac{5}{2}-\dfrac{3}{2}\mathrm{i}\\ y_6=\dfrac{5}{2}+\dfrac{3}{2}\mathrm{i}\end{cases}$$

$$\begin{cases}x_7=-\dfrac{5}{2}+\dfrac{3}{2}\mathrm{i}\\ y_7=-\dfrac{5}{2}-\dfrac{3}{2}\mathrm{i}\end{cases},\begin{cases}x_8=-\dfrac{5}{2}-\dfrac{3}{2}\mathrm{i}\\ y_8=-\dfrac{5}{2}+\dfrac{3}{2}\mathrm{i}\end{cases}$$

$$\begin{cases}x_9=\mathrm{i}\\ y_9=4\mathrm{i}\end{cases},\begin{cases}x_{10}=4\mathrm{i}\\ y_{10}=\mathrm{i}\end{cases},\begin{cases}x_{11}=-\mathrm{i}\\ y_{11}=-4\mathrm{i}\end{cases},\begin{cases}x_{12}=-4\mathrm{i}\\ y_{12}=-\mathrm{i}\end{cases}$$

$$\begin{cases}x_{13}=\dfrac{3}{2}+\dfrac{5}{2}\mathrm{i}\\ y_{13}=-\dfrac{3}{2}+\dfrac{5}{2}\mathrm{i}\end{cases},\begin{cases}x_{14}=-\dfrac{3}{2}+\dfrac{5}{2}\mathrm{i}\\ y_{14}=\dfrac{3}{2}+\dfrac{5}{2}\mathrm{i}\end{cases}$$

$$\begin{cases}x_{15}=\dfrac{3}{2}-\dfrac{5}{2}\mathrm{i}\\ y_{15}=-\dfrac{3}{2}-\dfrac{5}{2}\mathrm{i}\end{cases},\begin{cases}x_{16}=-\dfrac{3}{2}-\dfrac{5}{2}\mathrm{i}\\ y_{16}=\dfrac{3}{2}-\dfrac{5}{2}\mathrm{i}\end{cases}$$

42）辅助方程组为

$$\sigma_1^2-2\sigma_2=\sigma_1^3-3\sigma_1\sigma_2=\sigma_1^5-5\sigma_1^3\sigma_2+5\sigma_1\sigma_2^2$$

从第一个方程解出 $\sigma_2$ 并把它代入第二个方程，得到方程

$$\sigma_1^3(\sigma_1^4-3\sigma_1^3+\sigma_1^2+3\sigma_1-2)=0$$

0，0，0，1，1，－1，2 是这个方程的根. 因此，我们得到辅助方程组的 7 组解

$$\begin{cases}\sigma_1=0\\ \sigma_2=0\end{cases},\begin{cases}\sigma_1=0\\ \sigma_2=0\end{cases},\begin{cases}\sigma_1=0\\ \sigma_2=0\end{cases},\begin{cases}\sigma_1=1\\ \sigma_2=0\end{cases}$$

$$\begin{cases}\sigma_1=1\\ \sigma_2=0\end{cases},\begin{cases}\sigma_1=-1\\ \sigma_2=\dfrac{2}{5}\end{cases},\begin{cases}\sigma_1=2\\ \sigma_2=1\end{cases}$$

每组解对应于原方程组的两组解，于是原方程组的解为

$$\begin{cases}x_1=x_2=x_3=x_4=x_5=x_6=0\\ y_1=y_2=y_3=y_4=y_5=y_6=0\end{cases},\begin{cases}x_7=0\\ y_7=1\end{cases}$$

$$\begin{cases}x_8=1\\ y_8=0\end{cases},\begin{cases}x_9=0\\ y_9=1\end{cases},\begin{cases}x_{10}=1\\ y_{10}=0\end{cases}$$

$$\begin{cases}x_{11}=-\dfrac{1}{2}+\dfrac{\mathrm{i}}{10}\sqrt{15}\\ y_{11}=-\dfrac{1}{2}-\dfrac{\mathrm{i}}{10}\sqrt{15}\end{cases},\begin{cases}x_{12}=-\dfrac{1}{2}-\dfrac{\mathrm{i}}{10}\sqrt{15}\\ y_{12}=-\dfrac{1}{2}+\dfrac{\mathrm{i}}{10}\sqrt{15}\end{cases}$$

$$\begin{cases}x_{13}=x_{14}=1\\ y_{13}=y_{14}=1\end{cases}$$

43）将两个方程分别相加、相减得到

$$\begin{cases}x^4+y^4=(a+b)(x^2+y^2)\\ x^4-y^4=(a-b)(x^2-y^2)\end{cases}$$

如果 $x^2-y^2\neq 0$，那么第二个方程能同时除去 $x^2-y^2$，因此得到对称方程组

$$\begin{cases}x^4+y^4=(a+b)(x^2+y^2)\\x^2+y^2=a-b\end{cases}$$

辅助方程组为

$$\begin{cases}\sigma_1^4-4\sigma_1^2\sigma_2+2\sigma_2^2=(a+b)(\sigma_1^2-2\sigma_2)\\\sigma_1^2-2\sigma_2=a-b\end{cases}$$

消去 $\sigma_2$，得到四次方程

$$\sigma_1^4-2(a-b)\sigma_1^2+a^2+2ab-3b^2=0$$

现在很容易解出辅助方程组的 4 组解

$$\begin{cases}\sigma_1=\pm\sqrt{(a-b)+2\sqrt{b^2-ab}}\\\sigma_2=\sqrt{b^2-ab}\end{cases}$$

$$\begin{cases}\sigma_1=\pm\sqrt{(a-b)-2\sqrt{b^2-ab}}\\\sigma_2=-\sqrt{b^2-ab}\end{cases}$$

每组解对应于原方程组的两组解，于是原方程组的解为

$$\begin{cases}x_1=\dfrac{1}{2}\sqrt{a-b+2\sqrt{b^2-ab}}+\dfrac{1}{2}\sqrt{a-b-2\sqrt{b^2-ab}}\\y_1=\dfrac{1}{2}\sqrt{a-b+2\sqrt{b^2-ab}}-\dfrac{1}{2}\sqrt{a-b-2\sqrt{b^2-ab}}\end{cases}$$

$$\begin{cases}x_2=y_1\\y_2=x_1\end{cases},\begin{cases}x_3=-x_1\\y_3=-y_1\end{cases},\begin{cases}x_4=-x_2\\y_4=-y_2\end{cases}$$

$$\begin{cases}x_5=-x_1\\y_5=y_1\end{cases},\begin{cases}x_6=-x_2\\y_6=y_2\end{cases},\begin{cases}x_7=-x_3\\y_7=y_3\end{cases},\begin{cases}x_8=-x_4\\y_8=y_4\end{cases}$$

如果 $x^2=y^2$，那么原方程组有如下形式

$$x^4=(a+b)\cdot x^2$$

这时有 8 组解

$$\begin{cases}x_9=x_{10}=x_{11}=x_{12}=0\\y_9=y_{10}=y_{11}=y_{12}=0\end{cases},\begin{cases}x_{13}=\sqrt{a+b}\\y_{13}=\sqrt{a+b}\end{cases}$$

$$\begin{cases}x_{14}=x_{13}\\y_{14}=-y_{13}\end{cases},\begin{cases}x_{15}=-x_{13}\\y_{15}=y_{13}\end{cases},\begin{cases}x_{16}=-x_{13}\\y_{16}=-y_{13}\end{cases}$$

44）代入新的未知量 $\sigma_1=x+y,\sigma_2=xy;\tau_1=z+u,\tau_2=zu$，原方程组变成如下形式

$$\begin{cases}16(\sigma_1^4-4\sigma_1^2\sigma_2+2\sigma_2^2+\tau_1^4-4\tau_1^2\tau_2+2\tau_2^2)=289\\\sigma_2-\tau_2=\dfrac{3}{2}\\\sigma_1=3,\tau_1=\dfrac{3}{2}\end{cases}$$

把已知的值 $\sigma_1,\tau_1$ 代入第一个方程，得到方程组

$$\begin{cases}68-36\sigma_2+2\sigma_2^2-9\tau_2+2\tau_2^2=0\\\sigma_2-\tau_2=\dfrac{3}{2}\end{cases}$$

消去 $\sigma_2$ 得到一个二次方程

$$8\tau_2^2-78\tau_2+37=0$$

我们解得辅助方程组的两组解

$$\begin{cases}\sigma_1=3\\\sigma_2=2\\\tau_1=\dfrac{3}{2}\\\tau_2=\dfrac{1}{2}\end{cases},\begin{cases}\sigma_1=3\\\sigma_2=\dfrac{43}{4}\\\tau_1=\dfrac{3}{2}\\\tau_2=\dfrac{37}{4}\end{cases}$$

每组解都对应于原方程组的 4 组解，于是原方程组的解为

$$\begin{cases}x_1=1\\y_1=2\\z_1=1\\u_1=\dfrac{1}{2}\end{cases},\begin{cases}x_2=2\\y_2=1\\z_2=1\\u_2=\dfrac{1}{2}\end{cases},\begin{cases}x_3=1\\y_3=2\\z_3=\dfrac{1}{2}\\u_3=1\end{cases},\begin{cases}x_4=2\\y_4=1\\z_4=\dfrac{1}{2}\\u_4=1\end{cases}$$

$$\begin{cases} x_5 = \dfrac{3}{2} + \mathrm{i}\dfrac{\sqrt{34}}{2} \\ y_5 = \dfrac{3}{2} - \mathrm{i}\dfrac{\sqrt{34}}{2} \\ z_5 = \dfrac{3}{2} + \mathrm{i}\dfrac{\sqrt{139}}{2} \\ u_5 = \dfrac{3}{2} - \mathrm{i}\dfrac{\sqrt{139}}{2} \end{cases}, \begin{cases} x_6 = y_5 \\ y_6 = x_5 \\ z_6 = z_5 \\ u_6 = u_5 \end{cases}$$

$$\begin{cases} x_7 = x_5 \\ y_7 = y_5 \\ z_7 = u_5 \\ u_7 = z_5 \end{cases}, \begin{cases} x_8 = y_5 \\ y_8 = x_5 \\ z_8 = u_5 \\ u_8 = z_5 \end{cases}$$

**13.2 练习题**

1.1）在原方程组中代入$\dfrac{x}{a} = u, \dfrac{y}{b} = v$，得到对称方程组

$$\begin{cases} u + v = 1 \\ \dfrac{1}{u} + \dfrac{1}{v} = 4 \end{cases}$$

代入未知数 $\sigma_1 = u + v, \sigma_2 = uv$，得到方程组

$$\begin{cases} \sigma_1 = 1 \\ \dfrac{\sigma_1}{\sigma_2} = 4 \end{cases}$$

解得 $\sigma_1 = 1, \sigma_2 = \dfrac{1}{4}$. 这时给出唯一解（确切地说，是两个相同的解）$u = v = \dfrac{1}{2}$. 从这里可以解得原方程组的解

$$\begin{cases} x = \dfrac{a}{2} \\ y = \dfrac{b}{2} \end{cases}$$

2）在原方程组中代入 $y=-z$，得到对称方程组

$$\begin{cases}x^2+z^2=-\dfrac{5}{2}xz\\x+z=-\dfrac{1}{4}xz\end{cases}$$

代入未知数 $\sigma_1=x+z,\sigma_2=xz$，得到方程组

$$\begin{cases}\sigma_1^2-2\sigma_2=-\dfrac{5}{2}\sigma_2\\\sigma_1=-\dfrac{1}{4}\sigma_2\end{cases}$$

它有两组解

$$\begin{cases}\sigma_1=0\\\sigma_2=0\end{cases},\begin{cases}\sigma_1=2\\\sigma_2=-8\end{cases}$$

每组解给出对称方程组的两组解

$$\begin{cases}x_1=x_2=0\\z_1=z_2=0\end{cases},\begin{cases}x_3=4\\z_3=-2\end{cases},\begin{cases}x_4=-2\\z_4=4\end{cases}$$

最后，从这里解得原方程组的 4 组解

$$\begin{cases}x_1=x_2=0\\y_1=y_2=0\end{cases},\begin{cases}x_3=4\\y_3=2\end{cases},\begin{cases}x_4=-2\\y_4=-4\end{cases}$$

3）在原方程组中代入 $y=-z$，得到对称方程组

$$\begin{cases}x+z=2\\x^3+y^3=8\end{cases}$$

辅助方程组为

$$\begin{cases}\sigma_1=2\\\sigma_1^3-3\sigma_1\sigma_2=8\end{cases}$$

它的解为

$$\begin{cases}\sigma_1=2\\\sigma_2=0\end{cases}$$

从这里解得对称方程组的两组解

$$\begin{cases}x_1=2\\z_1=0\end{cases},\begin{cases}x_2=0\\z_2=2\end{cases}$$

最后，原方程组有下列两组解

$$\begin{cases}x_1=2\\y_1=0\end{cases},\begin{cases}x_2=0\\y_2=-2\end{cases}$$

4）在原方程组中代入 $y=-z$，得到对称方程组

$$\begin{cases}x^5+z^5=3\ 093\\x+z=3\end{cases}$$

辅助方程组为

$$\begin{cases}\sigma_1^5-5\sigma_1^3\sigma_2+5\sigma_1\sigma_2^2=3\ 093\\\sigma_1=3\end{cases}$$

它的解为

$$\begin{cases}\sigma_1=3\\\sigma_2=-10\end{cases},\begin{cases}\sigma_1=3\\\sigma_2=19\end{cases}$$

每组解可解得对称方程组的两组解

$$\begin{cases}x_1=5\\z_1=-2\end{cases},\begin{cases}x_2=-2\\z_2=5\end{cases}$$

$$\begin{cases}x_3=\dfrac{3}{2}+\mathrm{i}\dfrac{\sqrt{67}}{2}\\z_3=\dfrac{3}{2}-\mathrm{i}\dfrac{\sqrt{67}}{2}\end{cases},\begin{cases}x_4=\dfrac{3}{2}-\mathrm{i}\dfrac{\sqrt{67}}{2}\\z_4=\dfrac{3}{2}+\mathrm{i}\dfrac{\sqrt{67}}{2}\end{cases}$$

最后原方程组有下列 4 组解

$$\begin{cases}x_1=5\\y_1=2\end{cases},\begin{cases}x_2=-2\\y_2=-5\end{cases}$$

$$\begin{cases}x_3=\dfrac{3}{2}+\mathrm{i}\dfrac{\sqrt{67}}{2}\\y_3=-\dfrac{3}{2}+\mathrm{i}\dfrac{\sqrt{67}}{2}\end{cases},\begin{cases}x_4=\dfrac{3}{2}-\mathrm{i}\dfrac{\sqrt{67}}{2}\\y_4=-\dfrac{3}{2}-\mathrm{i}\dfrac{\sqrt{67}}{2}\end{cases}$$

5）在原方程组中代入 $y=-z$，得到对称方程组

$$\begin{cases}x^5+z^5=b^5\\x+z=a\end{cases}$$

我们解这个方程组. 因此，原方程组有下列 4 组解

$$\begin{cases}x_1=\dfrac{a}{2}+\sqrt{-\dfrac{a^2}{4}+\dfrac{1}{2}\sqrt{\dfrac{a^5+4b^5}{5a}}}\\y_1=-\dfrac{a}{2}+\sqrt{-\dfrac{a^2}{4}+\dfrac{1}{2}\sqrt{\dfrac{a^5+4b^5}{5a}}}\end{cases}$$

$$\begin{cases}x_2=-y_1\\y_2=-x_1\end{cases}$$

$$\begin{cases}x_3=\dfrac{a}{2}+\sqrt{-\dfrac{a^2}{4}-\dfrac{1}{2}\sqrt{\dfrac{a^5+4b^5}{5a}}}\\y_3=-\dfrac{a}{2}+\sqrt{-\dfrac{a^2}{4}-\dfrac{1}{2}\sqrt{\dfrac{a^5+4b^5}{5a}}}\end{cases}$$

$$\begin{cases}x_4=-y_3\\y_4=-x_3\end{cases}$$

6）在原方程组中代入 $x^2=z$，得到对称方程组

$$\begin{cases}y+z=5\\y^3+z^3=65\end{cases}$$

我们解这个方程组. 因此，原方程组有下列 4 组解

$$\begin{cases}x_1=1\\y_1=4\end{cases},\begin{cases}x_2=-1\\y_2=4\end{cases},\begin{cases}x_3=2\\y_3=1\end{cases},\begin{cases}x_4=-2\\y_4=1\end{cases}$$

7）在原方程组中代入$\sqrt{x}=u$，$\sqrt{y}=v$，得到对称方程组

$$\begin{cases}u+v=\dfrac{5}{6}uv\\u^2+v^2=13\end{cases}$$

辅助方程组为

$$\begin{cases}6\sigma_1=5\sigma_2\\ \sigma_1^2-2\sigma_2=13\end{cases}$$

它的解为

$$\begin{cases}\sigma_1=5\\ \sigma_2=6\end{cases},\quad \begin{cases}\sigma_1=-\dfrac{13}{5}\\ \sigma_2=-\dfrac{78}{25}\end{cases}$$

我们注意到 $u$，$v$ 只有非负解，因为 $\sqrt{x}=u$，$\sqrt{y}=v$ 是根的算术值. 因此数 $\sigma_2=uv$ 是非负的. 因此，只有辅助方程组的第一组解是符合的解. 它给出了对称方程组的两组解

$$\begin{cases}u_1=2\\ v_1=3\end{cases},\quad \begin{cases}u_2=3\\ v_2=2\end{cases}$$

结果，我们得到原方程组的两组解

$$\begin{cases}x_1=4\\ y_1=9\end{cases},\quad \begin{cases}x_2=9\\ y_2=4\end{cases}$$

8）在原方程组中代入 $\sqrt{x}=u$，$\sqrt{y}=v$，得到对称方程组

$$\begin{cases}u^2v+v^2u=a\\ \dfrac{u^4}{v}+\dfrac{v^4}{u}=b\end{cases}$$

辅助方程组为

$$\begin{cases}\sigma_1\sigma_2=a\\ \sigma_1^5-5\sigma_1^3\sigma_2+5\sigma_1\sigma_2^2=b\sigma_2\end{cases}$$

从第一个方程解出 $\sigma_2$，把它代入第二个方程，得到（然后乘以 $\sigma_1$）

$$\sigma_1^6-5a\sigma_1^3+(5a^2-ab)=0$$

这是一个关于 $\sigma_1^3$ 的二次方程，解此方程得两组解

$$\begin{cases}\sigma_1=\sqrt[3]{\dfrac{5}{2}a+\sqrt{\dfrac{5}{4}a^2+ab}}\\ \sigma_2=\dfrac{a}{\sigma_1}\end{cases},\begin{cases}\sigma_1=\sqrt[3]{\dfrac{5}{2}a-\sqrt{\dfrac{5}{4}a^2+ab}}\\ \sigma_2=\dfrac{a}{\sigma_1}\end{cases}$$

(还有 4 组复数解,我们把它们舍去,因为 $u=\sqrt{x}$, $v=\sqrt{y}$ 是非负数,也就是 $\sigma_1$ 和 $\sigma_2$ 只能是非负数). 每组解可解出两组超出对称方程组的解 $u,v$,为此,需要看一下二次方程

$$z^2-\sigma_1 z+\frac{a}{\sigma_1}=0 \qquad (*)$$

符合原方程组的只有这个方程的非负解 $u,v$,因此它的判别式一定是非负的

$$\sigma_1^2-\frac{4a}{\sigma_1}\geqslant 0$$

或者 $\sigma_1^3\geqslant 4a$(注意这里一定是 $\sigma_1>0$). 但是在这个条件下它的第二个解不满足,因为

$$\sigma_1^3=\frac{5}{2}a-\sqrt{\frac{5}{4}a^2+ab}\leqslant\frac{5}{2}a<4a$$

($a$ 是正数,因为 $a=\sigma_1\sigma_2\geqslant 0$,而 $a=0$ 很容易看出不符合题意). 为了使第二个解满足这个条件,应该有

$$\frac{5}{2}a+\sqrt{\frac{5}{4}a^2+ab}\geqslant 4a$$

即

$$\sqrt{\frac{5}{4}a^2+ab}\geqslant\frac{3}{2}a$$

从这里很容易想到,应该构造关系式 $b\geqslant a$.

解方程( * ),找到对称方程组的两组解

$$\begin{cases} u_1=\dfrac{1}{2}\sqrt[3]{\dfrac{5}{2}a+\sqrt{\dfrac{5}{4}a^2+ab}}+\dfrac{1}{2}\sqrt{\dfrac{\sqrt{\dfrac{5}{4}a^2+ab}-\dfrac{3}{2}a}{\sqrt[3]{\dfrac{5}{2}a+\sqrt{\dfrac{5}{4}a^2+ab}}}} \\ v_1=\dfrac{1}{2}\sqrt[3]{\dfrac{5}{2}a+\sqrt{\dfrac{5}{4}a^2+ab}}-\dfrac{1}{2}\sqrt{\dfrac{\sqrt{\dfrac{5}{4}a^2+ab}-\dfrac{3}{2}a}{\sqrt[3]{\dfrac{5}{2}a+\sqrt{\dfrac{5}{4}a^2+ab}}}} \end{cases}$$

$$\begin{cases} u_2=v_1 \\ v_2=u_1 \end{cases}$$

最后,原方程组(在条件 $b\geqslant a>0$ 的情况下)的解为

$$\begin{cases} x_1=u_1^2 \\ y_1=v_1^2 \end{cases},\begin{cases} x_2=u_2^2 \\ y_2=v_2^2 \end{cases}$$

9)在原方程组中代入$\sqrt{x}=u,\sqrt{y}=-v$,得到对称方程组

$$\begin{cases} v+u=-2uv \\ u^2+v^2=20 \end{cases}$$

辅助方程组为

$$\begin{cases} \sigma_1=-2\sigma_2 \\ \sigma_1^2-2\sigma_2=20 \end{cases}$$

它的解为

$$\begin{cases} \sigma_1=4 \\ \sigma_2=-2 \end{cases},\begin{cases} \sigma_1=-5 \\ \sigma_2=\dfrac{5}{2} \end{cases}$$

因为 $u=\sqrt{x}\geqslant 0,v=-\sqrt{y}\leqslant 0$,所以一定有 $\sigma_2=uv\leqslant 0$,因此第二组解不符合题意. 第一组解能解出对称方程组的两组解

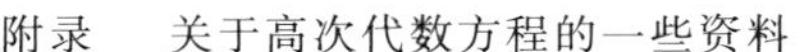


$$\begin{cases}u_1=2+\sqrt{6}\\v_1=2-\sqrt{6}\end{cases},\begin{cases}u_2=2-\sqrt{6}\\v_2=2+\sqrt{6}\end{cases}$$

这里的第二组解不符合题意，因为它不满足条件 $u\geqslant 0,v\leqslant 0$. 只剩下第一组解了，从它解得原方程组的解为

$$\begin{cases}x=u_1^2=(2+\sqrt{6})^2=10+4\sqrt{6}\\y=v_1^2=(2-\sqrt{6})^2=10-4\sqrt{6}\end{cases}$$

10）分析方程组可以看出，数 $x,y$ 不为 0 且有相同的符号. 如果 $x,y$ 都是正的，我们可以应用代换 $\sqrt{x}=u,\sqrt{y}=v$；如果 $x,y$ 都是负的，可以用代换 $\sqrt{-x}=u,\sqrt{-y}=v$. 在这两种情况下，原方程组用上述代换得到对称方程组

$$\begin{cases}\dfrac{u}{v}+\dfrac{v}{u}=\dfrac{7}{uv}+1\\u^3v+v^3u=78\end{cases}$$

辅助方程组为

$$\begin{cases}\sigma_1^2-3\sigma_2=7\\\sigma_2(\sigma_1^2-2\sigma_2)=78\end{cases}$$

从第一个方程解出 $\sigma_1^2$ 并将它代入第二个方程中，得到二次方程

$$\sigma_2^2+7\sigma_2-78=0$$

因此解得辅助方程组的 4 组解为

$$\begin{cases}\sigma_1=5\\\sigma_2=6\end{cases},\begin{cases}\sigma_1=-5\\\sigma_2=6\end{cases},\begin{cases}\sigma_1=4\sqrt{2}\mathrm{i}\\\sigma_2=-13\end{cases},\begin{cases}\sigma_1=-4\sqrt{2}\mathrm{i}\\\sigma_2=-13\end{cases}$$

因为 $u=\sqrt{\pm x},v=\sqrt{\pm y}$ 是正数，所以一定有 $\sigma_1>0,\sigma_2>0$，即对于我们来说只有第一组解符合. 它能解出对称方程组的两组解

$$\begin{cases}u_1=2\\v_1=3\end{cases},\begin{cases}u_2=3\\v_2=2\end{cases}$$

再看最原始的未知量 $x,y$(借助于$\sqrt{x}=u,\sqrt{y}=v$或者$\sqrt{-x}=u,\sqrt{-y}=v$),得到原方程组的 4 组解

$$\begin{cases}x_1=4\\y_1=9\end{cases},\begin{cases}x_2=9\\y_2=4\end{cases},\begin{cases}x_3=-4\\y_3=-9\end{cases},\begin{cases}x_4=-9\\y_4=-4\end{cases}$$

11)从第二个方程易看出,数 $x,y$ 有相同的符号,因为在第一个方程中它们都是正的. 作代换$\sqrt{x}=u$,$\sqrt{y}=v$,得到对称方程组

$$\begin{cases}u^2+v^2=10\\\dfrac{u}{v}+\dfrac{v}{u}=\dfrac{5}{2}\end{cases}$$

辅助方程组为

$$\begin{cases}\sigma_1^2-2\sigma_2=10\\\sigma_1^2-2\sigma_2=\dfrac{5}{2}\sigma_2\end{cases}$$

它的解为

$$\begin{cases}\sigma_1=3\sqrt{2}\\\sigma_2=4\end{cases},\begin{cases}\sigma_1=-3\sqrt{2}\\\sigma_2=4\end{cases}$$

第二组解不符合题意,从第一组解解出对称方程组的两组解

$$\begin{cases}u_1=\sqrt{2}\\v_1=2\sqrt{2}\end{cases},\begin{cases}u_2=2\sqrt{2}\\v_2=\sqrt{2}\end{cases}$$

最后解出原方程组的两组解

$$\begin{cases}x_1=2\\y_1=8\end{cases},\begin{cases}x_2=8\\y_2=2\end{cases}$$

12)数 $x,y$ 有相同的符号. 如果它们两个都是正

的，令$\sqrt{x}=u,\sqrt{y}=v$；而如果它们都是负的，那么令$\sqrt{-x}=u,\sqrt{-y}=v$. 在第一种情况下得到对称方程组

$$\begin{cases}u^2+uv+v^2=a\\u^6+2u^3v^3+v^6=a^3\end{cases}$$

从第二个方程(方程的左边是和的平方)看出，$a$ 是非负数. 辅助方程组为

$$\begin{cases}\sigma_1^2-\sigma_2=a\\\sigma_1^6-6\sigma_1^4\sigma_2+9\sigma_1^2\sigma_2^2=a^3\end{cases}$$

从第一个方程解出 $\sigma_1^2$ 并将它代入第二个方程中，得到三次方程

$$4\sigma_2^3-3a^2\sigma_2=0$$

从这里解得辅助方程组的 6 组解，其中满足条件 $\sigma_1\geqslant0,\sigma_2\geqslant0$ 的只有两组解

$$\begin{cases}\sigma_1=\sqrt{a}\\\sigma_2=0\end{cases},\begin{cases}\sigma_1=\sqrt{a\left(1+\dfrac{\sqrt{3}}{2}\right)}\\\sigma_2=a\dfrac{\sqrt{3}}{2}\end{cases}$$

从第二组解解出 $u,v$ 是复数，从第一组解解出对称方程组的下列两组解

$$\begin{cases}u_1=\sqrt{a}\\v_1=0\end{cases},\begin{cases}u_2=0\\v_2=\sqrt{a}\end{cases}$$

结果，我们解出原方程组的两组解(在 $a\geqslant0$ 的情况下)

$$\begin{cases}x_1=a\\y_1=0\end{cases},\begin{cases}x_2=0\\y_2=a\end{cases}$$

如果 $x,y$ 是负的，那么得到方程组

$$\begin{cases}-u^2-v^2+uv=a\\-u^6-v^6+2u^3v^3=a^3\end{cases}$$

从第二个方程可以看出 $a$ 是非正数. 辅助方程组为

$$\begin{cases}\sigma_1^2-3\sigma_2=-a\\ \sigma_1^6-6\sigma_1^4\sigma_2+9\sigma_1^2\sigma_2^2-4\sigma_2^3=-a^3\end{cases}$$

从第一个方程解出 $\sigma_1^2$ 并将它代入第二个方程中,得到三次方程

$$4\sigma_2^3-3a^2\sigma_2=0$$

从这里解得辅助方程组满足条件 $\sigma_1\geqslant 0,\sigma_2\geqslant 0$ 的两组解

$$\begin{cases}\sigma_1=\sqrt{-a}\\ \sigma_2=0\end{cases},\quad \begin{cases}\sigma_1=\sqrt{-a\left(1+\dfrac{3\sqrt{3}}{2}\right)}\\ \sigma_2=-a\dfrac{\sqrt{3}}{2}\end{cases}$$

每组解给出对称方程组的两组解

$$\begin{cases}u_1=\sqrt{-a}\\ v_1=0\end{cases},\quad \begin{cases}u_2=0\\ v_2=\sqrt{-a}\end{cases}$$

$$\begin{cases}u_3=\dfrac{1}{2}\sqrt{-a\left(1+\dfrac{3\sqrt{3}}{2}\right)}+\dfrac{1}{2}\sqrt{-a\left(1-\dfrac{\sqrt{3}}{2}\right)}\\ v_3=\dfrac{1}{2}\sqrt{-a\left(1+\dfrac{3\sqrt{3}}{2}\right)}-\dfrac{1}{2}\sqrt{-a\left(1-\dfrac{\sqrt{3}}{2}\right)}\end{cases}$$

$$\begin{cases}u_4=v_3\\ v_4=u_3\end{cases}$$

下面求最初的未知数,解得原方程组的 4 组解(在 $a<0$ 的条件下)

$$\begin{cases}x_1=a\\ y_1=0\end{cases},\quad \begin{cases}x_2=0\\ y_2=a\end{cases}$$

$$\begin{cases}x_3=\dfrac{a}{2}+\dfrac{1}{4}a\sqrt{3}-\dfrac{1}{4}a\sqrt{4\sqrt{3}-5}\\ y_3=\dfrac{a}{2}+\dfrac{1}{4}a\sqrt{3}+\dfrac{1}{4}a\sqrt{4\sqrt{3}-5}\end{cases}$$

$$\begin{cases}x_4=y_3\\y_4=x_3\end{cases}$$

13）从第一个方程可以看出，数 $x,y$ 有相同的符号，因此它们都是非负的（因为 $x+y=7+\sqrt{xy}$）. 令 $\sqrt{x}=u,\sqrt{y}=v$，得到对称方程组

$$\begin{cases}u^2+v^2-uv=7\\u^4+u^2v^2+v^4=133\end{cases}$$

我们已经解过这个方程组，其中满足条件 $u\geqslant 0,v\geqslant 0$ 的只有两组解

$$\begin{cases}u_1=2\\v_1=3\end{cases},\begin{cases}u_2=3\\v_2=2\end{cases}$$

因此，原方程组有下面两组解

$$\begin{cases}x_1=4\\y_1=9\end{cases},\begin{cases}x_2=9\\y_2=4\end{cases}$$

14）从第一个方程可以看出，数 $x,y$ 有相同的符号，而且它们两个都是正的，因为在相反的情况下 $(x\leqslant 0,y\leqslant 0)$，我们有

$$14=x+y+\sqrt{xy}<x+y+2\sqrt{xy}=\\-(\sqrt{-x}-\sqrt{-y})^2\leqslant 0$$

代入 $\sqrt{x}=u,\sqrt{y}=v$，得到对称方程组

$$\begin{cases}u^2+v^2+uv=14\\u^4+u^2v^2+v^4=84\end{cases}$$

解这个方程组，我们得到满足条件 $u\geqslant 0,v\geqslant 0$ 的两组解

$$\begin{cases}u_1=\sqrt{2}\\v_1=2\sqrt{2}\end{cases},\begin{cases}u_2=2\sqrt{2}\\v_2=\sqrt{2}\end{cases}$$

因此，原方程组的两组解为

$$\begin{cases}x_1=2\\y_1=8\end{cases},\begin{cases}x_2=8\\y_2=2\end{cases}$$

15）在原方程组中代入 $x^{\frac{1}{4}}=u,y^{\frac{1}{5}}=v$，得到对称方程组

$$\begin{cases}u^3+v^3=35\\u+v=5\end{cases}$$

我们解过这个方程组，它的解为

$$\begin{cases}u_1=2\\v_1=3\end{cases},\begin{cases}u_2=3\\v_2=2\end{cases}$$

从这里可以解得原方程组的两组解

$$\begin{cases}x_1=16\\y_1=243\end{cases},\begin{cases}x_2=81\\y_2=32\end{cases}$$

16）显然 $x,y$ 这两个数一定有相同的符号. 因此代入 $\sqrt[4]{x}=u,\sqrt[4]{y}=v$ 或者 $\sqrt[4]{-x}=u,\sqrt[4]{-y}=v$，在这两种情况下，原方程组都能变成下列形式的对称方程组

$$\begin{cases}\dfrac{u^2}{v^2}+\dfrac{v^2}{u^2}=\dfrac{61}{u^2v^2}+1\\u^3v+uv^3=78\end{cases}$$

辅助方程组为

$$\begin{cases}\sigma_1^4-4\sigma_1^2\sigma_2+\sigma_2^2=61\\\sigma_2(\sigma_1^2-2\sigma_2)=78\end{cases}$$

从第二个方程解出 $\sigma_1^2$ 并代入第一个方程（然后都乘以 $\sigma_2^2$）得到四次方程

$$3\sigma_2^4+61\sigma_2^2-78^2=0$$

现在不难解得辅助方程组的解，它们中符合条件 $\sigma_1\geqslant 0,\sigma_2\geqslant 0$ 的只有一组

$$\begin{cases}\sigma_1=5\\\sigma_2=6\end{cases}$$

最后解得对称方程组的两组解

$$\begin{cases}u_1=2\\v_1=3\end{cases},\begin{cases}u_2=3\\v_2=2\end{cases}$$

而从这里可以解得原方程组的 4 组解

$$\begin{cases}x_1=16\\y_1=81\end{cases},\begin{cases}x_2=81\\y_2=16\end{cases},\begin{cases}x_3=-16\\y_3=-81\end{cases},\begin{cases}x_4=-81\\y_4=-16\end{cases}$$

17）在原方程组中代入$\sqrt[3]{x}=u$,$\sqrt[3]{y}=v$,得到对称方程组

$$\begin{cases}u^3+v^3=72\\u+v=6\end{cases}$$

辅助方程组为

$$\begin{cases}\sigma_1^3-3\sigma_1\sigma_2=72\\\sigma_1=6\end{cases}$$

它的解为 $\sigma_1=6$,$\sigma_2=8$. 解得对称方程组的两组解为

$$\begin{cases}u_1=2\\v_1=4\end{cases},\begin{cases}u_2=4\\v_2=2\end{cases}$$

因此原方程组有下列两组解

$$\begin{cases}x_1=8\\y_1=64\end{cases},\begin{cases}x_2=64\\y_2=8\end{cases}$$

18）在原方程组中代入$\sqrt[3]{x}=u$,$\sqrt[3]{y}=v$,得到对称方程组

$$\begin{cases}u^3+u^3v^3+v^3=12\\u+uv+v=0\end{cases}$$

辅助方程组为

$$\begin{cases}\sigma_1^3-3\sigma_1\sigma_2+\sigma_2^3=12\\\sigma_1+\sigma_2=0\end{cases}$$

消去 $\sigma_2$ 得到方程 $\sigma_1^2=4$. 解得辅助方程组的两组解

$$\begin{cases}\sigma_1=2\\ \sigma_2=-2\end{cases},\begin{cases}\sigma_1=-2\\ \sigma_2=2\end{cases}$$

第二组解给出对称方程组的复数解，第一组解给出两组实数解

$$\begin{cases}u_1=1+\sqrt{3}\\ v_1=1-\sqrt{3}\end{cases},\begin{cases}u_2=1-\sqrt{3}\\ v_2=1+\sqrt{3}\end{cases}$$

因此，原方程组有下列两组解

$$\begin{cases}x_1=10+6\sqrt{3}\\ y_1=10-6\sqrt{3}\end{cases},\begin{cases}x_2=10-6\sqrt{3}\\ y_2=10+6\sqrt{3}\end{cases}$$

19）明显数 $x,y$ 有相同的符号，此外（从第二个方程看出）都是正的. 因此可以令 $\sqrt[6]{x}=u,\sqrt[6]{y}=v$，得到对称方程组

$$\begin{cases}u^2+v^2=\dfrac{5}{2}uv\\ u^6+v^6=10\end{cases}$$

辅助方程组为

$$\begin{cases}\sigma_1^2=\dfrac{9}{2}\sigma_2\\ \sigma_1^6-6\sigma_1^4\sigma_2+9\sigma_1^2\sigma_2^2-2\sigma_2^3=10\end{cases}$$

将 $\sigma_1^2$ 代入第二个方程得到三次方程

$$13\sigma_2^3=16$$

因此辅助方程组只有一组满足条件 $\sigma_1\geqslant 0,\sigma_2\geqslant 0$ 的解

$$\begin{cases}\sigma_1=3\sqrt[6]{\dfrac{2}{13}}\\ \sigma_2=2\sqrt[3]{\dfrac{2}{13}}\end{cases}$$

从这里解得对称方程组的两组解

$$\begin{cases} u_1 = \sqrt[6]{\dfrac{2}{13}} \\ v_1 = 2\sqrt[6]{\dfrac{2}{13}} \end{cases}, \begin{cases} u_2 = 2\sqrt[6]{\dfrac{2}{13}} \\ v_2 = \sqrt[6]{\dfrac{2}{13}} \end{cases}$$

则原方程组的两组解为

$$\begin{cases} x_1 = \dfrac{2}{13} \\ y_1 = \dfrac{128}{13} \end{cases}, \begin{cases} x_2 = \dfrac{128}{13} \\ y_2 = \dfrac{2}{13} \end{cases}$$

20）在原方程组中代入$\sqrt[3]{x} = u$，$\sqrt[3]{y} = v$，得到对称方程组

$$\begin{cases} \dfrac{u}{v} + \dfrac{v}{u} = a \\ u^3 + v^3 = b \end{cases}$$

辅助方程组为

$$\begin{cases} \sigma_1^2 = (a+2)\sigma_2 \\ \sigma_1^3 - 3\sigma_1\sigma_2 = b \end{cases}$$

消去 $\sigma_2$ 得到三次方程

$$(a-1)\sigma_1^3 = b(a+2)$$

因此，在$a \neq 1$，$a \neq -2$ 时，我们有辅助方程组的唯一一组实数解

$$\begin{cases} \sigma_1 = \sqrt[3]{\dfrac{b(a+2)}{a-1}} \\ \sigma_2 = \sqrt[3]{\dfrac{b^3}{(a+2)(a-1)^2}} \end{cases}$$

从这里得到对称方程组的两组解

$$\begin{cases} u_1 = \dfrac{1}{2}\sqrt[3]{\dfrac{b(a+2)}{a-1}}\left(1 + \sqrt{\dfrac{a-2}{a+2}}\right) \\ v_1 = \dfrac{1}{2}\sqrt[3]{\dfrac{b(a+2)}{a-1}}\left(1 - \sqrt{\dfrac{a-2}{a+2}}\right) \end{cases}, \begin{cases} u_2 = v_1 \\ v_2 = u_1 \end{cases}$$

如果 $a-2, a+2$ 同号，并且当 $a+2\neq 0$ 时，它们都是实数；换句话说就是当 $a\geqslant 2$，或 $a<-2$ 时，它们都是实数. 因此，当 $a\geqslant 2$，或 $a<-2$ 时，原方程组有下列两组解

$$\begin{cases} x_1=\dfrac{b}{2}+\dfrac{b(a+1)}{2(a-1)}\sqrt{\dfrac{a-2}{a+2}} \\ y_1=\dfrac{b}{2}-\dfrac{b(a+1)}{2(a-1)}\sqrt{\dfrac{a-2}{a+2}} \end{cases}$$

$$\begin{cases} x_2=\dfrac{b}{2}-\dfrac{b(a+1)}{2(a-1)}\sqrt{\dfrac{a-2}{a+2}} \\ y_2=\dfrac{b}{2}+\dfrac{b(a+1)}{2(a-1)}\sqrt{\dfrac{a-2}{a+2}} \end{cases}$$

如果 $a=1$，但是 $b\neq 0$，辅助方程组(也就是说原方程组)没有解. 如果 $a=1, b=0$，那么由辅助方程组得到一个关系式 $\sigma_1^2=3\sigma_2$，于是对称方程组有复根(因为二次方程 $z^2-\sigma_1 z+\sigma_2=0$ 的判别式小于 0). 因此，当 $a=1$ 时原方程组没有解.

最后，当 $a=-2$ 时，辅助方程组为

$$\begin{cases} \sigma_1=0 \\ \sigma_1^3-3\sigma_1\sigma_2=b \end{cases}$$

这个方程组只有在 $b=0$ 时有解. 它的解是值 $\sigma_1=0$ 和任意的值 $\sigma_2$. 因此，当 $a=-2, b=0$ 时，任意满足条件 $x+y=0$ 的不为 0 的数 $x, y$ 都是原方程组的解.

2.1) 设 $\dfrac{x+a}{2}=u, \dfrac{a-x}{2}=v$，这时有 $u+v=a$，得到下列方程组

$$\begin{cases} u+v=a \\ u^6+v^6=a^6 \end{cases}$$

辅助方程组为

$$\begin{cases}\sigma_1 = a \\ \sigma_1^6 - 6\sigma_1^4\sigma_2 + 9\sigma_1^2\sigma_2^2 - 2\sigma_2^3 = a^6\end{cases}$$

消去 $\sigma_1$ 得到三次方程

$$2\sigma_2^3 - 9a^2\sigma_2^2 + 6a^4\sigma_2 = 0$$

现在很容易解得辅助方程组的 3 组解

$$\begin{cases}\sigma_1 = a \\ \sigma_2 = 0\end{cases},\ \begin{cases}\sigma_1 = a \\ \sigma_2 = a^2\ \dfrac{9 \pm \sqrt{33}}{4}\end{cases}$$

注意到，因为 $x = u - v$，即

$$x^2 = (u+v)^2 - 4uv = \sigma_1^2 - 4\sigma_2$$

因此

$$x^2 = a^2$$

或

$$x^2 = a^2 - a^2(9 \pm \sqrt{33})$$

因此我们得到原方程的下列 6 个解

$$x_1 = a, x_2 = -a$$

$$x_3 = \mathrm{i}a\sqrt{8-\sqrt{33}}, x_4 = -\mathrm{i}a\sqrt{8-\sqrt{33}}$$

$$x_5 = \mathrm{i}a\sqrt{8+\sqrt{33}}, x_6 = -\mathrm{i}a\sqrt{8+\sqrt{33}}$$

2）设 $ax^2 + bx + c = u, ax^2 + bx + d = -v$，这时有 $u + v = c - d$，我们得到下列方程组

$$\begin{cases}u + v = c - d \\ u^5 + v^5 = e\end{cases}$$

我们解过这个方程组，它的解为（只写出 $u$ 的值）

$$u_{1,2} = \frac{c-d}{2} \pm \sqrt{-\frac{(c-d)^2}{4} + \frac{1}{2}\sqrt{\frac{(c-d)^5 + 4e}{5(c-d)}}}$$

$$u_{3,4} = \frac{c-d}{2} \pm \sqrt{-\frac{(c-d)^2}{4} - \frac{1}{2}\sqrt{\frac{(c-d)^5 + 4e}{5(c-d)}}}$$

我们从下面的 4 个方程

$$ax^2+bx+c=u_i\quad(i=1,2,3,4)$$

得到原方程的解. 因此得到原方程的 8 个解(任意指定的组合)

$$x=-\frac{b}{2a}\pm\frac{1}{2a}\cdot$$

$$\sqrt{b^2-2a(c+d)\pm 2a\sqrt{-(c-d)^2\pm 2\sqrt{\frac{(c-d)^5+4e}{5(c-d)}}}}$$

3) 设 $z^2+1=u$, $z^2-1=-v$, 这时有 $u+v=2$, 并可得到下列方程组

$$\begin{cases}u+v=2\\u^7+v^7=2^7\end{cases}$$

解得这个方程组的下列 6 个解(只写出 $u$ 的值)

$$u_1=2,\ u_2=0$$

$$u_3=1+\mathrm{i}\sqrt{3},\ u_4=1-\mathrm{i}\sqrt{3}$$

$$u_5=u_3,\ u_6=u_4$$

通过解 $z^2+1=u_i(i=1,2,\cdots,6)$ 得原方程的解. 因此得到原方程的 12 个解

$$z_1=1, z_2=-1$$

$$z_3=\mathrm{i}, z_4=-\mathrm{i}$$

$$z_5=z_6=(1+\mathrm{i})\sqrt[4]{\frac{3}{4}}$$

$$z_7=z_8=(1-\mathrm{i})\sqrt[4]{\frac{3}{4}}$$

$$z_9=z_{10}=(-1+\mathrm{i})\sqrt[4]{\frac{3}{4}}$$

$$z_{11}=z_{12}=(-1-\mathrm{i})\sqrt[4]{\frac{3}{4}}$$

4）设 $y=1-z$，这时有 $y+z=1$，并且可以得到下列对称方程组

$$\begin{cases} y+z=1 \\ y^4+z^4=1 \end{cases}$$

解得原方程的下列 4 个解

$$z_1=1, z_2=0, z_3=\frac{1}{2}(1+\mathrm{i}\sqrt{7}), z_4=\frac{1}{2}(1-\mathrm{i}\sqrt{7})$$

5）令 $x+a+b=u$，$-x=v$，此时有 $u+v=a+b$ 且得到下列对称方程组

$$\begin{cases} u+v=a+b \\ u^5+v^5=a^5+b^5 \end{cases}$$

解得在 $a+b\neq 0$ 的情况下这个方程组的下列 4 个解（只写出 $v$ 值）

$$v=\frac{a+b}{2}\pm\sqrt{-\frac{(a+b)^2}{4}\pm\frac{1}{2}(a^2+b^2)}$$

最后，因为 $x=-v$，我们得到原方程的下列 4 个解

$$x_1=-a, x_2=-b, x_{3,4}=-\frac{a+b}{2}\pm\frac{\mathrm{i}}{2}\sqrt{3a^2+3b^2+2ab}$$

如果 $a+b=0$，那么任意的 $x$ 都满足原方程.

6）因为对于所有的实数 $x$，表达式 $(a-\sqrt{x})^2$ 都是非负的，所以我们写出下列等价的方程

$$1-x^2=(a-\sqrt{x})^4$$

令 $\sqrt{x}=u$，$a-\sqrt{x}=v$，此时有 $u+v=a$，写出方程为 $1-u^4=v^4$. 因此我们有对称方程组为

$$\begin{cases} u+v=a \\ u^4+v^4=1 \end{cases}$$

这个方程组有下列 4 个解（只写出 $u$ 值）

$$u=\frac{a}{2}\pm\sqrt{-\frac{3}{4}a^2\pm\sqrt{\frac{a^4+1}{2}}}$$

因为 $u=\sqrt{x}$ 一定是非负的，所以根号下的表达式一定为正的. 因此，一定有下列不等式

$$\sqrt{\frac{a^4+1}{2}} \geqslant \frac{3}{4}a^2$$

从这里易知 $|a| \leqslant \sqrt[4]{8}$. 继续得到不等式

$$\left|\frac{a}{2}\right| \leqslant \sqrt{-\frac{3}{4}a^2-\sqrt{\frac{a^4+1}{2}}}$$

同样的，很容易得到关系式 $|a| \leqslant 1$. 因此在 $-1 \leqslant a \leqslant \sqrt[4]{8}$ 时，表达式

$$u_1=\frac{a}{2}+\sqrt{-\frac{3}{4}a^2+\sqrt{\frac{a^4+1}{2}}}$$

是非负的. 在 $1 \leqslant a \leqslant \sqrt[4]{8}$ 时，表达式

$$u_2=\frac{a}{2}-\sqrt{-\frac{3}{4}a^2+\sqrt{\frac{a^4+1}{2}}}$$

也是非负的. 把它平方，得到原方程的两个解

$$x_1=-\frac{a^2}{2}+\sqrt{\frac{a^4+1}{2}}+a\sqrt{-\frac{3}{4}a^2+\sqrt{\frac{a^4+1}{2}}}$$

（当 $-1 \leqslant a \leqslant \sqrt[4]{8}$ 时）

$$x_2=-\frac{a^2}{2}+\sqrt{\frac{a^4+1}{2}}-a\sqrt{-\frac{3}{4}a^2+\sqrt{\frac{a^4+1}{2}}}$$

（当 $1 \leqslant a \leqslant \sqrt[4]{8}$ 时）

7）令 $\sqrt[5]{\frac{1}{2}+x}=u$，$\sqrt[5]{\frac{1}{2}-x}=v$，这时有

$$u^5=\frac{1}{2}+x, v^5=\frac{1}{2}-x$$

我们得到对称方程组

$$\begin{cases} u+v=1 \\ u^5+v^5=1 \end{cases}$$

它的解为

$$\begin{cases}u_1=1\\v_1=0\end{cases},\begin{cases}u_2=0\\v_2=1\end{cases}$$

(我们只讨论它的实数解). 从关系式 $u^5=\frac{1}{2}+x$ 能够解出原方程的两个解

$$x_1=\frac{1}{2},x_2=-\frac{1}{2}$$

8) 令 $y=\sqrt{17-x^2}$,这时我们有对称方程组

$$\begin{cases}x^2+y^2=17\\x+y+xy=9\end{cases}$$

辅助方程组为

$$\begin{cases}\sigma_1^2-2\sigma_2=17\\\sigma_1+\sigma_2=9\end{cases}$$

它的解为

$$\begin{cases}\sigma_1=5\\\sigma_2=4\end{cases},\begin{cases}\sigma_1=-7\\\sigma_2=16\end{cases}$$

第二组解给出的两个复数解 $x,y$ 不是我们要找的. 第一组解给出了对称方程组的两组解

$$\begin{cases}x_1=1\\y_1=4\end{cases},\begin{cases}x_2=4\\y_2=1\end{cases}$$

因此原方程有两个解

$$x_1=1,x_2=4$$

9) 设 $\sqrt[3]{35-x^3}=y$,得到对称方程组

$$\begin{cases}x^3+y^3=35\\xy(x+y)=30\end{cases}$$

我们得到过这个方程组仅取实数时的解,因此原方程的两个解为

$$x_1=2,x_2=3$$

10）令$\frac{19-x}{x+1}=y$，即$19-x=xy+y$，得到对称方程组

$$\begin{cases}x+y+xy=19\\xy(x+y)=84\end{cases}$$

辅助方程组为

$$\begin{cases}\sigma_1+\sigma_2=19\\\sigma_1\sigma_2=84\end{cases}$$

它的解为

$$\begin{cases}\sigma_1=7\\\sigma_2=12\end{cases},\begin{cases}\sigma_1=12\\\sigma_2=7\end{cases}$$

每组解可以解出对称方程组的两组解，故对称方程组的解为

$$\begin{cases}x_1=3\\y_1=4\end{cases},\begin{cases}x_2=4\\y_2=3\end{cases}$$

$$\begin{cases}x_3=6+\sqrt{29}\\y_3=6-\sqrt{29}\end{cases},\begin{cases}x_4=6-\sqrt{29}\\y_4=6+\sqrt{29}\end{cases}$$

因此，原方程有下列 4 个解

$$x_1=3,x_2=4,x_3=6+\sqrt{29},x_4=6-\sqrt{29}$$

11）把方程的左右两边同时立方，得到

$$(a-y)^6=a^6-y^6$$

令$a-y=x$，得到对称方程组

$$\begin{cases}x+y=a\\x^6+y^6=a^6\end{cases}$$

辅助方程组为

$$\begin{cases}\sigma_1=a\\\sigma_1^6-6\sigma_1^4\sigma_2+9\sigma_1^2\sigma_2^2-2\sigma_2^3=a^6\end{cases}$$

它的解为

$$\begin{cases}\sigma_1=a\\ \sigma_2=0\end{cases},\begin{cases}\sigma_1=a\\ \sigma_2=a^2\left(\frac{9}{4}\pm\frac{\sqrt{33}}{4}\right)\end{cases}$$

只有第一组解是对称方程组的实数解

$$\begin{cases}x_1=a\\ y_1=0\end{cases},\begin{cases}x_2=0\\ y_2=a\end{cases}$$

因此,原方程有两个解

$$y_1=0,y_2=a$$

12) 令 $\sin x=u,\cos x=v$,有对称方程组

$$\begin{cases}u^2+v^2=1\\ u^3+v^3=1\end{cases}$$

辅助方程组为

$$\begin{cases}\sigma_1^2-2\sigma_2=1\\ \sigma_1^3-3\sigma_1\sigma_2=1\end{cases}$$

消去 $\sigma_2$,得到三次方程

$$\sigma_1^3-3\sigma_1+2=0$$

这个方程有一个根 $\sigma_1=1$. 应用余数定理,可以找到其他两个根. 因此得到辅助方程组的 3 组解

$$\begin{cases}\sigma_1=1\\ \sigma_2=0\end{cases},\begin{cases}\sigma_1=1\\ \sigma_2=0\end{cases},\begin{cases}\sigma_1=-2\\ \sigma_2=\frac{3}{2}\end{cases}$$

最后一组解解得的 $u,v$ 是复数根(这是不可能的,因为 $u=\sin x,v=\cos x$). 只剩下一个解(二重根):$\sigma_1=1$, $\sigma_2=0$,它们可解出对称方程组的两组解

$$\begin{cases}u_1=1\\ v_1=0\end{cases},\begin{cases}u_2=0\\ v_2=1\end{cases}$$

因此得到两个方程组

$$\begin{cases}\sin x=1\\ \cos x=0\end{cases},\quad \begin{cases}\sin x=0\\ \cos x=1\end{cases}$$

因此,原方程有下列解

$$x=\frac{\pi}{2}+2k\pi,\ x=k\pi\quad (k=0,\pm 1,\pm 2,\cdots)$$

13) 令$\sqrt[4]{629-x}=u$,$\sqrt[4]{77+x}=v$,此时有下列对称方程组

$$\begin{cases}u+v=8\\ u^4+v^4=706\end{cases}$$

它的实数解为

$$\begin{cases}u_1=3\\ v_1=5\end{cases},\quad \begin{cases}u_2=5\\ v_2=3\end{cases}$$

计算关系式$\sqrt[4]{629-x}=u$,得到原方程的两个解

$$x_1=548,x_2=4$$

14) 令$\sqrt[3]{1+\sqrt{x}}=u$,$\sqrt[3]{1-\sqrt{x}}=v$,这时我们得到对称方程组

$$\begin{cases}u+v=2\\ u^3+v^3=2\end{cases}$$

辅助方程组为

$$\begin{cases}\sigma_1=2\\ \sigma_1^3-3\sigma_1\sigma_2=2\end{cases}$$

它的解为

$$\begin{cases}\sigma_1=2\\ \sigma_2=1\end{cases}$$

从这里可以解得对称方程组的一组解(二重的):$u=v=1$. 由 $u=\sqrt[3]{1+\sqrt{x}}$ 解得原方程的唯一解

$$x=0$$

15）令$\sqrt[3]{8+x}=u$,$\sqrt[3]{8-x}=v$,得到对称方程组

$$\begin{cases}u+v=1\\u^3+v^3=16\end{cases}$$

辅助方程组为

$$\begin{cases}\sigma_1=1\\\sigma_1^3-3\sigma_1\sigma_2=16\end{cases}$$

它的解为

$$\begin{cases}\sigma_1=1\\\sigma_2=-5\end{cases}$$

从这里解得对称方程组的下列两组解

$$\begin{cases}u_1=\dfrac{1}{2}+\dfrac{\sqrt{21}}{2}\\v_1=\dfrac{1}{2}-\dfrac{\sqrt{21}}{2}\end{cases},\begin{cases}u_2=\dfrac{1}{2}-\dfrac{\sqrt{21}}{2}\\v_2=\dfrac{1}{2}+\dfrac{\sqrt{21}}{2}\end{cases}$$

因为$\sqrt[3]{8+x}=u$,解得原方程的两个解

$$x_1=3\sqrt{21},x_2=-3\sqrt{21}$$

16）令$\sqrt{1-x^2}=y$,这时得到对称方程组

$$\begin{cases}x^2+y^2=1\\\dfrac{1}{x}+\dfrac{1}{y}=\dfrac{35}{12}\end{cases}$$

辅助方程组为

$$\begin{cases}\sigma_1^2-2\sigma_2=1\\12\sigma_1=35\sigma_2\end{cases}$$

它的解为

$$\begin{cases}\sigma_1=\dfrac{7}{5}\\\sigma_2=\dfrac{12}{25}\end{cases},\begin{cases}\sigma_1=-\dfrac{5}{7}\\\sigma_2=-\dfrac{12}{49}\end{cases}$$

从这里解得对称方程组的4组解，满足条件 $y\geqslant 0$ 的是下面的3组解

$$\begin{cases}x_1=\dfrac{4}{5}\\ y_1=\dfrac{3}{5}\end{cases},\begin{cases}x_2=\dfrac{3}{5}\\ y_2=\dfrac{4}{5}\end{cases},\begin{cases}x_3=-\dfrac{5}{14}-\dfrac{\sqrt{73}}{14}\\ y_3=-\dfrac{5}{14}+\dfrac{\sqrt{73}}{14}\end{cases}$$

因此，原方程有下列3个解

$$x_1=\frac{4}{5},x_2=\frac{3}{5},x_3=-\frac{5}{14}-\frac{\sqrt{73}}{14}$$

17）令 $\dfrac{1}{x}=u,\dfrac{\sqrt{x^2-1}}{x}=v$，这时有下列对称方程组

$$\begin{cases}u^2+v^2=1\\ \dfrac{1}{u}+\dfrac{1}{v}=\dfrac{35}{12}\end{cases}$$

前面的例子解过这个方程组，只要应用这个方程组的解，而且 $u,v$ 有相同的符号就可得到两个这样的解（只写出 $u$ 值）

$$u_1=\frac{4}{5},u_2=\frac{3}{5}$$

从这里解得原方程的两个解

$$x_1=\frac{5}{4},x_2=\frac{5}{3}$$

18）设 $\sqrt[3]{54+\sqrt{x}}=u,\sqrt[3]{54-\sqrt{x}}=v$，这时我们有对称方程组

$$\begin{cases}u+v=\sqrt[3]{18}\\ u^3+v^3=108\end{cases}$$

辅助方程组为

$$\begin{cases}\sigma_1=\sqrt[3]{18}\\ \sigma_1^3-3\sigma_1\sigma_2=108\end{cases}$$

它的解为

$$\begin{cases}\sigma_1=\sqrt[3]{18}\\ \sigma_2=-\dfrac{30}{\sqrt[3]{18}}\end{cases}$$

下列两组解符合对称方程组

$$\begin{cases}u_1=\sqrt[3]{18}\left(\dfrac{1}{2}+\sqrt{\dfrac{23}{12}}\right)\\ v_1=\sqrt[3]{18}\left(\dfrac{1}{2}-\sqrt{\dfrac{23}{12}}\right)\end{cases},\begin{cases}u_1=\sqrt[3]{18}\left(\dfrac{1}{2}-\sqrt{\dfrac{23}{12}}\right)\\ v_1=\sqrt[3]{18}\left(\dfrac{1}{2}+\sqrt{\dfrac{23}{12}}\right)\end{cases}$$

从关系式$\sqrt[3]{54+\sqrt{x}}=u$得到下列两个方程

$$\sqrt{x}=8\sqrt{69},\sqrt{x}=-8\sqrt{69}$$

第二个方程没有解;第一个方程给出原方程的唯一解

$$x=64\times69=4\,416$$

19) 分解根并求四次方,有

$$\sqrt[3]{24+\sqrt{x}}+\sqrt[3]{30-\sqrt{x}}=6$$

令$\sqrt[3]{24+\sqrt{x}}=u,\sqrt[3]{30-\sqrt{x}}=v$,得到对称方程组

$$\begin{cases}u+v=6\\ u^3+v^3=54\end{cases}$$

辅助方程组为

$$\begin{cases}\sigma_1=6\\ \sigma_1^3-3\sigma_1\sigma_2=54\end{cases}$$

它的解为$\sigma_1=6,\sigma_2=9$. 而符合对称方程组的只有一组解(二重的)

$$u=v=3$$

现在通过关系式$\sqrt[3]{24+\sqrt{x}}=u$解得$x=9$. 经检验这个

解满足原方程.

20）令$\sqrt[3]{10-x}=u,\sqrt[3]{3-x}=-v$,得到对称方程组

$$\begin{cases}u+v=1\\u^3+v^3=7\end{cases}$$

辅助方程组为

$$\begin{cases}\sigma_1=1\\\sigma_1^3-3\sigma_1\sigma_2=7\end{cases}$$

它有唯一解：$\sigma_1=1,\sigma_2=-2$. 下列两组解符合对称方程组

$$\begin{cases}u_1=2\\v_1=-1\end{cases},\quad\begin{cases}u_2=-1\\v_2=2\end{cases}$$

最后，通过关系式$\sqrt[3]{10-x}=u$,得到原方程的两个解

$$x_1=2,x_2=11$$

21）令$\sqrt[4]{41+x}=u,\sqrt[4]{41-x}=v$,得到对称方程组

$$\begin{cases}u+v=2\\u^4+v^4=82\end{cases}$$

它的实数解为

$$\begin{cases}u_1=3\\v_1=-1\end{cases},\quad\begin{cases}u_2=-1\\v_2=3\end{cases}$$

这两组解的每组解都不满足条件$u\geqslant0,v\geqslant0$,因此原方程没有解.

22）令$\sqrt[5]{a+x}=u,\sqrt[5]{a-x}=v$,得到对称方程组

$$\begin{cases}u+v=\sqrt[5]{2a}\\u^5+v^5=2a\end{cases}$$

它的实数解为

$$\begin{cases}u_1=\sqrt[5]{2a}\\v_1=0\end{cases},\begin{cases}u_2=0\\v_2=\sqrt[5]{2a}\end{cases}$$

根据关系式$\sqrt[5]{a+x}=u$得到原方程的两个解

$$x_1=a,x_2=-a$$

23）令$\sqrt[7]{a-x}=u,\sqrt[7]{x}=v$,得到对称方程组

$$\begin{cases}u+v=\sqrt[7]{a}\\u^7+v^7=a\end{cases}$$

它的实数解为

$$\begin{cases}u_1=\sqrt[7]{a}\\v_1=0\end{cases},\begin{cases}u_2=0\\v_2=\sqrt[7]{a}\end{cases}$$

根据关系式$\sqrt[7]{x}=v$得到原方程的两个解

$$x_1=0,x_2=a$$

24）令$\sqrt[4]{x}=u,\sqrt[4]{a-x}=v$,得到对称方程组

$$\begin{cases}u+v=\sqrt[4]{b}\\u^4+v^4=a\end{cases}$$

只取是实数的下面的两组解

$$\begin{cases}u_1=\dfrac{\sqrt[4]{b}}{2}+\sqrt{-\dfrac{3}{4}\sqrt{b}+\sqrt{\dfrac{a+b}{2}}}\\v_1=\dfrac{\sqrt[4]{b}}{2}-\sqrt{-\dfrac{3}{4}\sqrt{b}+\sqrt{\dfrac{a+b}{2}}}\end{cases}$$

$$\begin{cases}u_2=\dfrac{\sqrt[4]{b}}{2}-\sqrt{-\dfrac{3}{4}\sqrt{b}+\sqrt{\dfrac{a+b}{2}}}\\v_2=\dfrac{\sqrt[4]{b}}{2}+\sqrt{-\dfrac{3}{4}\sqrt{b}+\sqrt{\dfrac{a+b}{2}}}\end{cases}$$

根号下的表达式在条件$8a\geqslant b\geqslant 0$时是非负的. 因为此解要满足$u\geqslant 0,v\geqslant 0$,所以,还要满足一个条件

$$\frac{\sqrt[4]{b}}{2} \geqslant \sqrt{-\frac{3}{4}\sqrt{b}+\sqrt{\frac{a+b}{2}}}$$

从此式可解得 $b \geqslant a$. 因此,对称方程组的解在满足条件 $b \geqslant a \geqslant \frac{b}{8} \geqslant 0$ 时是正的. 根据关系式$\sqrt[4]{x}=u$,得到原方程在 $b \geqslant a \geqslant \frac{b}{8} \geqslant 0$ 条件下的两个解

$$x_{1,2}=\frac{a}{2} \pm \sqrt[4]{b}(\sqrt{2(a+b)}-\sqrt{b}) \sqrt{-\frac{3}{4}\sqrt{b}+\sqrt{\frac{a+b}{2}}}$$

25) 令$\sqrt[4]{8-x}=u$,$\sqrt[4]{89+x}=v$,得到对称方程组

$$\begin{cases} u+v=5 \\ u^4+v^4=97 \end{cases}$$

它的满足条件 $u \geqslant 0, v \geqslant 0$ 的解为

$$\begin{cases} u_1=2 \\ v_1=3 \end{cases}, \quad \begin{cases} u_2=3 \\ v_2=2 \end{cases}$$

根据关系式$\sqrt[4]{8-x}=u$ 得到原方程的两个解

$$x_1=-8, x_2=-73$$

26) 令 $x+a=u$, $x+b=-v$,得到对称方程组

$$\begin{cases} u+v=a-b \\ u^4+v^4=c^4 \end{cases}$$

它的解为

$$u=\frac{a-b}{2} \pm \sqrt{-\frac{3}{4}(a-b)^2 \pm \sqrt{\frac{(a-b)^4+c^4}{2}}}$$

现在根据关系式 $x+a=u$ 得到原方程的下列 4 个解

$$x=-\frac{a+b}{2} \pm \sqrt{-\frac{3}{4}(a-b)^2 \pm \sqrt{\frac{(a-b)^4+c^4}{2}}}$$

**13.3 练习题**

1. 由于

$$\sigma_1 = x_1 + x_2 = -6, \sigma_2 = x_1 x_2 = 10$$

未知方程 $z^2 + pz + q = 0$ 有根

$$z_1 = x_1^3, z_2 = x_2^3$$

因此

$$-p = z_1 + z_2 = x_1^3 + x_2^3 = \sigma_1^3 - 3\sigma_1\sigma_2 =$$
$$(-6)^3 - 3(-6) \times 10 = -36$$
$$q = z_1 z_2 = x_1^3 \cdot x_2^3 = \sigma_2^3 = 1\ 000$$

因此，未知方程为

$$z^2 + 36z + 1\ 000 = 0$$

2. 由于

$$\sigma_1 = x_1 + x_2 = -1, \sigma_2 = x_1 x_2 = -3$$

未知方程 $z^2 + pz + q = 0$ 有根

$$z_1 = x_1^{10}, z_2 = x_2^{10}$$

因此

$$-p = z_1 + z_2 = x_1^{10} + x_2^{10} =$$
$$\sigma_1^{10} - 10\sigma_1^8 \sigma_2 + 35\sigma_1^6 \sigma_2^2 - 50\sigma_1^4 \sigma_2^3 +$$
$$25\sigma_1^2 \sigma_2^4 - 2\sigma_2^5 = 4\ 207$$
$$q = z_1 z_2 = x_1^{10} \cdot x_2^{10} = \sigma_2^{10} = 59\ 049$$

因此，未知方程为

$$z^2 - 4\ 207z + 59\ 049 = 0$$

3. 由于 $\sigma_1 = x_1 + x_2 = -p, \sigma_2 = x_1 x_2 = q$，因此

$$x_1 + x_2 = \sigma_1 = -p$$
$$x_1^2 + x_2^2 = s_2 = \sigma_1^2 - 2\sigma_2 = p^2 - 2q$$
$$x_1^3 + x_2^3 = s_3 = \sigma_1^3 - 3\sigma_1 \sigma_2 = -p^3 + 3pq$$
$$x_1^4 + x_2^4 = s_4 = \sigma_1^4 - 4\sigma_1^2 \sigma_2 + 2\sigma_2^2 =$$
$$p^4 - 4p^2 q + 2q^2$$
$$x_1^5 + x_2^5 = s_5 = \sigma_1^5 - 5\sigma_1^3 \sigma_2 + 5\sigma_1 \sigma_2^2 =$$
$$-p^5 + 5p^3 q - 5pq^2$$

继续下去

$$x_1^{-1}+x_2^{-1}=\frac{x_1+x_2}{x_1x_2}=\frac{s_1}{\sigma_2}=-\frac{p}{q}$$

$$x_1^{-2}+x_2^{-2}=\frac{x_1^2+x_2^2}{x_1^2x_2^2}=\frac{s_2}{\sigma_2^2}=\frac{p^2-2q}{q^2}$$

$$x_1^{-3}+x_2^{-3}=\frac{x_1^3+x_2^3}{x_1^3x_2^3}=\frac{s_3}{\sigma_2^3}=\frac{-p^3+3pq}{q^3}$$

$$x_1^{-4}+x_2^{-4}=\frac{x_1^4+x_2^4}{x_1^4x_2^4}=\frac{s_4}{\sigma_2^4}=\frac{p^4-4p^2q+2q^2}{q^4}$$

$$x_1^{-5}+x_2^{-5}=\frac{x_1^5+x_2^5}{x_1^5x_2^5}=\frac{s_5}{\sigma_2^5}=\frac{-p^5+5p^3q-5pq^2}{q^5}$$

4. 令未知方程为 $x^2+px+q=0$,这时可得到

$$-p=x_1+x_2=\sigma_1,q=x_1x_2=\sigma_2$$

已知的关系式为

$$x_1^5+x_2^5=31,x_1+x_2=1$$

可以写出下面形式的方程组

$$\begin{cases}\sigma_1^5-5\sigma_1^3\sigma_2+5\sigma_1\sigma_2^2=31\\ \sigma_1=1\end{cases}$$

即

$$\begin{cases}-p^5+5p^3q-5pq^2=31\\ p=-1\end{cases}$$

从这里得到的二次方程 $5q^2-5q-30=0$ 的根为 $q_1=3,q_2=-2$. 因此,这个解满足下列两个二次方程(第一个方程有复根)

$$x^2-x+3=0,x^2-x-2=0$$

5. 由于

$$\sigma_1=x_1+x_2=-p,\sigma_2=x_1x_2=q$$

因此由 12.3 中的公式 ① 得到下列形式

$$(x_1^n+x_2^n)=-p(x_1^{n-1}+x_2^{n-1})-q(x_1^{n-2}+x_2^{n-2})$$

因此,如果确定了数 $x_1^{n-1}+x_2^{n-1}$ 和 $x_1^{n-2}+x_2^{n-2}$ 是整数,那么根据这个公式看出数 $x_1^n+x_2^n$ 是整数. 因此,用归纳法可以证明,在 $n=1,2$ 时,数 $x_1^n+x_2^n$ 是整数. 这不难推出

$$x_1^1+x_2^1=x_1+x_2=\sigma_1=-p$$

$$x_1^2+x_2^2=s_2=\sigma_1^2-2\sigma_2=p^2-2q$$

6. 由于

$$\sigma_1=x_1+x_2=a-2,\sigma_2=x_1x_2=-(a+1)$$

两个根的平方和为

$$x_1^2+x_2^2=s_2=\sigma_1^2-2\sigma_2=(a-2)^2+2(a+1)=$$

$$a^2-2a+6=(a-1)^2+5$$

从这里看出,这个平方和在 $a=1$ 时的最小值是 5.

7. 对于任意自然数 $n$,和 $x_1^n+x_2^n$ 是整数. 继续下去,因为

$$\sigma_1=x_1+x_2=6,\sigma_2=x_1x_2=1$$

所以,由 12.3 中的公式 ① 得到下列形式

$$s_n=6s_{n-1}-s_{n-2}$$

还可得到

$$s_{n-1}=6s_{n-2}-s_{n-3}$$

把 $s_{n-1}$ 代入上面的公式得到

$$s_n=35s_{n-2}-6s_{n-3}=-s_{n-3}+5(7s_{n-2}-s_{n-3})$$

从这里很容易看出,数 $s_n,s_{n-3}$ 能同时被 5 整除或者同时不能被 5 整除. 因此,如果 $s_n$ 能被 5 整除,那么数 $s_{n-3},s_{n-6},s_{n-9},\cdots$ 能被 5 整除. 最后,我们得到数 $s_1,s_2$ 或者 $s_3$ 中有一个能被 5 整除. 但是,很容易计算出 $s_1=6,s_2=34,s_3=198$,即这些数中任何一个数都不能被 5 整除. 因此,对于任意的实数 $n$,和 $s_n=x_1^n+x_2^n$ 都不能被 5 整除.

8. 令$\sqrt[4]{\alpha}=u$，$\sqrt[4]{\beta}=v$，这时，根据题目的条件

$$-p=\alpha+\beta=u^4+v^4, q=\alpha\beta=u^4v^4$$

我们可以计算出数值$\sqrt[4]{\alpha}+\sqrt[4]{\beta}=u+v$. 令 $u+v=\sigma_1$，$uv=\sigma_2$，我们重写一下指定的关系式

$$-p=\sigma_1^4-4\sigma_1^2\sigma_2+2\sigma_2^2, q=\sigma_2^4$$

消去 $\sigma_2$，得到一个寻找值 $u+v=\sigma_1$ 的四次方程

$$\sigma_1^4-4\sqrt[4]{q}\sigma_1^2+2\sqrt{q}+p=0$$

因此，解可看作是根$\sqrt[4]{\alpha}$，$\sqrt[4]{\beta}$ 的算术值，那么值$\sigma_1=\sqrt[4]{\alpha}+\sqrt[4]{\beta}$ 一定是正的. 上面的四次方程有 4 个根

$$\pm\sqrt{2\sqrt[4]{q}\pm\sqrt{2\sqrt{q}-p}}$$

这 4 个根中只有一个是正的. 事实上，由 $\alpha>0$，$\beta>0$ 可知 $p<0$，$q>0$，$p^2-4q\geqslant 0$. 因此 $|p|\geqslant 2\sqrt{q}$，即 $-p\geqslant 2\sqrt{q}$，也就是说

$$\sqrt{2\sqrt{q}-p}\geqslant\sqrt{4\sqrt{q}}=2\sqrt[4]{q}$$

因此，根号下的表达式为正.

因此$\sqrt[4]{\alpha}+\sqrt[4]{\beta}=\sigma_1=\sqrt{2\sqrt[4]{q}+\sqrt{2\sqrt{q}-p}}$.

**13.4 练习题**

1. 1) $5a^2-6ab+5b^2=$

$5s_2-6\sigma_2=5(\sigma_1^2-2\sigma_2)-6\sigma_2=$

$5\sigma_1^2-16\cdot\frac{1}{4}(\sigma_1^2-z)=$

$\sigma_1^2+4z\geqslant 0$

2) 这个不等式可在 $a+b\geqslant c$ 的条件下根据不等式$a^4+b^4\geqslant\frac{1}{8}c^4$ 直接得出，在 $a+b=c$ 时取等号. 可以直接证明如下

$$8(a^4+b^4)-(a+b)^4=$$
$$8s_4-\sigma_1^4=$$
$$8(\sigma_1^4-4\sigma_1^2\sigma_2+2\sigma_2^2)-\sigma_1^4=$$
$$7\sigma_1^4-32\sigma_1^2\times\frac{1}{4}(\sigma_1^2-z)+16\times\frac{1}{16}(\sigma_1^2-z)^2=$$
$$6\sigma_1^2z+z^2\geqslant 0$$

3) $a^4+b^4-a^3b-ab^3=$
$$a^4+b^4-ab(a^2+b^2)=$$
$$s_4-\sigma_2s_2=$$
$$\sigma_1^4-4\sigma_1^2\sigma_2+2\sigma_2^2-\sigma_2(\sigma_1^2-2\sigma_2)=$$
$$\sigma_1^4-5\sigma_1^2\sigma_2+4\sigma_2^2=$$
$$\sigma_1^4-5\sigma_1^2\times\frac{1}{4}(\sigma_1^2-z)+4\times\frac{1}{16}(\sigma_1^2-z)^2=$$
$$\frac{3}{4}\sigma_1^2z+\frac{1}{4}z^2\geqslant 0$$

4) $a^2+b^2+1-ab-a-b=$
$$\sigma_1^2-3\sigma_2-\sigma_1+1=$$
$$\sigma_1^2-3\times\frac{1}{4}(\sigma_1^2-z)-\sigma_1+1=$$
$$\frac{1}{4}\sigma_1^2-\sigma_1+1+\frac{3}{4}z=$$
$$\left(\frac{1}{2}\sigma_1-1\right)^2+\frac{3}{4}z\geqslant 0$$

5) $a^6+b^6-a^5b-ab^5=$
$$s_6-\sigma_2s_4=$$
$$\sigma_1^6-6\sigma_1^4\sigma_2+9\sigma_1^2\sigma_2^2-$$
$$2\sigma_2^3-\sigma_2(\sigma_1^4-4\sigma_1^2\sigma_2+2\sigma_2^2)=$$
$$\sigma_1^6-7\sigma_1^4\sigma_2+13\sigma_1^2\sigma_2^2-4\sigma_2^3=$$
$$\sigma_1^6-7\sigma_1^4\times\frac{1}{4}(\sigma_1^2-z)+13\sigma_1^2\times$$

$$\frac{1}{16}(\sigma_1^2-z)^2-4\times\frac{1}{64}(\sigma_1^2-z)^3=$$

$$\frac{5}{16}\sigma_1^4 z+\frac{5}{8}\sigma_1^2 z^2+\frac{1}{16}z^3\geqslant 0$$

2. 1) 令$\sqrt{a}=u$,$\sqrt{b}=v$. 这时要证明的不等式的形式为

$$\frac{u^2}{v}+\frac{v^2}{u}\geqslant u+v$$

或者 $u^3+v^3\geqslant uv(u+v)$. 我们能证明在条件 $u\geqslant 0$, $v\geqslant 0$ 下这个不等式的正确性,有

$$u^3+v^3-uv(u+v)=\sigma_1^3-3\sigma_1\sigma_2-\sigma_1\sigma_2=$$
$$\sigma_1^3-4\sigma_1\sigma_2=\sigma_1(\sigma_1^2-4\sigma_2)$$

最后的这个表达式实际上是非负的,因为 $\sigma_1\geqslant 0$,$\sigma_1^2-4\sigma_2\geqslant 0$.

2) 令$\sqrt{a}=u$,$\sqrt{b}=v$. 这时需要证明的不等式的形式为

$$(u+v)^8\geqslant 64u^2v^2(u^2+v^2)^2$$

因为 $u$,$v$ 是非负的,要想证明不等式成立,只要得到这个不等式两边的平方根成立

$$(u+v)^4\geqslant 8uv(u^2+v^2)$$

我们可得到

$$(u+v)^4-8uv(u^2+v^2)=$$
$$\sigma_1^4-8\sigma_2(\sigma_1^2-2\sigma_2)=$$
$$\sigma_1^4-8\sigma_1^2\sigma_2+16\sigma_2^2=$$
$$\sigma_1^4-8\sigma_1^2\times\frac{1}{4}(\sigma_1^2-z)+16\times\frac{1}{16}(\sigma_1^2-z)^2=$$
$$z^2\geqslant 0$$

3) $a^4+2a^3b+2ab^3+b^4-6a^2b^2=$

$$s_4+2\sigma_2 s_2-6\sigma_2^2=$$

$$\sigma_1^4 - 4\sigma_1^2\sigma_2 + 2\sigma_2^2 + 2\sigma_2(\sigma_1^2 - 2\sigma_2) - 6\sigma_2^2 =$$
$$\sigma_1^4 - 2\sigma_1^2\sigma_2 - 8\sigma_2^2 =$$
$$(z + 4\sigma_2)^2 - 2(z + 4\sigma_2)\sigma_2 - 8\sigma_2^2 =$$
$$z^2 + 6\sigma_2 z$$

因为 $a, b \geqslant 0$，所以 $\sigma_2 \geqslant 0, z \geqslant 0$，所要证明的不等式显然成立.

4）
$$\frac{a^3 + b^3}{2} - \left(\frac{a+b}{2}\right)^3 =$$
$$\frac{1}{2}(\sigma_1^3 - 3\sigma_1\sigma_2) - \frac{1}{8}\sigma_1^3 =$$
$$\frac{3}{8}\sigma_1^3 - \frac{3}{2}\sigma_1\sigma_2 = \frac{3}{8}\sigma_1 z \geqslant 0$$

3. 因为
$$xy(x-y)^2 = \sigma_2(\sigma_1^2 - 4\sigma_2) =$$
$$\sigma_2 z = \frac{1}{4}(\sigma_1^2 - z)z =$$
$$\frac{1}{4}(a^2 - z)z = \frac{1}{4}(a^2 z - z^2) =$$
$$\frac{1}{4}\left[-\left(z - \frac{a^2}{2}\right)^2 + \frac{a^4}{4}\right]$$

从这里很明显看出，写出的表达式不超过 $\frac{a^4}{16}$，在 $z - \frac{a^2}{2} = 0$ 时取得最小值（即在 $\sigma_1 = a, \sigma_1^2 - 4\sigma_2 = \frac{a^2}{2}$ 的条件下，容易解得 $x, y$ 是二次方程 $z^2 - az + \frac{a^2}{8} = 0$ 的两个根）.

4.
$$\left(a + \frac{1}{a}\right)^2 + \left(b + \frac{1}{b}\right)^2 - \frac{25}{2} =$$
$$a^2 + b^2 + \frac{a^2 + b^2}{a^2 b^2} - \frac{17}{2} =$$

$$(\sigma_1^2-2\sigma_2)+\frac{\sigma_1^2-2\sigma_2}{\sigma_2^2}-\frac{17}{2}=$$

$$1-2\sigma_2+\frac{1-2\sigma_2}{\sigma_2^2}-\frac{17}{2}=$$

$$\frac{1}{2\sigma_2^2}(-4\sigma_2^3-15\sigma_2^2-4\sigma_2+2)$$

我们需要证明的是:括号里的表达式非负,即

$$4\sigma_2^3+15\sigma_2^2+4\sigma_2\leqslant 2 \qquad (*)$$

因为 $a,b>0$,所以 $\sigma_2>0$;除此之外,$z=\sigma_1^2-4\sigma_2\geqslant 0$,即 $1-4\sigma_2\geqslant 0$,解得 $\sigma_2\leqslant\frac{1}{4}$. 因此,$0<\sigma_2\leqslant\frac{1}{4}$. 多项式 $4\sigma_2^3+15\sigma_2^2+4\sigma_2$ 的所有系数都是正的,在区间 $0<\sigma_2\leqslant\frac{1}{4}$ 上当 $\sigma_2=\frac{1}{4}$ 时,多项式取得最大值,这个值等于 2. 因此,不等式($*$)成立.

5. 所要证明的不等式可以写成 $x^2+y^2\geqslant 2xy$ 的形式,即 $\sigma_1^2-2\sigma_2\geqslant 2\sigma_2$. 由这个不等式可以写成不等式 $\sigma_1^2\geqslant 4\sigma_2$ 的形式,等号只在 $x=y$ 时成立.

6. 打开左边的括号,得到和

$$\sum_{i=1}^{n}\sum_{j=1}^{n}\frac{x_i}{x_j}$$

它是由 $n$ 个相同的数$\frac{x_k}{x_k}$ 的和,除此之外还有成对出现的和

$$\frac{x_k}{x_l}+\frac{x_l}{x_k} \qquad (*)$$

组成的,并且这些成对的数显然等于由 2 到 $n$ 的组合,即$\frac{n(n-1)}{2}$. 因为每个表达式($*$)都不小于 2(看前面的例题),所以所有的和就不小于

$$n+\frac{n(n-1)}{2}\cdot 2=n^2$$

这就是我们所需要的.

等式

$$(x_1+x_2+\cdots+x_n)\left(\frac{1}{x_1}+\frac{1}{x_2}+\cdots+\frac{1}{x_n}\right)=n^2$$

只是在下面的情况下取等号:如果每个表达式(*)等于2,即如果对于任意的$k$,$l$有$x_k=x_l$.换句话说,这个等式只是在$x_1=x_2=\cdots=x_n$时才成立.

**13.5 练习题**

1.1)由题意有

$$9z^6-18z^5-73z^4+164z^3-73z^2-18z+9=$$
$$z^3\left[9\left(z^3+\frac{1}{z^3}\right)-18\left(z^2+\frac{1}{z^2}\right)-73\left(z+\frac{1}{z}\right)+164\right]=$$
$$z^3[9(\sigma^3-3\sigma)-18(\sigma^2-2)-73\sigma+164]=$$
$$z^3(9\sigma^3-18\sigma^2-100\sigma+200)$$

因为$z=0$不是原方程的根,所以我们得到一个关于$\sigma$的三次方程

$$9\sigma^3-18\sigma^2-100\sigma+200=0$$

把左边因式分解

$$(\sigma-2)(9\sigma^2-100)=0$$

(运用贝祖定理也可以选择根$\sigma=2$).现在很容易得到3个根

$$\sigma=2,\ \sigma=\frac{10}{3},\ \sigma=-\frac{10}{3}$$

因而,为了求解原方程的根我们得到下面3个方程

$$z+\frac{1}{z}=2,\ z+\frac{1}{z}=\frac{10}{3},\ z+\frac{1}{z}=-\frac{10}{3}$$

通过求解这些方程,我们就得到原方程的6个根

$$z_1=1,\ z_2=1,\ z_3=3$$

$$z_4=\frac{1}{3},\ z_5=-3,\ z_6=-\frac{1}{3}$$

2）我们有

$$z^8+4z^6-10z^4+4z^2+1=$$

$$z^4\left[\left(z^4+\frac{1}{z^4}\right)+4\left(z^2+\frac{1}{z^2}\right)-10\right]=$$

$$z^4[(\sigma^4-4\sigma^2+2)+4(\sigma^2-2)-10]=$$

$$z^4(\sigma^4-16)=0$$

得到二项式方程式 $\sigma^4-16=0$. 它的根为

$$\sigma=2,\ \sigma=-2,\ \sigma=2\mathrm{i},\ \sigma=-2\mathrm{i}$$

为了得到原方程的根我们得到下面 4 个方程

$$z+\frac{1}{z}=2,\ z+\frac{1}{z}=-2,\ z+\frac{1}{z}=2\mathrm{i},\ z+\frac{1}{z}=-2\mathrm{i}$$

通过求解这些方程，我们得到原方程的 8 个根

$$z_1=z_2=1,\ z_3=z_4=-1$$

$$z_5=\mathrm{i}(1+\sqrt{2}),\ z_6=\mathrm{i}(1-\sqrt{2})$$

$$z_7=\mathrm{i}(-1+\sqrt{2}),\ z_8=\mathrm{i}(-1-\sqrt{2})$$

3）我们有

$$10z^6+z^5-47z^4-47z^3+z^2+10z=$$

$$z(10z^5+z^4-47z^3-47z^2+z+10)$$

括号里是一个非零的奇数（五）次幂多项式. 将此多项式除以 $z+1$，通过除法运算，我们得到

$$10z^6+z^5-47z^4-47z^3+z^2+10z=$$

$$z(z+1)(10z^4-9z^3-38z^2-9z+10)=$$

$$z^3(z+1)\left[10\left(z^2+\frac{1}{z^2}\right)-9\left(z+\frac{1}{z}\right)-38\right]=$$

$$z^3(z+1)[10(\sigma^2-2)-9\sigma-38]=$$

$$z^3(z+1)(10\sigma^2-9\sigma-58)$$

令最后的式子等于零,我们得到原方程的两个根 $z_1=0$,$z_2=-1$,除了这些,二次方程

$$10\sigma^2-9\sigma-58=0$$

的根为

$$\sigma=-2,\sigma=\frac{29}{10}$$

从这个方程推出以下两个方程

$$z+\frac{1}{z}=-2,\ z+\frac{1}{z}=\frac{29}{10}$$

因而,加上最初的两个根,我们得到原方程的 6 个根

$$z_1=0,\ z_2=-1,\ z_3=-1,\ z_4=-1$$

$$z_5=\frac{5}{2},\ z_6=-\frac{2}{5}$$

4) 我们有

$$10z^6+19z^5-19z^4-20z^3-19z^2+19z+10=$$

$$z^3\left[10\left(z^3+\frac{1}{z^3}\right)+19\left(z^2+\frac{1}{z^2}\right)-19\left(z+\frac{1}{z}\right)-20\right]=$$

$$z^3[10(\sigma^3-3\sigma)+19(\sigma^2-2)-19\sigma-20]=$$

$$z^3(10\sigma^3+19\sigma^2-49\sigma-58)$$

方程 $10\sigma^3+19\sigma^2-49\sigma-58=0$ 有根

$$\sigma=-1,\ \sigma=2,\ \sigma=-\frac{29}{10}$$

(根据贝祖定理,我们可以选择求一个根).我们得到下面 3 个方程

$$z+\frac{1}{z}=-1,\ z+\frac{1}{z}=2,\ z+\frac{1}{z}=-\frac{29}{10}$$

通过解这些方程,我们得到原方程的 6 个根

$$z_1=\frac{-1+\mathrm{i}\sqrt{3}}{2},\ z_2=\frac{-1-\mathrm{i}\sqrt{3}}{2}$$

$$z_3=z_4=1,\ z_5=-\frac{5}{2},\ z_6=-\frac{2}{5}$$

5）我们有

$$2z^{11}+7z^{10}+15z^9+14z^8-16z^7-22z^6-$$
$$22z^5-16z^4+14z^3+15z^2+7z+2=$$
$$(z+1)(2z^{10}+5z^9+10z^8+4z^7-20z^6-$$
$$2z^5-20z^4+4z^3+10z^2+5z+2)=$$
$$z^5(z+1)\left[2\left(z^5+\frac{1}{z^5}\right)+5\left(z^4+\frac{1}{z^4}\right)+10\left(z^3+\frac{1}{z^3}\right)+\right.$$
$$\left.4\left(z^2+\frac{1}{z^2}\right)-20\left(z+\frac{1}{z}\right)-2\right]=$$
$$z^5(z+1)(2\sigma^5+5\sigma^4-16\sigma^2-40\sigma)$$

因式 $z^5$ 不能得到原方程的根；因式 $z+1$ 可以得到根 $z_1=-1$. 其他根通过求解方程

$$2\sigma^5+5\sigma^4-16\sigma^2-40\sigma=0$$

得到. 将方程左边进行因式分解得到

$$\sigma(2\sigma+5)(\sigma-2)(\sigma^2+2\sigma+4)=0$$

在这里我们得到 5 个根

$$\sigma=0,\ \sigma=-\frac{5}{2},\ \sigma=2$$

$$\sigma=-1+\mathrm{i}\sqrt{3},\ \sigma=-1-\mathrm{i}\sqrt{3}$$

因而，要得到原方程的 9 个根，我们借助于下面的 5 个方程

$$z+\frac{1}{z}=0,\ z+\frac{1}{z}=-\frac{5}{2},\ z+\frac{1}{z}=2$$

$$z+\frac{1}{z}=-1+\mathrm{i}\sqrt{3},\ z+\frac{1}{z}=-1-\mathrm{i}\sqrt{3}$$

最后我们得到原方程的全解 11 个根

$$z_1=-1,\ z_2=\mathrm{i},\ z_3=-\mathrm{i},\ z_4=-2$$

$$z_5=-\frac{1}{2},\ z_6=z_7=1$$

$$z_{8,9}=\frac{-1+\mathrm{i}\sqrt{3}}{2}\pm\sqrt[4]{3}\cdot\frac{1+\mathrm{i}}{\sqrt{2}}\cdot\frac{-1-\mathrm{i}\sqrt{3}}{2}$$

$$z_{10,11}=\frac{-1-\mathrm{i}\sqrt{3}}{2}\pm\sqrt[4]{3}\cdot\frac{1-\mathrm{i}}{\sqrt{2}}\cdot\frac{-1+\mathrm{i}\sqrt{3}}{2}$$

2. 我们有

$$\begin{aligned}&az^4+bz^3+cz^2+bz+a=\\&z^2\left[a\left(z^2+\frac{1}{z^2}\right)+b\left(z+\frac{1}{z}\right)+c\right]=\\&z^2[a(\sigma^2-2)+b\sigma+c]=\\&z^2(a\sigma^2+b\sigma+(c-2a))\end{aligned}$$

同样的，$a\neq 0$，$z=0$ 不能得到原方程的根，于是我们得出关于 $\sigma$ 的二次方程

$$a\sigma^2+b\sigma+(c-2a)=0$$

要得到它的根，显然要借助 4 个算术运算求得二次根. 现在求解原方程归结为求解方程

$$z+\frac{1}{z}=\sigma$$

这里 $\sigma$ 是第一根还是第二根要看二次方程的最高次项. 解这两个方程也要借助于 4 个算术运算求得二次根.

3. 我们给出多项式 $f$ 和 $g$ 的幂分别为 $m$ 和 $n$，因此多项式 $h(z)$ 的幂为 $m-n$. 同样的，多项式 $f$ 和 $g$ 为递推多项式(常数项非零)，则

$$f(z)=z^m f\left(\frac{1}{z}\right),\ g(z)=z^n g\left(\frac{1}{z}\right)$$

用第一个方程除以第二个方程，我们得到

$$\frac{f(z)}{g(z)}=\frac{z^m f\left(\frac{1}{z}\right)}{z^n g\left(\frac{1}{z}\right)}=z^{m-n}\frac{f\left(\frac{1}{z}\right)}{g\left(\frac{1}{z}\right)}$$

令 $h(z)=\frac{f(z)}{g(z)}$，我们可以把这个关系式写为

$$h(z)=z^{m-n}h\left(\frac{1}{z}\right)$$

这就证明了 $h(z)$ 是递推多项式.

**13.6 练习题**

1.1）我们有

$$2x^4+7x^3y+9x^2y^2+7xy^3+2y^4=$$
$$2s_4+7\sigma_2s_2+9\sigma_2^2=$$
$$2(\sigma_1^4-4\sigma_1^2\sigma_2+2\sigma_2^2)+7\sigma_2(\sigma_1^2-2\sigma_2)+9\sigma_2^2=$$
$$2\sigma_1^4-\sigma_1^2\sigma_2-\sigma_2^2=$$
$$(\sigma_2+2\sigma_1^2)(\sigma_1^2-\sigma_2)=$$
$$[xy+2(x+y)^2][(x+y)^2-xy]=$$
$$(2x^2+5xy+2y^2)(x^2+xy+y^2)=$$
$$(x+2y)(2x+y)(x^2+xy+y^2)$$

（最后一个括号的二次三项式不能进行实系数因式分解）.

2）我们有

$$2x^4-x^3y+x^2y^2-xy^3+2y^4=$$
$$2s_4-\sigma_2s_2+\sigma_2^2=$$
$$2(\sigma_1^4-4\sigma_1^2\sigma_2+2\sigma_2^2)-\sigma_2(\sigma_1^2-2\sigma_2)+\sigma_2^2=$$
$$2\sigma_1^4-9\sigma_1^2\sigma_2+7\sigma_2^2=$$
$$(\sigma_1^2-\sigma_2)(2\sigma_1^2-7\sigma_2)=$$
$$[(x+y)^2-xy][2(x+y)^2-7xy]=$$
$$(x^2+xy+y^2)(2x^2-3xy+2y^2)$$

得到的三项式都不能进行实系数因式分解.

3）我们有

$$18a^4-21a^3b-94a^2b^2-21ab^3+18b^4=$$
$$18s_4-21\sigma_2s_2-94\sigma_2^2=$$

$18(\sigma_1^4-4\sigma_1^2\sigma_2+2\sigma_2^2)-21\sigma_2(\sigma_1^2-2\sigma_2)-94\sigma_2^2=$
$18\sigma_1^4-93\sigma_1^2\sigma_2-16\sigma_2^2=$
$(3\sigma_1^2-16\sigma_2)(6\sigma_1^2+\sigma_2)=$
$[3(x+y)^2-16xy][6(x+y)^2+xy]=$
$(3x^2-10xy+3y^2)(6x^2+13xy+6y^2)=$
$(x-3y)(3x-y)(2x+3y)(3x+2y)$

4) 我们有

$3x^4-8x^3y+14x^2y^2-8xy^3+3y^4=$
$3s_4-8\sigma_2s_2+14\sigma_2^2=$
$3(\sigma_1^4-4\sigma_1^2\sigma_2+2\sigma_2^2)-8\sigma_2(\sigma_1^2-2\sigma_2)+14\sigma_2^2=$
$3\sigma_1^4-20\sigma_1^2\sigma_2+36\sigma_2^2$

得到的二次三项式(关于 $\sigma_2$) 有复数根,因此分解成多项式(系数待定) 有

$$3x^4-8x^3y+14x^2y^2-8xy^3+3y^4=$$
$$(Ax^2+Bxy+Cy^2)(Cx^2+Bxy+Ay^2)$$

代入解 $x=y=1$,有

$$(A+B+C)^2=4$$

于是

$$A+B+C=\pm 2$$

我们可以认为,不失一般性,$A+B+C=2$. 此外,由 $x=0,y=1$,我们得到 $AC=3$. 最后,在 $x=1,y=-1$ 时我们得到

$$(A-B+C)^2=36$$

于是

$$A-B+C=\pm 6$$

因此,我们得到方程组

$$\begin{cases}A+B+C=2\\A-B+C=\pm 6\\AC=3\end{cases}$$

如果在第二个方程的第一部分取"+"号,我们从前两个方程可以得到 $B=-2$. 那么很容易得到 $A=1,C=3$(或者 $C=1,A=3$). 由此,我们得到分解式

$$3x^4-8x^3y+14x^2y^2-8xy^3+3y^4=$$
$$(x^2-2xy+3y^2)(3x^2-2xy+y^2)$$

(若第二个方程取负号,则有复数解).

**13.7 练习题**

1.1)
$$\frac{(x+y)^7-x^7-y^7}{(x+y)^5-x^5-y^5}=$$
$$\frac{\sigma_1^7-s_7}{\sigma_1^5-s_5}=$$
$$\frac{7\sigma_1^5\sigma_2-14\sigma_1^3\sigma_2^2+7\sigma_1\sigma_2^3}{5\sigma_1^3\sigma_2-5\sigma_1\sigma_2^2}=$$
$$\frac{7\sigma_1\sigma_2(\sigma_1^4-2\sigma_1^2\sigma_2+\sigma_2^2)}{5\sigma_1\sigma_2(\sigma_1^2-\sigma_2)}=$$
$$\frac{7\sigma_1\sigma_2(\sigma_1^2-\sigma_2)^2}{5\sigma_1\sigma_2(\sigma_1^2-\sigma_2)}=$$
$$\frac{7}{5}(\sigma_1^2-\sigma_2)=$$
$$\frac{7}{5}[(x+y)^2-xy]=$$
$$\frac{7}{5}(x^2+xy+y^2)$$

2)
$$\frac{1}{(a+b)^2}\left(\frac{1}{a^2}+\frac{1}{b^2}\right)+\frac{2}{(a+b)^3}\left(\frac{1}{a}+\frac{1}{b}\right)=$$
$$\frac{1}{\sigma_1^2}\cdot\frac{s_2}{\sigma_2^2}+\frac{2}{\sigma_1^3}\cdot\frac{\sigma_1}{\sigma_2}=\frac{\sigma_1^2-2\sigma_2}{\sigma_1^2\sigma_2^2}+\frac{2}{\sigma_1^2\sigma_2}=$$
$$\frac{\sigma_1^2-2\sigma_2+2\sigma_2}{\sigma_1^2\sigma_2^2}=\frac{\sigma_1^2}{\sigma_1^2\sigma_2^2}=\frac{1}{\sigma_2^2}=\frac{1}{a^2b^2}$$

3)
$$\frac{1}{(p+q)^3}\left(\frac{1}{p^3}+\frac{1}{q^3}\right)+\frac{3}{(p+q)^4}\left(\frac{1}{p^2}+\frac{1}{q^2}\right)+$$

$$\frac{6}{(p+q)^5}\left(\frac{1}{p}+\frac{1}{q}\right)=$$

$$\frac{1}{\sigma_1^3}\cdot\frac{s_3}{\sigma_2^3}+\frac{3}{\sigma_1^4}\cdot\frac{s_2}{\sigma_2^2}+\frac{6}{\sigma_1^5}\cdot\frac{\sigma_1}{\sigma_2}=$$

$$\frac{\sigma_1^3-3\sigma_1\sigma_2}{\sigma_1^3\sigma_2^3}+\frac{3(\sigma_1^2-2\sigma_2)}{\sigma_1^4\sigma_2^2}+\frac{6}{\sigma_1^4\sigma_2}=$$

$$\frac{\sigma_1(\sigma_1^3-3\sigma_1\sigma_2)+3\sigma_2(\sigma_1^2-2\sigma_2)+6\sigma_2^2}{\sigma_1^4\sigma_2^3}=$$

$$\frac{\sigma_1^4}{\sigma_1^4\sigma_2^3}=\frac{1}{\sigma_2^3}=\frac{1}{p^3q^3}$$

2.1）化简关系式的左边有

$$(x+y)^3+3xy(1-x-y)-1=$$

$$\sigma_1^3+3\sigma_2(1-\sigma_1)-1=$$

$$\sigma_1^3+3\sigma_2-3\sigma_1\sigma_2-1$$

同样的，有

$$(x+y-1)(x^2+y^2-xy+x+y+1)=$$

$$(\sigma_1-1)(\sigma_1^2-3\sigma_2+\sigma_1+1)=$$

$$\sigma_1^3-3\sigma_1\sigma_2+\sigma_1^2+\sigma_1-\sigma_1^2+3\sigma_2-\sigma_1-1=$$

$$\sigma_1^3-3\sigma_1\sigma_2+3\sigma_2-1$$

等式得证.

2）

$$(x+y)^4+x^4+y^4=$$

$$\sigma_1^4+s_4=$$

$$\sigma_1^4+\sigma_1^4-4\sigma_1^2\sigma_2+2\sigma_2^2=$$

$$2\sigma_1^4-4\sigma_1^2\sigma_2+2\sigma_2^2=$$

$$2(\sigma_1^4-2\sigma_1^2\sigma_2+\sigma_2^2)=$$

$$2(\sigma_1^2-\sigma_2)^2=$$

$$2(x^2+y^2+xy)^2$$

3）

$$(x+y)^5-x^5-y^5=\sigma_1^5-s_5=$$

$$\sigma_1^5-(\sigma_1^5-5\sigma_1^3\sigma_2+5\sigma_1\sigma_2^2)=$$

$$5\sigma_1^3\sigma_2-5\sigma_1\sigma_2^2=$$
$$5\sigma_1\sigma_2(\sigma_1^2-\sigma_2)=$$
$$5xy(x+y)(x^2+y^2+xy)$$

4) $$(x+y)^7-x^7-y^7=\sigma_1^7-s_7=$$
$$\sigma_1^7-(\sigma_1^7-7\sigma_1^5\sigma_2+14\sigma_1^3\sigma_2^2-7\sigma_1\sigma_2^3)=$$
$$7\sigma_1^5\sigma_2-14\sigma_1^3\sigma_2^2+7\sigma_1\sigma_2^3=$$
$$7\sigma_1\sigma_2(\sigma_1^4-2\sigma_1^2\sigma_2+\sigma_2^2)=$$
$$7\sigma_1\sigma_2(\sigma_1^2-\sigma_2)^2=$$
$$7xy(x+y)(x^2+y^2+xy)^2$$

3. 将所有项移到方程的左边，得到关于 $\sigma_1$ 和 $\sigma_2$ 的初等对称多项式，整理得到方程

$$\sigma_1^3-3\sigma_1\sigma_2+1-3\sigma_2=0$$

或者

$$(\sigma_1+1)(\sigma_1^2-\sigma_1+1-3\sigma_2)=0$$

同样的，当 $x>0,y>0$ 时，有 $\sigma_1>0$，因此 $\sigma_1+1$ 不能为 0. 只考虑方程

$$\sigma_1^2-\sigma_1+1-3\sigma_2=0$$

也就是说我们确定 $x,y$ 的方程组

$$\begin{cases}x+y=\sigma_1\\ xy=\sigma_2=\dfrac{1}{3}(\sigma_1^2-\sigma_1+1)\end{cases}$$

为此，得到二次方程

$$z^2-\sigma_1z+\frac{1}{3}(\sigma_1^2-\sigma_1+1)=0$$

它的根为

$$z_{1,2}=\frac{\sigma_1}{2}\pm\sqrt{\frac{\sigma_1^2}{4}-\frac{1}{3}(\sigma_1^2-\sigma_1+1)}=$$
$$\frac{\sigma_1}{2}\pm\sqrt{-\frac{1}{12}(\sigma_1^2-4\sigma_1+4)}=$$

$$\frac{\sigma_1}{2} \pm \sqrt{-\frac{1}{12}(\sigma_1 - 2)^2}$$

同样的，关于 $x$ 和 $y$ 的方程有非负实数根，且只有当 $\sigma_1 = 2$ 的（根式下的等根）被开方数非负. 因此 $\sigma_1 = x + y = 2$，这表明方程只有唯一的正整数解，即 $x = y = 1$，经检验得，它是满足方程的实数解.

另一种解法是，如上得到方程

$$\sigma_1^2 - \sigma_1 + 1 - 3\sigma_2 = 0$$

同样的，$4\sigma_2 \leqslant \sigma_1^2$，由这个方程我们得到

$$\sigma_1^2 - \sigma_1 + 1 = 3\sigma_2 \leqslant \frac{3}{4}\sigma_1^2$$

故

$$\frac{1}{4}\sigma_1^2 - \sigma_1 + 1 \leqslant 0$$

于是

$$\frac{1}{4}(\sigma_1 - 2)^2 \leqslant 0$$

这里只能取 $\sigma_1 = 2$，于是我们得到方程的唯一解.

4. 让对称多项式 $f(x, y)$ 被 $x^2 + xy + y^2$ 整除，于是有

$$f(x, y) = (x^2 + y^2 + xy)g(x, y)$$

这里 $g(x, y)$ 也是对称多项式. 我们令

$$x^2 + xy + y^2 = \sigma_1^2 - \sigma_2$$

由 $g(x, y) = \varphi(\sigma_1, \sigma_2)$ 知，$g(x, y)$ 是关于 $\sigma_1$ 和 $\sigma_2$ 的对称多项式. 那么我们得到 $f(x, y)$ 的表达式

$$f(x, y) = (x^2 + y^2 + xy)g(x, y) = (\sigma_1^2 - \sigma_2)\varphi(\sigma_1, \sigma_2)$$

取 $\sigma_1 = \sigma_2 = 1$，得到右边 $(1-1)\varphi(1, 1) = 0$. 因而关于 $\sigma_1$ 和 $\sigma_2$ 的多项式 $f(x, y)$ 在 $\sigma_1 = \sigma_2 = 1$ 时可以得到多项式 $(\sigma_1^2 - \sigma_2)\varphi(\sigma_1, \sigma_2) = 0$. 这就意味着，多项式

$(\sigma_1^2-\sigma_2)\varphi(\sigma_1,\sigma_2)$ 的系数和为零.

下面令

$$f(x,y)=\sigma_1^n+b_1\sigma_1^{n-2}\sigma_2+b_2\sigma_1^{n-4}\sigma_2^2+b_3\sigma_1^{n-6}\sigma_2^3+\cdots$$

可以看出,$f(x,y)$ 是关于 $\sigma_1$ 和 $\sigma_2$ 的对称多项式,右边的多项式系数和为零. 从括号内提取 $\sigma_1^n$ 的多项式,$f(x,y)$ 能写成下面的形式

$$f(x,y)=\sigma_1^n\left[1+b_1\left(\frac{\sigma_2}{\sigma_1^2}\right)+b^2\left(\frac{\sigma_2}{\sigma_1^2}\right)^2+b_3\left(\frac{\sigma_2}{\sigma_1^2}\right)^3+\cdots\right]$$

$f(x,y)$ 是 $k$ 次多项式,在括号内不能超过 $\frac{n}{2}$. 在括号内的多项式的系数的平方和等于零,这就意味着,多项式 $1+b_1z+b_2z^2+b_3z^3+\cdots$ 在 $z=1$ 的情况下得零,由贝祖定理可证明这个多项式能被 $1-z$ 整除. 因而有

$$1+b_1z+b_2z^2+b_3z^3+\cdots=(1-z)h(z)$$

多项式 $h(z)$ 的幂为 $k-1$. 因此

$$f(x,y)=$$

$$\sigma_1^n\left[1+b_1\left(\frac{\sigma_2}{\sigma_1^2}\right)+b^2\left(\frac{\sigma_2}{\sigma_1^2}\right)^2+b_3\left(\frac{\sigma_2}{\sigma_1^2}\right)^3+\cdots\right]=$$

$$\sigma_1^n\left(1-\frac{\sigma_2}{\sigma_1^2}\right)h\left(\frac{\sigma_2}{\sigma_1^2}\right)=$$

$$(\sigma_1^2-\sigma_2)\cdot\sigma_1^{n-2}h\left(\frac{\sigma_2}{\sigma_1^2}\right)$$

如果 $n=2m+1$ 且 $k\leqslant m$,说明多项式 $h(z)$ 的次数不超过 $m-1$,而 $n-2=2m-1$ 超过多项式 $h(z)$ 的次数的倍数. 如果 $n=2m$ 且 $k\leqslant m$,意味着多项式 $h(z)$ 的次数不超过 $m-1$,因此 $n-2=2m-2$ 不低于多项式 $h(z)$ 的次数的倍数,因为 $\sigma_1^{n-2}h\left(\frac{\sigma_2}{\sigma_1^2}\right)$ 表示为分母不含有 $\sigma_1$,而又是关于 $\sigma_1,\sigma_2$ 的多项式. 我们观察

$$f(x,y)=(\sigma_1^2-\sigma_2)\psi(\sigma_1,\sigma_2)$$

这里 $\psi(\sigma_1,\sigma_2)=\sigma_1^{n-2}h\left(\frac{\sigma_2}{\sigma_1^2}\right)$ 是多项式. 就是说多项式 $f(x)$ 能被 $\sigma_1^2-\sigma_2=x^2+xy+y^2$ 整除.

5. 记 $a_n$ 在 $\sigma_1=\sigma_2=1$ 时的和为 $s_n$. 将 $\sigma_1=\sigma_2=1$ 代入 12.3 中公式 ①，有

$$a_n=a_{n-1}-a_{n-2}$$

同样的

$$a_{n-1}=a_{n-2}-a_{n-3}$$

两式相加得到 $a_n=-a_{n-3}$. 依此类推 $a_{n-3}=-a_{n-6}$，然后我们得到关系式

$$a_n=a_{n-6}\quad(n>6)$$

多项式 $(x+y)^n-x^n-y^n=\sigma_1^n-s_n$ 整除 $x^2+xy+y^2$ 的充分必要条件是它在 $\sigma_1=\sigma_2=1$ 时为零，即有 $1-a_n=0$ 或 $a_n=1$.

现在有(因为 $a_n=a_{n-6}=a_{n-12}=\cdots$)

$$a_{6k+1}=a_1=s_1\big|_{\sigma_1=\sigma_2=1}=1$$

$$a_{6k+2}=a_2=s_2\big|_{\sigma_1=\sigma_2=1}=-1$$

$$a_{6k+3}=a_3=s_3\big|_{\sigma_1=\sigma_2=1}=-2$$

$$a_{6k+4}=a_4=-a_1=-1$$

$$a_{6k+5}=a_5=-a_2=1$$

$$a_{6k}=a_6=-a_3=2$$

于是关系式 $a_n=1$ 当且仅当 $n$ 取 $6k+1$ 或 $6k+5$(等价于 $6k\pm1$) 时成立.

6. 令 $m$ 次多项式 $f(x)$ 整除 $x^2+x+1$，于是

$$f(x)=(x^2+x+1)g(x)$$

这里 $g(x)$ 是 $m-2$ 次多项式，那么

$$f\left(\frac{x}{y}\right)=\left(\frac{x^2}{y^2}+\frac{x}{y}+1\right)g\left(\frac{x}{y}\right)$$

左右两边同时乘以 $y^m$，得到

$$y^m f\left(\frac{x}{y}\right)=(x^2+xy+y^2)y^{m-2}g\left(\frac{x}{y}\right)$$

表达式 $y^m f\left(\frac{x}{y}\right)$ 和 $y^{m-2}g\left(\frac{x}{y}\right)$ 表示为分母不含有 $y$ 的多项式. 于是多项式 $y^m f\left(\frac{x}{y}\right)$ 能被 $x^2+xy+y^2$ 整除. 相反的，如果 $y^m f\left(\frac{x}{y}\right)$ 能被 $x^2+xy+y^2$ 整除，那么 $y=1$ 时可以得出多项式 $f(x)$ 能被 $x^2+x+1$ 整除. 因而 $m$ 次多项式 $f(x)$ 整除 $x^2+x+1$ 的充分必要条件是多项式 $y^m f\left(\frac{x}{y}\right)$ 能够整除 $x^2+xy+y^2$.

于是我们将得出 $n$ 次多项式 $x^{2n}+x^n y^n+y^{2n}$ 可以整除 $x^2+xy+y^2$. $x^{2n}+x^n y^n+y^{2n}=s_{2n}+\sigma_2^n$ 整除 $x^2+xy+y^2$ 的充分必要条件是在 $\sigma_1=\sigma_2=1$ 时，有 $1-a_{2n}=0$ 或 $a_{2n}=1$，当且仅当取 $2n=6k+2$ 或 $2n=6k+4$ 等价于 $n=3k+1$ 或 $n=3k+2$ 时成立. 因而多项式 $x^{2n}+x^n+1$ 整除 $x^2+x+1$ 当且仅当 $n$ 不能被 3 整除.

7. 我们将得出，任意 $n$ 次多项式 $(x+y)^n-x^n-y^n$ 可以整除 $x^2+xy+y^2$(解习题 6 的原理). 通过习题 5 的结论得，这种情况当且仅当 $n=6k\pm1$ 时成立.

8. 我们将得出，任意 $n$ 次多项式 $(x+y)^n+x^n+y^n=\sigma_1^n+s_n$ 可以整除 $x^2+xy+y^2$. 参考习题 4 的结论得，这种情况当且仅当在 $\sigma_1=\sigma_2=1$ 时多项式 $\sigma_1^n+s_n$ 为零，即 $1+a_n=0$(见习题 5 的解). 于是我们得出，任意 $n$ 满足 $a_n-1=0$(参考习题 5 的结果) 当且仅当 $n=6k+2$ 或 $n=6k+4$(或者等价于 $n=6k\pm2$).

9. 记由 $x,y$ 构成的 $\sigma_1,\sigma_2$，由 $u,v$ 构成的 $\tau_1,\tau_2$ 的初等对称多项式为

$$\sigma_1=x+y,\sigma_2=xy,\tau_1=u+v,\tau_2=uv$$

由题中条件 $\sigma_1=\tau_1$ 和 $\sigma_1^2-2\sigma_2=\tau_1^2-2\tau_2$，我们可以得到：$\sigma_1=\tau_1,\sigma_2=\tau_2$。由此对于每一个多项式 $\varphi(z_1,z_2)$ 都有

$$\varphi(\sigma_1,\sigma_2)=\varphi(\tau_1,\tau_2)$$

由 12.3 中的基本定理可知，如果 $f(x,y)$ 满足任意的对称多项式 $f(x,y)=\varphi(\sigma_1,\sigma_2)$，它的表达式也满足

$$f(x,y)=\varphi(\sigma_1,\sigma_2)=\varphi(\tau_1,\tau_2)=f(u,v)$$

特别是对任意的 $n$ 有

$$x^n+y^n=u^n+v^n$$

10. 由于方程可以写为

$$\sigma_1=\sigma_1^2-3\sigma_2$$

同样的，$x,y$ 是实数，由 $4\sigma_2\leqslant\sigma_1^2$，于是

$$\sigma_1^2-\sigma_1=3\sigma_2\leqslant\frac{3}{4}\sigma_1^2$$

即

$$\frac{1}{4}\sigma_1^2-\sigma_1\leqslant 0$$

或

$$\sigma_1(\sigma_1-4)\leqslant 0$$

由此得出 $\sigma_1$ 的范围是 $0\leqslant\sigma_1\leqslant 4$。

由 $3\sigma_2=\sigma_1^2-\sigma_1$，我们可以得到下面的可能情况

$$\sigma_1=0,\sigma_2=0;\sigma_1=1,\sigma_2=0$$

$$\sigma_1=2,\sigma_2=\frac{2}{3};\sigma_1=3,\sigma_2=2$$

$$\sigma_1=4,\sigma_2=4$$

第三种情况舍去，因为 $x,y$ 对 $\sigma_1,\sigma_2$ 来说有意义

必须是整数，其他情况可以构成下面4组方程组

$$\begin{cases}x+y=0\\xy=0\end{cases},\begin{cases}x+y=1\\xy=0\end{cases},\begin{cases}x+y=3\\xy=2\end{cases},\begin{cases}x+y=4\\xy=4\end{cases}$$

通过解这些方程组，我们得到原方程的所有可能解

$$\begin{cases}x_1=0\\y_1=0\end{cases},\begin{cases}x_2=1\\y_2=0\end{cases},\begin{cases}x_3=0\\y_3=1\end{cases}$$

$$\begin{cases}x_4=2\\y_4=1\end{cases},\begin{cases}x_5=1\\y_5=2\end{cases},\begin{cases}x_6=2\\y_6=2\end{cases}$$

经检验，所有解都满足原方程.

11. 我们需要证明，对称多项式

$$(a+b)^n-a^n-b^n-3(ab)^{\frac{n-1}{2}}(a+b)$$

在 $\sigma_1=\sigma_2=1$ 时为零，即

$$1-a_n-3=0$$

同样的，当 $n=6k+3$ 时，有 $a_n=-2$，证明相等是显然的.

**14.4 练习题**

1. 1) $x^4+y^4+z^4-2x^2y^2-2x^2z^2-2y^2z^2=$

$s_4-2O(x^2y^2)=$

$\sigma_1^4-4\sigma_1^2\sigma_2+2\sigma_2^2+4\sigma_1\sigma_3-$

$2(\sigma_2^2-2\sigma_1\sigma_3)=$

$\sigma_1^4-4\sigma_1^2\sigma_2+8\sigma_1\sigma_3$

2) $x^5y^2+x^5z^2+x^2y^5+x^2z^5+y^5z^2+y^2z^5=$

$O(x^5y^2)=O(x^5)O(x^2)-O(x^7)=s_5s_2-s_7=$

$(\sigma_1^5-5\sigma_1^3\sigma_2+5\sigma_1\sigma_2^2+5\sigma_1^2\sigma_3-5\sigma_2\sigma_3)(\sigma_1^2-2\sigma_2)-$

$(\sigma_1^7-7\sigma_1^5\sigma_2+14\sigma_1^3\sigma_2^2-7\sigma_1\sigma_2^3+7\sigma_1^4\sigma_3-$

$21\sigma_1^2\sigma_2\sigma_3+7\sigma_1\sigma_3^2+7\sigma_2^2\sigma_3)=$

$-2\sigma_1^4\sigma_3+\sigma_1^3\sigma_2^2+6\sigma_1^2\sigma_2\sigma_3-$

$3\sigma_1\sigma_2^3-7\sigma_1\sigma_3^2+3\sigma_2^2\sigma_3$

3) $(x+y)(x+z)(y+z)=$

$(\sigma_1-x)(\sigma_1-y)(\sigma_1-z)=$

$\sigma_1^3-\sigma_1^2(x+y+z)+\sigma_1(xy+yz+xz)-xyz=$

$\sigma_1^3-\sigma_1^3+\sigma_1\sigma_2-\sigma_3=\sigma_1\sigma_2-\sigma_3$

4) $(x^2+y^2)(x^2+z^2)(y^2+z^2)=$

$O(x^4y^2)+2x^2y^2z^2=$

$\sigma_1^2\sigma_2^2-2\sigma_2^3-2\sigma_1^3\sigma_3+4\sigma_1\sigma_2\sigma_3-\sigma_3^2$

5）略.

6) $x^6+y^6+z^6+2x^5y+2x^5z+2xy^5+2xz^5+$

$2y^5z+2yz^5-3x^4y^2-3x^4z^2-3x^2y^4-$

$3x^2z^4-3y^4z^2-3y^2z^4+x^3y^3+x^3z^3+y^3z^3=$

$s_6+2O(x^5y)-3O(x^4y^2)+O(x^3y^3)=$

$\sigma_1^6-6\sigma_1^4\sigma_2+9\sigma_1^2\sigma_2^2-2\sigma_2^3+6\sigma_1^3\sigma_3-12\sigma_1\sigma_2\sigma_3+$

$3\sigma_3^2+2(\sigma_1^4\sigma_2-4\sigma_1^2\sigma_2^2-\sigma_1^3\sigma_3+7\sigma_1\sigma_2\sigma_3+$

$2\sigma_2^3-3\sigma_3^2)-3(\sigma_1^2\sigma_2^2-2\sigma_2^3-2\sigma_1^3\sigma_3+$

$4\sigma_1\sigma_2\sigma_3-3\sigma_3^2)+\sigma_2^3+3\sigma_3^2-3\sigma_1\sigma_2\sigma_3=$

$\sigma_1^6-4\sigma^4\sigma_2-2\sigma_1^2\sigma_2^2+9\sigma_2^3+10\sigma_1^3\sigma_3-$

$13\sigma_1\sigma_2\sigma_3+9\sigma_3^2$

2.我们知道

$$a+b+c=s_1$$
$$a^2+b^2+c^2=s_2$$
$$a^3+b^3+c^3=s_3$$

那么有

$$s_1=\sigma_1$$
$$s_2=\sigma_1^2-2\sigma_2$$
$$s_3=\sigma_1^3-3\sigma_1\sigma_2+3\sigma_3$$

这里我们得到

$$\sigma_1=s_1$$
$$\sigma_2=\frac{1}{2}(s_1^2-s_2)$$

$$\sigma_3=\frac{1}{6}s_1^3-\frac{1}{2}s_1s_2+\frac{1}{3}s_3$$

最后由海伦公式，我们有

$$\begin{aligned}S^2=&p(p-a)(p-b)(p-c)=\\&p^4-p^3(a+b+c)+p^2(ab+ac+bc)-pabc=\\&\left(\frac{s_1}{2}\right)^4-\left(\frac{s_1}{2}\right)^3\cdot\sigma_1+\left(\frac{s_1}{2}\right)^2\cdot\sigma_2-\frac{s_1}{2}\sigma_3=\\&\frac{1}{16}s_1^4-\frac{1}{8}s_1^3s_1+\frac{1}{4}s_1^2\cdot\frac{1}{2}(s_1^2-s_2)-\\&\frac{1}{2}s_1(\frac{1}{6}s_1^3-\frac{1}{2}s_1s_2+\frac{1}{3}s_3)=\\&-\frac{1}{48}s_1^4+\frac{1}{8}s_1^2s_2-\frac{1}{6}s_1s_3\end{aligned}$$

最后

$$S=\sqrt{\frac{1}{48}(-s_1^4+6s_1^2s_2-8s_1s_3)}$$

**15.1 练习题**

1.1）现在研究的方程组是一类特殊的方程组，这里 $a=2,b=\sqrt{6}$，就是说方程组有解

$$\begin{cases}x=2\\y=1\\z=-1\end{cases}$$

而其他 5 组解都可以通过对它置换得到.

2）现在研究的方程组是一类特殊的方程组，这里 $b=a$，就是说方程组有解

$$\begin{cases}x=a\\y=0\\z=0\end{cases}$$

而其他两组解都可以通过对它置换得到（每一种解决

方案都可以简化成两种,即有 6 种解法).

3) 由于方程组可以写成

$$\begin{cases}\sigma_1=9\\ \dfrac{\sigma_2}{\sigma_3}=1\\ \sigma_2=27\end{cases}$$

因而 $\sigma_1=9,\sigma_2=\sigma_3=27$. 为了解这个方程组构造三次方程

$$u^3-9u^2+27u-27=0$$

它可以整理为 $(u-3)^3=0$,方程有 3 个等根 $u_1=u_2=u_3=3$. 原方程组有 6 组相同的解

$$\begin{cases}x=3\\ y=3\\ z=3\end{cases}$$

4) 由于方程组可以写成

$$\begin{cases}\sigma_1=a\\ \sigma_2=a^2\\ \sigma_3=a^3\end{cases}$$

因此可以构成三次方程

$$u^3-au^2+a^2u-a^3=0$$

整理为

$$(u-a)(u^2+a^2)=0$$

它的根为

$$u_1=a,\ u_2=a\mathrm{i},\ u_3=-a\mathrm{i}$$

因而,通过不同的解法,原方程组有 6 组解,通过代换有

$$\begin{cases}x=a\\ y=a\mathrm{i}\\ z=-a\mathrm{i}\end{cases}$$

5）我们有

$$(x+y)(y+z)+(y+z)(z+x)+(z+x)(x+y)=$$
$$(\sigma_2+y^2)+(\sigma_2+z^2)+(\sigma_2+x^2)=$$
$$3\sigma_2+s_2=\sigma_1^2+\sigma_2$$

此外 $O(x^2y)=\sigma_1\sigma_2-3\sigma_3$. 因为方程组可以写成

$$\begin{cases}\sigma_1=2\\ \sigma_1^2+\sigma_2=1\\ \sigma_1\sigma_2-3\sigma_3=-6\end{cases}$$

容易解得

$$\sigma_1=2,\ \sigma_2=-3,\ \sigma_3=0$$

构造三次方程

$$u^3-2u^2-3u=0$$

有解

$$u_1=0,\ u_2=3,\ u_3=-1$$

因此原方程组有 6 组解，通过代换有

$$\begin{cases}x=0\\ y=3\\ z=-1\end{cases}$$

6）我们有

$$xy(x+y)+yx(y+z)+zx(z+x)=$$
$$O(x^2y)=\sigma_1\sigma_2-3\sigma_3$$
$$xy(x^2+y^2)+yx(y^2+z^2)+zx(z^2+x^2)=$$
$$O(x^3y)=\sigma_1^2\sigma_2-2\sigma_2^2-\sigma_1\sigma_3$$

因为方程组可以写成

$$\begin{cases}\sigma_2=11\\ \sigma_1\sigma_2-3\sigma_3=48\\ \sigma_1^2\sigma_2-2\sigma_2^2-\sigma_1\sigma_3=118\end{cases}$$

把 $\sigma_2$ 代入第二和第三个方程，我们得到方程组

$$\begin{cases}11\sigma_1-3\sigma_3=48\\11\sigma_1^2-\sigma_1\sigma_3=360\end{cases}$$

消去 $\sigma_3$ 得到二次方程

$$22\sigma_1^2+48\sigma_1-1\ 080=0$$

求得根为 6 和 $-\frac{90}{11}$.

因此我们得到两组辅助方程组的解为

$$\sigma_1=6,\ \sigma_2=11,\ \sigma_3=6$$

$$\sigma_1=-\frac{90}{11},\ \sigma_2=11,\ \sigma_3=-46$$

构造两个三次方程

$$u^3-6u^2+11u-6=0$$

$$u^3+\frac{90}{11}u^2+11u+46=0$$

第一个方程的解为

$$u_1=1,\ u_2=2,\ u_3=3$$

我们无法写出第二个方程的解(它没有有理根,只能通过根式表示,为了解这个三次方程,这个方程的根可以用高等代数教材中的公式求得). 于是原方程组有 6 组解,通过代换得

$$\begin{cases}x=1\\y=2\\z=3\end{cases}$$

仍然有 6 组解,我们借助于三次方程

$$u^3+\frac{90}{11}u^2+11u+46=0$$

来求得.

7) 辅助方程组如下

$$\begin{cases}s_3=\sigma_1^3-3\sigma_1\sigma_2+3\sigma_3=\dfrac{73}{8}\\\sigma_2=\sigma_1\\\sigma_3=1\end{cases}$$

把 $\sigma_2,\sigma_3$ 代入第一个方程,得到三次方程

$$\sigma_1^3-3\sigma_1^2-\frac{49}{8}=0$$

整理为

$$(2\sigma_1)^3-6(2\sigma_1)^2-49=0$$

可以找到根 $2\sigma_1=7$,即 $\sigma_1=\dfrac{7}{2}$. 现在借助贝祖定理,我们能将三次方程变形为

$$\left(\sigma_1-\frac{7}{2}\right)\left(\sigma_1^2+\frac{1}{2}\sigma_1+\frac{7}{4}\right)=0$$

得到所有的根为

$$\sigma_1=\frac{7}{2},\ \sigma_1=-\frac{1}{4}\pm\frac{3}{4}\sqrt{3}\,\mathrm{i}$$

因而辅助方程组有 3 组解

$$\sigma_1=\sigma_2=\frac{7}{2},\ \sigma_3=1$$

$$\sigma_1=\sigma_2=-\frac{1}{4}\pm\frac{3}{4}\sqrt{3}\,\mathrm{i},\ \sigma_3=1$$

用它们构造 3 个三次方程

$$\begin{cases}u^3-\dfrac{7}{2}u^2+\dfrac{7}{2}u-1=0\\u^3+\left(\dfrac{1}{4}+\dfrac{3}{4}\sqrt{3}\,\mathrm{i}\right)u^2-\left(\dfrac{1}{4}+\dfrac{3}{4}\sqrt{3}\,\mathrm{i}\right)u-1=0\\u^3+\left(\dfrac{1}{4}-\dfrac{3}{4}\sqrt{3}\,\mathrm{i}\right)u^2-\left(\dfrac{1}{4}-\dfrac{3}{4}\sqrt{3}\,\mathrm{i}\right)u-1=0\end{cases}\tag{*}$$

第一个方程变形为

$$u^3-1-\frac{7}{2}(u^2-u)=0$$

或者

$$(u-1)\left(u^2-\frac{5}{2}u+1\right)=0$$

它的根为

$$u_1=1,\ u_2=2,\ u_3=\frac{1}{2}$$

因而原方程组有 6 组解,通过代换得

$$\begin{cases}x=1\\y=2\\z=3\end{cases}$$

由方程组(*)还能得到12个复数根(借助于公式很容易得到三次方程的根).

8)辅助方程组为

$$\begin{cases}\sigma_1=\dfrac{13}{3}\\\dfrac{\sigma_2}{\sigma_3}=\dfrac{13}{3}\\\sigma_3=1\end{cases}$$

即

$$\sigma_1=\frac{13}{3},\sigma_2=\frac{13}{3},\sigma_3=1$$

用这些值构造三次方程

$$u^3-\frac{13}{3}u^2+\frac{13}{3}u-1=0$$

或者

$$(u-1)\left(u^2-\frac{10}{3}u+1\right)=0$$

它的根为

$$u_1=1,\ u_2=3,\ u_3=\frac{1}{3}$$

因而,原方程组有 6 组解,通过代换得

$$\begin{cases}x=1\\y=3\\z=\dfrac{1}{3}\end{cases}$$

9）因为方程组可以写成

$$\begin{cases}\sigma_1=0\\s_2=s_3\\\sigma_3=2\end{cases}$$

或者

$$\begin{cases}\sigma_1=0\\\sigma_1^2-2\sigma_2=\sigma_1^3-3\sigma_1\sigma_2+3\sigma_3\\\sigma_3=2\end{cases}$$

由此我们得到

$$\sigma_1=0,\ \sigma_2=-3,\ \sigma_3=2$$

借助于辅助方程组的解构造三次方程

$$u^3-3u-2=0$$

它的根为(利用贝祖定理,我们找到一组)

$$u_1=u_2=-1,\ u_3=2$$

因而原方程组有 3 组解(共有 6 种解法,有两种是可取的),经过代换得

$$\begin{cases}x=-1\\y=-1\\z=2\end{cases}$$

10）由最后的方程我们得到

$$u=x+y+z=\sigma_1$$

因此这 3 个一次方程对应为

$$\begin{cases} s_5-\sigma_1^5=210 \\ s_3-\sigma_1^3=18 \\ s_2-\sigma_1^2=6 \end{cases}$$

或者为

$$\begin{cases} -5\sigma_1^3\sigma_2+5\sigma_1\sigma_2^2+5\sigma_1^2\sigma_3-5\sigma_2\sigma_3=210 \\ -3\sigma_1\sigma_2+3\sigma_3=18 \\ -2\sigma_2=6 \end{cases}$$

将第二个方程变形为

$$\sigma_3-\sigma_1\sigma_2=6$$

将第一个方程除以 5,然后将左边因式分解得

$$(\sigma_1^2-\sigma_2)(\sigma_3-\sigma_1\sigma_2)=42$$

因为 $\sigma_3-\sigma_1\sigma_2=6$,所以得到

$$\sigma_1^2-\sigma_2=7$$

最后,因为 $\sigma_2=-3$(由第三个方程得),有 $\sigma_1^2=4$. 因而辅助方程组有两组解

$$\sigma_1=2,\ \sigma_2=-3,\ \sigma_3=0$$

$$\sigma_1=-2,\ \sigma_2=-3,\ \sigma_3=12$$

用它们构造两个三次方程

$$u^3-2u^2-3u=0,\ u^3+2u^2-3u-12=0$$

由第一个方程解得

$$u_1=0,\ u_2=3,\ u_3=-1$$

第二个方程没有有理根,只能通过根式表示,于是原方程组有 12 组解,其中 6 组经过代换得

$$\begin{cases} x=0 \\ y=3 \\ z=-1 \end{cases}$$

其他的 6 组解借助三次方程的解可以得到

$$u^3+2u^2-3u-12=0$$

11）尽管第三个方程不具有对称性，但是可以成功地将其化为对称多项式. 首先，前两个方程分别记为

$$3\sigma_1\sigma_2-\sigma_1^3=b^3,\ \sigma_1=2b$$

我们得到

$$\sigma_1=2b,\ \sigma_2=\frac{3}{2}b^2 \qquad (*)$$

现在，第三个方程记为

$$x^2+y^2+z^2=b^2+2z^2$$

或者

$$\sigma_1^2-2\sigma_2=b^2+2z^2$$

代入 $\sigma_1$，$\sigma_2$ 的值得到 $z^2=0$，即 $z=0$. 现在构造方程（$*$），即

$$x+y=2b,\ xy=\frac{3}{2}b^2$$

由此得到两组解

$$\begin{cases}x_1=b\left(1+\dfrac{\mathrm{i}}{\sqrt{2}}\right)\\ y_1=b\left(1-\dfrac{\mathrm{i}}{\sqrt{2}}\right)\\ z_1=0\end{cases},\quad \begin{cases}x_2=b\left(1-\dfrac{\mathrm{i}}{\sqrt{2}}\right)\\ y_2=b\left(1+\dfrac{\mathrm{i}}{\sqrt{2}}\right)\\ z_2=0\end{cases}$$

（为了更准确，共有 4 种解法，其实两种是可取的）.

2. 令 $u_1$，$u_2$，$u_3$ 是已知方程的根. 所需方程记为

$$t^3+pt^2+qt+r=0$$

它的根为 $t_1$，$t_2$，$t_3$. 根据韦达定理，有

$$\begin{cases}\sigma_1=u_1+u_2+u_3=2\\ \sigma_2=u_1u_2+u_1u_3+u_2u_3=1\\ \sigma_3=u_1u_2u_3=12\end{cases}$$

正是

$$t_1+t_2+t_3=-p,\ t_1t_2+t_1t_3+t_2t_3=q,\ t_1t_2t_3=-r$$

由题中条件知

$$t_1=u_1^2,\ t_2=u_2^2,\ t_3=u_3^2$$

因为

$$p=-(t_1+t_2+t_3)=-(u_1^2+u_2^2+u_3^2)=$$
$$-s_2=-(\sigma_1^2-2\sigma_2)=-2$$
$$q=t_1t_2+t_1t_3+t_2t_3=u_1^2u_2^2+u_1^2u_3^2+u_2^2u_3^2=$$
$$O(u_1^2u_2^2)=\sigma_2^2-2\sigma_1\sigma_3=-47$$
$$r=-t_1t_2t_3=-u_1^2u_2^2u_3^2=-\sigma_3^2=-144$$

所以三次方程表示为

$$t^3-2t^2-47t-144=0$$

3.在解决前一个问题的时候引用了保持符号，按问题的条件

$$t_1=u_1^3,\ t_2=u_2^3,\ t_3=u_3^3$$

因为

$$p=-(t_1+t_2+t_3)=-(u_1^3+u_2^3+u_3^3)=-s_3=$$
$$-(\sigma_1^3-3\sigma_1\sigma_2+3\sigma_3)=-38$$
$$q=t_1t_2+t_1t_3+t_2t_3=u_1^3u_2^3+u_1^3u_2^3+u_2^3u_3^3=$$
$$O(u_1^3u_2^3)=\sigma_2^3+3\sigma_3^2-3\sigma_1\sigma_2\sigma_3=-361$$
$$r=-t_1t_2t_3=-u_1^3u_2^3u_3^3=-\sigma_3^3=-1\ 728$$

所以，构造出三次方程

$$t^3-38t^2-361t-1\ 728=0$$

4.由给出的关系式表明，$a,b,c$ 是三次方程的 3 个(不同的)根

$$u^3+pu+q=0$$

就是说

$$a+b+c=\sigma_1=0,\ ab+ac+bc=\sigma_2=p,\ abc=\sigma_3=-q$$

这些关系式和第一步解决了这个问题.

## 15.2 练习题

1.1) $(x+y)(x+z)(y+z)+xyz=$

$(\sigma_1-x)(\sigma_1-y)(\sigma_1-z)+\sigma_3=$

$\sigma_1^3-\sigma_1^2(x+y+z)+$

$\sigma_1(xy+yz+xz)-xyz+\sigma_3=$

$\sigma_1^3-\sigma_1^3+\sigma_1\sigma_2-\sigma_3+\sigma_3=\sigma_1\sigma_2=$

$(x+y+z)(xy+yz+xz)$

2) $2(a^3+b^3+c^3)+a^2b+a^2c+$

$ab^2+ac^2+b^2c+bc^2-3abc=$

$2s_3+O(a^2b)-3\sigma_3=$

$2(\sigma_1^3-3\sigma_1\sigma_2+3\sigma_3)+(\sigma_1\sigma_2-3\sigma_3)-3\sigma_3=$

$2\sigma_1^3-5\sigma_1\sigma_2=\sigma_1(2\sigma_1^2-5\sigma_2)=$

$(x+y+z)(2x^2+2y^2+2z^2-xy-xz-yz)$

3) $a^3(b+c)+b^3(c+a)+c^3(a+b)+abc(a+b+c)=$

$O(a^3b)+\sigma_1\sigma_3=(\sigma_1^2\sigma_2-2\sigma_2^2-\sigma_1\sigma_3)+\sigma_1\sigma_3=$

$\sigma_1^2\sigma_2-2\sigma_2^2=\sigma_2(\sigma_1^2-2\sigma_2)=$

$\sigma_2s_2=(ab+ac+bc)(a^2+b^2+c^2)$

4) $a^2(b+c)^2+b^2(c+a)^2+c^2(a+b)^2+$

$2abc(a+b+c)+(ab+ac+bc)(a^2+b^2+c^2)=$

$2O(a^2b^2)+2O(a^2bc)+2\sigma_1\sigma_3+s_2\sigma_2=$

$2(\sigma_2^2-2\sigma_1\sigma_3)+2\sigma_1\sigma_3+2\sigma_1\sigma_3+\sigma_2(\sigma_1^2-2\sigma_2)=$

$\sigma_1^2\sigma_2=(a+b+c)^2(ab+ac+bc)$

5) $(a+b+c)^3-(b+c-a)^3-(c+a-b)^3-(a+b-c)^3=$

$\sigma_1^3-(\sigma_1-2a)^3-(\sigma_1-2b)^3-(\sigma_1-2c)^3=$

$\sigma_1^3-3\sigma_1^3+3\sigma_1^2(2a+2b+2c)-$

$3\sigma_1(4a^2+4b^2+4c^2)+8(a^3+b^3+c^3)=$

$\sigma_1^3-3\sigma_1^3+6\sigma_1^3-12\sigma_1(\sigma_1^2-2\sigma_2)+$

$8(\sigma_1^3-3\sigma_1\sigma_2+3\sigma_3)=24\sigma_3=24abc$

6) $(x+y+z)^4-(y+z)^4-(z+x)^4-$

$(x+y)^4+x^4+y^4+z^4=$

$\sigma_1^4-(\sigma_1-x)^4-(\sigma_1-y)^4-$

$(\sigma_1-z)^4+s_4=$

$\sigma_1^4-3\sigma_1^4+4\sigma_1^3(x+y+z)-$

$6\sigma_1^2(x^2+y^2+z^2)+4\sigma_1(x^3+y^3+z^3)-$

$(x^4+y^4+z^4)+s_4=$

$\sigma_1^4-3\sigma_1^4+4\sigma_1^4-6\sigma_1^2 s_2+4\sigma_1 s_3-s_4+s_4=$

$2\sigma_1^4-6\sigma_1^2(\sigma_1^2-2\sigma_2)+4\sigma_1(\sigma_1^3-3\sigma_1\sigma_2+3\sigma_3)=$

$12\sigma_1\sigma_3=12xyz(x+y+z)$

7) $(a+b+c)^5-(-a+b+c)^5-$

$(a-b+c)^5-(a+b-c)^5=$

$\sigma_1^5-(\sigma_1-2a)^5-(\sigma_1-2b)^5-(\sigma_1-2c)^5=$

$\sigma_1^5-3\sigma_1^5+5\sigma_1^4(2a+2b+2c)-10\sigma_1^3(4a^2+$

$4b^2+4c^2)+10\sigma_1^2(8a^3+8b^3+8c^3)-$

$5\sigma_1(16a^4+16b^4+16c^4)+32(a^5+b^5+c^5)=$

$\sigma_1^5-3\sigma_1^5+10\sigma_1^5-40\sigma_1^3 s_2+80\sigma_1^2 s_3-80\sigma_1 s_4+32s_5=$

$8\sigma_1^5-40\sigma_1^3(\sigma_1^2-2\sigma_2)+80\sigma_1^2(\sigma_1^3-3\sigma_1\sigma_2+3\sigma_3)-$

$80\sigma_1(\sigma_1^4-4\sigma_1^2\sigma_2+2\sigma_2^2+4\sigma_1\sigma_3)+$

$32(\sigma_1^5-5\sigma_1^3\sigma_2+5\sigma_1\sigma_2^2+5\sigma_1^2\sigma_3-5\sigma_2\sigma_3)=$

$80\sigma_1^2\sigma_3-160\sigma_2\sigma_3=$

$80\sigma_3(\sigma_1^2-2\sigma_2)=80\sigma_3 s_2=80abc(a^2+b^2+c^2)$

8) $(ab+ac+bc+a^2+b^2+c^2)^2-$

$(a+b+c)^2(a^2+b^2+c^2)=$

$(\sigma_2+s_2)^2-\sigma_1^2 s_2=$

$(\sigma_1^2-\sigma_2)^2-\sigma_1^2(\sigma_1^2-2\sigma_2)=\sigma_2^2=$

$(ab+ac+bc)^2$

2.1) 分式的分子为

$$(a+b+c)(a^2+b^2+c^2-ab-ac-bc)$$

分母为

$$(a-b)^2+(b-c)^2+(c-a)^2=2s_2-2\sigma_2=$$

$$2(s_2-\sigma_2)=2(a^2+b^2+c^2-ab-ac-bc)$$

表达式为

$$\frac{(a+b+c)(a^2+b^2+c^2-ab-ac-bc)}{2(a^2+b^2+c^2-ab-ac-bc)}=\frac{a+b+c}{2}$$

2) $\dfrac{bc-a^2+ca-b^2+ab-c^2}{a(bc-a^2)+b(ca-b^2)+c(ab-c^2)}=$

$$\frac{\sigma_2-s_2}{3\sigma_3-s_3}=$$

$$\frac{\sigma_2-(\sigma_1^2-2\sigma_2)}{3\sigma_3-(\sigma_1^3-3\sigma_1\sigma_2+3\sigma_3)}=\frac{3\sigma_2-\sigma_1^2}{3\sigma_1\sigma_2-\sigma_1^3}=$$

$$\frac{3\sigma_2-\sigma_1^2}{\sigma_1(3\sigma_2-\sigma_1^2)}=\frac{1}{\sigma_1}=\frac{1}{a+b+c}$$

3. $(x+y+z)^4-(y+z)^4-(z+x)^4-$
$(x+y)^4+x^4+y^4+z^4=$
$12xyz(x+y+z)$

我们需要建立多项式

$$\varphi(x,y,z)=(x+y+z)^{2n}-(y+z)^{2n}-(z+x)^{2n}-(x+y)^{2n}+x^{2n}+y^{2n}+z^{2n}$$

分别整除 $x,y,z,x+y+z$. 当 $x=0$ 时,多项式 $\varphi(x,y,z)$ 变为

$$(y+z)^{2n}-(y+z)^{2n}-z^{2n}-y^{2n}+y^{2n}+z^{2n}=0$$

也就是说多项式整除 $x$,类似地确定多项式整除 $y$ 和 $z$. 下面证明多项式整除 $x+y+z$.

观察多项式 $\varphi(x,y,z)$ 关于 $x$(包括 $y$ 和 $z$)的系数. 要证明多项式整除 $x+y+z$ 用贝祖定理足矣. 设

$x=-y-z$ 为此多项式的根，当 $x=-y-z$ 时，多项式 $\varphi(x,y,z)$ 变为

$$0^{2n}-(y+z)^{2n}-(-y-z+z)^{2n}-$$
$$(-y-z+y)^{2n}+(-y-z)^{2n}+y^{2n}+z^{2n}=$$
$$-(y+z)^{2n}-y^{2n}-z^{2n}+$$
$$(y+z)^{2n}+y^{2n}+z^{2n}=0$$

4. 如果 $a+b+c$ 能整除 6，那么 $a,b,c$ 不能同时是奇数（否则它们的和也是奇数）. 也就是说 $a,b,c$ 这 3 个数中至少有一个是偶数. 现在有

$$a^3+b^3+c^3=s_3=\sigma_1^3-3\sigma_1\sigma_2+3\sigma_3=$$
$$\sigma_1(\sigma_1^2-3\sigma_2)+3\sigma_3$$

数值 $\sigma_1=a+b+c$ 符合条件整除 6，数值 $3\sigma_3=3abc$ 也能整除 6，因为 $a,b,c$ 这 3 个数中至少有一个是偶数. 也就是说，数值和

$$\sigma_1(\sigma_1^2-3\sigma_2)+3\sigma_3=a^3+b^3+c^3$$

可以整除 6.

**15.3 练习题**

1. 1) 略.

2) 略.

3) 略.

4) 等式左边为

$$\sigma_1^4+(\sigma_1-2a)^4+(\sigma_1-2b)^4+(\sigma_1-2c)^4=$$
$$\sigma_1^4+3\sigma_1^4-4\sigma_1^3(2a+2b+2c)+6\sigma_1^2(4a^2+4b^2+4c^2)-$$
$$4\sigma_1(8a^3+8b^3+8c^3)+16a^4+16b^4+16c^4=$$
$$\sigma_1^4+3\sigma_1^4-8\sigma_1^4+24\sigma_1^2s_2-32\sigma_1s_3+16s_4=$$
$$-4\sigma_1^4+24\sigma_1^2(\sigma_1^2-2\sigma_2)-32\sigma_1(\sigma_1^3-3\sigma_1\sigma_2+3\sigma_3)+$$
$$16(\sigma_1^4-4\sigma_1^2\sigma_2+2\sigma_2^2+4\sigma_1\sigma_3)=$$
$$4\sigma_1^4-16\sigma_1^2\sigma_2+32\sigma_2^2-32\sigma_1\sigma_3$$

把等式右边变形

$4s_4+24O(a^2b^2)=$

$4(\sigma_1^4-4\sigma_1^2\sigma_2+2\sigma_2^2+4\sigma_1\sigma_3)+24(\sigma_2^2-2\sigma_1\sigma_3)=$

$4\sigma_1^4-16\sigma_1^2\sigma_2+32\sigma_2^2-32\sigma_1\sigma_3$

因而,等式得证.

5) 把等式左边变形

$a(b+c)^2+b(c+a)^2+c(a+b)^2-4abc=$

$a(\sigma_1-a)^2+b(\sigma_1-b)^2+c(\sigma_1-c)^2-4\sigma_3=$

$\sigma_1^2(a+b+c)-2\sigma_1(a^2+b^2+c^2)+(a^3+b^3+c^3)-4\sigma_3=$

$\sigma_1^3-2\sigma_1(\sigma_1^2-2\sigma_2)+(\sigma_1^3-3\sigma_1\sigma_2+3\sigma_3)-4\sigma_3=\sigma_1\sigma_2-\sigma_3$

等式右边也可采取同样的方法.

6) 等式左边为

$(\sigma_1-a)^3+(\sigma_1-b)^3+(\sigma_1-c)^3-3(\sigma_1\sigma_2-\sigma_3)=$

$3\sigma_1^3-3\sigma_1^2(a+b+c)+3\sigma_1(a^2+b^2+c^2)-$

$(a^3+b^3+c^3)-3(\sigma_1\sigma_2-\sigma_3)=$

$2\sigma_1^3-6\sigma_1\sigma_2=2\sigma_1(\sigma_1^2-3\sigma_2)$

等式右边采用相同的变化方法.

7) 我们有

$$(ab+ac+bc)^2+(a^2-bc)^2+$$
$$(b^2-ac)^2+(c^2-ab)^2=$$
$$\sigma_2^2+s_4-2O(a^2bc)+O(a^2b^2)=$$
$$\sigma_2^2+(\sigma_1^4-4\sigma_1^2\sigma_2+2\sigma_2^2+4\sigma_1\sigma_3)-$$
$$2\sigma_1\sigma_3+(\sigma_2^2-2\sigma_1\sigma_3)=$$
$$\sigma_1^4-4\sigma_1^2\sigma_2+4\sigma_2^2=$$
$$(\sigma_1^2-2\sigma_2)^2=s_2^2=(a^2+b^2+c^2)^2$$

8) 等式左边为

$(\sigma_1^3-24\sigma_3)-3(-\sigma_1^3+4\sigma_1\sigma_2-8\sigma_3)=$

$4\sigma_1^3-12\sigma_1\sigma_2=4(\sigma_1^3-3\sigma_1\sigma_2)=$

$4(a^3+b^3+c^3-3abc)$

9）等式左边变形为下面的式子

$[(\sigma_1-a)(\sigma_1-b)(\sigma_1-c)]^2+2\sigma_3^2-$

$O(a^4b^2)-2O(a^4bc)=$

$[\sigma_1^3-\sigma_1^2(a+b+c)+\sigma_1(ab+ac+bc)-abc]^2+$

$2\sigma_3^2-O(a^4b^2)-2\sigma_3O(a^3)=$

$(\sigma_1\sigma_2-\sigma_3)^2+2\sigma_3^2-(\sigma_1^2\sigma_2^2-2\sigma_2^3-2\sigma_1^3\sigma_3+$

$4\sigma_1\sigma_2\sigma_3-3\sigma_3^2)-2\sigma_3(\sigma_1^3-3\sigma_1\sigma_2+3\sigma_3)=$

$2\sigma_2^3=2(ab+ac+bc)^3$

10）等式左边变形为下面的式子

$(\sigma_3^2-O(x^2y^2)+s_2-1)+$

$(\sigma_3+O(x^2y^2)+O(x^3yz)+\sigma_3^2)=$

$2\sigma_3^2+\sigma_3-1+s_2+O(x^3yz)=$

$2\sigma_3^2+\sigma_3-1+\sigma_1^2-2\sigma_2+\sigma_3(\sigma_1^2-2\sigma_2)$

现在将等式右边变形

$(\sigma_3+1)(\sigma_1^2-2\sigma_2+2\sigma_3-1)=$

$\sigma_3\sigma_1^2-2\sigma_2\sigma_3+2\sigma_3^2-\sigma_3+\sigma_1^2-2\sigma_2+2\sigma_3-1$

两个表达式相同.

11）由等式左边得 $\sigma_3(\sigma_1)^3-\sigma_2^3$，现在变化等式右边

$(x^2-yz)(y^2-zx)(z^2-xy)=$

$\sigma_3^2-O(x^3y^3)+O(x^4yz)-\sigma_3^2=$

$\sigma_3O(x^3)+O(x^3y^3)=$

$\sigma_3(\sigma_1^3-3\sigma_1\sigma_2+3\sigma_3)-(\sigma_2^3+3\sigma_3^2-3\sigma_1\sigma_2\sigma_3)=$

$\sigma_1^3\sigma_3-\sigma_2^3$

12）略.

13）由等式左边得

$$(x-y)^4+(y-z)^4+(z-x)^4=$$
$$2s_4-4O(x^3y)+6O(x^2y^2)$$

上式右边可化为

$$2(\sigma_1^4-4\sigma_1^2\sigma_2+2\sigma_2^2+4\sigma_1\sigma_3)-$$
$$4(\sigma_1^2\sigma_2-2\sigma_2^2-\sigma_1\sigma_3)+6(\sigma_2^2-2\sigma_1\sigma_3)=$$
$$2\sigma_1^4-12\sigma_1^2\sigma_2+18\sigma_2^2=$$
$$2(\sigma_1^4-6\sigma_1^2\sigma_2+9\sigma_2^2)=$$
$$2(\sigma_1^2-3\sigma_2)^2=2(s_2-\sigma_2)^2=$$
$$2(x^2+y^2+z^2-xy-xz-yz)^2$$

14）设 $x-y=a,y-z=b,z-x=c$，于是 $a+b+c=0$. 需要证明下面的关系式

$$(a^2+b^2+c^2)^2=4(a^2b^2+a^2c^2+b^2c^2)$$

或者 $s_2^2=4O(a^2b^2)$. 这个等式的确成立. 因为，当 $\sigma_1=0$ 时，$s_2=-2\sigma_2,O(a^2b^2)=\sigma_2^2$.

2.1）由 15.3 中的公式 ①，有

$$a^3+b^3+c^3=3\sigma_3=3abc$$

2）等式左边为

$$s_3+3(\sigma_1\sigma_2-\sigma_3)=3\sigma_3-3\sigma_3=0$$

3）等式左边为（取 $\sigma_1=0$）

$$2O(a^2b^2)+2O(a^2bc)+s_2\sigma_2=$$
$$2\sigma_2^2-2\times0+(-2\sigma_2)\sigma_2=0$$

4）等式左边为

$$a^4+b^4+c^4=s_4=2\sigma_2^2$$

等式右边为

$$2(a^2b^2+a^2c^2+b^2c^2)=2O(a^2b^2)=2\sigma_2^2$$

5）等式左边为

$$2(a^4+b^4+c^4)=2s_4=4\sigma_2^2$$

等式右边为

$$(a^2+b^2+c^2)^2=s_2^2=(-2\sigma_2)^2=4\sigma_2^2$$

6）等式左边为

$$2(a^5+b^5+c^5)=2s_5=-10\sigma_2\sigma_3$$

等式右边为

$$5abc(a^2+b^2+c^2)=5\sigma_3 s_2=-10\sigma_2\sigma_3$$

7）等式左边为

$$\frac{a^5+b^5+c^5}{5}=\frac{s_5}{5}=-\sigma_2\sigma_3$$

等式右边为

$$\frac{a^3+b^3+c^3}{3}\cdot\frac{a^2+b^2+c^2}{2}=\frac{s_3}{3}\cdot\frac{s_2}{2}=$$

$$\sigma_3(-\sigma_2)=-\sigma_2\sigma_3$$

8）等式左边为

$$\frac{a^7+b^7+c^7}{7}=\frac{s_7}{7}=\sigma_2^2\sigma_3$$

等式右边为

$$\frac{a^5+b^5+c^5}{5}\cdot\frac{a^2+b^2+c^2}{2}=\frac{s_5}{5}\cdot\frac{s_2}{2}=$$

$$(-\sigma_2\sigma_3)(-\sigma_2)=\sigma_2^2\sigma_3$$

9）等式左边为

$$\frac{a^7+b^7+c^7}{7}=\frac{s_7}{7}=\sigma_2^2\sigma_3$$

等式右边为

$$\frac{a^3+b^3+c^3}{3}\cdot\frac{a^4+b^4+c^4}{2}=\frac{s_3}{3}\cdot\frac{s_4}{2}=\sigma_3\sigma_2^2=\sigma_2^2\sigma_3$$

10）等式左边为

$$\frac{a^7+b^7+c^7}{7}\cdot\frac{a^3+b^3+c^3}{3}=\frac{s_7}{7}\cdot\frac{s_3}{3}=\sigma_2^2\sigma_3\sigma_3=\sigma_2^2\sigma_3^2$$

等式右边为

$$\left(\frac{a^5+b^5+c^5}{5}\right)^2=\left(\frac{s_5}{5}\right)^2=(-\sigma_2\sigma_3)^2=\sigma_2^2\sigma_3^2$$

11）等式左边为

$$\left(\frac{a^7+b^7+c^7}{7}\right)^2=\left(\frac{s_7}{7}\right)^2=(\sigma_2^2\sigma_3)^2=\sigma_2^4\sigma_3^2$$

等式右边为

$$\left(\frac{a^5+b^5+c^5}{5}\right)^2\cdot\frac{a^4+b^4+c^4}{2}=\left(\frac{s_5}{5}\right)^2\cdot\frac{s_4}{2}=$$

$$(-\sigma_2\sigma_3)^2\cdot\sigma_2^2=\sigma_2^4\sigma_3^2$$

3. 略.

4. 设 $a-b=x,b-c=y,c-a=z$，于是有 $x+y+z=0$. 需要证明下面的关系式

$$25(x^7+y^7+z^7)(x^3+y^3+z^3)=21(x^5+y^2+z^5)^2$$

5. 设 $x-y=a,y-z=b,z-x=c$，于是 $a+b+c=0$. 需要证明下面的关系式

$$a^4+b^4+c^4=2(a^2b^2+a^2c^2+b^2c^2)$$

即 $s_4=2O(a^2b^2)$. 这个等式的确成立. 因为，当 $\sigma_1=0$ 时，$s_4=2\sigma_2^2$，$O(a^2b^2)=\sigma_2^2$.

6. 设 $x-y=a,y-z=b,z-x=c$，于是 $a+b+c=0$，我们有

$$(y-z)^5+(z-x)^5+(x-y)^5=a^5+b^5+c^5=$$

$$s_5=-5\sigma_2\sigma_3=\frac{5}{2}(-2\sigma_2)\sigma_3=\frac{5}{2}s_2\sigma_3=$$

$$\frac{5}{2}(x-y)(y-z)(z-x)[(y-z)^2+(z-x)^2+(x-y)^2]=$$

$$5(x-y)(y-z)(z-x)(z^2+x^2+y^2-xy-xz-yz)$$

7. 等式左边为

$$s^2(a+b+c)-2s(ab+ac+bc)+3abc+$$

$$2[s^3-s^2(a+b+c)+s(ab+ac+bc)-abc]=$$

$$\left(\frac{\sigma_1}{2}\right)^2\sigma_1-\sigma_1\sigma_2+3\sigma_3+2\left(-\frac{\sigma_1^3}{8}+\frac{\sigma_1}{2}\sigma_2-\sigma_3\right)=$$

$$\sigma_3=abc$$

8. 证明的等式为

$$\left(\frac{-a+b+c}{2}\right)^3+\left(\frac{a-b+c}{2}\right)^3+\left(\frac{a+b-c}{2}\right)^3+3abc=$$

$$\left(\frac{a+b+c}{2}\right)^3$$

9. 等式左边为（取 $\sigma_2=0$）

$$[(\sigma_1-x)(\sigma_1-y)(\sigma_1-z)]^2+2\sigma_3^2=$$

$$(-\sigma_3)^2+2\sigma_3^2=3\sigma_3^2$$

计算等式右边

$$x^4(y+z)^2+y^4(x+z)^2+z^4(x+y)^2=$$

$$O(x^4y^2)+2O(x^4yz)=$$

$$(-2\sigma_1^3\sigma_3-3\sigma_3^2)+2\sigma_3(\sigma_1^3+3\sigma_3)=3\sigma_3^2$$

10. 证明的式子去分母后变为

$$x(1-y^2)(1-z^2)+y(1-z^2)(1-x^2)+$$

$$z(1-x^2)(1-y^2)=4xyz$$

变化上式左边（取 $\sigma_1=0$）

$$O(x)-O(x^2y)+O(x^2y^2z)=$$

$$\sigma_1-(\sigma_1-3\sigma_3)+\sigma_3=4\sigma_3=4xyz$$

11. 设 $\frac{x}{a}=u,\frac{y}{b}=v,\frac{z}{c}=w$，于是题中的关系式变为

$$\sigma_1=u+v+w=1$$

和

$$\frac{1}{u}+\frac{1}{v}+\frac{1}{w}=0$$

即$\frac{\sigma_2}{\sigma_3}=0$，所以$\sigma_2=0$. 于是$\sigma_1=1,\sigma_2=0$. 因此

$$\frac{x^2}{a^2}+\frac{y^2}{b^2}+\frac{z^2}{c^2}=u^2+v^2+w^2=s_2=\sigma_1^2-2\sigma_2=1$$

12. 关系式$\sigma_1=0,s_2=1$，即$\sigma_1^2-2\sigma_2=1$，我们得到

$$\sigma_1=0,\sigma_2=-\frac{1}{2}$$

现在我们得到

$$a^4+b^4+c^4=s_4=\sigma_1^4-4\sigma_1^2\sigma_2+2\sigma_2^2+4\sigma_1\sigma_3=2\sigma_2^2=\frac{1}{2}$$

13. 等式

$$\frac{1}{a}+\frac{1}{b}+\frac{1}{c}=\frac{1}{a+b+c}$$

可以写成

$$\frac{\sigma_2}{\sigma_3}=\frac{1}{\sigma_1}$$

即$\sigma_1\sigma_2-\sigma_3=0$，最终为

$$(a+b)(a+c)(b+c)=0$$

因而，$a+b,a+c,b+c$中至少有一个为零，即等式$a=-b,b=-c,c=-a$中至少有一个成立. 这样我们得到等式

$$\left(\frac{1}{a}+\frac{1}{b}+\frac{1}{c}\right)^n=\frac{1}{a^n+b^n+c^n}=\frac{1}{(a+b+c)^n}$$

$n$为奇数.

14. 设$x=-y-z$，于是有$x+y+z=0$($n$为奇数)，有

$$(x+y)^n-x^n-y^n=-z^n-x^n-y^n=-s_n$$

$$x^2+xy+y^2=(x+y)^2-xy=$$

$$-z(x+y)-xy=-\sigma_2$$

因而，我们能证明在$\sigma_1=0$时，等次之和$s_n=z^n+$

$x^n+y^n$ 在 $n=6k\pm1$ 时整除 $\sigma_2$，而在 $n=6k+1$ 时整除 $\sigma_2^2$. 等次之和 $s_n$ 是由 $\sigma_1,\sigma_2,\sigma_3$ 构成的初等对称多项式. 同样的，$\sigma_1=0$，$s_n$ 表示为含 $\sigma_2$ 和 $\sigma_3$ 的多项式. 让 $k\sigma_2^\alpha\sigma_3^\beta$ 为多项式中的任意项. 若 $\alpha=0$，则这项(关于 $x,y,z$)的幂为 $3\beta$，即被 3 整除. 这意味着，当 $n=6k\pm1$ 时，我们所考察的多项式的每一项(表现为 $s_n$)所含有的因式 $\sigma_2$ 只能是一次项，因此 $s_n$ 能整除 $\sigma_2$. 现在考察任意项 $k\sigma_2^\alpha\sigma_3^\beta$ 含有一次项 $\sigma_2$，即 $\alpha=1$. 当我们所研究项(关于 $x,y,z$)的幂为 $3\beta+2$ 时，即被 3 除余 2，这说明，在 $n=6k+1$ 时，考察的多项式的每一项所含的 $\sigma_2$ 的次数不少于 2 次，即 $s_n$ 能整除 $\sigma_2$.

15. 设初等对称多项式 $x,y,z$ 用 $\sigma_1,\sigma_2,\sigma_3$ 表示，$u,v,w$ 用 $\tau_1,\tau_2,\tau_3$ 表示. 我们有

$$u=(a+1)\sigma_1-3ax$$

$$v=(a+1)\sigma_1-3ay$$

$$w=(a+1)\sigma_1-3az$$

由此，我们容易得到

$$\tau_1=3(a+1)\sigma_1-3a\sigma_1=3\sigma_1$$

$$\tau_2=3(a+1)^2\sigma_1^2-6a(a+1)\sigma_1^2+9a^2\sigma_2=$$
$$3(1-a^2)\sigma_1^2+9a^2\sigma_2$$

现在我们得到

$$u^3+v^3+w^3-3uvw=$$
$$(\tau_1^3-3\tau_1\tau_2+3\tau_3)-3\tau_3=$$
$$\tau_1^3-3\tau_1\tau_2=$$
$$27\sigma_1^3-3\times3\sigma_1[3(1-a^2)\sigma_1^2+9a^2\sigma_2]=$$
$$27a^2\sigma_1^3-81a^2\sigma_1\sigma_2=$$
$$27a^2(\sigma_1^3-3\sigma_1\sigma_2)=$$
$$27a^2(x^3+y^3+z^3-3xyz)$$

16. 变化$(a+b+c)(a+b-c)(a-b+c)(a-b-c)$,得到对称多项式

$$a^4+b^4+c^4-2a^2b^2-2a^2c^2-2b^2c^2$$

那么对于题中的 $a^2,b^2,c^2$,我们可以用 $x,y,z$ 来表示这个对称多项式

$$(y^2+yz+z^2)^2+(z^2+zx+x^2)^2+$$
$$(x^2+xy+y^2)^2-2(y^2+yz+z^2)(z^2+zx+x^2)-$$
$$2(y^2+yz+z^2)(x^2+xy+y^2)-$$
$$2(z^2+zx+x^2)(x^2+xy+y^2)$$

余下证明 $\sigma_2=0$ 时最后一个对称多项式也为零.由此证明了由 $\sigma_1,\sigma_2,\sigma_3$ 构成的表达式的每一项都含有因式 $\sigma_2$.

17. 设 $a=x-y,b=y-z,c=z-x$,于是

$$a+b+c=0$$

题中的等量关系变为

$$a^2+b^2+c^2=(a-b)^2+(b-c)^2+(c-a)^2$$

或者

$$a^2+b^2+c^2=2(a^2+b^2+c^2-ab-ac-bc)$$

谈到初等对称多项式,我们得到

$$\sigma_1^2-2\sigma_2=2(\sigma_1^2-3\sigma_2)$$

因此(关系式中 $\sigma_1=0$)有 $\sigma_2=0$.也就是说

$$a^2+b^2+c^2=s_2=\sigma_1^2-2\sigma_2=0$$

等式 $a^2+b^2+c^2=0$ 仅在 $a=b=c=0$ 时成立,即

$$x-y=y-z=z-x=0$$

最后 $x=y=z$.

18. 我们所证明的等式的左边是关于 $b,c,d$ 对称的.记 $b,c,d$ 是由 $\sigma_1,\sigma_2,\sigma_3$ 构成的初等对称多项式,我们很容易把证明的等式变形为

$a^3\sigma_1+2a^2s_2+as_3+a^2\sigma_2-6a\sigma_3+\sigma_1\sigma_3+4a\sigma_3=0$
同样的，$a+b+c+d=0$，且 $a=-\sigma_1$. 仍然要替换题中的指数和 $s_2, s_3$.

当 $a=-\sigma_1$ 时，所证明的等式显然能化为同类项.

**15.4 练习题**

1.1) 不等式可表示为 $\sigma_1^2-2\sigma_2\geqslant\sigma_2$，即直接化为不等式 $\sigma_1^2\geqslant 3\sigma_2$.

2) 不等式可表示为 $\sigma_1^2-2\sigma_2\geqslant\frac{1}{3}\sigma_1^2$，即直接化为不等式 $\sigma_1^2\geqslant 3\sigma_2$.

3) 不等式可表示为 $3\sigma_2\leqslant\sigma_1^2$（见 15.4 中式 ②）.

4) 不等式可表示为 $O(a^2b^2)\geqslant\sigma_1\sigma_3$，即 $\sigma_2^2-2\sigma_1\sigma_3\geqslant\sigma_1\sigma_3$，然后可直接化成 15.4 中例 15 的不等式形式.

5) 不等式可表示为 $\sigma_2^2\geqslant 3\sigma_1\sigma_3$（见 15.4 中例 15）.

6) 不等式可表示为特殊不等式 $a^2+b^2+c^2\geqslant ab+ac+bc$（见 15.4 中例 15），得到 $c=1$.

2.1) 不等式可表示为 $\sigma_1\frac{\sigma_2}{\sigma_3}\geqslant 9$，即 $\sigma_1\sigma_2\geqslant 9\sigma_3$ $(\sigma_3>0)$（见 15.4 中例 16）.

2) 不等式可化为

$$\sigma_1^3-3\sigma_1\sigma_2+3\sigma_3\geqslant 3\sigma_3$$

即

$$\sigma_1^3\geqslant 3\sigma_1\sigma_2$$

它进一步可化为 $\sigma_1^2\geqslant 3\sigma_2$，因为 $\sigma_1>0$（见 15.4 中式 ②）.

3) 不等式可化为

$$\sigma_1(\sigma_1^2-2\sigma_2)\geqslant 9\sigma_3$$

即

$$\sigma_1^3 \geqslant 2\sigma_1\sigma_2 + 9\sigma_3$$

通过加法运算可以得到不等式

$$\sigma_1^3 \geqslant 3\sigma_1\sigma_2, \sigma_1\sigma_2 \geqslant 9\sigma_3$$

4）将不等式化为立方不等式为$\frac{1}{27}\sigma_1^3 \geqslant \sigma_3$.

5）设 $x=\frac{1}{\sqrt{a}}, y=\frac{1}{\sqrt{b}}, z=\frac{1}{\sqrt{c}}$，于是不等式可化为

$$x^2+y^2+z^2 \geqslant xy+xz+yz$$

6）不等式左边可化为

$$ab(\sigma_1-3c)+bc(\sigma_1-3a)+ac(\sigma_1-3b)=$$
$$\sigma_1\sigma_2-9\sigma_3$$

因而不等式可化为 $\sigma_1\sigma_2 \geqslant 9\sigma_3$.

7）不等式可化为

$$ab(\sigma_1-c)+bc(\sigma_1-a)+ac(\sigma_1-b) \geqslant 6\sigma_3$$

即

$$\sigma_1\sigma_2-3\sigma_3 \geqslant 6\sigma_3$$

8）不等式可表示为

$$\sigma_1\sigma_2-\sigma_3 \geqslant 8\sigma_3$$

9）设 $a+b=x, b+c=y, c+a=z$，即

$$a=\frac{x+z-y}{2}, b=\frac{x+y-z}{2}, c=\frac{y+z-x}{2}$$

我们得到

$$xyz \geqslant (x+z-y)(x+y-z)(y+z-x)$$

若 $a \leqslant 0, y \geqslant z+x$，则 $y \geqslant x, y \geqslant z$，因此 $b, c$ 的值是非负的. 当 $abc \leqslant 0$ 时，$xyz \geqslant 8abc$ 是显然的.

10）将不等式的左右两端同时除以 $\sigma_1$.

11）不等式可以表示为 $2s_3 \geqslant O(a^2b)$，即

$$2(\sigma_1^3-3\sigma_1\sigma_2+3\sigma_3) \geqslant \sigma_1\sigma_2-3\sigma_3$$

最后化为

$$2\sigma_1^3 - 7\sigma_1\sigma_2 + 9\sigma_3 \geqslant 0$$

将这个不等式和前面的不等式相加可以得到 $\sigma_1^3 \geqslant 3\sigma_1\sigma_2$.

12）去分母得到不等式

$$a(a+b)(a+c)+b(b+c)(b+a)+c(c+a)(c+b) \geqslant \frac{3}{2}(b+c)(c+a)(a+b)$$

经变换得

$$s_3 + O(a^2b) + 3\sigma_3 \geqslant \frac{3}{2}(\sigma_1\sigma_2 - \sigma_3)$$

化简后得

$$\sigma_1^3 - \frac{7}{2}\sigma_1\sigma_2 + \frac{9}{2}\sigma_3 \geqslant 0$$

参考前面的例子即得.

13）去分母得

$$2(a+b+c)[(a+b)(a+c)+(b+c)(b+a)+(c+a)(c+b)] \geqslant 9(b+c)(c+a)(a+b)$$

或

$$2\sigma_1(s_2 + 3\sigma_2) \geqslant 9(\sigma_1\sigma_2 - \sigma_3)$$

通过化简得到不等式

$$2\sigma_1^3 - 7\sigma_1\sigma_2 + 9\sigma_3 \geqslant 0$$

14）考虑不等式 $3s_3 \geqslant \sigma_1\sigma_2$，即

$$3\sigma_1^3 - 10\sigma_1\sigma_2 + 9\sigma_3 \geqslant 0$$

15）考虑不等式 $\sigma_1^3 \leqslant 9s_3$，即

$$8\sigma_1^3 - 27\sigma_1\sigma_2 + 27\sigma_3 \geqslant 0$$

16）证明的不等式可表示为 $8s_3 \geqslant 3(\sigma_1\sigma_2 - \sigma_3)$，即

$$8\sigma_1^3 - 27\sigma_1\sigma_2 + 27\sigma_3 \geqslant 0$$

此不等式参考前面的例子.

17）证明的不等式可表示为 $s_4 \geqslant \sigma_1\sigma_3$，即

$$\sigma_1^4 - 4\sigma_1^2\sigma_2 + 2\sigma_2^2 + 3\sigma_1\sigma_3 \geqslant 0$$

3. 通过不等式 $x,y,z \geqslant -\dfrac{1}{4}$ 知，被开方式非负. 设

$$\sqrt{4x+1}=u, \sqrt{4y+1}=v, \sqrt{4z+1}=w$$

当 $x+y+z=1$ 时

$$u^2+v^2+w^2=7$$

从而求得

$$u+v+w<5$$

4. 把第一个关系式去分母（$b-c, c-a, a-b$ 非零）得到

$$a(a-b)(c-a)+b(b-c)(a-b)+c(c-a)(b-c)=0$$

或

$$-s_3+O(a^2b)-3\sigma_3=0$$

因而，第一个关系式等价于

$$\sigma_1^3-4\sigma_1\sigma_2+9\sigma_3=0 \qquad (*)$$

完全类似，由第二个关系式得到

$$a(a-b)^2(c-a)^2+b(b-c)^2(a-b)^2+ c(c-a)^2(b-c)^2=0$$

或

$$s_5-2O(a^4b)+O(a^3b^2)+ 4O(a^3bc)-3O(a^2b^2c)=0$$

因而，第二个关系式等价于

$$\sigma_1^5-7\sigma_1^3\sigma_2+9\sigma_1^2\sigma_3+12\sigma_1\sigma_2^2-27\sigma_2\sigma_3=0 \qquad (**)$$

等式（* *）左边除以多项式，等式（*）左边乘以多项式，我们看到，等式（* *）变形为

$$(\sigma_1^3-4\sigma_1\sigma_2+9\sigma_3)(\sigma_1^2-3\sigma_2)=0 \qquad (***)$$

很明确，由等式（*）可以推出等式（* * *），即等式（* *）. 显然能证明第一个关系式在已知条件作用下能推出第二个关系式.

如果 $a,b,c$ 是实数，因为不同条件下 $\sigma_1^2-3\sigma_2$ 不为零，所以，对于不同的实数 $a,b,c$，由满足题中条件的给定关系式中得出的第二个，结果得出第一个关系式.

5. 1）同样的，$a,b,c$ 为三角形的三边，则

$$x=a+b-c, y=a-b+c, z=-a+b+c$$

为正. 用 $a,b,c$ 表示 $x,y,z$ 有

$$a=\frac{x+y}{2},\ b=\frac{x+z}{2},\ c=\frac{y+z}{2}$$

因而可以证明等价不等式

$$2\left(\frac{x+y}{2}\cdot\frac{x+z}{2}+\frac{x+y}{2}\cdot\frac{y+z}{2}+\frac{x+z}{2}\cdot\frac{y+z}{2}\right)>\left(\frac{x+y}{2}\right)^2+\left(\frac{x+z}{2}\right)^2+\left(\frac{y+z}{2}\right)^2$$

$x,y,z$ 取正数. 最后不等式表示为（乘以 4 后）

$$2(s_2+3\sigma_2)>2s_2+2\sigma_2$$

即 $4\sigma_2>0$. 这个关系式显然是成立的，因为 $x,y,z$ 是正数，表明

$$\sigma_2=xy+xz+yz>0$$

2）参考上一题的变换，我们得到不等式（$x,y,z$ 为正数）

$$\left[\left(\frac{x+y}{2}\right)^2+\left(\frac{x+z}{2}\right)^2+\left(\frac{y+z}{2}\right)^2\right](x+y+z)>2\left[\left(\frac{x+y}{2}\right)^3+\left(\frac{x+z}{2}\right)^3+\left(\frac{y+z}{2}\right)^3\right]$$

或者（乘以 4）

$$(2s_2+2\sigma_2)\sigma_1>2s_3+3O(x^2y)$$

化简之后得到不等式 $\sigma_1\sigma_2+3\sigma_3>0$，显然成立.

6. 这个结论可以直接由 15.4 中例 16 的不等式推出.

7. 通过给出的方程表明 $x,y,z$ 都是非零实数. 设

$$u=\frac{xy}{z},\ v=\frac{xz}{y},\ w=\frac{yz}{x}$$

依据题中条件

$$\sigma_1=u+v+w=3$$

$$\sigma_2=uv+uw+vw=x^2+y^2+z^2$$

由 15.4 中不等式 ② 可以得到 $9\geqslant 3(x^2+y^2+z^2)$，即 $x^2+y^2+z^2\leqslant 3$. 同样的，$x,y,z$ 是非零整数，由此 $|x|=|y|=|z|=1$，也就是说 $u,v,w$ 中的每一个值都得 $\pm 1$. 由关系式 $u+v+w=3$ 推出 $u=v=w=1$. 因而 $x,y,z$ 中的每一个数都得 $\pm 1$，负号是偶数个(即它们的乘积是 $+1$). 我们得出下面 4 组可能解

$$\begin{cases}x_1=1\\y_1=1\\z_1=1\end{cases},\ \begin{cases}x_2=1\\y_2=-1\\z_2=-1\end{cases},\ \begin{cases}x_3=-1\\y_3=1\\z_3=-1\end{cases},\ \begin{cases}x_4=-1\\y_4=-1\\z_4=1\end{cases}$$

经检验证明，这些解都是已知方程组的解.

8. 根据海伦公式，边为 $a,b,c$ 的三角形面积公式为

$$S=\sqrt{\frac{(a+b+c)(a+b-c)(a-b+c)(-a+b+c)}{16}}$$

设 $x=a+b-c$，$y=a-b+c$，$z=-a+b+c$，实数 $x,y,z$ 都为正，有

$$x+y+z=a+b+c=\sigma_1$$

现在有

$$S=\sqrt{\frac{(x+y+z)xyz}{16}}=\frac{1}{4}\sqrt{\sigma_1\sigma_3}$$

然后通过 15.4 中的例 16 有不等式

$$S \leqslant \frac{1}{4}\sqrt{\sigma_1 \frac{1}{27}\sigma_1^3} = \frac{1}{12\sqrt{3}}\sigma_1^2$$

当且仅当 $x=y=z$ 时，或者 $a=b=c$ 时取等号. 因此，对于所有三角形，取最大面积为 $\frac{1}{12\sqrt{3}}\sigma_1^2$ 的三角形是等边三角形.

9. 利用不等式 $\sigma_3 \leqslant \frac{1}{9}\sigma_1\sigma_2$ 和 $\sigma_2 \leqslant \frac{1}{3}\sigma_1^2$ 得到

$$\begin{aligned}
&(1+u)(1+v)(1+w)= \\
&1+\sigma_1+\sigma_2+\sigma_3= \\
&2+\sigma_2+\sigma_3 \leqslant 2+\sigma_2+\frac{1}{9}\sigma_1\sigma_2= \\
&2+\sigma_2+\frac{1}{9}\sigma_2=2+\frac{10}{9}\sigma_2 \leqslant \\
&2+\frac{10}{9}\cdot\frac{1}{3}\sigma_1^2=2+\frac{10}{27}=\frac{64}{27}
\end{aligned}$$

等式在 $u=v=w$ 的情况下得到，即

$$u=\frac{1}{3}, v=\frac{1}{3}, w=\frac{1}{3}$$

10. 在每一个括号里更换 $a+b+c$.

**15.5 练习题**

1. 1) 这是 15.5 中例 18 的通常情况. 假定 $x=1$，$y=\sqrt{2}$，$z=-\sqrt{3}$. 答案是：$\frac{2+\sqrt{2}+\sqrt{6}}{4}$.

2) 这通常是 15.5 中例 19 的情况. 假定 $x=1$，$y=\sqrt[3]{2}$，$z=2\sqrt[3]{4}$. 答案是：$\frac{7\sqrt[3]{2}-3-\sqrt[3]{4}}{23}$.

2. 1) 通过关系式

$$s_2^2-2s_4=\sigma_1(4\sigma_1\sigma_2-\sigma_1^3-8\sigma_3)$$

所求的关系式为 $s_2^2-2s_4=0$，这里有

$$x=\sqrt{a}, y=\sqrt{b}, z=1$$

因而

$$s_2=x^2+y^2+z^2=a+b+1$$

$$s_4=x^4+y^4+z^4=a^2+b^2+1$$

$$s_2^2-2s_4=(a+b+1)^2-2(a^2+b^2+1)=$$

$$2ab+2a+2b-a^2-b^2-1$$

于是所求的关系式为

$$2ab-a^2-b^2+2a+2b-1=0$$

2）令 $x=\sqrt[3]{a}, y=\sqrt[3]{a^2}, z=b$. 同样的，$\sigma_3=xyz=ab$，于是推出关系式

$$s_3-3\sigma_3=\sigma_1(\sigma_1^2-3\sigma_2)$$

所求的关系式为 $s_3-3\sigma_3=0$，则

$$s_3-3\sigma_3=x^3+y^3+z^3-3xyz=a+a^2+b^3-3ab$$

因而我们得到

$$a+a^2+b^3-3ab=0$$

3）同上题解法类似，所求关系式为

$$a^2p^3+aq^3+r^3-3apqr=0$$

4）将关系式乘以$\sqrt[3]{a}-\sqrt{b}+c$，去掉平方根，我们可以得到

$$(\sqrt[3]{a}+c)^2-b=0$$

或者

$$(c^2-b)+2c\sqrt[3]{a}+\sqrt[3]{a^2}=0$$

令 $x=c^2-b, y=2c\sqrt[3]{a}, z=\sqrt[3]{a^2}$，则前面的表达式为

$$s_3-3\sigma_3=x^3+y^3+z^3-3xyz$$

（参考例题的解法）. 因而，我们得到关系式

$$(c^2-b)^3+8ac^3+a^2-6ac(c^2-b)=0$$

或者

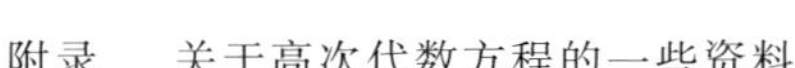


$$(c^2-b)^3+2ac^3+a^2+6abc=0$$

5) 当 $u=(ax)^{\frac{2}{3}}, v=(by)^{\frac{2}{3}}, w=(-c)^{\frac{4}{3}}$ 时，将得到$\sigma_1=u+v+w=0$. 同样的，将关系式 $s_3-3\sigma_3$ 除以 $\sigma_1$，我们得到 $s_3-3\sigma_3=0$，或者

$$(ax)^2+(by)^2-c^4+3(axbyc^2)^{\frac{2}{3}}=0$$

要去掉立方根式，将两部分同时取立方，我们得到

$$(a^2x^2+b^2y^2-c^4)^3=-27(axbyc^2)^2$$

或者

$$a^6x^6+b^6y^6+3a^4b^2x^4y^2+3a^2b^4x^2y^4-3a^4c^4x^4-3b^4c^4y^4+21a^2b^2c^4x^2y^2+3a^2c^8x^2+3b^2c^8y^2-c^{12}=0$$

6) 令$\sqrt{a}=x, \sqrt{b}=y, -\sqrt[4]{a^2+b^2}=z$，因此这个关系式可化为 $\sigma_1=x+y+z=0$，有

$$(2s_8-s_4^2)^2-128s_4\sigma_3^4=0$$

或者

$$[2(a^4+b^4+(a^2+b^2)^2)-(a^2+b^2+a^2+b^2)^2]^2-128(a^2+b^2+a^2+b^2)a^2b^2(a^2+b^2)=0$$

经过整理得

$$-16a^2b^2(4a^2+4b^2+ab)(4a^2+4b^2-ab)=0$$

这就是所求的关系式. 注意，在 $a=b=0$ 的情况下，括号里的两个三项式都为零($a,b$ 是实数)

$$4a^2+4b^2\pm ab=\frac{7}{2}(a^2+b^2)+\frac{1}{2}(a\pm b)^2\geqslant\frac{7}{8}(a^2+b^2)$$

这些因式的指数可以去掉，于是我们得到 $a^2b^2=0$ 或 $ab=0$. 这里很明显，如果题中的关系式成立，当且仅当 $a,b$ 中至少有一个为零. 最后可以认为，题中的关系式去掉无理解有

$$ab=0$$

**16.2 练习题**

1. 若对称多项式 $f(x,y)$ 整除 $x-y$，则商 $\frac{f(x,y)}{x-y}$ 称为自反对称多项式(在交换 $x,y$ 和 $y,x$ 的时候只改变符号)，也就是说多项式 $\frac{f(x,y)}{x-y}$ 能够整除 $x-y$，即多项式 $f(x,y)$ 能够整除 $(x-y)^2$.

2. 对称多项式 $f(x,y,z)$ 不仅能整除 $x-y$，还能整除 $y-z$ 和 $x-z$，即能整除 $T(x,y,z)$. 商 $\frac{f(x,y,z)}{T(x,y,z)}$ 表示自反对称多项式，然后能整除 $T(x,y,z)$. 因而，多项式 $f(x,y,z)$ 能整除 $[T(x,y,z)]^2$，即 $\Delta(x,y,z)$.

**16.3 练习题**

1. 三次方程的判别式等于

$$\Delta=-4(-p)^3-27(-2q)^2=4(p^3-27q^2)$$

因为

$$\Delta=[(x_1-x_2)(x_1-x_3)(x_2-x_3)]^2$$

这里 $x_1,x_2,x_3$ 为题中方程的整数解，所以 $\Delta$ 是完全平方式. 于是 $4(p^3-27q^2)$ 为完全平方式，这说明(因为 $p,q$ 是整数) $p^3-27q^2$ 是完全平方式.

**16.4 练习题**

1. 同样的，3 个数 $a,b,c$ 都是实数，则 $\Delta(a,b,c)\geqslant 0$. 除此之外，还有条件 $\sigma_1>0,\sigma_3>0$. 若满足条件 $\sigma_2\geqslant 0$，则通过 16.4 的推论，$a,b,c$ 是非负的(并且都非零，因为 $\sigma_3>0$). 也就是说，和 $s_n=a^n+b^n+c^n$ 是正的. 若条件 $\sigma_2\geqslant 0$ 不成立，即 $\sigma_2<0$，则在公式

$$s=\sigma_1 s_{n-1}-\sigma_2 s_{n-2}+\sigma_3 s_{n-3}$$

中，所有的系数 $\sigma_1,-\sigma_2,\sigma_3$ 都为正数，于是为了证明

（根据归纳法）所有的等次之和都为正，只需证明前三个等次之和为正

$$s_0 = 3 > 0$$

$$s_1 = \sigma_1 > 0$$

$$s_2 = a^2 + b^2 + c^2 > 0$$

因而，无论 $\sigma_2$ 为何符号，等次之和 $s_n$ 都为正.

**17.1 练习题**

1.1）考虑三次反对称多项式，也就是

$$x(y^2 - z^2) + y(z^2 - x^2) + z(x^2 - y^2) = k(x - y)(x - z)(y - z)$$

假定 $x = -1, y = 0, z = 1$，则容易得到 $k = -1$.

2）考虑三次反对称多项式，也就是说这个多项式可以表示为

$$k(a - b)(a - c)(b - c)$$

假定 $a = -1, b = 0, c = 1$，容易得到 $k = 4$.

3）考虑反对称多项式的表达式为

$$k(a - b)(a - c)(b - c)$$

假定 $a = -1, b = 0, c = 1$，容易得到 $k = 1$.

4）考虑反对称多项式

$$k(a - b)(a - c)(b - c)$$

假定 $a = -1, b = 0, c = 1$，容易得到 $k = 1$.

5）考虑四次反对称多项式，也就是说这个多项式可以表示为

$$k(a + b + c)(a - b)(a - c)(b - c)$$

假定 $a = 0, b = 1, c = 2$，容易得到 $k = -1$.

6）考虑反对称多项式

$$k(x + y + z)(x - y)(x - z)(y - z)$$

假定 $x = 0, y = 1, z = 2$，容易得到 $k = 1$.

7）考虑反对称多项式

$$k(x+y+z)(x-y)(x-z)(y-z)$$

假定 $x=0, y=1, z=2$，容易得到 $k=-1$.

8）考虑反对称多项式

$$k(a+b+c)(a-b)(a-c)(b-c)$$

假定 $a=0, b=1, c=2$，容易得到 $k=2$.

9）考虑五次反对称多项式，也就是说这个多项式可以表示为

$$(k\sigma_1^2+l\sigma_2)(x-y)(x-z)(y-z)$$

假定$x=-1, y=0, z=1$，得到 $l=15$. 再假定 $x=0$，$y=1, z=2$，我们能得到$-18k-4l=30$，这里 $k=-5$. 由于

$$k\sigma_1^2+l\sigma_2=-5\sigma_1^2+15\sigma_2=-5(\sigma_1^2-3\sigma_2)=-5(s_2-\sigma_2)$$

最后可以得到给定多项式的表达式

$$-5(x^2+y^2+z^2-xy-xz-yz)(x-y)(x-z)(y-z)$$

10）考虑反对称多项式

$$(k\sigma_1^2+l\sigma_2)(a-b)(a-c)(b-c)$$

假定 $a=-1, b=0, c=1$，得到 $l=-1$. 再假定 $a=0$，$b=1, c=2$，可以得出 $-18k-4l=-50$，这里$k=3$. 由于

$$k\sigma_1^2+l\sigma_2=3\sigma_1^2-\sigma_2=3s_2+5\sigma_2=$$
$$3a^2+3b^2+3c^2-5ab-5ac-5bc$$

最后可以得到题中多项式的表达式

$$(3a^2+3b^2+3c^2-5ab-5ac-5bc)(a-b)(a-c)(b-c)$$

11）考虑反对称多项式

$$(k\sigma_1^2+l\sigma_2)(a-b)(a-c)(b-c)$$

参考相同的例子，我们得到 $l=-1, k=1$. 因而得到题中多项式的表达式

$$(a^2+b^2+c^2+ab+ac+bc)(a-b)(a-c)(b-c)$$

12) 考虑反对称多项式

$$(k\sigma_1^2+l\sigma_2)(a-b)(a-c)(b-c)$$

参考前面的例子,我们得到 $l=0,k=1$. 因而得到题中多项式的表达式

$$(a+b+c)^2(a-b)(a-c)(b-c)$$

13) 考虑六次反对称多项式,也就是说它的表达式可以表示为

$$(k\sigma_1^3+l\sigma_1\sigma_2+m\sigma_3)(x-y)(x-z)(y-z)$$

假定 $x=1,y=2,z=-3$(因为 $\sigma_1=0$),容易得到 $m=-1$. 再假定 $x=-2,y=3,z=6$(因为 $\sigma_2=0$),得到 $k=0$. 最后假定 $x=0,y=1,z=2$,得到 $l=1$. 因而

$$k\sigma_1^3+l\sigma_1\sigma_2+m\sigma_3=\sigma_1\sigma_2-\sigma_3=(x+y)(x+z)(y+z)$$

因而得到给出多项式的表达式

$$(x+y)(x+z)(y+z)(x-y)(x-z)(y-z)$$

我们发现,这些结果很容易得到:令 $x^2=u,y^2=v,z^2=w$,给出的多项式可以写成

$$u^2(v-w)+v^2(w-u)+w^2(u-v)$$

利用最后的反对称多项式作为因数.

14) 考虑五次反对称多项式

$$(k\sigma_1^2+l\sigma_2)(a-b)(a-c)(b-c)$$

假定 $a=-1,b=0,c=1$,再假定 $a=0,b=1,c=2$,有 $l=0,k=1$. 因而得到给出多项式的表达式

$$(a+b+c)^2(a-b)(a-c)(b-c)$$

2. 因为它是反对称多项式,所以多项式

$$x^qy^r+y^qz^r+z^qx^r-x^ry^q-y^rz^q-z^rx^q$$

能整除$(x-y)(x-z)(y-z)$.

3. 同上.

4. 令

$$u=(y-z)\sqrt[3]{1-x^3}$$
$$v=(z-x)\sqrt[3]{1-y^3}$$
$$w=(x-y)\sqrt[3]{1-z^3}$$

因而给出关系式$\sigma_1=u+v+w=0$. 因为表达式$s_3-3\sigma_3$能整除$\sigma_1$,所以关系式$s_3-3\sigma_3=0$(这是我们去掉三次根式部分),即

$$(y-z)^3(1-x^3)+(z-x)^3(1-y^3)+(x-y)^3(1-z^3)=$$
$$3(y-z)(z-x)(x-y)\sqrt[3]{(1-x^3)(1-y^3)(1-z^3)}$$

多项式的左边是反对称的,可以把它写成

$$[(y-z)^3+(z-x)^3+(x-y)^3]-$$
$$[(y-z)^3x^3+(z-x)^3y^3+(x-y)^3z^3]$$

第一个中括号内的次方式展开等于

$$-3(x-y)(x-z)(y-z)$$

即等于$-3T(x,y,z)$,第二个中括号内的次方式展开为

$$(y-z)^3x^3+(z-x)^3y^3+(x-y)^3z^3=$$
$$(k\sigma_1^3+l\sigma_1\sigma_2+m\sigma_3)(x-y)(x-z)(y-z)$$

确定系数$k,l,m$,我们得到$k=l=0,m=-3$. 因而,在第二个中括号内的次方式为$-3\sigma_3$. $T(x,y,z)$在结果中的等量关系式为

$$-3T(x,y,z)+3\sigma_3T(x,y,z)=$$
$$-3T(x,y,z)\sqrt[3]{(1-x^3)(1-y^3)(1-z^3)}$$

因为条件中所有的实数$x,y,z$不同,所以$T(x,y,z)\neq 0$. 等式的两端能约去$3T(x,y,z)$,我们得到

$$1-xyz=\sqrt[3]{(1-x^3)(1-y^3)(1-z^3)}$$

再有就是对等式两端取立方.

**17.2 练习题**

1.变换第一个括号

$$\frac{a^2}{b-c}+\frac{b^2}{c-a}+\frac{c^2}{a-b}=$$

$$\frac{a^2(c-a)(a-b)+b^2(b-c)(a-b)+c^2(b-c)(c-a)}{(b-c)(c-a)(a-b)}$$

第一部分的分子是一个四次对称多项式,就是说它的表达式为

$$k\sigma_1^4+l\sigma_1^2\sigma_2+m\sigma_1\sigma_3+n\sigma_2^2$$

因为由条件知 $\sigma_1=0$,所以分子表示为 $n\sigma_2^2$,我们只需要求出系数 $n$. 在第一部分的分子中令 $a=-1,b=0,c=1$(因为实数 $\sigma_1=0$),在这个条件下,第一部分的分子等于 $-4$,又因为 $\sigma_2=ab+ac+bc=-1$,所以 $-4=n(-1)^n$,解得 $n=-4$. 于是,在 $\sigma_1=0$ 时由第一个括号可得 $\frac{-4\sigma_2^2}{-T(a,b,c)}$.

第二个括号内的表达式为

$$\frac{b^2c^2(b-c)+a^2c^2(c-a)+a^2b^2(a-b)}{a^2b^2c^2}=$$

$$\frac{T(a,b,c)\cdot(k_1\sigma_1^2+l_1\sigma_2)}{\sigma_3^2}$$

假定 $a=-1,b=0,c=1$,得到 $l_1=1$. 由于 $\sigma_1=0$,因而第二个括号可以变为 $\frac{T(a,b,c)\cdot\sigma_2}{\sigma_3^2}$.

因而,在 $\sigma_1=0$ 时,左边变为 $\frac{4\sigma_2^3}{\sigma_3^2}$. 不难检验,右边也有这个结果.

2.1) 证明的关系式等于零.

2) 分子和分母都是反对称多项式. 因此考虑分式的形式为

$$\frac{T(x,y,z)\cdot(k\sigma_1^2+l\sigma_2)}{T(x,y,z)\cdot m\sigma_1}$$

假定分子中 $x=-1,y=0,z=1$，再取 $x=0,y=1,z=2$，得到 $l=1,k=0$. 类似的，$m=1$. 代入这些系数值，分式等于

$$\frac{\sigma_2}{\sigma_1}=\frac{xy+xz+yz}{x+y+z}$$

3）分母为

$$-3T(a,b,c)=3(a-b)(b-c)(c-a)$$

我们同样考虑，得到分子为

$$-3T(a^2,b^2,c^2)=3(a^2-b^2)(b^2-c^2)(c^2-a^2)$$

因而所求的分式为

$$\frac{3(a^2-b^2)(b^2-c^2)(c^2-a^2)}{3(a-b)(b-c)(c-a)}=(a+b)(b+c)(c+a)$$

4）分子为

$$(x^2+y^2+z^2+xy+xz+yz)(x-y)(x-z)(y-z)$$

分母为

$$2(x^2+y^2+z^2+xy+xz+yz)$$

因而分式约掉分母后得到

$$\frac{(x-y)(x-z)(y-z)}{2}$$

5）分子等于

$$(x+y+z)(x-y)(x-z)(y-z)$$

分母很容易得出

$$(x-y)(x-z)(y-z)$$

因而分式约掉分母后得

$$x+y+z$$

6）分子为

$$(x+y)(x+z)(y+z)(x-y)(x-z)(y-z)$$

分母为$(x-y)(x-z)(y-z)$. 因而约分以后分式值为$(x+y)(x+z)(y+z)$.

7）化简公分母得到

$$\frac{bc(b-c)+ac(c-a)+ab(a-b)}{abc(a-b)(a-c)(b-c)}$$

分子得$(a-b)(a-c)(b-c)$，也就是说最后的结果为$\frac{1}{abc}$.

8）化简公分母得到

$$\frac{b^2c^2(b-c)+a^2c^2(c-a)+a^2b^2(a-b)}{a^2b^2c^2(a-b)(a-c)(b-c)}$$

分子为$(k\sigma_1^2+l\sigma_2)(a-b)(a-c)(b-c)$. 同时$l=1$，而$a=0$（若$a=0,b=1,c=2$，则很容易得到）. 因而所求的关系式变为等式

$$\frac{\sigma_2}{a^2b^2c^2}=\frac{ab+ac+bc}{a^2b^2c^2}$$

9）化简公分母得到

$$\frac{a^3(b-c)+b^3(c-a)+c^3(a-b)}{(a-b)(a-c)(b-c)}$$

分子等于

$$(a+b+c)(a-b)(a-c)(b-c)$$

因而所求的关系式等于$a+b+c$.

10）化简公分母得到

$$\frac{a^4(b-c)+b^4(c-a)+c^4(a-b)}{(a-b)(a-c)(b-c)}$$

分子等于

$$(a^2+b^2+c^2+ab+ac+bc)(a-b)(a-c)(b-c)$$

因而所求的关系式为

$$a^2+b^2+c^2+ab+ac+bc$$

11）化简公分母得

$$\frac{a^2(a+b)(a+c)(b-c)+b^2(b+c)(b+a)(c-a)+c^2(c+a)(c+b)(a-b)}{(a-b)(a-c)(b-c)}$$

分子等于$(a+b+c)^2(a-b)(a-c)(b-c)$. 因而,所求的关系式为$(a+b+c)^2$.

12) 化简公分母(既在分式的分子中又在分母中) 得

$$\frac{bc(b^2-c^2)+ac(c^2-a^2)+ab(a^2-b^2)}{ab(a-b)+ac(c-a)+bc(b-c)}$$

这个分式最后化为等式

$$\frac{(a+b+c)(b-c)(a-c)(a-b)}{(a-b)(a-c)(b-c)}=a+b+c$$

3. 化简公分母得

$$\frac{yz(y-z)+xz(z-x)+xy(x-y)}{xyz}\cdot$$

$$\frac{x(x-y)(x-z)+y(y-x)(y-z)+z(z-x)(z-y)}{(x-y)(x-z)(y-z)}$$

第一个分式的分子等于$(x-y)(x-z)(y-z)$. 第二个分式的分子是一个三次的自反对称多项式;也就是说,它的表达式的形式为$k\sigma_1^3+l\sigma_1\sigma_2+m\sigma_3$. 系数$k$, $l$我们不需要求出(因为已知条件$\sigma_1=0$). 为了求出系数$m$,令$x=1$,$y=2$,$z=-3$(因为$\sigma_1=x+y+z=0$),于是等式

$$x(x-y)(x-z)+y(y-x)(y-z)+$$
$$z(z-x)(z-y)=k\sigma_1^3+l\sigma_1\sigma_2+m\sigma_3$$

成立. 特征关系式$-54=-6m$,得到$m=9$. 于是在$x+y+z=0$时所求关系式为等式

$$\frac{(x-y)(x-z)(y-z)}{xyz}\cdot\frac{9\sigma_3}{(x-y)(x-z)(y-z)}=$$

$$\frac{9xyz}{xyz}=9$$

可以采用另一种解法. 同样的,分式的分子是三次

的反对称多项式，它有形式

$$k(x-y)(x-z)(y-z)$$

再有第二个分式的分子为三次对称多项式，它有表达式

$$k\sigma_1^3+l\sigma_1\sigma_2+m\sigma_3$$

或者 $\sigma_1=0$ 或者 $m\sigma_3$. 就是说，所有含有未知量的表达式减少的值和给定表达式的值是在$x+y+z=0$ 条件下的任意数值. 下面将任意满足条件 $x+y+z=0$ 的 $x,y,z$ 的值代入原来的表达式（例如$x=1,y=2,z=-3$）得到所求的数值.

4. 所求的方程组可以变形为

$$\begin{cases}(x+y+z)(x-y)(x-z)(y-z)=-12\\(xy+xz+yz)(x-y)(x-z)(y-z)=-22\\-3(x-y)(x-z)(y-z)=6\end{cases}$$

由这 3 个方程，我们得到

$$(x-y)(x-z)(y-z)=-2 \qquad (*)$$

将这个结果代入第一和第二个方程得到

$$\begin{cases}\sigma_1=x+y+z=6\\\sigma_2=xy+xz+yz=11\end{cases}$$

最后这 3 个关系式代表了原来所解的方程组.

**17.3 练习题**

1. 给出多项式 $\sigma_1^3-s_3=3\sigma_1\sigma_2-3\sigma_3$，因此对称因式不能分解. 就是说，剩下的可以分解成 3 个一次因式，而且这些因式相对于另两个因式来说是对称的，按另一种公式来说，应该有另一种分解方法

$$(a+b+c)^3-a^3-b^3-c^3=$$
$$(ka+kb+lc)(ka+lb+kc)(la+kb+kc) \qquad (*)$$

这里 $k,l$ 是未知系数. 假定等式（*）中 $a=b=c=1$，得

到 $24=(2k+l)^3$，则 $2k+l=2\sqrt[3]{3}$. 接着在 $a=b=0, c=1$ 时，我们得到 $k^2l=0$，即 $k, l$ 中有一个是零. 最后在 $a=1, b=1, c=0$ 的情况下得到 $6=2k(k+l)^2$，显然 $k\neq 0$. 就是说，$l=0, k=\sqrt[3]{3}$. 因而关系式可以分解为

$$(a+b+c)^3-a^3-b^3-c^3=$$
$$(\sqrt[3]{3}a+\sqrt[3]{3}b)(\sqrt[3]{3}a+\sqrt[3]{3}c)(\sqrt[3]{3}b+\sqrt[3]{3}c)$$

如果从每一个括号中提取 $\sqrt[3]{3}$，我们得到

$$(a+b+c)^3-a^3-b^3-c^3=3(a+b)(a+c)(b+c)$$

经验证表明，所得的分解式是正确的.

我们发现这个分解式是我们前面所了解的，因为

$$(a+b+c)^3-a^3-b^3-c^3=3\sigma_1\sigma_2-3\sigma_3=$$
$$3(\sigma_1\sigma_2-\sigma_3)=3(a+b)(a+c)(b+c)$$

这里我们通过 $\sigma_1, \sigma_2, \sigma_3$ 求得的算式为

$$(a+b)(a+c)(b+c)$$

这时这个展开式就可以直接得出.

2. 首先设法找到展开式的对称因子

$$(x+y+z)^5-x^5-y^5-z^5=\sigma^5-s_5=$$
$$5\sigma_1^3\sigma_2-5\sigma_1\sigma_2^2-5\sigma_1^2\sigma_3+5\sigma_2\sigma_3=$$
$$(5\sigma_1^3\sigma_2-5\sigma_1^2\sigma_3)-(5\sigma_1\sigma_2^2-5\sigma_2\sigma_3)=$$
$$5(\sigma_1\sigma_2-\sigma_3)(\sigma_1^2-\sigma_2)$$

回想展开式的多项式因式 $\sigma_1\sigma_2-\sigma_3$，通过在前面例子中的讨论我们得到

$$(x+y+z)^5-x^5-y^5-z^5=$$
$$5(x+y)(x+z)(y+z)(x^2+y^2+z^2+xy+xz+yz)$$

3. 通分得

$$\frac{bc(b+c)+ac(c+a)+ab(a+b)+2abc}{(a+b)(a+c)(b+c)}$$

分子的表达式为

$$O(a^2b)+2\sigma_3=(\sigma_1\sigma_2-3\sigma_3)+2\sigma_3=$$
$$\sigma_1\sigma_2-\sigma_3=(a+b)(a+c)(b+c)$$

因而所求的表达式是唯一的.

4. 去分母,将所有的项移到等式左边,有

$$a(b^2+c^2-a^2)+b(c^2+a^2-b^2)+$$
$$c(a^2+b^2-c^2)-2abc=0$$

或者

$$O(a^2b)-s_3-2\sigma_3=0$$

或者

$$4\sigma_1\sigma_2-\sigma_1^3-8\sigma_3=0 \qquad (*)$$

很明显,这个多项式不能分解成对称因子.余下的可能是分解成关于两个变量的一次因子

$$4\sigma_1\sigma_2-\sigma_1^3-8\sigma_3=$$
$$(ka+kb+lc)(ka+lb+kc)(la+kb+kc)$$

假定 $a=b=c=1$(因此 $\sigma_1=\sigma_2=3,\sigma_3=1$),得到 $1=(2k+l)^3$,则 $2k+l=1$. 接着在 $a=b=0,c=1$(即 $\sigma_1=1,\sigma_2=\sigma_3=0$)时,我们得到 $-1=k^2l$. 最后在 $a=1,b=1,c=0$(即 $\sigma_1=2,\sigma_2=1,\sigma_3=0$)的情况下得到 $2k(k+l)^2=0$,显然 $k\neq 0$(因为 $-1=k^2l$),则 $l+k=0$. 现在由方程组

$$\begin{cases}2k+l=1\\k+l=0\end{cases}$$

容易得到 $k=1,l=-1$. 因而我们求得展开式为

$$4\sigma_1\sigma_2-\sigma_1^3-8\sigma_3=$$
$$(a+b-c)(a-b+c)(-a+b+c)$$

它的正确性可以直接检验. 通过等式($*$),有

$$(a+b-c)(a-b+c)(-a+b+c)=0$$

即 $a+b-c,a-b+c,-a+b+c$ 中的任意一个值都

可以为零. 当确定 $a+b-c=0$,即 $c=a+b$ 时

$$\frac{b^2+c^2-a^2}{2bc}=\frac{b^2+(a+b)^2-a^2}{2b(a+b)}=\frac{2b^2+2ab}{2b^2+2ab}=1$$

$$\frac{c^2+a^2-b^2}{2ca}=\frac{(a+b)^2+a^2-b^2}{2a(a+b)}=\frac{2a^2+2ab}{2a^2+2ab}=1$$

$$\frac{a^2+b^2-c^2}{2ab}=\frac{a^2+b^2-(a+b)^2}{2ab}=-\frac{2ab}{2ab}=-1$$

5. 这个表达式可以直接由前面题的结论推出.

**18.3 练习题**

1. 我们有

$$(a+b+c+d)(a^2+b^2+c^2+d^2-$$
$$ab-ac-ad-bc-bd-cd)=$$
$$\sigma_1(s_2-\sigma_2)=\sigma_1(\sigma_1^2-3\sigma_2)=$$
$$\sigma_1^3-3\sigma_1\sigma_2=(\sigma_1^3-3\sigma_1\sigma_2+3\sigma_3)-3\sigma_3=$$
$$s_3-3\sigma_3=a^3+b^3+c^3+d^3-$$
$$3(abc+abd+acd+bcd)$$

2. 在 $\sigma_1=a+b+c+d=0$ 的条件下,我们有

$$(a^3+b^3+c^3+d^3)^2=s_3^2=(\sigma_1^3-3\sigma_1\sigma_2+3\sigma_3)^2=$$
$$(3\sigma_3)^2=9\sigma_3^2=9(abc+abd+acd+bcd)^2$$

3. 在 $\sigma_1=a+b+c+d=0$ 的条件下,等式左边为

$$a^4+b^4+c^4+d^4=s_4=\sigma_1^4-4\sigma_1^2\sigma_2+2\sigma_2^2+$$
$$4\sigma_1\sigma_3-4\sigma_4=2\sigma_2^2-4\sigma_4$$

化简等式右边得

$$2(ab-cd)^2+2(ac-bd)^2+2(ad-bc)^2+4abcd=$$
$$2[O(a^2b^2)-6\sigma_4]+4\sigma_4=2O(a^2b^2)-8\sigma_4=$$
$$2\times\frac{1}{2}(s_2^2-s_4)-8\sigma_4=s_2^2-s_4-8\sigma_4=$$
$$(\sigma_1^2-2\sigma_2)^2-(\sigma_1^4-4\sigma_1^2\sigma_2+2\sigma_2^2+4\sigma_1\sigma_3-4\sigma_4)-8\sigma_4=$$
$$(-2\sigma_2)^2-(2\sigma_2^2-4\sigma_4)-8\sigma_4=2\sigma_2^2-4\sigma_4$$

4. 若打开括号，则得到的项 $x_i^2$ 的代数和是 $n-1$ 次的；增加一倍乘积为 $-2\sigma_2$，因而有

$$\sum_{1\leqslant i<j\leqslant n}(x_i-x_j)^2=(n-1)s_2-2\sigma_2=$$

$$(n-1)(\sigma_1^2-2\sigma_2)-2\sigma_2=(n-1)\sigma_1^2-2n\sigma_2$$

5. 由前面的题可直接推出 $(n-1)\sigma_1^2-2n\sigma_2\geqslant 0$ 为所求.

6. 证明的不等式表示为 $s_2\geqslant\frac{1}{n}\sigma_1^2$，即

$$\sigma_1^2-2\sigma_2\geqslant\frac{1}{n}\sigma_1^2$$

7. 令 $\sqrt{a_i}=x_i$，于是证明的不等式表示为

$$\sum_{1\leqslant i<j\leqslant n}x_ix_j\leqslant\frac{n-1}{2}\sum_{i=1}^{n}x_i^2$$

或者 $\sigma_2\leqslant\frac{n-1}{2}s_2$，或者最后为 $\sigma_2\leqslant\frac{n-1}{2}(\sigma_1^2-2\sigma_2)$.

8. 略.

9. 我们有

$$x^3+y^3+z^3+t^3-3xyz-3xyt-3xzt-3yzt=$$
$$s_3-3\sigma_3=(\sigma_1^3-3\sigma_1\sigma_2+3\sigma_3)-3\sigma_3=$$
$$\sigma_1^3-3\sigma_1\sigma_2=\sigma_1(\sigma_1^2-3\sigma_2)=\sigma_1(s_2-\sigma_2)=$$
$$(x+y+z+t)(x^2+y^2+z^2+t^2-$$
$$xy-xz-xt-yz-yt-zt)$$

10. 令 $t=-x-y-z$，当 $\sigma_1=x+y+z+t=0$ 时给出的多项式变化为

$$(x+y+z)^{2n+1}-x^{2n+1}-y^{2n+1}-z^{2n+1}=$$
$$-t^{2n+1}-x^{2n+1}-y^{2n+1}-z^{2n+1}=-s_{2n+1}$$

$$(x+y+z)^3-x^3-y^3-z^3=$$
$$-t^3-x^3-y^3-z^3=-s_3=-(\sigma_1^2-3\sigma_1\sigma_2+3\sigma_3)=-3\sigma_3$$

(因为 $\sigma_1=0$). 于是,我们仍证明(对于 4 个变量 $x,y,z,t$) 等次之和在 $\sigma_1=0$ 的情况下整除 $\sigma_3$. 由于 $\sigma_1=0$,等次之和 $s_{2n+1}$ 变为关于 $\sigma_2,\sigma_3,\sigma_4$ 的多项式. 很明显,这个多项式的每一项含有因式 $\sigma_3$. 因为 $s_{2n+1}$ 有(关于 $x,y,z,t$) 奇次幂,而 $\sigma_2,\sigma_4$ 有偶次幂. 就是说多项式 $s_{2n+1}$ 能整除 $\sigma_3$.

11. 等式左边关于 $a,b,c,x$ 对称,很容易把表达式变为

$$(\sigma_1-a)(\sigma_1-b)(\sigma_1-c)(\sigma_1-x)-\sigma_4=0$$

或者

$$(\sigma_1^4-\sigma_1^4+\sigma_1^2\sigma_2-\sigma_1\sigma_3+\sigma_4)-\sigma_4=0$$

因而我们的方程变为

$$\sigma_1^2\sigma_2-\sigma_1\sigma_3=0$$

或者

$$\sigma_1(\sigma_1\sigma_2-\sigma_3)=0$$

重新回到变量 $a,b,c,x$ 上,得到方程

$$(a+b+c+x)[(a+b+c+x)(ab+ac+bc+ax+bx+cx)-(abc+abx+acx+bcx)]=0$$

这表明由 $\tau_2,\tau_3,\tau_4$ 构成的关于 $a,b,c$ 的初等对称多项式,最后可以写成方程

$$(\tau_1+x)[\tau_1x^2+\tau_1^2x+(\tau_1\tau_2-\tau_3)]=0$$

这里我们得到 3 个根

$$x_1=-\tau_1$$

$$x_{2,3}=\frac{-\tau_1^2\pm\sqrt{\tau_1^4-4\tau_1(\tau_1\tau_2-\tau_3)}}{2\tau_1}=$$

$$-\frac{\tau_1}{2}\pm\frac{1}{2\tau_1}\sqrt{s_4-2\tau_2^2}$$

返回到原来的值 $a,b,c$,得到最后的关系式

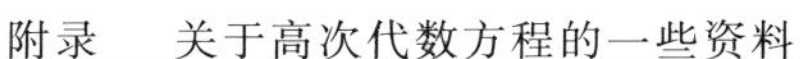



$$x_1=-(a+b+c)$$

$$x_{2,3}=-\frac{a+b+c}{2}\pm\frac{1}{2(a+b+c)}\cdot$$

$$\sqrt{a^4+b^4+c^4-2(ab+ac+bc)^2}$$

12.利用不等式

$$(x_1+\cdots+x_n)\left(\frac{1}{x_1}+\cdots+\frac{1}{x_n}\right)\geqslant n^2$$

通分得 $\sigma_1\cdot\frac{\sigma_{n-1}}{\sigma_n}\geqslant n^2$.

我们发现,当 $n=2$ 时,证明的不等式变为 $\sigma_1^2\geqslant 4\sigma_2$,而当 $n=3$ 时,它变为 $\sigma_1\sigma_2\geqslant 9\sigma_3$.

13.假设

$$y_1=\frac{\sigma_1}{\sigma_1-x_1},y_2=\frac{\sigma_1}{\sigma_1-x_2},\cdots,y_n=\frac{\sigma_1}{\sigma_1-x_n}$$

有

$$\frac{1}{y_1}+\frac{1}{y_2}+\cdots+\frac{1}{y_n}=$$

$$\frac{\sigma_1-x_1}{\sigma_1}+\frac{\sigma_1-x_2}{\sigma_1}+\cdots+\frac{\sigma_1-x_n}{\sigma_1}=$$

$$n-\frac{x_1+x_2+\cdots+x_n}{\sigma_1}=n-1$$

不等式为

$$(y_1+y_2+\cdots+y_n)\left(\frac{1}{y_1}+\frac{1}{y_2}+\cdots+\frac{1}{y_n}\right)\geqslant n^2$$

得到的不等式为

$$\left(\frac{\sigma_1}{\sigma_1-x_1}+\frac{\sigma_1}{\sigma_1-x_2}+\cdots+\frac{\sigma_1}{\sigma_1-x_n}\right)(n-1)\geqslant n^2$$

这里就推出所求不等式.

14.考虑所有相加项,得到表达式

$$\sigma_k=O(x_1\cdot x_2\cdot\cdots\cdot x_n)$$

这些和 $C_n^k = m$. 就是要证明的项数和是通过 $y_1, y_2, \cdots, y_m$ 相加得到的(这里 $m = C_n^k$). 此时很容易理解,数值 $\frac{\sigma_n}{y_1}, \frac{\sigma_n}{y_2}, \cdots, \frac{\sigma_n}{y_n}$ 所有项相加恰好等于 $\sigma_{n-k}$,即

$$\frac{\sigma_n}{y_1} + \frac{\sigma_n}{y_2} + \cdots + \frac{\sigma_n}{y_m} = \sigma_{n-k}$$

或者

$$\frac{1}{y_1} + \frac{1}{y_2} + \cdots + \frac{1}{y_m} = \frac{\sigma_{n-k}}{\sigma_n}$$

由不等式

$$(y_1 + y_2 + \cdots + y_m)\left(\frac{1}{y_1} + \frac{1}{y_2} + \cdots + \frac{1}{y_m}\right) \geqslant m^2$$

我们得到 $\sigma_k \frac{\sigma_{n-k}}{\sigma_n} \geqslant (C_n^k)^2$,便是所求.

**18.4 练习题**

1.1) 原方程组的左边用 $\sigma_1, \sigma_2, \sigma_3, \sigma_4$ 表示,我们得到下面的辅助方程组

$$\begin{cases} \sigma_1 = a \\ \sigma_1^2 - 2\sigma_2 = a^2 \\ \sigma_1^3 - 3\sigma_1\sigma_2 + 3\sigma_3 = a^3 \\ \sigma_1^4 - 4\sigma_1^2\sigma_2 + 2\sigma_2^2 + 4\sigma_1\sigma_3 - 4\sigma_4 = a^4 \end{cases}$$

由此我们得到

$$\sigma_1 = a, \sigma_2 = 0, \sigma_3 = 0, \sigma_4 = 0$$

因而,为了解所求方程组,我们只需解四次方程

$$u^4 - au^3 = 0$$

它的根为

$$u_1 = a, u_2 = u_3 = u_4 = 0$$

也就是说,原方程组的解为

$$\begin{cases}x=a\\y=0\\z=0\\t=0\end{cases}$$

由它变化还能得到 3 组解(更确切地说,由 $x=a,y=z=t=0$ 变化可以得到 24 组解,但其中只有 4 组满足题意).

2) 原方程组表示为

$$\begin{cases}s_1=a\\s_2=a^2\\s_3=a^3\\\quad\vdots\\s_n=a^n\end{cases}$$

我们将证明

$$\sigma_1=a,\sigma_2=\sigma_3=\cdots=\sigma_n=0$$

事实上,由关系式

$$\sigma_1=s_1=a$$

$$s_2=\sigma_1^2-2\sigma_2=a^2$$

得出 $\sigma_2=0$. 由此证得

$$\sigma_1=a,\sigma_2=\sigma_3\cdots=\sigma_{k-1}=0\quad(k\leqslant n)$$

由方程 $s_k=a^k$,我们有

$$\sigma_1s_{k-1}-\sigma_2s_{k-2}+\sigma_3s_{k-3}-\cdots+$$
$$(-1)^{k-2}\sigma_{k-1}s_1+(-1)^{k-1}k\sigma_k=a^k$$

或者

$$\sigma_1s_{k-1}+(-1)^{k-1}k\sigma_k=a^k$$

或者因为 $s_{k-1}=a^{k-1},\sigma_1=a$,有

$$(-1)^{k-1}k\sigma_k=0$$

因而 $\sigma_k=0$. 由归纳法可证明关系式

$$\sigma_1=a,\sigma_2=\sigma_3=\cdots=\sigma_n=0$$

为了解原方程组,我们现在求解 $n$ 次方程

$$u^n-au^{n-1}=0$$

它们同样有

$$u_1=a,u_2=u_3=\cdots=u_n=0$$

就是说,原方程组的解为

$$\begin{cases}x_1=a\\x_2=0\\x_3=0\\\quad\vdots\\x_n=0\end{cases}$$

3）辅助方程组为

$$\begin{cases}\sigma_1=1\\\sigma_1^2-2\sigma_2=9\\\sigma_1^3-3\sigma_1\sigma_2+3\sigma_3=1\\\sigma_1^4-4\sigma_1^2\sigma_2+2\sigma_2^2+4\sigma_1\sigma_3-4\sigma_4=33\end{cases}$$

由此得

$$\sigma_1=1,\sigma_2=-4,\sigma_3=-4,\sigma_4=0$$

为了解原方程组,我们现在求解

$$u^4-u^3-4u^2+4u=0$$

它的解为 $u_1=0,u_2=1,u_3=2,u_4=-2$.

因而,原方程组有 24 组解,从这些解中变换得到

$$\begin{cases}x=0\\y=1\\z=2\\t=-2\end{cases}$$

**附录 1 练习题**

1. 余项是 $x=-\alpha$ 时多项式的值,即等于

$$(-\alpha)^{2n}+\alpha^{2n}=\alpha^{2n}+\alpha^{2n}=2\alpha^{2n}$$

2. 我们知道多项式

$$(x+y+z)^3-x^3-y^3-z^3=3(x+y)(x+z)(y+z)$$

因此我们要证明多项式

$$f(x,y,z)=(x+y+z)^{2n+1}-x^{2n+1}-y^{2n+1}-z^{2n+1}$$

整除 $x+y,x+z,y+z$. 这3种情况证法类似，为此，应该建立多项式 $f(x,y,z)$（考虑关于 $x$ 的多项式）在 $x=-y$ 的情况下得零，即 $f(-y,y,z)=0$. 事实上

$$\begin{aligned}f(-y,y,z)=&(-y+y+z)^{2n+1}-\\&(-y)^{2n+1}-y^{2n+1}-z^{2n+1}=\\&z^{2n+1}+y^{2n+1}-y^{2n+1}-z^{2n+1}=0\end{aligned}$$

**2 练习题**

1. 1）常数 12 有因数

$$1,-1,2,-2,3,-3,4,-4,6,-6,12,-12$$

令 $k=1$ 且数值为 $b_j-1$（这里 $b_j$ 是因数），我们得到数

$$0,-2,1,-3,2,-4,3,-5,5,-7,11,-13$$

因为 $f(1)=24$，而 24 不能整除 $0,5,-7,11,-13$，所以从开始选出的因数中剩下

$$-1,2,-2,3,-3,4$$

经代入证明数 2 和 $-3$ 是这个多项式的根. 按贝祖定理，它能整除 $(x-2)(x+3)$，得

$$x^4-4x^3-13x^2+28x+12=$$
$$(x-2)(x+3)(x^2-5x-2)$$

现在解二次方程 $x^2-5x-2=0$，我们得到两个根

$$\frac{5\pm\sqrt{33}}{2}$$

于是，题中多项式有根

$$x_1=2,x_2=-3,x_{3,4}=\frac{5}{2}\pm\frac{\sqrt{33}}{2}$$

2）常数 $-12$ 有因数

$$1,-1,2,-2,3,-3,4,-4,6,-6,12,-12$$

令 $k=1$ 且数值为 $b_j-1$（这里 $b_j$ 是因数），我们得到数

$$0,-2,1,-3,2,-4,3,-5,5,-7,11,-13$$

因为 $f(1)=-24$，而 24 不能整除 $0,5,-7,11,-13$，所以从开始选出的因数中剩下

$$-1,2,-2,3,-3,4$$

代入证明，题中多项式的根为

$$x_1=-1,x_2=2,x_3=-2,x_4=-3$$

3）常数 18 有因数

$$1,-1,2,-2,3,-3,6,-6,9,-9,18,-18$$

令 $k=2$ 且数值为 $b_j-2$，我们得到数

$$-1,-3,0,-4,1,-5,4,-8,7,-11,16,-20$$

因为 $f(2)=-60$，而 60 不能整除 $0,-8,7,-11,16$，所以从开始选出的因数中剩下

$$1,-1,-2,3,-3,6,-20$$

经检验证明，题中多项式的根为

$$x_1=1,x_2=-1,x_3=-2,x_4=3,x_5=-3$$

4）常数 $-6$ 有因数

$$1,-1,2,-2,3,-3,6,-6$$

令 $k=1$ 且数值为 $b_j-1$，我们得到数

$$0,-2,1,-3,2,-4,5,-7$$

因为 $f(1)=-24$，而 24 不能整除 $0,5,-7$，所以从开始选出的因数中剩下

$$-1,2,-2,3,-3$$

再令 $k=-2$ 且数值为 $b_j+2$，我们得到数

$$1,4,0,5,-1$$

因为 $f(-2)=12$，而 12 不能整除 $0,5$，所以从开始选出

的因数中剩下

$$-1, 2, -3$$

经检验证明，这些都是所求多项式的根. 由贝祖定理，它能整除$(x+1)(x-2)(x+3)$，得

$$x^5+3x^4-2x^3-9x^2-11x-6=$$
$$(x+1)(x-2)(x+3)(x^2+x+1)$$

解二次方程 $x^2+x+1=0$，我们得到两个根

$$\frac{-1\pm i\sqrt{3}}{2}$$

于是给出的多项式的根为

$$x_1=-1, x_2=2, x_3=-3, x_{4,5}=-\frac{1}{2}\pm i\frac{\sqrt{3}}{2}$$

5）常数 6 有因数

$$1, -1, 2, -2, 3, -3, 6, -6$$

经检验证明，数 1，－1，2，－3 是多项式的根. 就是说这个多项式整除$(x-1)(x+1)(x-2)(x+3)$，得

$$x^6-x^5-8x^4+14x^3+x^2-13x+6=$$
$$(x-1)(x+1)(x-2)(x+3)(x^2-2x+1)$$

这里很明显有两个根：1，－1. 因而给出的多项式有下面的根

$$x_1=x_2=x_3=1, x_4=-1, x_5=2, x_6=-3$$

6）给定多项式乘以 4，令 $y=2x$，我们得到多项式

$$y^4+4y^3-y^2-16y-12$$

这个多项式的根为

$$y_1=-1, y_2=2, y_3=-2, y_4=-3$$

因为 $x=\frac{y}{2}$，所以原来多项式的根为

$$x_1=-\frac{1}{2}, x_2=1, x_3=-1, x_4=-\frac{3}{2}$$

### 3 练习题

1. 1) 常数 65 有正整因数 1,5,13,65. 这些因数可分解成下面的平方和

$$1=0^2+1^2$$

$$5=2^2+1^2=1^2+2^2$$

$$13=2^2+3^2=3^2+2^2$$

$$65=1^2+8^2=4^2+7^2=7^2+4^2=8^2+1^2$$

这说明,研究的等式可以得到下面的整根(包括实数根和复数根)$1;-1;5;-5;13;-13;65;-65;\mathrm{i};-\mathrm{i};2+\mathrm{i};2-\mathrm{i};-2+\mathrm{i};-2-\mathrm{i};1+2\mathrm{i};1-2\mathrm{i};-1+2\mathrm{i};-1-2\mathrm{i};2+3\mathrm{i};2-3\mathrm{i};-2+3\mathrm{i};-2-3\mathrm{i};3+2\mathrm{i};3-2\mathrm{i};-3+2\mathrm{i};-3-2\mathrm{i};1+8\mathrm{i};1-8\mathrm{i};-1+8\mathrm{i};-1-8\mathrm{i};4+7\mathrm{i};4-7\mathrm{i};-4+7\mathrm{i};-4-7\mathrm{i};7+4\mathrm{i};7-4\mathrm{i};-7+4\mathrm{i};-7-4\mathrm{i};8+\mathrm{i};8-\mathrm{i};-8+\mathrm{i};-8-\mathrm{i}$.

为了从这 42 个数里除去多余的部分,令 $k=1$. 因为 $f(1)=40$,设那些实根为 $\alpha$,为了 $\alpha-1$ 有因数 40,那些复数根为 $\alpha+\beta\mathrm{i}$,为了 $(\alpha-1)^2+\beta^2$ 有因数 40,保留的可能解为 $-1;5;\mathrm{i};-\mathrm{i};2+\mathrm{i};2-\mathrm{i};-2+\mathrm{i};-2-\mathrm{i};1+2\mathrm{i};1-2\mathrm{i};-1+2\mathrm{i};-1-2\mathrm{i};2+3\mathrm{i};2-3\mathrm{i};3+2\mathrm{i};3-2\mathrm{i};-3+2\mathrm{i};-3-2\mathrm{i}$.

令 $k=2$,因为 $f(2)=29$,所以保留的是下面的可能根

$$2+\mathrm{i};2-\mathrm{i};-3+2\mathrm{i};-3-2\mathrm{i}$$

这些数值经检验证明,都是所研究方程的根.

2) 参考上面例题的可能根. 因为 $f(2)=625$,所以保留的是下面的可能根 $1;\mathrm{i};-\mathrm{i};2+\mathrm{i};2-\mathrm{i};1+2\mathrm{i};1-2\mathrm{i};-2+3\mathrm{i};-2-3\mathrm{i};3+2\mathrm{i};3-2\mathrm{i}$. 根不是唯一的,而保留的 6 个复数值都是所研究多项式的根.

3)60的正因数为

$$1,2,3,4,5,6,10,12,15,20,30,60$$

这些因数可分解成下面的平方和

$$1=0^2+1^2$$

$$2=1^2+1^2$$

$$4=0^2+2^2$$

$$5=2^2+1^2=1^2+2^2$$

$$10=1^2+3^2=3^2+1^2$$

$$20=2^2+4^2=4^2+2^2$$

因此所研究的方程可能有下面的整数根 $1;-1;2;-2;3;-3;4;-4;5;-5;6;-6;10;-10;12;-12;15;-15;20;-20;30;-30;60;-60;i;-i;1+i;1-i;-1+i;-1-i;2i;-2i;1+2i;1-2i;-1+2i;-1-2i;2+i;2-i;-2+i;-2-i;1+3i;1-3i;-1+3i;-1-3i;3+i;3-i;-3+i;-3-i;2+4i;2-4i;4+2i;4-2i;-4+2i;-4-2i$.

通过计算，$f(1)=-30$ 和 $f(-1)=-68$ 保留的是下面的可能根 $-2;3;-5;-i;-1+i;-1-i;-2+i;-2-i;3+i;3-i$. 接着令 $k=2$，因为 $f(2)=-8$，所以保留的根为

$$-2;3;3+i;3-i$$

这些数经过检验证明都是所研究多项式的根.

4) 计算 $f(1),f(-1),f(2),f(-2)$，我们得到 $f(1)=f(-1)=f(-2)=0$，即 $1,-1,-2$ 都是多项式的根. 因此通过化简，求得多项式整除 $(x-1)(x+1)(x+2)$. 将多项式分解得到

$$x^5+5x^3+20x^2-6x-20=$$
$$(x-1)(x+1)(x+2)(x^2-2x+10)$$

因而解二次方程 $x^2-2x+10=0$ 又得到两个根. 最后给定的多项式有下面 5 个根

$$1;-1;-2;1+3i;1-3i$$

5) $-80$ 的正因数为

$$1,2,4,5,8,10,16,20,40,80$$

它们能分解成下面的平方和形式

$$1=0^2+1^2$$
$$2=1^2+1^2$$
$$4=0^2+2^2$$
$$5=2^2+1^2=1^2+2^2$$
$$8=2^2+2^2$$
$$10=1^2+3^2=3^2+1^2$$
$$16=0^2+4^2$$
$$20=2^2+4^2=4^2+2^2$$
$$40=2^2+6^2=6^2+2^2$$
$$80=4^2+8^2=8^2+4^2$$

因此有下面的可能根 $\pm 1;\pm 2;\pm 4;\pm 5;\pm 8;\pm 10;\pm 16;\pm 20;\pm 40;\pm 80;\pm i;1\pm i;-1\pm i;\pm 2i;1\pm 2i;-1\pm 2i;2\pm i;-2\pm i;2\pm 2i;-2\pm 2i;1\pm 3i;-1\pm 3i;3\pm i;-3\pm i;\pm 4i;2\pm 4i;-2\pm 4i;4\pm 2i;-4\pm 2i;2\pm 6i;-2\pm 6i;6\pm 2i;-6\pm 2i;4\pm 8i;-4\pm 8i;8\pm 4i;-8\pm 4i$. 通过计算 $f(3)=250$,保留的是下面的根 $1;\pm 2;4;5;8;\pm i;1\pm i;2\pm i;2\pm 2i;-1\pm 3i;3\pm i;\pm 4i;4\pm 2i$. 接下来,因为 $f(-1)=-234$,所以保留下面的根

$$1;\pm 2;5;8;\pm i;2\pm 2i;-1\pm 3i$$

若有关系式 $f(2)=72,f(-2)=-600$,则可能的根减少到 6 个

$$1;8;2\pm 2\mathrm{i};-1\pm 3\mathrm{i}$$

8 不是多项式的根,因为 $x=8$ 时除了最后一个数都能整除 32.所以剩 5 个根

$$1;2\pm 2\mathrm{i};-1\pm 3\mathrm{i}$$

它们是给定多项式的根.

# 编辑手记

先从编写动机开始.若干年前的一天,我在天津古文化街的一家名叫阿秋的旧书店中买到了一本吴大任先生的藏书,是德国著名数学家布拉须凯写的微分几何著作.因为原书是用德语写成的,笔者并不精通,所以只能简单翻看.在其中居然发现了一个初中常用的数学式子 $x^3+y^3+z^3-3xyz$.因为之前笔者有若干年的奥数培训经历,所以就想能否以此为引子,详细介绍一下多元对称多项式,而对称多项式研究的基础就是牛顿公式.这便是本书名的来历.借此机会也向中学生介绍一下吴大任先生.吴大任先生是我国著名数学家,陈省身先生在《吴大任教育与科学文选》(崔国良选编,天津:南开大学出版社,2004 年)一书的序言中对其的评价有两段话:一是,他是数学系(南开)最好的学生,姜先生最喜欢他;二是,大任是一个十分聪明的人,有高尚的人格,我深以同学三次(中学、大学、研究生)为幸.

本书的内容是从一个简单的但现行中学数学课本中已删去了的因式分解公式谈起的.对中学阶段经典内容究竟应保留多少,吴大任先生曾在 1982 年 11 月为天津师范大学数学系和天津市数学学会等联合主办的《中等数学》创刊号上撰文指出:数学,特别是中学数学,和别的学科有一点很不相同,那就是它的许多(不是一切)古老的内容,不但至今照样有用,而且构成现代数学的基础.我觉得,现代数学有以下特点:(1)一些经典内容获得了新的应用,因而有新的发展;(2)由于应用和数学理论内部矛盾的推动,产生了崭新的数学分支;(3)经典数学和现代数学经过高度综合概括和抽象,使不少概念有了新的含义,也产生了新的概念,新的数学结构.这些情况表明,中学数学教学内容的现代化不能操之过急,不能为了现代化而削弱基本的、必要的经典内容,不能违反青少年的认识规律进行讲授(例如离开直觉,超过感性认识来达到理性认识),还必须考虑教师的条件.

我并不反对中学数学现代化,我只是认为对此要持慎重态度.其原因主要有两个:一方面,我感到我们中学数学大纲砍掉的经典内容过多,是不恰当的.除了已经谈过的解析几何,例如反三角函数只讲四个而不讲六个,破坏了三角内容的完整性,而那两个反三角函

数仍然是很有用的，在某些场合(例如在求一些初等函数的不定积分时)，没有它们就不方便，而讲它们也不费事. 又如一元高次方程的根和系数关系应当是中学生的常识，也不列入大纲. 如果仔细检查，这样的例子还可以举出很多. 另一方面，大约十多年前，许多国家都进行了中学数学现代化的变革，给教学带来了严重困难，还削弱了学生的基本功；过了几年，不得不又改回来，虽不完全是“复旧”，也是走了很曲折的道路. 尽管对这个问题的争论至今尚未中止，但他们的经验教训我们应当认真汲取. 这类带根本性的变革，必须以科学的态度，经过试验，然后推广(不能像“学大寨”那样).

现在我们各级学校(包括高等学校)的教学方法普遍存在着的问题不少，如灌输式，如分数贬值，如有些课程自觉或不自觉地鼓励学生死记硬背，使学生知其然，而不知其所以然，等等. 这些都妨碍着学生独立工作能力的培养，应当注意改正.

这里只针对中学数学教学谈两点意见.

一点是必须加强对学生运算能力、逻辑表达能力和绘图能力的培养. 除了教师要以身作则，要善于引导以外，对学生的练习和试卷都要严格要求，使他们养成一丝不苟、精益求精的作风. 即使结果或结论看来正确，如果逻辑条理不好，表达不清楚，绘图不准确，都不能算全对. 至于逻辑混乱，绘图错了，更应算作严重错误. 教师在评卷时，如果要费尽心思才能猜测出学生的思路，那个解答就不合要求. 这样做自然要降低成绩，但只有这样，分数才没有水分，才不会出现贬值现象.

实际上，过多的成绩优秀是不合规律的，对教者、学者都没有好处，会使他们自我陶醉，不求提高.

另一点意见是，必须大力克服题海战术现象.学数学就必须做足够的练习，包括一些较难的题在内，这是毫无疑义的，多做些综合题也是有益的，其中的道理人人都了解.对于学习能力强，有余力、有兴趣多做题，甚至于做一些难题的学生，我们也不要阻止他们那样做.但是，绝不能勉强所有学生都去做那么多的重复题、难题和偏题.这种题海战术不必要地增加了学生的负担，在他们思想上形成压力，影响他们对学习数学的兴趣(他们不能充分享受做出数学题的乐趣，不能欣赏数学这门科学的精髓)，会使一部分学生对学好数学丧失信心.人们常常把数学课作为中小学学生负担过重，健康下降的罪魁祸首，我要为数学课鸣不平.造成负担过重的，在数学方面，主要是题海战术的作法.我以为与其花大量时间去搞题海战术，远远不如把时间用于让学生学到更多的数学知识和方法.

概括起来就两点：老内容要讲，新内容也要讲.而这正是本书的主题.

吴大任先生这本藏书是德文的.本来吴先生是留英的.1933 年夏，中英庚款会招考留英学生，有数学一科，吴先生去应试，因其学业优秀，自然一考即中.于是他去了伦敦大学留学.

等到了 1934 年，陈省身被清华选送去德国汉堡大学留学.汉堡大学是第一次世界大战后成立的大学，数学实力极强.陈先生的老师是德国最好的几何学家 W. Blaschke.当陈省身先生将这一情况告诉了吴大任

先生后，吴大任先生竟决定由伦敦大学转学到汉堡大学.

他在汉堡大学的研究十分成功. 写了两篇关于椭圆空间的积分几何的论文都发表在德国重要的数学杂志 *Mathematische Zeitschrift* 上. 据陈先生讲这两篇文章足可作为他的博士论文. 他到汉堡大学时未注册，但有 Blaschke 的支持，必可完成博士学位，可惜他坚持按期回国，便把博士学位放弃了. 而笔者所见到的这一书也正是 Blaschke 的. 因为书上有吴先生的藏书印，所以旧书店老板坚持索要高价. 历时 4 年讨价还价，终于购到手中.

A. C. Banerjee 曾说：数学的教学质量是几个变量的函数，即

$$T=T(S,B,C,M,R,E,\cdots)$$

其中 $S$ 是教学要点的恰当性，$B$ 是选作阅读用的书籍，$C$ 是教员的能力，$M$ 是教学方法，$R$ 是学生的接受能力，$E$ 是考试制度，等等. 为了全面地改进 $T$，必须恰当地改进 $T$ 所依赖的所有要素.

所有要素很难全都改进，我们就先改变 $B$.

这是一个初高中都会遇到的一个公式. 先举几个初中数学的例子.

**例 1** 令 $x,y,z$ 是不同的实数，证明

$$\sqrt[3]{x-y}+\sqrt[3]{y-z}+\sqrt[3]{z-x}\neq 0$$

**证明** 恒等式

$$a^3+b^3+c^3-3abc=$$

$$(a+b+c)(a^2+b^2+c^2-ab-bc-ca)$$

此恒等式可用两种方法计算以下行列式得出

$$D=\begin{vmatrix} a & b & c \\ c & a & b \\ b & c & a \end{vmatrix}$$

第 1 种方法是用 Sarrus 法则展开行列式，第 2 种方法是把所有的列加到第 1 列，提取公因式，然后展开剩下的行列式. 注意，这个恒等式还可改写为

$$a^3+b^3+c^3-3abc=$$

$$\frac{1}{2}(a+b+c)[(a-b)^2+(b-c)^2+(c-a)^2]$$

回到本题，设相反，令

$$\sqrt[3]{x-y}=a,\sqrt[3]{y-z}=b,\sqrt[3]{z-x}=c$$

由假设 $a+b+c=0$，从而 $a^3+b^3+c^3=3abc$. 但这蕴涵

$$0=(x-y)+(y-z)+(z-x)=$$

$$3\sqrt[3]{x-y}\sqrt[3]{y-z}\sqrt[3]{z-x}\neq 0$$

因为各数不同，所得的矛盾证明了我们的假设不成立，因此和不是零.

在柯召、孙琦先生的《初等数论 100 例》中曾给出不定方程

$$x^3+y^3+z^3=x+y+z=3 \qquad ①$$

仅有 4 组整数解

$$(x,y,z)=(1,1,1),(-5,4,4),(4,-5,4),(4,4,-5)$$

的证明. 江苏省海安县双楼初级中学的薛锁英、李娜两位老师 2012 年将这一问题进一步深化，得到方程 ① 有理数解的通式. 利用的基本公式即为本书开头所提

到的公式.

**命题 1** 方程 ① 的全部有理数解表示为

$$x=y=z=1$$

和

$$(x,y,z)=\left(3-\frac{2p^2}{qr},3-\frac{2q^2}{pr},3-\frac{2r^2}{pq}\right) \qquad ②$$

其中,$p,q,r$ 为非零整数,$p+q+r=0$.

**证明** 首先讨论方程组

$$\begin{cases}x+y+z=3w\\x^3+y^3+z^3=3w^3\end{cases} \qquad ③$$

的实数解.

令 $x=w-p,y=w-q,z=w-r$,代入方程组 ③ 并化简得

$$\begin{cases}p+q+r=0\\3(p^2+q^2+r^2)w-(p^3+q^3+r^3)=0\end{cases} \qquad ④$$

其中,$p,q,r$ 为实数.

由方程组 ③ 的对称性,我们设定 $p,q,r$ 的值互换时,由

$$x=w-p,y=w-q,z=w-r$$

得到的不同数组$(x,y,z)$视为同一组解.

又因为 $p+q+r=0$,所以,$p,q,r$ 的值仅需讨论以下三种情形.

(1) 当 $p=q=r=0$ 时,得

$$x=y=z=w$$

(2) 当 $p=0,q\neq 0,r\neq 0$ 时,$x=w$,方程组 ③ 变为

$$\begin{cases}y+z=2w & ⑤\\ y^3+z^3=2w^3 & ⑥\end{cases}$$

$⑤^3$ − ⑥ 得

$$3yz(y+z)=6w^3 \quad ⑦$$

(i) 当 $w=0$ 时，$x=0$.

由式 ⑤⑥ 易得 $y=-z$.

故 $(x,y,z)=(0,-k,k)$.

(ii) 当 $w\neq 0$ 时，由式 ⑤⑦ 得

$$yz=\frac{6w^3}{3(y+z)}=w^2$$

$$\Rightarrow (y-z)^2=(y+z)^2-4yz=0$$

$$\Rightarrow y=z\Rightarrow x=y=z=w$$

此时，$p=q=r=0$.

同(1)的情形.

(3) 当 $p\neq 0,q\neq 0,r\neq 0$ 时，由方程组 ④ 的第二个式子得

$$w=\frac{p^3+q^3+r^3}{3(p^2+q^2+r^2)}$$

由

$$p^3+q^3+r^3-3pqr=$$
$$(p+q+r)(p^2+q^2+r^2-pq-qr-rp)=0$$
$$p^2+q^2+r^2=$$
$$(p+q+r)^2-2(pq+qr+rp)=$$
$$-2(pq+qr+rp)$$

故

$$w=\frac{p^3+q^3+r^3}{3(p^2+q^2+r^2)}=-\frac{pqr}{2(pq+qr+rp)}$$

显然，$w \neq 0$.

故

$$x = w - p = w\left(1 - \frac{p}{w}\right) =$$

$$w\left[1 + \frac{2(pq + qr + rp)}{qr}\right] =$$

$$w\left[3 + \frac{2p(q + r)}{qr}\right] = w\left(3 - \frac{2p^2}{qr}\right)$$

同理

$$y = w\left(3 - \frac{2q^2}{pr}\right), z = w\left(3 - \frac{2r^2}{pq}\right)$$

则方程组 ③ 中 $x, y, z, w$ 有解

$$\begin{cases} w = -\dfrac{pqr}{2(pq + qr + rp)} \\ x = w\left(3 - \dfrac{2p^2}{qr}\right) \\ y = w\left(3 - \dfrac{2q^2}{pr}\right) \\ z = w\left(3 - \dfrac{2r^2}{pq}\right) \end{cases} \quad ⑧$$

综上，当 $w \neq 0$ 时，方程组 ③ 变为

$$\frac{x}{w} + \frac{y}{w} + \frac{z}{w} = \left(\frac{x}{w}\right)^3 + \left(\frac{y}{w}\right)^3 + \left(\frac{z}{w}\right)^3 = 3$$

故方程 ① 的全部实数解表示为

$$x = y = z = 1$$

及

$$x = 3 - \frac{2p^2}{qr}, y = 3 - \frac{2q^2}{pr}, z = 3 - \frac{2r^2}{pq}$$

接下来证明：式 ② 中 $x, y, z$ 为有理数的充要条件

是$\frac{p}{q},\frac{p}{r},\frac{q}{p},\frac{q}{r},\frac{r}{p},\frac{r}{q}$为有理数.

充分性.

若$\frac{p}{q},\frac{p}{r},\frac{q}{p},\frac{q}{r},\frac{r}{p},\frac{r}{q}$为有理数,易得

$$x=3-\frac{2p^2}{qr}=3-2\times\frac{p}{q}\times\frac{p}{r}$$

$$y=3-\frac{2q^2}{pr}=3-2\times\frac{q}{p}\times\frac{q}{r}$$

$$z=3-\frac{2r^2}{pq}=3-2\times\frac{r}{p}\times\frac{r}{q}$$

均为有理数.

必要性.

若 $x,y,z$ 为有理数,由式 ② 知

$$\frac{p^2}{qr}=\frac{3-x}{2},\frac{q^2}{pr}=\frac{3-y}{2}$$

故$\left(\frac{p}{q}\right)^3=\frac{3-x}{3-y}$为有理数.

令$\left(\frac{p}{q}\right)^3=\frac{A}{B}$($A,B$ 为整数),则$\frac{p}{q}=\sqrt[3]{\frac{A}{B}}$.

同理,令$\frac{r}{q}=\sqrt[3]{\frac{C}{D}}$($C,D$ 为整数),则

$$p+q+r=q\sqrt[3]{\frac{A}{B}}+q+q\sqrt[3]{\frac{C}{D}}=$$

$$q\left(1+\sqrt[3]{\frac{A}{B}}+\sqrt[3]{\frac{C}{D}}\right)=0$$

因为 $q\neq 0$,所以

$$\sqrt[3]{\frac{A}{B}}+\sqrt[3]{\frac{C}{D}}=-1 \qquad ⑨$$

又

$$\left(\sqrt[3]{\frac{A}{B}}+\sqrt[3]{\frac{C}{D}}\right)^3=$$

$$\frac{A}{B}+\frac{C}{D}+3\sqrt[3]{\frac{A}{B}}\sqrt[3]{\frac{C}{D}}\left(\sqrt[3]{\frac{A}{B}}+\sqrt[3]{\frac{C}{D}}\right)=$$

$$\frac{A}{B}+\frac{C}{D}-3\sqrt[3]{\frac{A}{B}}\sqrt[3]{\frac{C}{D}}=-1$$

故

$$\sqrt[3]{\frac{A}{B}}\sqrt[3]{\frac{C}{D}}=\frac{1}{3}\left(\frac{A}{B}+\frac{C}{D}+1\right) \qquad ⑩$$

式 ⑨⑩ 表明，$\sqrt[3]{\frac{A}{B}}$，$\sqrt[3]{\frac{C}{D}}$ 为二次有理方程

$$x^2+x+\frac{1}{3}\left(\frac{A}{B}+\frac{C}{D}+1\right)=0$$

的两个共轭根$\frac{-1\pm\sqrt{\Delta}}{2}$，其中

$$\Delta=1-\frac{4}{3}\left(\frac{A}{B}+\frac{C}{D}+1\right)$$

令

$$\sqrt[3]{\frac{A}{B}}=\frac{-1+\sqrt{\Delta}}{2}$$

$$\sqrt[3]{\frac{C}{D}}=\frac{-1-\sqrt{\Delta}}{2}$$

则

$$\frac{A}{B}=\left(\frac{-1+\sqrt{\Delta}}{2}\right)^3=\frac{-1-3\Delta+(3+\Delta)\sqrt{\Delta}}{8}$$

$$\frac{C}{D}=\left(\frac{-1-\sqrt{\Delta}}{2}\right)^3=\frac{-1-3\Delta-(3+\Delta)\sqrt{\Delta}}{8}$$

由以上两式中$\frac{A}{B}$,$\frac{C}{D}$,$\Delta$均为有理数,易知,$\sqrt{\Delta}$也为有理数.

所以,$\frac{p}{q}$,$\frac{r}{q}$也为有理数.

同理,$\frac{p}{r}$,$\frac{q}{r}$,$\frac{q}{p}$,$\frac{r}{p}$均为有理数.

因此,存在非零整数$p,q,r$,满足式②为方程①的所有有理数解(除显然解$x=y=z=1$).

命题1成立.

当$(p,q,r)=(1,1,-2)$或$(-1,-1,2)$时,由

$$x=3-\frac{2p^2}{qr},y=3-\frac{2q^2}{pr},z=3-\frac{2r^2}{pq}$$

知$x,y,z$有唯一的整数解$(4,4,-5)$.

由上述证明易得如下命题.

**命题2** 不定方程组

$$\begin{cases}x+y+z=3w\\x^3+y^3+z^3=3w^3\end{cases}$$

整数解的通式为:

(1)$x=y=z=w$;

(2)当$w=0$时,$x=0,y=-z$,或$y=0,x=-z$,或$z=0,x=-y$;

(3)当$w\neq 0$时,有

$$x=k\left(\frac{3pqr}{2}-p^3\right),y=k\left(\frac{3pqr}{2}-q^3\right)$$

$$z=k\left(\frac{3pqr}{2}-r^3\right),w=\frac{kpqr}{2}$$

其中,$k,p,q,r$为非零整数,$p+q+r=0$.

**例 2** 设实数 $x,y,z$ 满足

$$x^3+y^3+z^3=x+y+z=3$$

证明

$$\sqrt[3]{(3-x)(3-y)(3-z)}=2$$

$$\sqrt[3]{3-x}+\sqrt[3]{3-y}+\sqrt[3]{3-z}=0 \text{ 或 } 3\sqrt[3]{2}$$

**证明** 因为

$$\begin{aligned}&(3-x)(3-y)(3-z)=\\&(y+z)(x+z)(x+y)=\\&\frac{(x+y+z)^3-(x^3+y^3+z^3)}{3}=8\end{aligned}$$

所以

$$\sqrt[3]{(3-x)(3-y)(3-z)}=2$$

在命题 1 的证明中,得到了方程 ① 仅有两类实数解.

(1)$x=3-\frac{2p^2}{qr},y=3-\frac{2q^2}{pr},z=3-\frac{2r^2}{pq}$,其中,$p+q+r=0$,$p,q,r$ 为非零实数.易得

$$\begin{aligned}&\sqrt[3]{3-x}+\sqrt[3]{3-y}+\sqrt[3]{3-z}=\\&\sqrt[3]{\frac{2p^2}{qr}}+\sqrt[3]{\frac{2q^2}{pr}}+\sqrt[3]{\frac{2r^2}{pq}}=\\&\sqrt[3]{\frac{2}{pqr}}(p+q+r)=0\end{aligned}$$

(2) 由 $x=y=z=1$,易得

$$\sqrt[3]{3-x}+\sqrt[3]{3-y}+\sqrt[3]{3-z}=3\sqrt[3]{2}$$

**例 3** 设实数 $x,y,z$ 满足

$$\sqrt[3]{(3-x)(3-y)(3-z)}=2$$

$$\sqrt[3]{3-x}+\sqrt[3]{3-y}+\sqrt[3]{3-z}=0$$

证明

$$x^3+y^3+z^3=x+y+z=3$$

**证明** 设 $a=\sqrt[3]{3-x}$，$b=\sqrt[3]{3-y}$，$c=\sqrt[3]{3-z}$，则

$$a^3+b^3+c^3=$$
$$(a+b+c)(a^2+b^2+c^2-ab-bc-ca)+3abc$$

即

$$x+y+z=3$$

又

$$\sqrt[3]{(3-x)(3-y)(3-z)}=2$$
$$\Leftrightarrow \sqrt[3]{(y+z)(x+z)(x+y)}=2$$
$$\Leftrightarrow (y+z)(x+z)(x+y)=8$$

故

$$x^3+y^3+z^3=$$
$$(x+y+z)^3-3(y+z)(x+z)(x+y)=$$
$$27-24=3$$

**例 4** 设整数 $x,y,z,w$ 满足不定方程组

$$\begin{cases}x+y+z=3w\\x^3+y^3+z^3=3w^3\end{cases}$$

其中，$w\neq 0$. 证明：$w\mid xyz$.

**证明** 由命题 2，当 $w\neq 0$ 时，不定方程组的解仅有两类：

(1) $x=y=z=w$，易知，$w\mid xyz$.

(2) $x=k\left(\frac{3pqr}{2}-p^3\right)$，$y=k\left(\frac{3pqr}{2}-q^3\right)$，$z=$

$k\left(\frac{3pqr}{2}-r^3\right),w=\frac{kpqr}{2}$.

由此只需考虑本原解

$$x=\frac{3pqr}{2}-p^3,y=\frac{3pqr}{2}-q^3$$

$$z=\frac{3pqr}{2}-r^3,w=\frac{pqr}{2}$$

的情形,其中,$p,q,r$ 两两互质,且 $p+q+r=0,p,q,r$ 为两奇一偶.

故

$$xyz=\left(\frac{3pqr}{2}-p^3\right)\left(\frac{3pqr}{2}-q^3\right)\left(\frac{3pqr}{2}-r^3\right)=$$

$$pqr\left(\frac{3qr}{2}-p^2\right)\left(\frac{3pr}{2}-q^2\right)\left(\frac{3pq}{2}-r^2\right)$$

易见,$2\left(\frac{3qr}{2}-p^2\right)\left(\frac{3pr}{2}-q^2\right)\left(\frac{3pq}{2}-r^2\right)$ 为整数.

因此,$\frac{pqr}{2}\mid xyz$,即 $w\mid xyz$.

**例 5**(2014 年全国初中数学联合竞赛(第二试 A 卷)) 设 $n$ 为整数.若存在整数 $x,y,z$ 满足 $n=x^3+y^3+z^3-3xyz$,则称 $n$ 具有性质 P.

在 1,5,2 013,2 014 这四个数中,哪些数具有性质 P,哪些数不具有性质 P? 说明理由.

**解** 取 $x=1,y=z=0$,得

$$1=1^3+0^3+0^3-3\times1\times0\times0$$

于是,1 具有性质 P.

取 $x=y=2,z=1$,得

$$5=2^3+2^3+1^3-3\times2\times2\times1$$

因此,5 具有性质 P.

接下来考虑具有性质 P 的数.

记 $f(x,y,z)=x^3+y^3+z^3-3xyz$,则

$$\begin{aligned}f(x,y,z)=&(x+y)^3+z^3-3xy(x+y)-3xyz=\\&(x+y+z)^3-3z(x+y)(x+y+z)-\\&3xy(x+y+z)=\\&(x+y+z)^3-3(x+y+z)(xy+yz+zx)=\\&\frac{1}{2}(x+y+z)(x^2+y^2+z^2-xy-yz-zx)=\\&\frac{1}{2}(x+y+z)[(x-y)^2+(y-z)^2+(z-x)^2]\end{aligned}$$

即

$$f(x,y,z)=\frac{1}{2}(x+y+z)[(x-y)^2+(y-z)^2+(z-x)^2]$$

不妨设 $x\geqslant y\geqslant z$.

若 $x-y=1,y-z=0,x-z=1$,即

$$x=z+1,y=z$$

则

$$f(x,y,z)=3z+1$$

若 $x-y=0,y-z=1,x-z=1$,即

$$x=y=z+1$$

则

$$f(x,y,z)=3z+2$$

若 $x-y=1,y-z=1,x-z=2$,即

$$x=z+2,y=z+1$$

则

$$f(x,y,z)=9(z+1)$$

由此知形如 $3k+1$ 或 $3k+2$ 或 $9k(k\in\mathbf{Z})$ 的数均具有性质 P.

因此,1,5,2 014 均具有性质 P.

若 2 013 具有性质 P,则存在整数 $x,y,z$,使得

$$2\ 013=(x+y+z)^3-3(x+y+z)(xy+yz+zx)$$

注意到,$3\mid 2\ 013$,则

$$3\mid (x+y+z)^3$$
$$\Rightarrow 3\mid (x+y+z)$$
$$\Rightarrow 9\mid [(x+y+z)^3-3(x+y+z)(xy+yz+zx)]$$
$$\Rightarrow 9\mid 2\ 013$$

但 $2\ 013=9\times 223+6$,矛盾.

从而,2 013 不具有性质 P.

**例 6**(2014 年全国初中数学联合竞赛(第二试 B 卷)) 设 $n$ 为整数.若存在整数 $x,y,z$ 满足

$$n=x^3+y^3+z^3-3xyz$$

则称 $n$ 具有性质 P.

(1) 试判断 1,2,3 是否具有性质 P;

(2) 在 $1,2,\cdots,2\ 014$ 这 2 014 个连续整数中,不具有性质 P 的数有多少个?

**解** (1) 取 $x=1,y=z=0$,得

$$1=1^3+0^3+0^3-3\times 1\times 0\times 0$$

于是,1 具有性质 P.

取 $x=y=1,z=0$,得

$$2=1^3+1^3+0^3-3\times 1\times 1\times 0$$

于是,2 具有性质 P.

若 3 具有性质 P,则存在整数 $x,y,z$,使得

$$3=(x+y+z)^3-3(x+y+z)(xy+yz+zx)$$
$$\Rightarrow 3\mid (x+y+z)^3\Rightarrow 3\mid (x+y+z)$$
$$\Rightarrow 9\mid [(x+y+z)^3-3(x+y+z)(xy+yz+zx)]$$
$$\Rightarrow 9\mid 3$$

这是不可能的.

因此,3 不具有性质 P.

(2) 记 $f(x,y,z)=x^3+y^3+z^3-3xyz$,则

$$\begin{aligned}f(x,y,z)=&(x+y)^3+z^3-3xy(x+y)-3xyz=\\&(x+y+z)^3-3z(x+y)(x+y+z)-\\&3xy(x+y+z)=\\&(x+y+z)^3-3(x+y+z)(xy+yz+zx)=\\&\frac{1}{2}(x+y+z)(x^2+y^2+z^2-xy-yz-zx)=\\&\frac{1}{2}(x+y+z)[(x-y)^2+(y-z)^2+(z-x)^2]\end{aligned}$$

即

$$f(x,y,z)=\frac{1}{2}(x+y+z)[(x-y)^2+(y-z)^2+(z-x)^2]$$

不妨设 $x\geqslant y\geqslant z$.

若 $x-y=1,y-z=0,x-z=1$,即

$$x=z+1,y=z$$

则

$$f(x,y,z)=3z+1$$

若 $x-y=0,y-z=1,x-z=1$,即

$$x=y=z+1$$

则

$$f(x,y,z)=3z+2$$

若 $x-y=1, y-z=1, x-z=2$，即

$$x=z+2, y=z+1$$

则

$$f(x,y,z)=9(z+1)$$

由此知形如 $3k+1$ 或 $3k+2$ 或 $9k(k\in\mathbf{Z})$ 的数均具有性质 P.

注意到

$$f(x,y,z)=(x+y+z)^3-3(x+y+z)(xy+yz+zx)$$

若 $3\mid f(x,y,z)$，则

$$3\mid(x+y+z)^3\Rightarrow 3\mid(x+y+z)$$
$$\Rightarrow 9\mid f(x,y,z)$$

综上，当且仅当 $n=9k+3$ 或 $n=9k+6(k\in\mathbf{Z})$ 时，整数 $n$ 不具有性质 P.

因为 $2\ 014=9\times223+7$，所以，在 $1,2,\cdots,2\ 014$ 这 $2\ 014$ 个连续整数中，不具有性质 P 的数共有 $224\times2=448$ 个.

再举一个高中数学中的例子.

**例 7**（2014 年全国高中数学联赛河南赛区预赛（高二）） 方程 $x^3+y^3-3xy+1=0$ 的非负实数解为________.

**解** $x=y=1$.

令 $x=1+\delta_1, y=1+\delta_2(\delta_1,\delta_2\geqslant-1)$，则

$$x^3+y^3-3xy+1=$$
$$(1+\delta_1)^3+(1+\delta_2)^3-3(1+\delta_1)(1+\delta_2)+1=$$
$$(\delta_1+\delta_2+3)(\delta_1^2-\delta_1\delta_2+\delta_2^2)=0$$

但 $\delta_1+\delta_2+3>0$，于是

$$\delta_1^2-\delta_1\delta_2+\delta_2^2=0\Rightarrow\delta_1=\delta_2=0$$
$$\Rightarrow x=y=1$$

**例 8**(本题由美国达拉斯大学的 Titu Andresscn 提供) 解实数方程

$$6^x+1=8^x-27^{x-1}$$

**解** 假设 $a=1,b=-2^x,c=3^{x-1}$,然后原方程将通过假设变为

$$a^3+b^3+c^3-3abc=0$$

根据公式

$$a^3+b^3+c^3-3abc=$$
$$(a+b+c)(a^2+b^2+c^2-ab-bc-ac)$$

当且仅当 $a=b=c$ 时,上式右边的第二项等于零,由本题的已知条件知,假设不成立,因此 $a+b+c=0$ 等价于

$$1-2^x+3^{x-1}=0$$

解得

$$3^{x-1}-2^{x-1}=2^{x-1}-1$$

设题中每个 $x$ 满足 $f(t)=t^{x-1},t>0$. 由拉格朗日定理知,当 $\alpha\in(2,3)$ 且 $\beta\in(1,2)$ 时

$$\begin{cases}f(3)-f(2)=f'(\alpha)\\f(2)-f(1)=f'(\beta)\end{cases}$$

因为 $f'(t)=(x-1)t^{x-2}$,我们可得

$$(x-1)\alpha^{x-2}=(x-1)\beta^{x-2}$$

这表明 $x=1$ 或 $x=2$.

注:$x=1$,因为 $\alpha\neq\beta$.

**例 9** 证明

$$\sqrt[3]{\cos\frac{2\pi}{7}}+\sqrt[3]{\cos\frac{4\pi}{7}}+\sqrt[3]{\cos\frac{8\pi}{7}}=\sqrt[3]{\frac{1}{2}(5-3\sqrt[3]{7})}$$

**证明** 我们要求出多项式,使它们的零点是上式左边三项.简化问题,暂时不考虑立方根.在此情形下,要求多项式,使它们的零点是 $\cos\frac{2\pi}{7},\cos\frac{4\pi}{7},\cos\frac{8\pi}{7}$.考虑了 7 次单位根.除了我们忽略的 $x=1$,还有方程 $x^6+x^5+x^4+x^3+x^2+x+1=0$ 的各根,它们是 $\cos\frac{2k\pi}{7}+\mathrm{i}\sin\frac{2k\pi}{7},k=1,2,\cdots,6$.我们看出 $2\cos\frac{2\pi}{7}$,$2\cos\frac{4\pi}{7}$ 与 $2\cos\frac{8\pi}{7}$ 具有形式 $x+\frac{1}{x}$,其中 $x$ 是这些根之一.

若定义 $y=x+\frac{1}{x}$,则

$$x^2+\frac{1}{x^2}=y^2-2,x^3+\frac{1}{x^3}=y^3-3y$$

把方程 $x^6+x^5+x^4+x^3+x^2+x+1=0$ 除以 $x^3$,代入 $y$ 值,得三次方程

$$y^3+y^2-2y-1=0$$

的三个根为 $2\cos\frac{2\pi}{7},2\cos\frac{4\pi}{7},2\cos\frac{8\pi}{7}$.完成了较简单的一步.

但是,问题是要求这些数的立方根之和.看对称多项式,有

$$X^3+Y^3+Z^3-3XYZ=$$
$$(X+Y+Z)^3-3(X+Y+Z)(XY+YZ+ZX)$$

与

$$X^3Y^3+Y^3Z^3+Z^3X^3-3(XYZ)^2=$$
$$(XY+YZ+XZ)^3-3XYZ(X+Y+Z)(XY+YZ+ZX)$$

因 $X^3,Y^3,Z^3$ 是方程 $y^3+y^2-2y-1=0$ 的根，故由 Viète 关系式，得 $X^3Y^3Z^3=1$，从而 $XYZ=\sqrt[3]{1}=1$，也有

$$X^3+Y^3+Z^3=-1, X^3Y^3+X^3Z^3+Y^3Z^3=-2$$

在以上两个等式中，我们知道了等式左边变为含未知数 $u=X+Y+Z$ 与 $v=XY+YZ+ZX$ 的两个方程的方程组，即

$$u^3-3uv=-4$$
$$v^3-3uv=-5$$

记两个方程为 $u^3=3uv-4$ 与 $v^3=3uv-5$，把它们相乘，得

$$(uv)^3=9(uv)^2-27uv+20$$

用代换 $m=uv$，上式变为

$$m^3-9m^2+27m-20=0\text{ 或 }(m-3)^3+7=0$$

此方程有唯一解 $m=3-\sqrt[3]{7}$. 因此

$$u=\sqrt[3]{3m-4}=\sqrt[3]{5-3\sqrt[3]{7}}$$

我们断定

$$\sqrt[3]{\cos\frac{2\pi}{7}}+\sqrt[3]{\cos\frac{4\pi}{7}}+\sqrt[3]{\cos\frac{8\pi}{7}}=$$
$$X+Y+Z=\frac{1}{\sqrt[3]{2}}u=$$
$$\sqrt[3]{\frac{1}{2}(5-3\sqrt[3]{7})}$$

这正是要求的.

从一道初中数学中的因式分解问题出发引申出几乎所有的对称多项式的内容，对于中学师生来讲似乎有些高配.但中学教师就是应该高配的，无论是知识还是学历都应如此.

《清华暑期周刊》1934 年第 3/4 期刊登了一篇《得其所哉》的文章，对西洋文学系 9 位研究生的毕业出路做了如下报道：

施闳诰：上海立达学院英文教员；

武崇汉：保定培德中学英文教员；

左登金：绥远省立第一中学英文教员；

季羡林：山东省立第一中学国文教员；

何凤元：天津扶轮中学英文教员；

王岷源：投考本校研究院；

陈光泰：投考本校研究院；

崔金荣：河北省立第四中学英文教员；

尤炳圻：赴日留学.

从报道中可见 9 位当时中国顶级学校的顶级专业的研究生竟有 5 人到中学去当教师.这真是中国教育史上的一件幸事.今日之中国如能再现则学生幸甚，国家幸甚！

刘培杰

2017.7.16

于哈工大

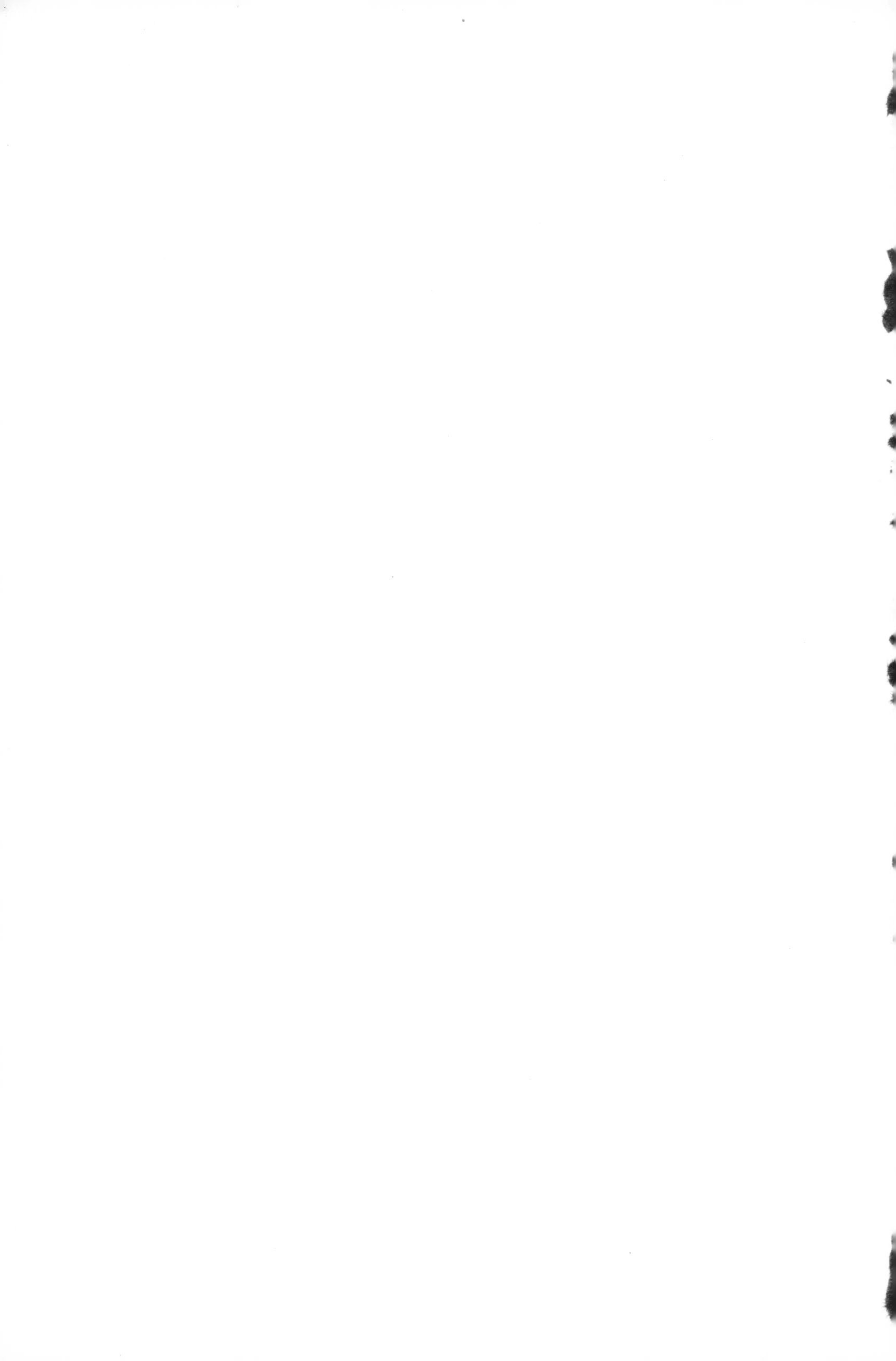